Python
机器学习入门与实战

桑园 / 编著

人 民 邮 电 出 版 社
北 京

图书在版编目（CIP）数据

Python机器学习入门与实战 / 桑园编著. -- 北京 ：
人民邮电出版社，2023.3
ISBN 978-7-115-60190-2

Ⅰ. ①P… Ⅱ. ①桑… Ⅲ. ①软件工具—程序设计②
机器学习 Ⅳ. ①TP311.561②TP181

中国版本图书馆CIP数据核字(2022)第186386号

内 容 提 要

本书以零基础讲解为特色，用实例引导读者学习，深入浅出地介绍 Python 机器学习的相关知识和实战技能。

全书共 17 章，分为 5 篇。第Ⅰ篇为机器学习入门篇，包含第 1 章，主要介绍机器学习的概念、机器学习研究的主要任务、如何选择合适的算法及机器学习研究问题的一般步骤等；第Ⅱ篇为工具模块使用篇，包含第 2~4 章，主要介绍数组计算 NumPy、数据分析 Pandas、图形展示 Matplotlib 等；第Ⅲ篇为专业技能提升篇，包含第 5~13 章，主要介绍算法综述、决策树、朴素贝叶斯、逻辑回归、支持向量机、AdaBoost、线性回归、k-means、PCA 等；第Ⅳ篇为深度学习延伸篇，包含第 14 章，主要介绍卷积神经网络；第Ⅴ篇为项目技能实战篇，包含第 15~17 章，主要介绍验证码识别、答题卡识别、机器学习简历指导等。同时，本书随书赠送了大量相关的学习资料，以便读者扩展学习。

本书适用于任何想学习 Python 机器学习的读者。无论读者是否从事 Python 相关工作，是否接触过 Python，均可通过学习本书快速掌握 Python 机器学习的开发方法和技巧。

♦ 编　　著　桑　园
责任编辑　张天怡
责任印制　陈　犇

♦ 人民邮电出版社出版发行　　北京市丰台区成寿寺路 11 号
邮编　100164　　电子邮件　315@ptpress.com.cn
网址　https://www.ptpress.com.cn
大厂回族自治县聚鑫印刷有限责任公司印刷

♦ 开本：800×1000　1/16
印张：25.75　　2023 年 3 月第 1 版
字数：569 千字　　2023 年 3 月河北第 1 次印刷

定价：79.80 元

读者服务热线：(010)81055410　印装质量热线：(010)81055316
反盗版热线：(010)81055315
广告经营许可证：京东市监广登字 20170147 号

前　言
PREFACE

Python 编程功能强大，应用广泛，在当今业界越来越流行，很多无编程基础的读者也对 Python 编程充满兴趣。然而网络上的资料往往良莠不齐，或是信息已经过时，或是本身存在错误，或是太过笼统不能满足读者个性化学习需求，因此编者编写此书以给想要入门 Python 机器学习的读者提供一个正确的学习途径。

Python 具备面向对象、直译、程序代码简洁、跨平台、自由 / 开放源码等特点，再加上其丰富、强大的套件模块，用途十分广泛。另外，Python 不像 Java 那样要求使用者用面向对象思维编写程序。它是多重编程范式（multi-paradigm）的程序语言，允许使用者使用多种风格来编写程序，程序编写更灵活。同时，Python 提供了丰富的应用程序接口（Application Program Interface，API）和工具，让程序设计人员能够轻松地编写扩展模块。

本书结合计算思维与算法的基本概念，以 Python 对机器学习进行讲解，内容浅显易懂。本书循序渐进地介绍 Python 机器学习中必须要知道的主题，具体如下。

- 机器学习基础。
- 数组计算 NumPy。
- 数据分析 Pandas。
- 图形展示 Matplotlib。
- 算法综述。
- 决策树。
- 朴素贝叶斯。
- 逻辑回归。
- 支持向量机。
- AdaBoost。
- 线性回归。
- k-means。
- PCA。
- 卷积神经网络。

- 验证码识别。
- 答题卡识别。
- 机器学习简历指导。

为了降低学习难度，本书提供了所有范例的完整程序代码，并且这些代码已在 Python 开发环境下正确编译与运行。通过本书，读者除了可以学习用 Python 编写程序外，还能进行计算思维及演算逻辑的训练。目前许多学校都开设了 Python 机器学习的基础课程，本书非常适合作为 Python 机器学习相关课程的教材。

另外，本书在创作过程中，得到了河南省民办普通高等学校专业建设资助项目的基金支持，是郑州西亚斯学院的专业建设的重要成果之一。

本书由桑园任主编，王方任副主编，马亚丹、孔杰、张启亚参编，王喜军、黄鹤负责本书审核。其中，第 1~2 章、第 4~6 章、第 15~17 章由桑园老师编写，第 7~11 章、第 14 章由王方老师编写，第 3 章由马亚丹编写，第 12 章由孔杰编写，第 13 章由张启亚编写。

在编写本书的过程中，我们竭尽所能地将好的讲解呈现给读者，但难免有疏漏之处，敬请广大读者不吝指正。若读者在阅读本书时遇到困难或有疑问，抑或有任何建议，可发送邮件至 zhangtianyi@ptpress.com.cn。

编者

2022 年 11 月

目 录

CONTENTS

第Ⅰ篇 机器学习入门篇

第 1 章 机器学习入门之机器学习基础

第Ⅱ篇 工具模块使用篇

第 2 章 机器学习模块之数组计算 NumPy

第3章 机器学习模块之数据分析 Pandas

第4章 机器学习模块之图形展示 Matplotlib

第Ⅲ篇 专业技能提升篇

第 5 章 机器学习算法之算法综述

第 6 章 机器学习算法之决策树

第 7 章 机器学习算法之朴素贝叶斯

第 8 章 机器学习算法之逻辑回归

第9章 机器学习算法之支持向量机

第10章 机器学习算法之 AdaBoost

第11章 机器学习算法之线性回归

第13章 机器学习算法之 PCA

第Ⅳ篇 深度学习延伸篇

第14章 深度学习延伸之卷积神经网络

第Ⅴ篇 项目技能实战篇

第15章 机器学习实战之验证码识别

第16章 机器学习实战之答题卡识别

第17章 简历分享就业之机器学习简历指导

第 I 篇

机器学习入门篇

第 1 章

机器学习入门之机器学习基础

“机器学习”，顾名思义，就是让机器去学习，就好像“那是机器干的事，让它去学好了，那件事与我无关”。俗话说：“事不关己，高高挂起。”事实果真如此吗？须知“学海无涯苦作舟”。在近几年兴起的网课大潮中，“可爱的娃们”真的会自始至终专注地坐在计算机旁，从不“溜号”地上课吗？在这个过程中需要家长的督促，需要家长的检查，也需要家长利用自己的经验去帮助娃加深理解。

机器的学习也是一样的，需要监督，需要检查，也需要我们把一些经验“传授”给它。2022 年成功举办的北京冬季奥运会，让我们看到了纯机器人式的餐厅可以给运动员提供良好的服务，精准的冬奥气象测试系统实现了“百米级、分钟级”的精准气象预报，防疫机器人志愿者能够进行消杀、清扫、送餐、引导和巡视等工作。试想生活中如果餐馆里跑堂的和做饭的都是机器人，每天只要洒一些 84 消毒液就达到了消毒的目的，人们进来吃饭保持安全距离即可。这一切的变化和发展，都需要我们每个人的努力。每个人把一点点经验传授给机器，就会使“奇人异士”的“独门绝技”得以传承，就会使我们周围充满可能。“三个臭皮匠，赛过诸葛亮”，千万人的“馊点子”可能汇聚成机器学习的“鬼点子”。

机器学习需要每个人为之努力，从而让我们的生活更加便利、更加安全。人脸识别技术的推广减少了人们出行时携带的物件，也为财产安全带来了保障；无人驾驶能够更好地提高机器自动化的程度，也可能减小车祸发生的概率；等等。许多智能时代的内容我们不是没有想过，只是我们觉得一己之力是微弱的，但机器学习可以将每个人的微薄之力汇聚在一起，形成一种令人不可思议的力量。

前面说的可能有点儿“高大上”，距离我们较远，其实有一些身边的事情也是离不开机器学习的。当你需要在网络商城购买某种商品的时候，商城会给你推荐一些商品供你选择，比如淘宝网站的“猜你喜欢”功能（见图 1.1）可能就会为你购物提供选择的便利。

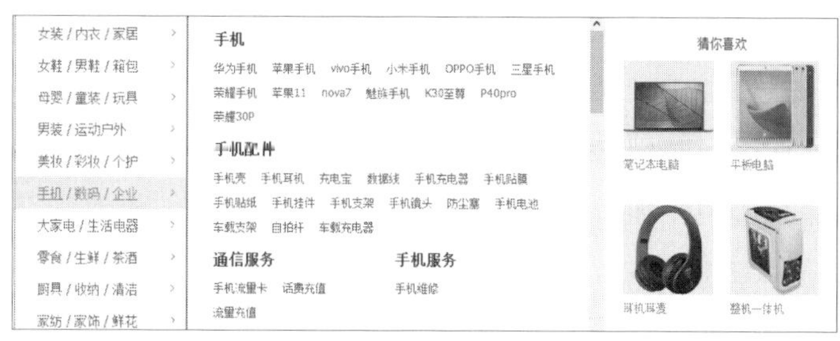

图1.1 淘宝网站的“猜你喜欢”功能可以实现用机器学习进行推荐

图 1.1 中右侧显示的笔记本电脑（又称笔记本计算机）、平板电脑（又称平板计算机）、耳机耳麦、整机一体机等商品，就是淘宝根据用户以往的购买习惯，经常浏览、选择的标签，从而得出的商品推荐，也是机器学习应用的例子。

除了网站，如语音助手、智能家居设备、人脸识别、自动驾驶技术等，出现在我们身边的机器学习数据在不断地颗粒化、微观化，使得数据指数及技术指标也在快速增长。因此，我们不仅需要使用更好的工具解析当前的数据，而且还要为将来可能产生更多的数据做好充分的准备。

1.1 做第一个吃螃蟹的人——理解机器学习

这里首先要认识一下机器学习，换句话说，要知道什么是机器学习。

其实机器学习很像人类的思考过程。比如人人称道的“第一个吃螃蟹的人”，连鲁迅都称道：“第一次吃螃蟹的人是很可佩服的，不是勇士，谁敢去吃它呢？”。遇到一种不认识的生物，8 条腿，还有很硬的甲壳，用螯伤人，如何知道这样的生物有毒没毒？如何知道它蒸熟了是否是一种美味呢？传统的思维方法可以这样理解，如图 1.2 所示。

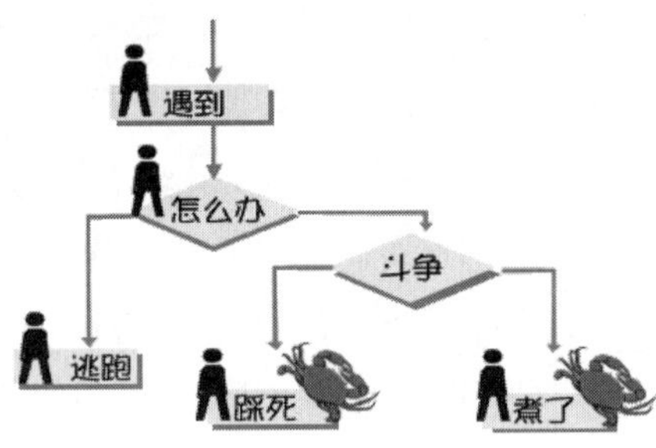

图1.2 吃螃蟹的人传统的思维方法

图 1.2 中所显示出来的逻辑就是模拟的吃螃蟹的人遇到不明生物的思维或想法，其实普通人也都是这样思考的。关键的问题来了，蟹的种类不止一种，个头大小也不是统一按照国际标准来生长的，如河蟹、石蟹、青蟹、花蟹、大闸蟹、梭子蟹、籽蟹、红蟹和面包蟹等，个头大的还有帝王蟹。所面对物品的特征不同，人的反应就会有各种各样的不同，不再只是“逃跑”和“斗争”。社会发展了，“拍个照发个朋友圈”也是有可能的。如果遇到的是蘑菇，不一定都是能吃的，这么多的特征和反应，用传统的思维方法处理这些因素错综复杂的细节很困难。当遇到的特征越复杂，人要选择规则就越困难，计算起来也越吃力，更不要说记住所有生物的特征才能更好地应对，对学过程序的人来说，就相当于遇到了若干个 elif 语句。

机器学习算法恰恰就是由前面的普通算法演化而来的。机器学习就是让机器自动从提供的数据中去学习，然后变得智能，也就是让程序变得“聪明”。比如对蘑菇来说，机器学习研究问题的流程如图 1.3 所示。

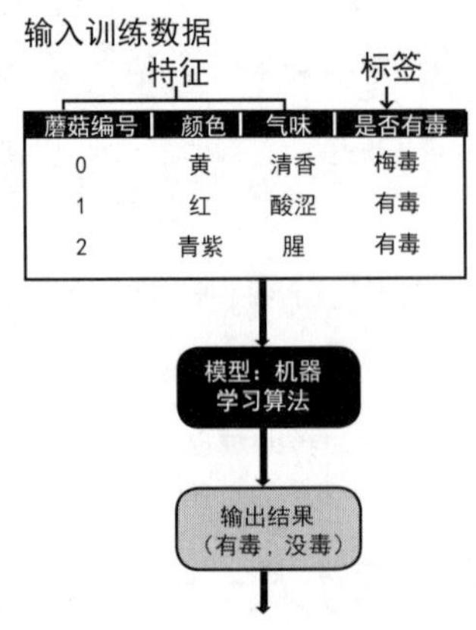

蘑菇编号	颜色	气味	是否有毒
0	黄	清香	梅毒
1	红	酸涩	有毒
2	青紫	腥	有毒

图1.3 关于蘑菇的机器学习原理

由图 1.3 中所示的机器学习原理可知，为众多具备蘑菇特征的训练数据提供一个机器学习算法，然后它就会学习出一个关于蘑菇的特征和它是否有毒的关系模型。下次在深山老林中采蘑菇，面对一种没见过的蘑菇时，机器学习就会把它当成测试数据，然后将其输入这个训练好的模型，模型会直接输出这个蘑菇是有毒的还是没毒的。有了这个模型，童话中的采蘑菇的小姑娘也可以满怀自信地去采蘑菇，并判断哪些蘑菇是有毒的，哪些蘑菇是没有毒的。也许这个小姑娘也会把蘑菇的模型推广成苹果的模型，童话中的白雪公主也就不会很鲁莽地吃掉一只毒苹果。

机器学习就是用机器学习的算法来建立模型进行学习，当有新的数据出现时，可以通过模型来进行预测。

1.2 机器学习研究的主要任务

研究机器学习，就是通过学习研究最终输出结果。蘑菇分类算法模型的最终输出结果被分成有毒的、没毒的两类，这便是分类算法。在对算法进行研究的过程中，输入了大量的蘑菇数据，也输入了大量数据对应的标签，这种大量有标签对应的数据称为训练集。如果输入了一个新的蘑菇，通过模型算法得到最终结果，这个新的蘑菇就是测试集。机器学习其实就是通过大量训练集的训练，最终得到测试集的结果预测。

机器学习一般分为监督学习和非监督学习。

1.2.1 监督学习

根据已有的训练集，可知道输入和输出结果之间的关系。根据这种已知的关系，训练得到一个最优的模型。也就是说，在监督学习中训练集中的数据既有特征（feature）又有标签（label）。通过训练，机器可以自己找到特征和标签之间的联系，对只有特征没有标签的数据进行预测时，可以判断出标签。

通俗一点儿讲，就是可利用标签和特征告知机器如何做事情。打个比方，交通规则中红灯对车的管控是停，绿灯对车的管控是行，绿灯和红灯可以被理解成灯的特征，停和行被理解成标签。如果一辆车遇到了绿灯，则得出的结论是行车。这种算法理解起来是比较容易的，因为绿灯已经在训练集中出现了。如果在阴天里，绿灯的可视程度有所减弱，就需要一些近似于绿色的算法来完成对绿灯的辨识。这就算是监督学习。

监督学习一般用来解决分类和回归的问题。

用蘑菇分类算法预测新采的蘑菇是否有毒是一种分类问题。分类问题机器学习的一般思路如图 1.4 所示。

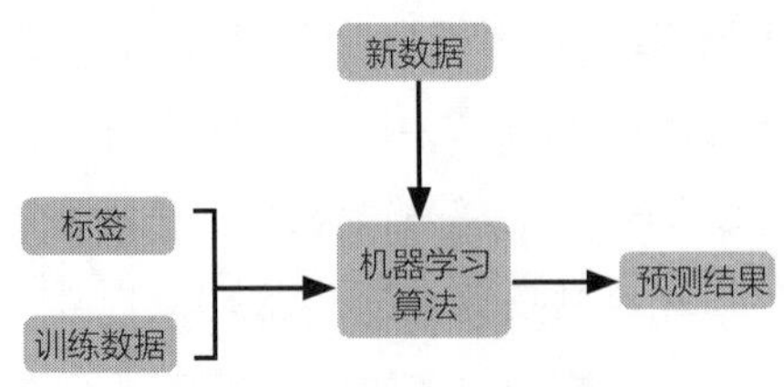

图1.4 分类问题机器学习的一般思路

对于回归问题，往往预测的结果都是数值，如预测公司未来一年的利润大概是多少，预测商品未来一个月的销量，等等。可以这样理解，分类问题的标签是不连续的，而回归问题的标签是连续的，训练集的数据多以连续型的数值为主，预测的结果也会以数值的方式进行展示。回归问题机器学习的一般思路如图 1.5 所示。

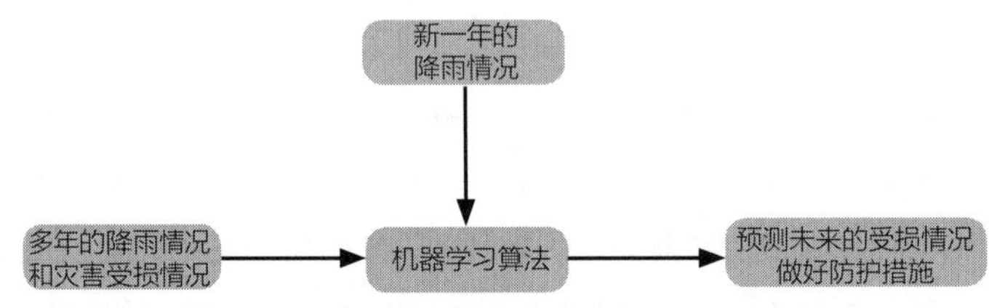

图1.5 回归问题机器学习的一般思路

总体来说，监督学习就是通过人为地输入带有标签的训练集数据，使计算机训练得到一个较为合适的模型，再对未知标签的数据进行预测。标签来自人为设定，输出的结果也属于训练集中标签的范围。

1.2.2 非监督学习

谈到非监督学习，它和监督学习的区别在于训练集中是否有人为设定的标签。人为设定标签一定是建立在人对事物有了解的基础之上的，但在许多实际应用中，对事物的了解都是从无知到认知的，对于很多事情开始并不知道数据的类别，也没有训练样本进行类别的划分。要从这些没有被标记的数据集中通过机器学习算法进行分类器设计，需要通过数据之间的内在联系和相似性将它们分成若干类。比如对动物如何划分科目纲，在最初的时候，一定是考虑动物相关数据之间的内在联系和相似性，这就用到了非监督学习。非监督学习会用两种方法去考虑。

一种是基于概率密度函数估计的方法，通过分解各个类别的概率密度函数，再将每个类别划分到特征空间，用相关的机器学习算法设计分类器。

另一种是基于样本间相似度间接聚类的方法，把每一个样本都看成一个类别，给定两个样本相似度的计算方法，进而计算两个样本的相似度，把相似度最大的类进行合并，再计算新的类与类之间的相似度，直到把相似的所有样本合为一个类。

无论是基于概率密度函数估计的方法，还是基于样本间相似度间接聚类的方法，它们的逻辑分析方法都是一致的，如图 1.6 所示。

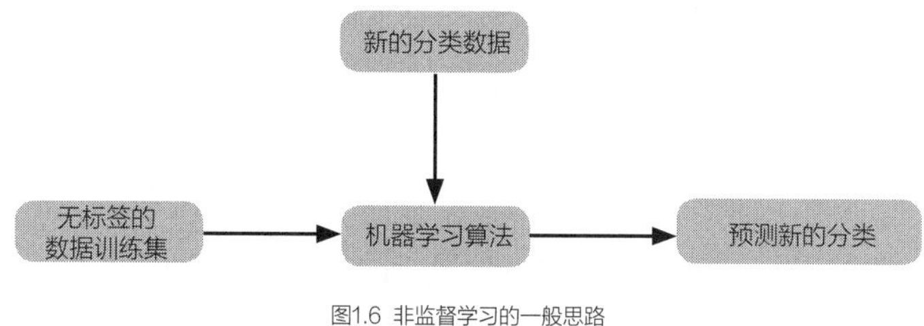

图1.6 非监督学习的一般思路

监督学习和非监督学习都需要相应的机器学习算法去解决问题，在后面的章节中会重点介绍机器学习的相关算法，这也是解决监督学习和非监督学习问题的关键。

1.3 如何选择合适的算法

算法对机器学习来说还是比较重要的。

选择算法时，首先考虑使用机器学习算法的目的。如果想要预测的是目标变量的值，就可以考虑监督学习算法，不然就可以考虑非监督学习算法。选择了监督学习算法之后，需要确定目标变量类型。如果目标变量是离散型，如“是 / 否”“3/5/9”“高 / 中 / 低”等表示状态的值，就可以选择分类器算法；如果目标变量是连续型，如“0~100”“-100~100”等，则需要选择回归算法。

其次需要考虑的是数据问题，充分了解数据，对实际数据了解得越充分，越容易创建符合实际需求的程序。针对数据问题可以主要看以下特性：特征值是离散型变量还是连续型变量，特征值中是否存在空值，何种原因造成这种空值，数据中是否存在异常值，某个特征发生的频率如何，等等。

机器学习可在一定程度上缩小算法的选择范围，一般并不存在最好的算法或者可以给出最好结果的算法，同时还要看看不同算法的执行结果，最终比较哪一种算法的结果是最好的，还可以用多种算法相结合来提高算法执行结果的正确率。

1.4 机器学习研究问题的一般步骤

对机器学习有了一些了解之后，还需要知道用机器学习来研究问题需要遵循什么样的步骤。

（1）收集数据，对数据进行处理。首先必须有数据，数据可以从网站上爬取，也可以从数据库中读取，还可以从一些文本文件或表格文件等文件中提取等。获取数据就需要学习一些机器学习相关工具模块的使用方法，同时还需要对数据进行空数据、异常数据及重复数据的处理，以保证数据的有效性。

（2）准备数据。得到处理的数据之后，还必须确保数据格式符合机器学习中数据的需求，如进行数据的归一化或者将数据由字符串转化成文本等操作。使用符合需求的数据格式可以融合算法和数据源，方便匹配操作。

（3）分析数据。此步骤的作用是观察数据的特点，以确定使用哪种机器学习算法。如某些数据点与数据集中的其他值存在明显的差异，这样就可能出现数据“不典型”的情况。通过图形展示数据也是不错的方法，这样方便观察数据并进行分析。另外，观察数据的特点，对之有一个总体的把握，也可以弄明白分析的问题到底是分类问题还是回归问题，是用监督学习算法好还是用非监督学习算法得当。在这一步中，也可以通过机器学习工具模块进行数据分析及图形展示。

（4）训练算法。机器学习算法从这一步才真正开始学习。算法不同，对最终机器学习测试结果的影响也是不同的。这一步是机器学习的核心，是将前面得到的格式化的数据输入算法中，从中抽取知识或有用的信息。

（5）测试算法。这一步是对训练算法得到的知识和信息的评估。算法的准确率是否高，必须进行测试。对于监督学习，必须评估算法的目标变量值；对于非监督学习，也必须检验算法的成功率是否达到预期的需求。无论哪种情形，如果不满意算法的输出结果，都要回到最初的步骤。如果算法输出结果正确率不高，可能是数据不典型，算法应用不得当，数据分析的特点没有做到位，等等，这些因素都可能存在。

（6）使用算法。将机器学习算法转换为应用，执行实际的预测任务，以检验训练成果是否可以在实际环境中正常工作。也就是判断如果碰到新的数据，预期的结果是否是真实情况的表达。

1.5 小结

机器学习，这个看似“高大上”的话题，其实最主要研究的还是如何利用典型的数据通过算法去预测需求的结果。对于机器学习而言，算法的使用是至关重要的一环，工具模块的使用是对数据分析和处理的关键。本书后面将会从工具模块的使用入手，重点谈及的还是算法方面的内容，尤其是算法的运用。

机器学习是智能解决身边问题的一门学问，需要不断地积累和沉淀。本书以机器学习开篇也是希望读者对机器学习有一个大体的认识和了解，在积累和沉淀中加油、努力，继而成长。

第 II 篇

工具模块使用篇

第 2 章

机器学习模块之数组计算 NumPy

NumPy，全称为 Numerical Python，是性能比较高的科学计算和数据分析的基础包。它具有 ndarray（被称为多维数组）这样的数据类型，这种数组是具有矢量算术运算和复杂广播能力的快速且节省空间的数组。有了 ndarray 这种数据类型的 NumPy 无须循环遍历数组中的每个元素，就可以对整组数据进行快速运算。NumPy 提供了支持快速运算的标准数学方法，也提供了读写磁盘数据的工具，以及用于操作内存映射文件的工具，还有线性代数运算、随机数生成以及傅里叶变换功能。

从生态系统角度来看，NumPy 最重要的特点在于提供了简单、易用的 CAPI，因此很容易将数据传递到由“更低级语言”编写的外部库，外部库也能以 NumPy 数组的形式将数据返回给 Python。这样 NumPy 使 Python 成为一种包装 C/C++/Fortran 历史编码库的选择，并使被包装库拥有动态的、易用的接口。

NumPy 本身并没有提供那么高级的数据分析功能。NumPy 之所以成为机器学习的工具模块，其根本在于 NumPy 数组以及面向数组的计算将有助于高效地使用诸如 Pandas 之类的工具。

2.1 从“人机大战”谈 NumPy 模块的妙用

2016 年 3 月 15 日，谷歌公司开发的人工智能机器 AlphaGo 以总比分 4 : 1 战胜围棋世界冠军李世石，轰动世界的“人机大战”落下帷幕。这让机器学习得到了受关注的“砝码”，但事实上，早在 20 世纪 50 年代，人工智能便开始向人类发起挑战。当时来自 IBM 工程研究组的萨缪尔（Samuel）开发出一款跳棋程序，该程序能够在与人对弈的过程中，不断累积经验以提升棋艺。但不管是跳棋，还是围棋的“人机大战”，人工智能发展的核心动力——机器学习一直被推动着向前迈进。为了让读者更好地理解机器学习，这里就从棋类入手介绍一下机器学习需要什么样的思维方式。

中国象棋有着悠久的历史，由于用具简单、趣味性强，成为流传极为广泛的棋类游戏。对中国象棋的“人机大战”的分析在这里拉开了序幕。

中国象棋棋盘的初始状态如图 2.1 所示。

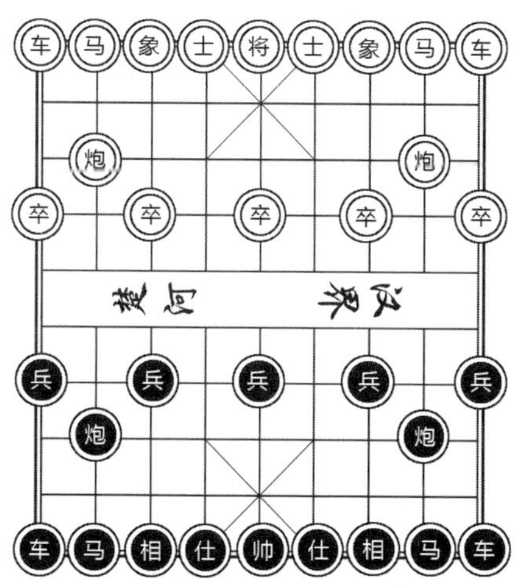

图2.1 中国象棋棋盘的初始状态

当棋盘中的一个棋子被移动时，我们需要解决的问题就是如何标记一个棋子已被移动。比如这里把棋子“炮”移动了一下，如图 2.2 所示。

其实这张棋盘有点像二维坐标系，有 x 轴和 y 轴。“炮”的移动就是“炮”的坐标由某一个值变成了另一个值。如果把棋盘的左下角作为坐标原点，“车”“马”等棋子在横轴的每一个单位点上，“炮”的移动就可以表示为从坐标点 (7,2) 移动到坐标点 (4,2)，如图 2.3 所示。

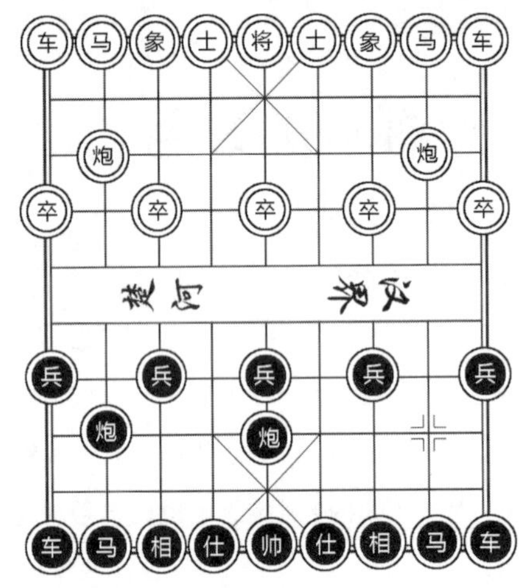

图2.2 中国象棋棋盘“炮”被移动后的状态

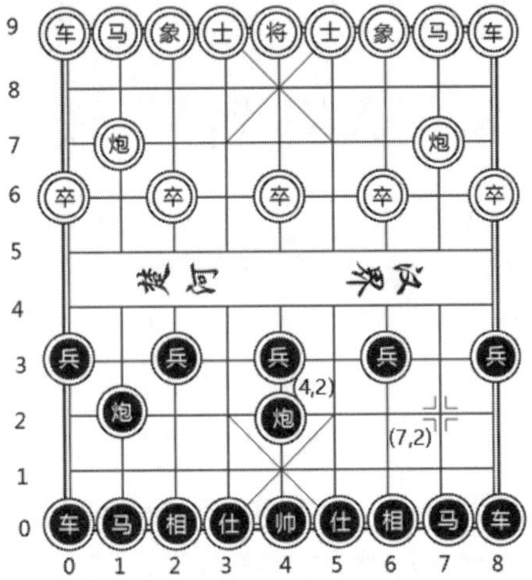

图2.3 中国象棋棋盘“炮”被移动后棋盘的坐标展示

接下来可以观察在二维坐标系上的每个棋子，它们都可以用两个数值构成的元组来标记，这两个数值分别代表 x 轴坐标和 y 轴坐标，同时又是从 0 开始的。这类似于 Python 数据类型中的列表的元素，由两个索引数字决定元素的位置，可以将之理解成二维列表。那么现在就有一个问题，如果把初始棋盘定义成一个二维列表，有棋子的地方定义成 1，则初始棋盘列表可以定义成：

```
Init_chess_board= [[1,1,1,1,1,1,1,1,1],
                   [0,0,0,0,0,0,0,0,0],
                   [0,1,0,0,0,0,0,1,0],
                   [1,0,1,0,1,0,1,0,1],
                   [0,0,0,0,0,0,0,0,0],
                   [0,0,0,0,0,0,0,0,0],
                   [1,0,1,0,1,0,1,0,1],
                   [0,1,0,0,0,0,0,1,0],
                   [0,0,0,0,0,0,0,0,0],
                   [1,1,1,1,1,1,1,1,1]]
```

“炮”被移动后的棋盘列表可以定义成：

```
move_pao_chess_board= [[1,1,1,1,1,1,1,1,1],
                       [0,0,0,0,0,0,0,0,0],
                       [0,1,0,0,1,0,0,0,0],
                       [1,0,1,0,1,0,1,0,1],
```

```
                [0,0,0,0,0,0,0,0,0],
                [0,0,0,0,0,0,0,0,0],
                [1,0,1,0,1,0,1,0,1],
                [0,1,0,0,0,0,0,1,0],
                [0,0,0,0,0,0,0,0,0],
                [1,1,1,1,1,1,1,1,1]]
```

将这两个二维列表进行对比，可发现其实很多数据都是一样的，只有两个位置的数据发生了变化，一个是列表索引为 [7][2] 的位置数字由 1 变 0，一个是列表索引为 [4][2] 的位置数字由 0 变 1。能否让这两个列表相对应位置的数值直接进行相减操作，由移动后的列表减去移动前的列表后出现这样的结果？相减后变成 1 的部分就是棋子移动后的位置，相减后变成 –1 的部分就是棋子移动前的位置，形如下面的列表结果。

```
move_result=[[0,0,0,0,0,0,0,0,0],
             [0,0,0,0,0,0,0,0,0],
             [0,0,0,0,1,0,0,-1,0],
             [0,0,0,0,0,0,0,0,0],
             [0,0,0,0,0,0,0,0,0],
             [0,0,0,0,0,0,0,0,0],
             [0,0,0,0,0,0,0,0,0],
             [0,0,0,0,0,0,0,0,0],
             [0,0,0,0,0,0,0,0,0],
             [0,0,0,0,0,0,0,0,0]]
```

从列表中的数值来看，这种对应位置做减法的列表中只有 0、1 和 –1，分析问题的方法也变得简单。这需要一种新的数据类型来实现这样的运算。NumPy 中的数组就是用来解决这一类问题的，可以将两个数组中对应位置的值进行相减操作，这样棋类游戏就可以用数组来表征了。

做完了某个棋子的移动表征之后，就要去确认到底移动的是“炮”，是“车”，还是“马”等棋子。因为 NumPy 数组是用来运算的，运算是发生在数值之间的，这样对棋子的表征就可以用数值来进行，不同的数值表征不同的棋子。如 8 可以表示“车”这个棋子，“7”可以表示“马”这个棋子，依次类推。这样如果相减为 –8 或者 8 就表示“车”的移动，相减为“7”或者“–7”则表示“马”的移动，等等，如图 2.4 所示。

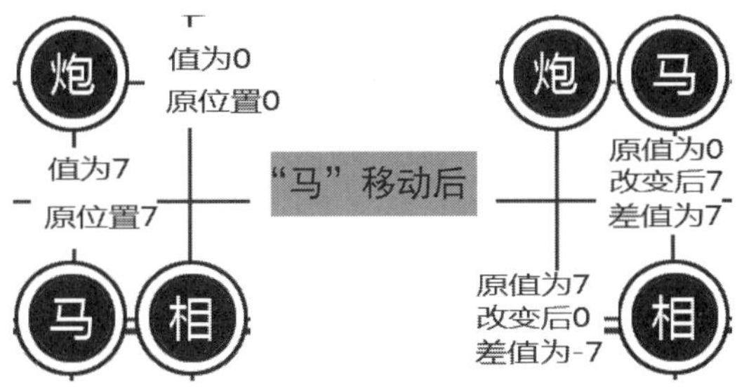

图2.4 中国象棋棋盘“马”被移动后标记值的变化情况

可以看出，通过 NumPy 的数组就可以实现判断出哪一个棋子在移动。接下来需要判断这个移动是否是正确的，这就是算法。用算法去判断“马”的移动是不是走了“日”字，“象”的移动是不是走了“田”字，“车”的移动是不是在走直线，等等。如何做到这样的事情呢？这就需要一点点数据方面的知识和技巧。比如，把“车”原来的位置记作 (x_1, y_1)，把“车”后来的位置记作 (x_2, y_2)，“车”的移动是否正确可以用数学表达式 $(x_2-x_1)(y_2-y_1)=0$ 来判断。不管“车”是横向运动还是纵向运动，移动后只要有一个差值为 0 就证明移动是正常的，如图 2.5 所示。

同理，“马”也可以用数学公式的方法来处理，如图 2.6 所示。

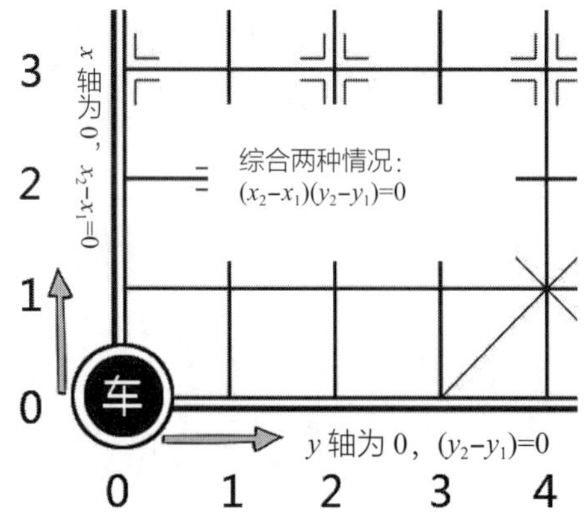

图2.5 中国象棋棋盘“车”的移动轨迹规律数学公式归纳

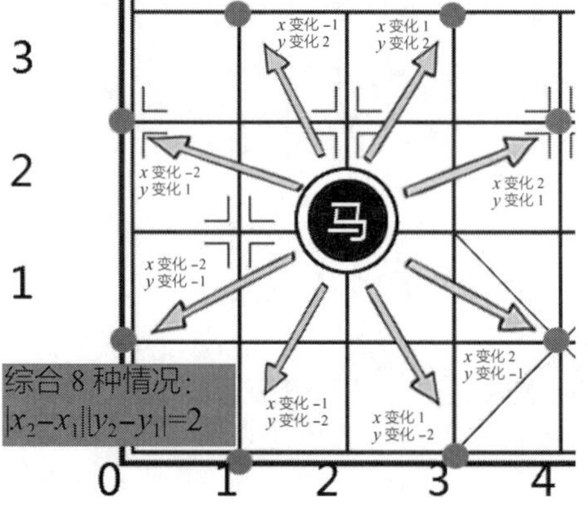

图2.6 中国象棋棋盘“马”的移动轨迹规律数学公式归纳

依据前后坐标对应值相减后的规律，就可以判断“车”“马”“相”等所有棋子的移动是否正确。有了这种走棋的判断，下一步就要实现对“人机大战”的机器学习的研究，也就是研究在人的大脑所操控的这一步走棋以后，计算机是如何动作的。计算机不会无中生有，它在下棋时需要大量的棋谱做保证，一般棋谱也都是文本，如“车五平八”“将五退一”“炮七平五”“马二进三”等这样的叙述。这些叙述就是在告诉人或计算机棋盘中的棋子如何移动，棋谱文本中的第一个字就是棋谱中的棋子，棋谱文本中的第二个字和第四个字就是“x 轴”或“y 轴”坐标值，“y 轴”还是“x 轴”具体的坐标值也是通过棋谱文本中的第三个字“进”“退”“平”等描述及中国象棋中某个棋子的走法相对应地推算出来的。这些大量的供计算机进行训练的棋谱就是计算机机器学习的根据，这个根据给它个名字，就是“训练集”。通过对这些棋谱“训练集”的学习训练，在最终与人对战的时候，参与对战的人每走一步，计算机就通过“训练集”及合适的预测算法推测出下一步自己的具体动作，从而完成“人机大战”的具体博弈过程。

从这个“人机大战”的分析过程可以看出，NumPy 的数组是进行机器学习的至关重要的数据类型，海量的数据就是通过 NumPy 的数组来进行计算的。下面就来认识一下机器学习的工具模块 NumPy。

2.2 NumPy 模块的数组对象

对 NumPy 模块来说，最重要的就是其很有特点的 *N* 维数组对象（即 ndarray），因此，对 NumPy 模块的了解可从数组对象起步。

2.2.1 创建数组对象

NumPy 的数组对象是 ndarray。ndarray 是一种快速且灵活的大数据集容器器，可用于存放同类型元素的多维数组。这里特别强调是同类型的元素，对象中的每个元素在内存中都有相同大小的存储区域。

创建一个 ndarray 只需调用 NumPy 的 array() 方法，具体形式如下。

```
numpy.array(object, dtype = None, copy = True, order = None, subok = False, ndim = 0)
```

array() 方法中的 object 参数指的就是数组或嵌套的数列，如列表等；dtype 参数指的是数组元素的数据类型，这个参数是可选的；copy 参数指的是对象是否需要复制，它也是可选的参数；order 参数解释为创建数组的样式，C 为行方向，F 为列方向，A 为任意方向（默认）；subok 参数指默认返回一个与基类类型一致的数组；ndim 参数指的是指定生成数组的最小维度。

为了更好地理解这些参数，下面介绍一些实例。

比如，需要产生一个包含 10、20、30、40、50 这些元素的数组，可以把 10、20、30、40、50 这些元素放到列表中，然后通过 array() 方法转化成数组。

【程序代码清单 2.1】采用 array() 方法将列表转化成数组

```
import numpy as np
arr= np.array([10,20,30,40,50])
print (arr)
```

上述代码的运行结果如图 2.7 所示。

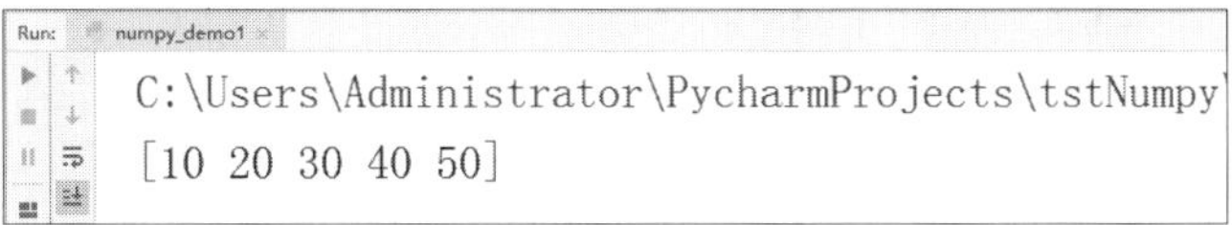

图2.7 采用array()方法将列表转化成数组的代码运行结果

在使用 array() 方法时，也可以添加后面的相关参数。如果添加上维度参数 ndim，就会把传入的列表参数转化成对应维度的数组，代码如下。

【程序代码清单 2.2】在 array() 方法中添加维度参数 ndim

```
import numpy as np
arr=np.array([10,20,30,40,50],ndim=2)
print(arr)
```

上述代码的运行结果如图 2.8 所示。

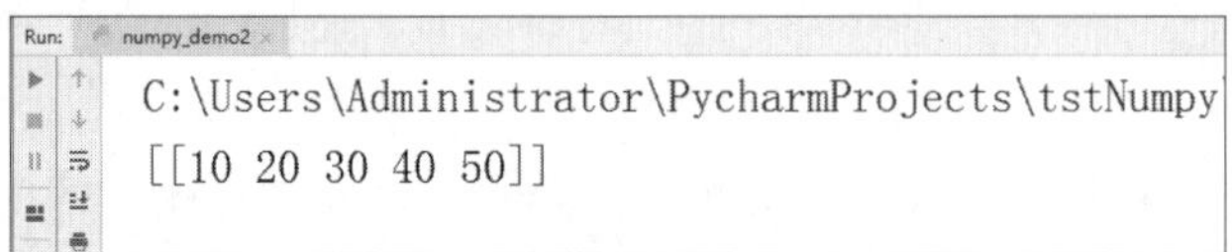

图2.8 在array()方法中添加维度参数的代码运行结果

从输入上看，传入的是一维列表的参数，输出变成了二维数组。也可以指明参数 dtype，进行二维数组中数据的类型转换，代码如下。

【程序代码清单 2.3】在 array() 方法中添加类型说明参数 dtype

```
import numpy as np
arr=np.array([10,20,30,40,50],dtype=complex)
print(arr)
```

上述代码的运行结果如图 2.9 所示。

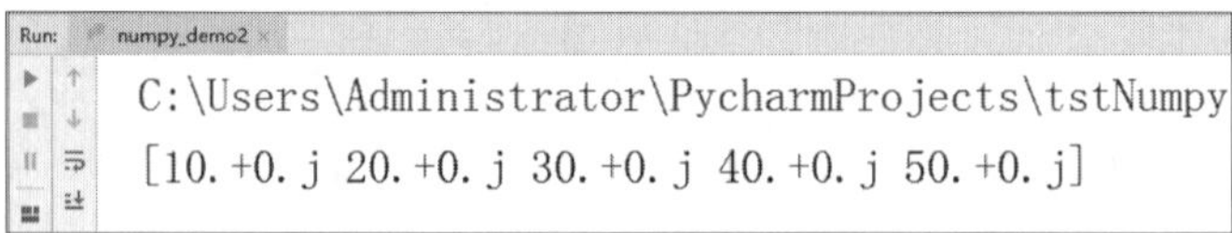

图2.9 在array()方法中添加类型说明参数的代码运行结果

通过 array() 方法创建出来的数组 ndarray 在内存中连续存在，以行索引和列索引的方式标记数组中的每一个元素，如图 2.10 所示。

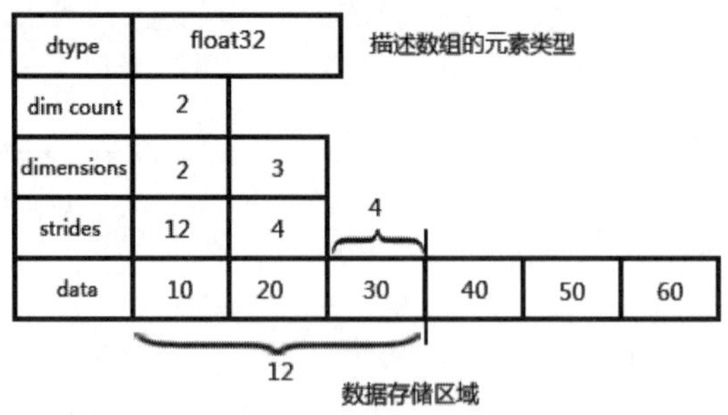

图2.10 NumPy中数组的数据类型

从图 2.10 中结构的标识上来看，dim count 表示这是一个二维数组，dimensions 则表示 shape 属性。

strides 中的第一个参数代表行与行之间地址相差的字节数，也就是对图 2.10 所示的数组来说 a[0,0] 与 a[1,0] 相差 12 个字节；第二个参数表示同一行的元素之间地址相差的字节数，也就是 a[0,0] 与 a[0,1] 相差 4 个字节。

从结构上看，每个数组都有一个 shape(一个表示各维度大小的元组) 和一个 dtype(一个用于说明数组数据类型的对象)。

可以定义一个数组，然后输出其 dtype 和 shape 值，代码如下。

【程序代码清单 2.4】输出 NumPy 数组的 dtype 和 shape 值

```
import numpy as np
lists1=[[101,202,303],[404,505,606]]
arr1=np.array(lists1)
print(" 数组 arr1 的数据类型是：")
print(arr1.dtype)
print(" 数组 arr1 的数组形状是：")
print(arr1.shape)
```

上述代码的运行结果如图 2.11 所示。

```
Run:  numpy_demo3
C:\Users\Administrator\PycharmPr
数组arr1的数据类型是：
int32
数组arr1的数组形状是：
(2, 3)
```

图2.11 输出NumPy数组的dtype和shape值的代码运行结果

在创建数组方面，除了 array() 方法之外，还有一些方法也可以新建数组。

zeros() 方法可以新建全 0 的数组，只需传入一个表示形状的元组，代码如下。

【程序代码清单 2.5】NumPy 模块创建全 0 数组

```
import numpy as np
arr1=np.zeros((3,4))
print(arr1)
```

上述代码的运行结果如图 2.12 所示。

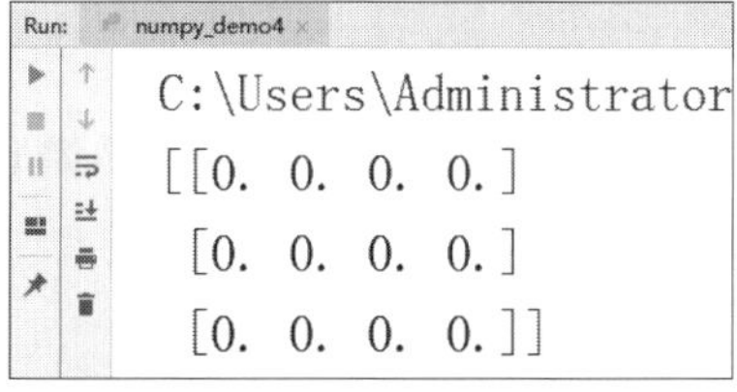

图2.12 NumPy模块创建全0数组的代码运行结果

ones() 方法可以新建全 1 的数组，只需传入一个表示形状的元组，代码如下。

【程序代码清单 2.6】NumPy 模块创建全 1 数组

```
import numpy as np
arr1=np.ones((3,4))
print(arr1)
```

上述代码的运行结果如图 2.13 所示。

```
Run: numpy_demo6
C:\Users\Administrator
[[1. 1. 1. 1.]
 [1. 1. 1. 1.]
 [1. 1. 1. 1.]]
```

图2.13 NumPy模块创建全1数组的代码运行结果

eye() 可以新建等行等列的数组，并且对角线上的数值为 1，其余的地方为 0。只需传入一个数值，代码如下。

【程序代码清单 2.7】NumPy 模块创建对角线上数值为 1 的数组（一）

```
import numpy as np
arr1=np.eye(4)
print(arr1)
```

上述代码的运行结果如图 2.14 所示。

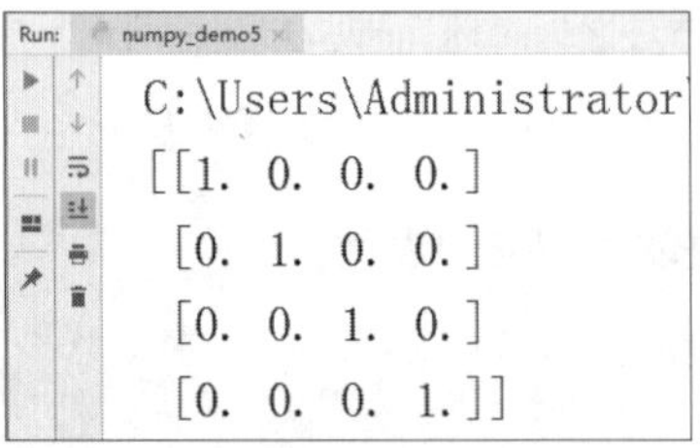

图2.14 NumPy模块创建对角线上数值为1的数组的代码运行结果（一）

identity() 方法也可以新建等行等列的数组，并且对角线上的数值为 1，其余的地方为 0。只需传入一个数值，代码如下。

【程序代码清单 2.8】NumPy 模块创建对角线上数值为 1 的数组（二）

```
import numpy as np
arr1=np.identity(3)
print(arr1)
```

上述代码的运行结果如图 2.15 所示。

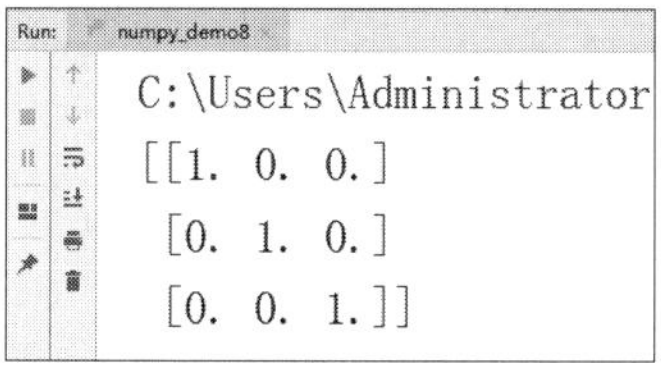
Run:
numpy_demo8
C:\Users\Administrator
[[1. 0. 0.]
[0. 1. 0.]
[0. 0. 1.]]

图2.15 NumPy模块创建对角线上数值为1的数组的代码运行结果（二）

empty() 可以创建没有任何具体值的数组。要用这个方法创建多维数组，只需传入一个表示形状的元组，代码如下。

【程序代码清单 2.9】NumPy 模块创建无具体值的数组

```
import numpy as np
arr1=np.empty((3,4))
print(arr1)
```

上述代码的运行结果如图 2.16 所示。

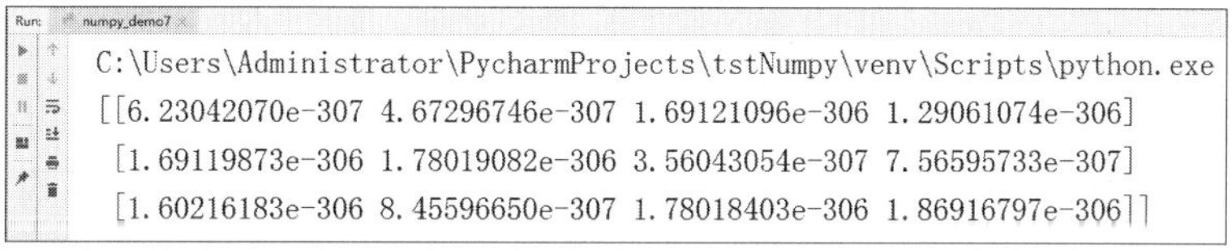
Run:
numpy_demo7
C:\Users\Administrator\PycharmProjects\tstNumpy\venv\Scripts\python.exe
[[6.23042070e-307 4.67296746e-307 1.69121096e-306 1.29061074e-306]
[1.69119873e-306 1.78019082e-306 3.56043054e-307 7.56595733e-307]
[1.60216183e-306 8.45596650e-307 1.78018403e-306 1.86916797e-306]]

图2.16 NumPy模块创建无具体值的数组的代码运行结果

由图 2.16 中可以看出，empty() 返回的是没有意义的数值的数组，其元素不进行初始化，也可以理解成未初始化的“垃圾值”。

2.2.2 数组对象类型的说明

dtype 是 NumPy 如此强大和灵活的原因之一。数值型 dtype 的命名方式相同：一个类型名（如 float 或 int），后面跟一个用于表示各元素位长的数字。标准的双精度浮点值（即 Python 中的 float 对象）需要占用 8 字节（即 64 位），因此，该类型在 NumPy 中就记作 float64。表 2.1 列出了 NumPy 所支持的全部 dtype 数据类型。

表 2.1 NumPy 所支持的全部 dtype 数据类型

类型	类型代码	说明
int8，uint8	i1,u1	有符号和无符号的 8 位（1 字节）整型
int16，uint16	i2,u2	有符号和无符号的 16 位（2 字节）整型
int32，uint32	i4,u4	有符号和无符号的 32 位（4 字节）整型
int64，uint64	i8,u8	有符号和无符号的 64 位（8 字节）整型

续表

类型	类型代码	说明
float16	f2	半精度浮点数
float32	f4 或 f	标准的单精度浮点数。与 C 语言的 float 兼容
float64	f8 或 d	标准的双精度浮点数。与 C 语言的 double 和 Python 的 float 对象兼容
float128	f16 或 g	扩展精度浮点数
complex64，complex128	c8、c16	分别用两个 32 位、64 位或 128 位浮点数表示复数
complex256	c32	复数
bool	?	存储 True 和 False 值
Object	O	Python 对象类型
String_	S	固定长度的字符串类型（每个字符 1 字节）。例如，要创建一个长度为 10 的字符串，应使用 S10
Unicode_	U	固定长度的 unicode 类型（字节数由平台决定），跟字符串的定义方式一样（如 U10）

如果数据类型方面存在问题，可以通过 ndarray 的 astype() 方法实现 dtype 数据类型的转换。

【程序代码清单 2.10】NumPy() 模块实现 dtype 数据类型的转换

```
import numpy as np
arr1=np.array([12.5,136.7,24.6,35.5,109.8])
int_arr1=arr1.astype(int)
print(int_arr1.dtype)
str_arr1=arr1.astype(str)
sprint(str_arr1.dtype)
```

上述代码的运行结果如图 2.17 所示。

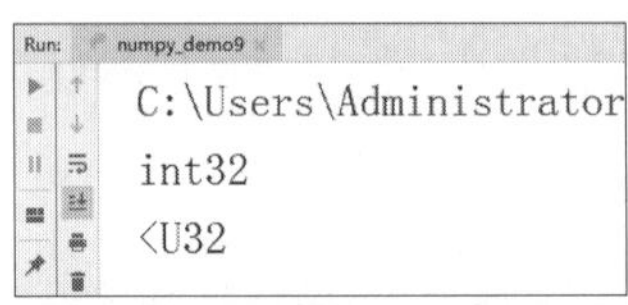

图2.17 NumPy模块实现dtype数据类型的转换的代码运行结果

这里需要注意的是，使用 astype() 进行数据类型转换的时候，无论如何都会创建出一个新的数组，也就是原始数组的一份副本，即使新的 dtype 与老的 dtype 的数据类型一致也会如此。

2.2.3 随机数生成数组

NumPy 的 random 模块对 Python 内置的 random 模块进行了补充，增加了一些用于高效生成多种概率分布的样本值的方法。例如，你可以用 normal() 方法来得到一个标准高斯分布（又称正态分布）的 3×3 样本数组。

【程序代码清单 2.11】NumPy 模块产生随机数组

```
import numpy as np
```

```
samples=np.random.normal(size=(4,4))
print(samples)
```

上述代码的运行结果如图 2.18 所示。

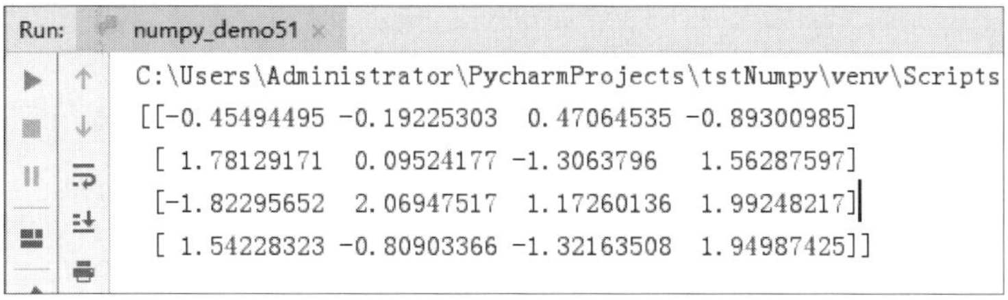

```
Run: numpy_demo51
C:\Users\Administrator\PycharmProjects\tstNumpy\venv\Scripts
[[-0.45494495 -0.19225303  0.47064535 -0.89300985]
 [ 1.78129171  0.09524177 -1.3063796   1.56287597]
 [-1.82295652  2.06947517  1.17260136  1.99248217]
 [ 1.54228323 -0.80903366 -1.32163508  1.94987425]]
```

图2.18 NumPy模块产生随机数组的代码运行结果

而 Python 内置的 random 模块则一次只能生成一个样本值。从下面代码的运行结果中可以看出，如果需要产生大量的样本值，使用 NumPy 的 random 模块执行时间快了不止一个数量级。

【程序代码清单 2.12】NumPy 模块大数据量的执行时间测试

```
from random import normalvariate
import time
import  numpy as np
n=10000000
start=time.time()
samples=[normalvariate(0,1) for _ in range(n)]
times=np.random.normal(size=n)
end=time.time()
print(end-start)
```

上述代码的运行结果如图 2.19 所示。

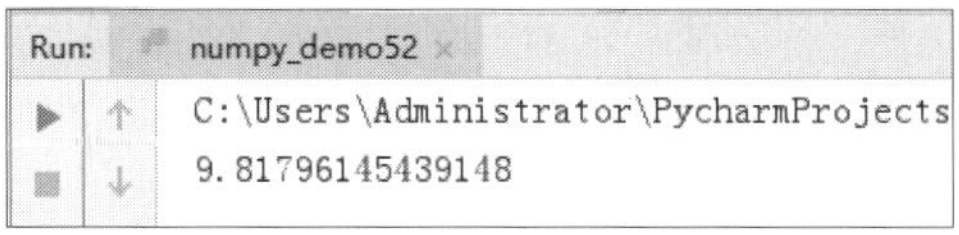

```
Run: numpy_demo52
C:\Users\Administrator\PycharmProjects
9.81796145439148
```

图2.19 NumPy模块大数据量的执行时间测试的代码运行结果

还有一些方法可一次性生成大量样本值，如表 2.2 所示。

表 2.2 一次性生成大量样本值的方法

方法名称	说明
seed	确定随机数生成器的种子
permutation	返回一个序列的随机排列或返回一个随机排列的范围
shuffle	对一个序列就地随机排列
rand	产生均匀分布的样本值
randint	从给定的上下限范围内随机选取整数
randn	产生高斯分布（平均值为 0，标准差为 1) 的样本值，类似于 MATLAB 接口
binomial	产生二项分布的样本值

续表

方法名称	说明
normal	产生高斯分布的样本值
beta	产生 beta 分布的样本值
chisquare	产生卡方分布的样本值
gamma	产生 gamma 分布的样本值
uniform	产生在 [0,1) 中均匀分布的样本值

2.3 NumPy 模块中数组的广播

数组对机器学习来说，最重要的作用在于不用编写循环即可对数据进行批量运算。这通常就叫作矢量化（vectorization)。大小相等的数组之间的任何算术运算都会被应用到元素级。可以通过下面的代码来看一下具体的情况。

【程序代码清单 2.13】NumPy 模块实现大小相等数组的算术运算（乘法 / 减法）

```
import numpy as np
arr1=np.array([[10,20,30],[7,8,9]])
multi_arr=arr1*arr1
sub_arr=arr1-arr1
print(" 大小相等的数组实现乘法 ")
print(multi_arr)
print(" 大小相等的数组实现减法 ")
print(sub_arr)
```

上述代码的运行结果如图 2.20 所示。

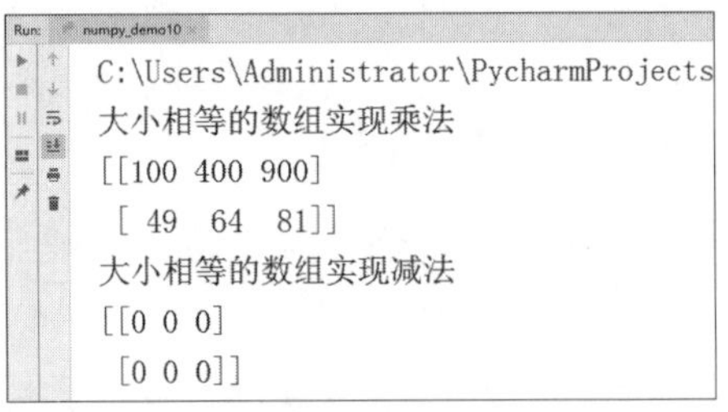

图2.20 NumPy模块实现大小相等数组的算术运算（乘法/减法）的代码运行结果

同样的道理，数组还可以和某个值进行算术运算，这个值也称作标量。标量值会与数组中的每个值进行运算，代码如下。

【程序代码清单 2.14】NumPy 模块实现数组和标量的运算（乘法 / 除法）

```
import numpy as np
```

```
arr1=np.array([[10,20,30],[7,8,9]])
divide_arr=100/arr1
multi_arr=arr1*0.5
print(" 数组与标量值的除法运算 ")
print(divide_arr)
print(" 数组与标量值的乘法运算 ")
print(multi_arr)
```

上述代码的运行结果如图 2.21 所示。

```
C:\Users\Administrator\PycharmProjects\
数组与标量值的除法运算
[[10.          5.          3.33333333]
 [14.28571429 12.5        11.11111111]]
数组与标量值的乘法运算
[[ 5.  10.  15. ]
 [ 3.5  4.   4.5]]
```

图2.21 NumPy模块实现数组和标量的运算（乘法/除法）的代码运行结果

从运行结果上看，在这个乘法或除法的具体运算中，标量值 100 或 0.5 被传播到了其他所有的元素上，这种技术就叫作广播，标量值和数组之间的合并运算就是最简单的广播。

剖析起来看，广播就是让运算发生在不同大小的数组之间。

2.3.1 数组广播的原则

广播（broadcast）指的是不同形状的数组之间算术运算的执行方式。

下面先通过统计学中距平处理的例子来了解广播的原则。距平是一个大气科学术语，一般是指统计学中通常所称的“离差”，也就是一组数据中的某一个数与平均数之间的差。在历史上，气温距平（单位为℃）是有特定含义的，它是指某地气温与同纬度平均气温之差，而不是一般意义的平均值。这里以北京冬季某个时间的气温值为例，进行气温距平的计算，代码如下。

【程序代码清单 2.15】NumPy 模块计算北京某段时间内的周气温距平

```
import numpy as np
weathers=np.array([[20,21,22,18,19,21,22],[18,21,23,19,18,21,13],[18,19,22,21,21,17,16],[15,
18,20,19,21,17,18]])
print(weathers.mean(0))
meaned=weathers-weathers.mean(0)
print(meaned)
print(meaned.mean(0))
```

上述代码的运行结果如图 2.22 所示。

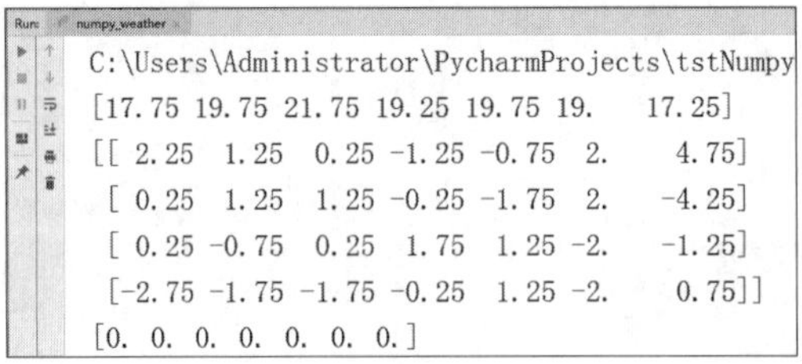

```
C:\Users\Administrator\PycharmProjects\tstNumpy
[17.75 19.75 21.75 19.25 19.75 19.   17.25]
[[ 2.25  1.25  0.25 -1.25 -0.75  2.    4.75]
 [ 0.25  1.25  1.25 -0.25 -1.75  2.   -4.25]
 [ 0.25 -0.75  0.25  1.75  1.25 -2.   -1.25]
 [-2.75 -1.75 -1.75 -0.25  1.25 -2.    0.75]]
[0.  0.  0.  0.  0.  0.  0.]
```

图2.22 NumPy模块计算北京某段时间内的周气温距平的代码运行结果

我们可以通过图 2.23 的展示看出通过广播进行周气温距平计算的过程的一些规律和原则。

20	21	22	18	19	21	22
18	21	23	19	18	21	13
18	19	22	21	21	17	16
15	18	20	19	21	17	18

某段时间的气温

17.75	19.75	21.75	19.25	19.75	19.	17.25
17.75	19.75	21.75	19.25	19.75	19.	17.25
17.75	19.75	21.75	19.25	19.75	19.	17.25
17.75	19.75	21.75	19.25	19.75	19.	17.25

某段时间气温数组对应的平均气温

2.25	1.25	0.25	-1.25	-0.75	2.	4.75
0.25	1.25	1.25	-0.25	-1.75	2.	-4.75
0.25	-0.75	0.25	1.75	1.25	-2	-1.25
-2.75	-1.75	-1.75	-0.25	1.25	-2.	0.75

某段时间气温数组对应的距平气温

图2.23 一维平均周气温数组在轴0上的广播

由周气温数组的距平方法可以推出广播的原则，如果两个数组的后缘维度（trailing dimension，即从末尾开始的维度）的轴长度相符或其中一方的长度为 1，则认为它们是广播兼容的。广播会在缺失和（或）长度为 1 的维度上进行。

可以把气温数组的距平计算方法再转化一下，假设数组中的维度意义是星期一的温度、星期二的温度、星期三的温度、星期四的温度、星期五的温度、星期六的温度、星期日的温度。那么求出历史上的星期一距平值的计算，不一定只是每一周的距平计算。求历史上的星期一、星期二、星期三、星期四、星期五、星期六、星期日的距平值，代码如下。

【程序代码清单 2.16】NumPy 模块计算某段时间星期中每一天气温的距平

```
import numpy as np
weathers=np.array([[20,21,22,18,19,21,22],[18,21,23,19,18,21,13],[18,19,22,21,21,17,16],[15,18,
20,19,21,17,18]])
print(weathers.mean(1).reshape((4,1)))
meaned=weathers-weathers.mean(1).reshape((4,1))
print(meaned)
print(meaned.mean(1))
```

上述代码中，reshape((4,1)) 是把行平均值的形状变成 (4,1)，mean(0) 是在 0 轴上进行广播，mean(1) 是在 1 轴上进行广播，这也是 reshape(4,1) 转换的原因，是在进行广播轴的转换。上述代码的运行结果如图 2.24 所示。

```
Run: numpy_weather_b
C:\Users\Administrator\PycharmProjects\tstNumpy\venv\Scripts\python.exe
[[20.42857143]
 [19.        ]
 [19.14285714]
 [18.28571429]]
[[-0.42857143  0.57142857  1.57142857 -2.42857143 -1.42857143  0.57142857
   1.57142857]
 [-1.          2.          4.          0.         -1.          2.
  -6.        ]
 [-1.14285714 -0.14285714  2.85714286  1.85714286  1.85714286 -2.14285714
  -3.14285714]
 [-3.28571429 -0.28571429  1.71428571  0.71428571  2.71428571 -1.28571429
  -0.28571429]]
[1.52259158e-15 0.00000000e+00 5.07530526e-16 1.01506105e-15]
```

图2.24 NumPy模块计算某段时间星期中每一天气温距平的代码运行结果

某段时间星期中每一天气温距平的计算过程也可以用图 2.25 所示的广播体现。

（单位：℃）

20	21	22	18	19	21	22
18	21	23	19	18	21	13
18	19	22	21	21	17	16
15	18	20	19	21	17	18

某段时间的气温

20.43	20.43	20.43	20.43	20.43	20.43	20.43
19.	19.	19.	19.	19.	19.	19.
19.15	19.15	19.15	19.15	19.15	19.15	19.15
18.29	18.29	18.29	18.29	18.29	18.29	18.29

某段时间每一天气温的平均值

-0.43	0.57	1.57	-2.43	-1.43	0.57	1.57
-1	2	4	-0	-1	2.	-6
1.14	-0.14	2.86	1.86	1.86	-2.14	-3.14
--3.29	-0.29	1.71	0.71	2.71	-1.29	-.029

某段时间每一天气温的距平值

图2.25 一维某段时间星期中每一天气温数组在轴1上的广播

二维数组的广播发生在行上或者是列上，不管是行上还是列上，其中必有一个维度为 1。而高维度数组的广播也遵循广播的原则，较小数组的“广播维”必须为 1。对于三维的情况，在三维的任何一维上广播其实也就是将数据重塑为兼容的形状。图 2.26 说明了要在三维数组各维度上广播的形状需求。

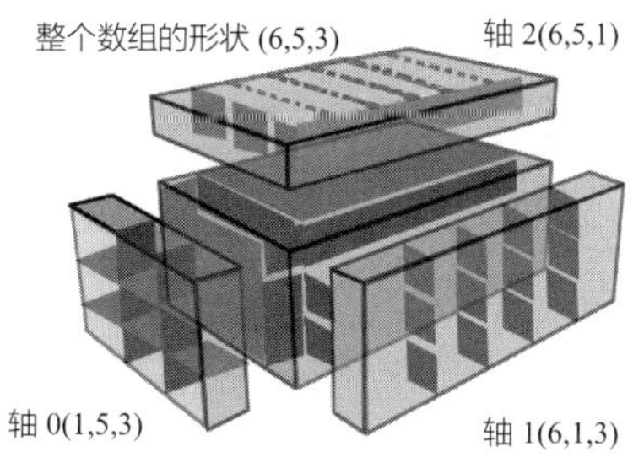

图2.26 能在该三维数组上广播的二维数组的形状

2.3.2 数组广播的妙用

在 NumPy 的创建数组方法中，特殊类型的数组如 zeros() 创建全 0 数组，ones() 创建全 1 数组，如果需要创建的特殊数组元素值全部为 2，那又该如何处理？或者需要设置的特殊数组全为某个不是 0 及 1 的值，该怎样做呢？

这里广播就可起到一定的作用。具体代码如下。

【程序代码清单 2.17】NumPy 模块利用广播设置特殊数组的元素值

```
import numpy as np
arr=np.ones((4,6))
arr=arr*7
print(arr)
```

上述代码实现了定义一个全 1 的数组，维度是 4×6，将这个数组以广播的技术乘 7，就构建了一个全 7 的数组。上述代码的运行结果如图 2.27 所示。

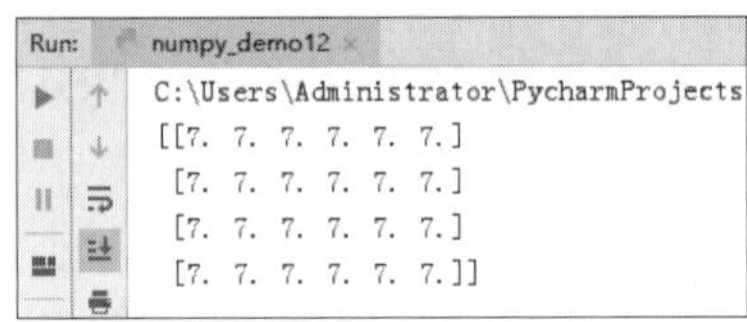

图2.27 NumPy模块利用广播设置特殊数组的值的代码运行结果

其实广播原则也同样适用于通过索引位置设置数组元素值的操作，代码如下。

【程序代码清单 2.18】NumPy 模块利用索引位置设置特殊数组的元素值

```
import numpy as np
arr=np.ones((4,6))
arr[:]=7
print(arr)
```

上述代码的运行结果如图 2.28 所示。

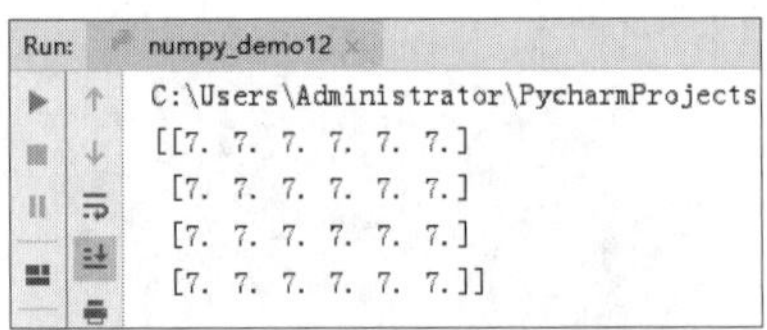

图2.28 NumPy模块利用索引位置设置特殊数组的元素值的代码运行结果

2.4 NumPy 模块中数组的操作

使用 NumPy 创建出数组之后，就需要对数组中的元素进行操作。数组跟 Python 数据类型中的列表类似，调用其中的元素也是通过索引实现的。

2.4.1 基本的索引

NumPy 数组的索引是一个很有内容的课题，取数据子集或单个元素的方式也有很多。单从一般的引用方式上来说，它跟列表的功能差不多。具体代码如下。

【程序代码清单 2.19】NumPy 模块利用索引访问数组元素的值

```
import numpy as np
arr=np.array([3.1,3.14,3.141,3.1415,3.14159,3.141592,3.1415926])
print(arr[4])
print("------------------")
print(arr[3:6])
print("------------------")
arr[3:6]=3.14159265358
print(arr)
```

代码中有直接引用索引值，arr[4] 可以理解成输出显示小数点后 5 位的 π 值；arr[3:6] 就是索引值的切片引用，可以理解成输出小数点后 4 位一直到小数点后 7 位的 π 值，可以将这些值输出后做对比。注意，如果将 arr[3:6] 的切片引用赋上一个数值，就会使用广播的技术把这些值修改掉。上述代码的运行结果如图 2.29 所示。

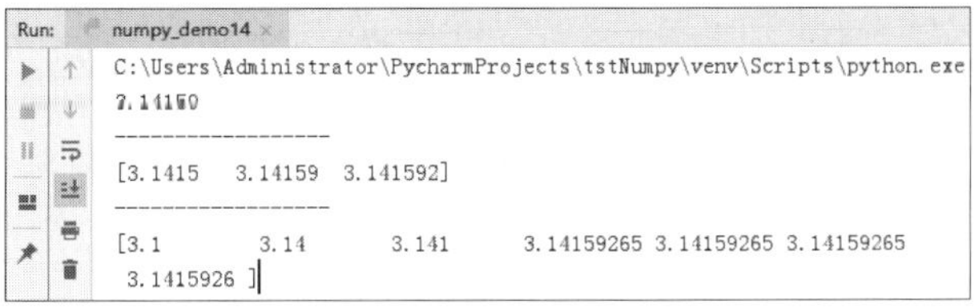

```
Run:  numpy_demo14
C:\Users\Administrator\PycharmProjects\tstNumpy\venv\Scripts\python.exe
3.14159
------------------
[3.1415   3.14159  3.141592]
------------------
[3.1        3.14       3.141      3.14159265 3.14159265 3.14159265
 3.1415926 ]
```

图2.29 NumPy模块利用索引访问数组元素的值的代码运行结果

这里需要说明的是，数组切片是原始数组的视图，意味着数据不会被复制，视图上的任何修改都会直接反映到原数组上。这也是由于 NumPy 的设计目的是处理大数据，所以你可以想象一下，假如 NumPy 坚持要将数据复制来复制去，会产生何等的性能和内存问题。

在一个二维数组中，各索引位置上的元素是一维数组，再对一维数组中的元素进行递归访问，一般都会用 arr[0][2] 来表示，也可以传入一个以逗号隔开的索引列表来选取单个元素，如 arr[0,2]。这两种方式是等价的，代码如下。

【程序代码清单 2.20】NumPy 模块引用二维数组的数据

```
import numpy as np
arr=np.array([[3.1,3.14,3.141,3.1415],[3.14159,3.141592,3.1415926,3.14159265]])
print(arr[0][2])
```

```
print(arr[1,1])
```

代码中使用了 arr[0][2] 以及 arr[1,1] 两种方式来对二维数组中的数据进行引用，输出不同精度的 π 值。上述代码的运行结果如图 2.30 所示。

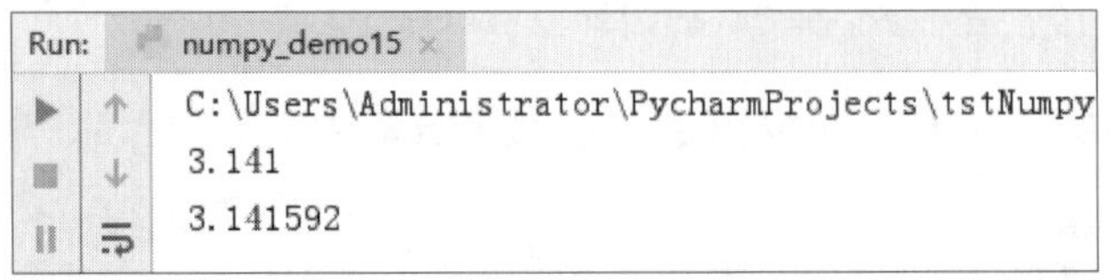

图2.30 NumPy模块引用二维数组的数据的代码运行结果

这样，对于二维数组中数据维度 1 和维度 2 上的索引方式可以概括成图 2.31 所示。

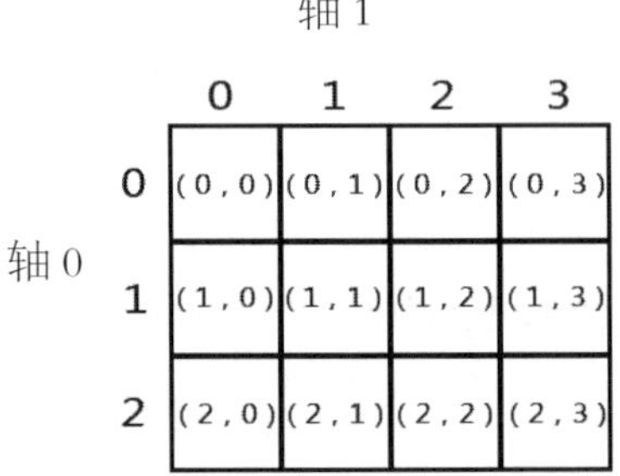

图2.31 二维数组中数据元素的索引方式

对于二维数组以上的多维数组，如果省略了后面的索引，则返回对象会是一个维度低一点儿的 ndarray，代码如下。

【程序代码清单 2.21】NumPy 模块多维数组后面索引的省略

```
import numpy as np
arr=np.array([[[3.1,3.14],[3.141,3.1415]],[[3.14159,3.141592],[3.1415926,3.14159265]]])
print(arr.shape)
print(arr[1])
print("-----------------")
print(arr[1,0])
```

上述代码，对三维数组来说，维度为 (2,2,2)，如果输出 arr[1]，省略了两个维度，将输出一个二维数组，返回对象是低一个维度的 ndarray，输出的维度为 (2,2)；如果输出 arr[1,0]，就省略了一个维度，输出一个一维数组，返回对象是低两个维度的 ndarray，输出的维度为 (2,)。这里要注意维度上 (2,1) 与 (2,) 的区别，就在于一个维度和两个维度的区别。上述代码的运行结果如图 2.32 所示。

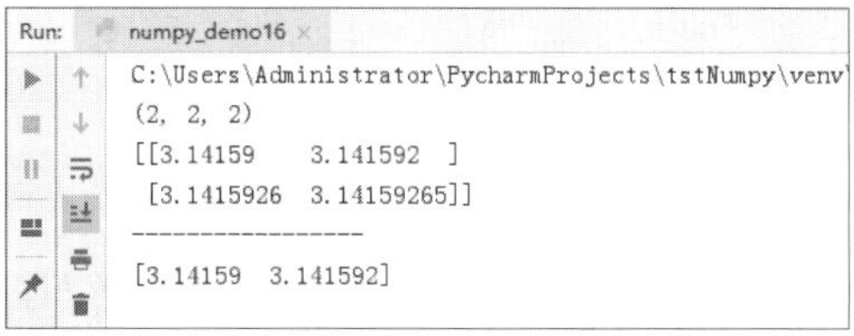

```
C:\Users\Administrator\PycharmProjects\tstNumpy\venv\
(2, 2, 2)
[[3.14159    3.141592  ]
 [3.1415926  3.14159265]]
-----------------
[3.14159  3.141592]
```

图2.32 NumPy模块多维数组后面索引的省略的代码运行结果

数组的索引值也可以是负数，代码如下。

【程序代码清单 2.22】NumPy 模块中数组索引值为负值

```
import numpy as np
arr=np.array([[[3.1,3.14],[3.141,3.1415]],[[3.14159,3.141592],[3.1415926,3.14159265]]])
print(arr[-1])
```

代码中的 arr[-1] 指的是三维数组索引中的最后一个二维数组。上述代码的运行结果如图 2.33 所示。

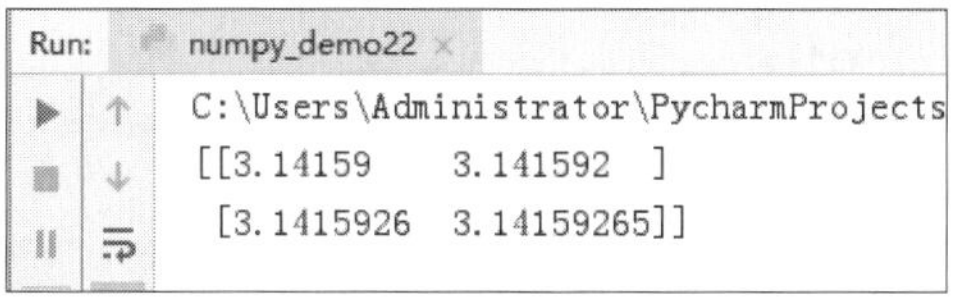

```
C:\Users\Administrator\PycharmProjects
[[3.14159    3.141592  ]
 [3.1415926  3.14159265]]
```

图2.33 NumPy模块中数组索引值为负值的代码运行结果

2.4.2 切片的索引

NumPy 中的数组不仅可以在一个维度上使用切片索引，而且在多个维度上也可以使用切片索引，代码如下。

【程序代码清单 2.23】NumPy 模块多维数组切片的索引

```
import numpy as np
arr=np.array([[[3.1,3.14],[3.141,3.1415]],[[3.14159,3.141592],[3.1415926,3.14159265]]])
print(arr[:1,:1])
```

代码中采用的数组仍然是表现 π 值精确度的三维数组，输出语句中 arr 数组索引用两个维度上的切片，“:1”表示维度数据索引上的 0 到 1，不等于 1，其实只有 0 这个索引维度。arr[:1,:1] 指的是 arr 数组的两个维度上使用 0 到 1、不等于 1 的切片数据，也就是以第一个索引维度上的 0 和第二个索引维度上的 0 来确定的数据。上述代码的运行结果如图 2.34 所示。

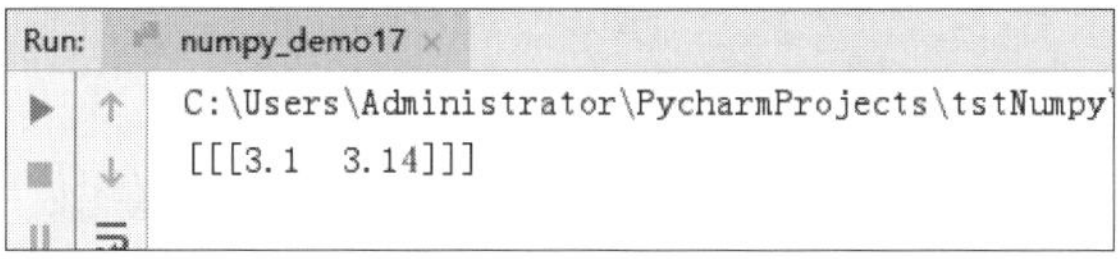

```
C:\Users\Administrator\PycharmProjects\tstNumpy\
[[[3.1  3.14]]]
```

图2.34 NumPy模块多维数组切片的索引的代码运行结果

有了多维度上的切片索引，同时索引也是服从广播的，这样对切片表达式的赋值操作会被扩展到整个选区，代码如下。

【程序代码清单 2.24】NumPy 模块多维数组切片的广播赋值

```
import numpy as np
arr=np.array([[[3.1,3.14],[3.141,3.1415]],[[3.14159,3.141592],[3.1415926,3.14159265]]])
arr[:2,:1]=3.14159265358
print(arr)
```

代码中直接使用 arr[:2,:1]=3.14159265358 进行多重维度上的切片广播赋值。上述代码的运行结果如图 2.35 所示。

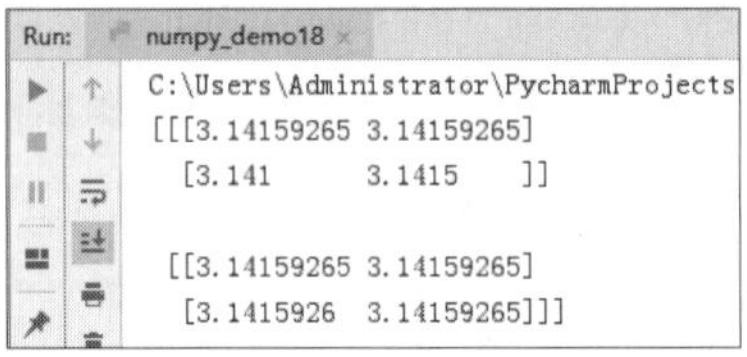

```
Run:    numpy_demo18
C:\Users\Administrator\PycharmProjects
[[[3.14159265 3.14159265]
  [3.141      3.1415    ]]

 [[3.14159265 3.14159265]
  [3.1415926  3.14159265]]]
```

图2.35 NumPy模块多维数组切片的广播赋值的代码运行结果

2.4.3 布尔型索引

对于 NumPy 中的数组，按照条件来提取合适的数据是 ndarray 所支持的特性。这个条件其实就是布尔型的数据，把条件语句作为索引，提取其判断条件为 True 的数据就可以实现布尔型的索引，代码如下。

【程序代码清单 2.25】NumPy 模块布尔型索引肯定条件提取数组中的数据

```
import numpy as np
names=np.array([" 业务员 "," 业务员 "," 经理 "," 主管 "," 业务员 "," 主管 "])
salary=np.array([2520.00,3600.00,2745.00,4200.00,3805.00,3947.00])
print(salary[names==" 业务员 "])
```

代码中定义了一个字符串型的数组 names，存储的是一些职位信息，另外一个数值型的数组 salary 存储的是薪资方面的信息。不同的职位得到了不同的薪资，这里统计的是同为“业务员”的人员最终的薪资。可以通过布尔型 names==" 业务员 " 来提取出 names 中符合条件的索引值，再把索引值对应的 salary 中的薪资输出，就得到同为“业务员”的人员不同的薪资水平。salary[names==" 业务员 "] 就是同为“业务员”职位的不同人员的薪资水平的语句。上述代码的运行结果如图 2.36 所示。

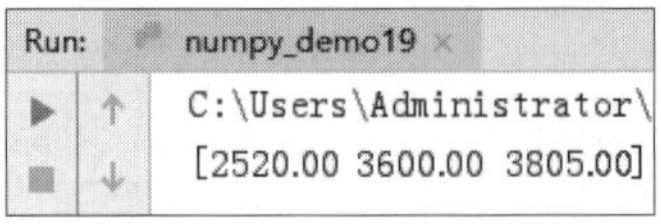

```
Run:    numpy_demo19
C:\Users\Administrator\
[2520.00 3600.00 3805.00]
```

图2.36 NumPy模块布尔型索引肯定条件提取数组中的数据的代码运行结果

布尔型索引提取数组元素的流程可以用图形表示，如图 2.37 所示。

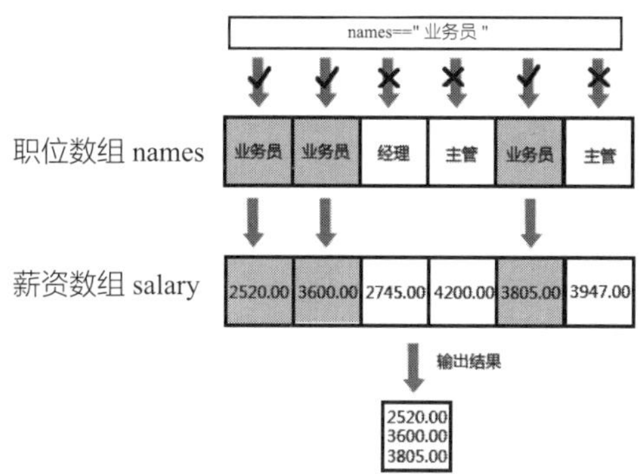

图2.37 布尔型索引提取数组元素流程

如果需求出现变化，要选择除“业务员”以外的其他值，可以使用不等于符号(!=)，也可以通过浪纹线(~)对条件进行否定，代码如下。

【程序代码清单 2.26】NumPy 模块布尔型索引否定条件提取数组中的数据

```
import numpy as np
names=np.array([" 业务员 "," 业务员 "," 经理 "," 主管 "," 业务员 "," 主管 "])
salary=np.array([2520.00,3600.00,2745.00,4200.00,3805.00,3947.00])
print(salary[names!=" 业务员 "])
print("----------------------------")
print(salary[~(names==" 业务员 ")])
```

代码中使用了 salary[names!=" 业务员 "] 语句，用 "!=" 表示 names 数组中不是“业务员”职位的人员；也使用了 salary[~(names==" 业务员 ")] 语句，用“~”表示同样的意思。上述代码的运行结果如图 2.38 所示。

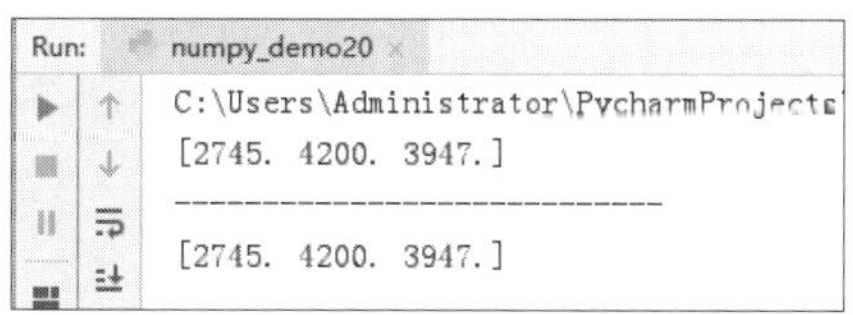

图2.38 NumPy模块布尔型索引否定条件提取数组中的数据的代码运行结果

在布尔型索引表达式中，除了“!=”和“==”，还有 & (与) 、| (或) 之类的布尔运算符号，代码如下。

【程序代码清单 2.27】NumPy 模块布尔型索引多条件提取数组中的数据

```
import numpy as np
names=np.array([" 业务员 "," 业务员 "," 经理 "," 主管 "," 业务员 "," 主管 "])
salary=np.array([2520.00,3600.00,2745.00,4200.00,3805.00,3947.00])
print(salary[(names==" 经理 ")|(names==" 主管 ")])
print("------------------")
```

```
print(salary[(names==" 主管 ")&(salary>4000)])
```

代码中 salary[(names==" 经理 ")|(names==" 主管 ")] 的作用是找出职位是“经理”或者“主管”的人员的薪资情况，利用了两个布尔条件的“或”操作；salary[(names==" 主管 ")&(salary>4000)] 的作用是找出职位是“主管”并且薪资大于 4000 的人员的薪资情况，利用了两个布尔条件的“与”操作。上述代码的运行结果如图 2.39 所示。

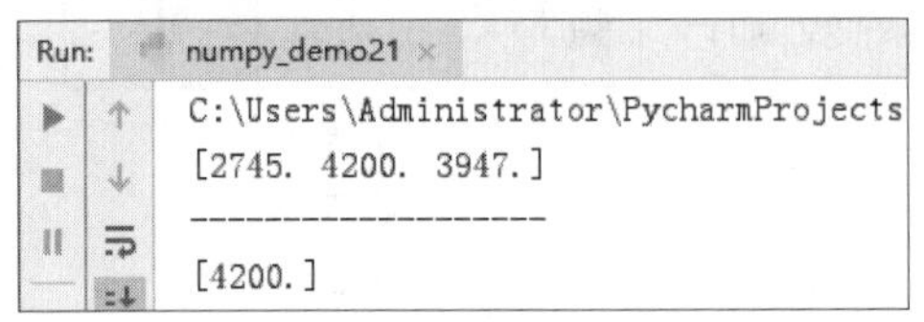

图2.39 NumPy模块布尔型索引多条件提取数组中的数据的代码运行结果

需要说明的是，通过布尔型索引选取数组中的数据，将总是创建数据的副本，即使返回一模一样的数组也是如此。通过布尔型数组设置值是一种经常用到的手段。比如选取正负数数组中所有的正数，就可以使用布尔条件：数组名称 >0。

2.4.4 数组的转置和轴变换

NumPy 中的数组有一种特殊的需求，就是数组的转置操作。这个操作借鉴了线性代数中矩阵的转置操作。将行与列对调，即第一行变成第一列或第一列变成第一行的操作便是转置操作。数组的转置使用 transpose() 方法，是重塑的一种特殊形式，它返回的是原数据的视图，不会进行复制操作，代码如下。

【程序代码清单 2.28】NumPy 模块 transpose() 方法实现数组转置

```
import numpy as np
arr=np.array([[1,1,1,1,1],[2,2,2,2,2],[3,3,3,3,3],[4,4,4,4,4],[5,5,5,5,5]])
arr_trans=arr.transpose()
print(arr_trains)
```

代码中用了一个行元素重复的二维数组来进行转置，最终就会把行元素相同变成列元素相同。上述代码的运行结果如图 2.40 所示。

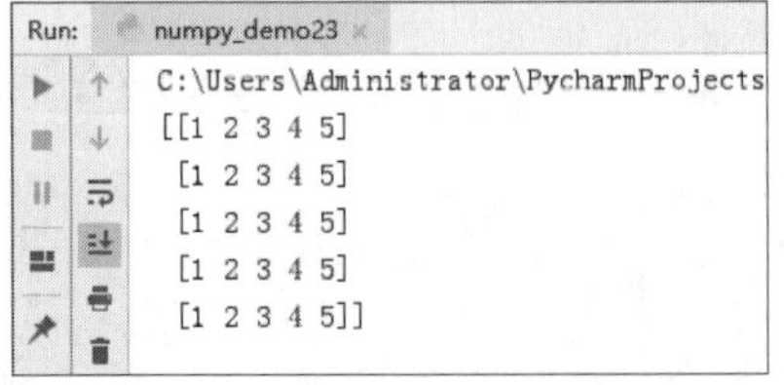

图2.40 NumPy模块transpose()方法实现数组转置的代码运行结果

由运行结果很容易根据数组的特点看出行和列的转置效果。transpose() 方法也可以用一个特殊的 T 属性来代替，代码如下。

【程序代码清单 2.29】NumPy 模块 T 属性实现数组转置

```
import numpy as np
arr=np.array([[1,1,1,1,1],[2,2,2,2,2],[3,3,3,3,3],[4,4,4,4,4],[5,5,5,5,5]])
arr_trans=arr.T
print(arr_trains)
```

上述代码的运行结果如图 2.41 所示。

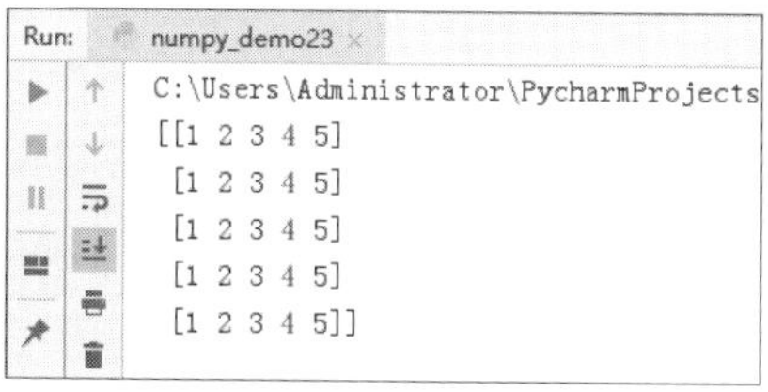

```
Run: numpy_demo23
C:\Users\Administrator\PycharmProjects
[[1 2 3 4 5]
 [1 2 3 4 5]
 [1 2 3 4 5]
 [1 2 3 4 5]
 [1 2 3 4 5]]
```

图2.41 NumPy模块T属性实现数组转置的代码运行结果

从运行结果上看，T 属性和 transpose() 方法得到的结果是一样的。无论是 T 属性，还是 transpose() 方法，在后面的机器学习介绍中，都常常被用来计算 $y=ax_1+bx_2+cx_3+dx_4$ 这种形式的式子。其实可以把一个一维数组转置后点乘另外一个一维数组来获取结果，记作 a.dot(b)。在 NumPy 中，dot 用作数组之间的点乘运算。点乘运算以数学运算中矩阵相乘的方式实现，**C** 中第 i 行第 j 列所在元素等于 **A** 中第 i 行所有元素跟 **B** 中第 j 列所有元素一一对应的乘积之和，如图 2.42 所示。

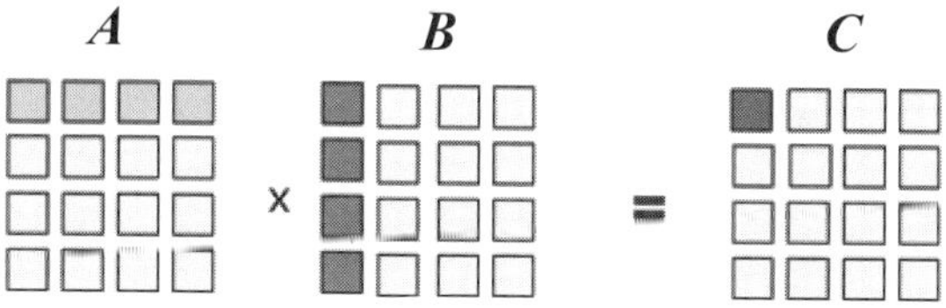

图2.42 数组点乘运算方法的运算规律

根据这样的点乘运算方法，实现形如 $y=ax_1+bx_2+cx_3+dx_4$ 式子的程序代码如下。

【程序代码清单 2.30】NumPy 模块实现点乘结果示例

```
import numpy as np
arr=np.random.randn(4,)
print(arr)
result=np.dot(arr.T,arr)
print(result)
```

代码中通过 np.random.randn(4,) 定义了一个一维数组，数组中的数据是通过 NumPy 的随机模块 random 中的 randn() 高斯分布随机数据函数产生的。可以将数组中的数据看成不同的 x_1,x_2,x_3,x_4，然后将这个数组转置，就变成了 a,b,c,d 的随机数据，同时行也变成了列；再按照点乘公式点乘，就得到一个结果数据 result。result 满足的条件就是 $ax_1+bx_2+cx_3+dx_4$，result 也可以理解成公式中的 y，最后将结果输出。上述代码的运行结果如图 2.43 所示。

```
Run:   numpy_demo25
C:\Users\Administrator\PycharmProjects\tstNumpy\venv
[ 1.2908892  -0.21472093  0.24598233 -1.45234163]
3.8823035312434078
```

图2.43 NumPy模块实现点乘结果示例的代码运行结果

对高维数组来说，transpose() 需要得到一个由轴编号组成的元组才能对这些轴进行转置。但这种高维数组的转置方法非常“费脑子”，这里可以用三维数组的 transpose() 按轴编号的转置来看具体的变化特点。

对三维数组来说，它有 3 个维度；相当于有 x 轴、y 轴、z 轴；x 轴用 0 表示，y 轴用 1 表示，z 轴用 2 来表示。3 个轴之间的相互交换可以这样描述，x 轴和 y 轴的交换可以看作 0 和 1 的交换，x 轴和 z 轴的交换可以看作 0 和 2 的交换，y 轴和 z 轴的交换可以看作 1 和 2 的交换。

根据对交换的分析可知，transpose(1,0,2) 表示 x 轴与 y 轴发生交换，代码如下。

【程序代码清单 2.31】NumPy 模块 transpose() 实现三维数组的 x 轴和 y 轴交换

```
import numpy as np
arr=np.arange(16).reshape(2,2,4)
trans_arr=arr.transpose(1,0,2)
print(trans_arr)
```

上述代码的运行结果如图 2.44 所示。

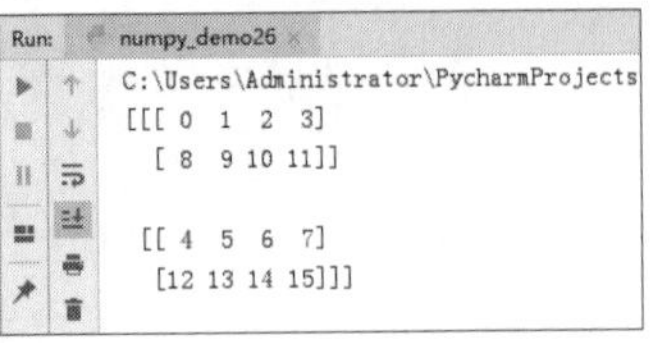

图2.44 NumPy模块transpose()实现三维数组的x轴和y轴交换的代码运行结果

从运行结果上看，是三维数组中第一级索引为 0 同时第二级索引为 1 的元素，与三维数组中第一级索引为 1 同时第二级索引为 0 的元素进行交换，即 transpose() 方法实现了 x 轴和 y 轴交换。

继续根据对交换的分析可知，transpose(2,1,0) 表示 x 轴与 z 轴发生交换，代码如下。

【程序代码清单 2.32】NumPy 模块 transpose() 实现三维数组的 x 轴和 z 轴交换

```
import numpy as np
```

```
arr=np.arange(16).reshape(2,2,4)
trans_arr=arr.transpose(2,1,0)
print(trans_arr)
```

上述代码的运行结果如图 2.45 所示。

Run:
numpy_demo27
C:\Users\Administrator
[[[0 8]
  [4 12]]

 [[1 9]
  [5 13]]

 [[2 10]
  [6 14]]

 [[3 11]
  [7 15]]]

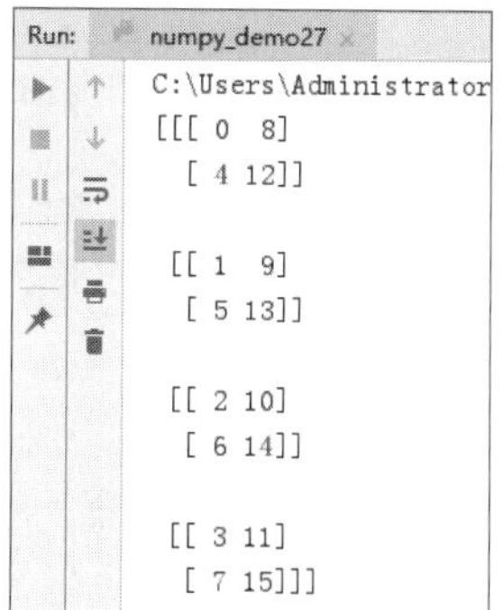

图2.45 NumPy模块transpose()实现三维数组的x轴和z轴交换的代码运行结果

从运行结果上看，首先是形式上的变化，数组会把第一级索引的 2 个元素质和第三级索引的 4 个元素进行互换，这样第一级索引就会有 4 个元素，第三级索引就会有 2 个元素，第二级索引没有变化。

再继续根据对交换的分析可知，transpose(0,2,1) 表示 y 轴与 z 轴发生交换，代码如下。

【程序代码清单 2.33】NumPy 模块 transpose() 实现三维数组的 y 轴和 z 轴交换

```
import numpy as np
arr=np.arange(16).reshape(2,2,4)
trans_arr=arr.transpose(0,2,1)
print(trans_arr)
```

上述代码的运行结果如图 2.46 所示。

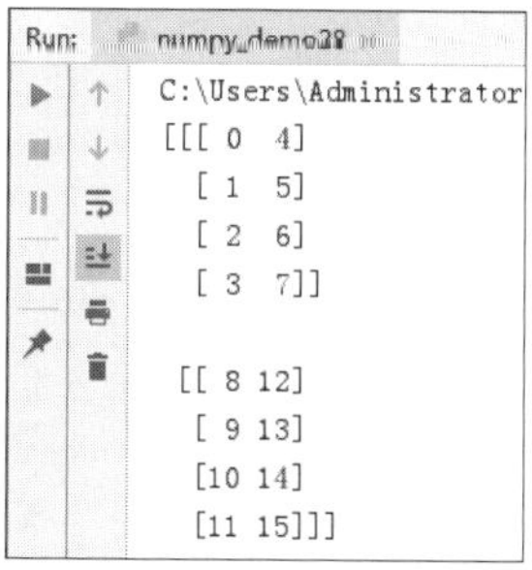

Run:
numpy_demo28
C:\Users\Administrator
[[[0 4]
  [1 5]
  [2 6]
  [3 7]]

 [[8 12]
  [9 13]
  [10 14]
  [11 15]]]

图2.46 NumPy模块transpose()实现三维数组的y轴和z轴交换的代码运行结果

从运行结果上看，数组的第一个维度不发生变化，数组会把第二级索引的 2 个元素和第三级索引的 4 个元素进行互换，这样第二级索引就会有 4 个元素，第三级索引就会有 2 个元素，第一级索引没有变化。

这可理解成第二级索引中的每一个元素，索引值相同的放在一起，就会有 4 个索引值，也就构成了第三维的 4 个元素，即 transpose() 方法实现了 y 轴和 z 轴交换。

2.4.5 元素的重复操作：repeat() 和 tile()

对数组进行重复以产生更大数组的工具主要是 repeat() 和 tile() 这两个函数。repeat() 会将数组中的各个元素重复一定次数，从而产生一个更大的数组，代码如下。

【程序代码清单 2.34】NumPy 模块 repeat() 实现数组元素的重复

```
import numpy as np
arr1=np.array([3])
repeat_arr1=arr1.repeat(3)
print(repeat_arr1)
print("------------------------------")
arr2=np.eye(3)
repeat_arr2=arr2.repeat(3)
print(repeat_arr2)
print("------------------------------")
arr3=np.eye(3)
repeat_arr3=arr3.repeat(3,axis=0)
print(repeat_arr3)
```

从代码来看，如果传入的是一个整数，则各元素都会重复该整数次。如果传入的是一组整数，则各元素就可以重复不同的次数。如果传入的是数组，则数组会被扁平化，各元素会形成一维数组进行重复。如果要形成多维，需要指明维度 axis。上述代码的运行结果如图 2.47 所示。

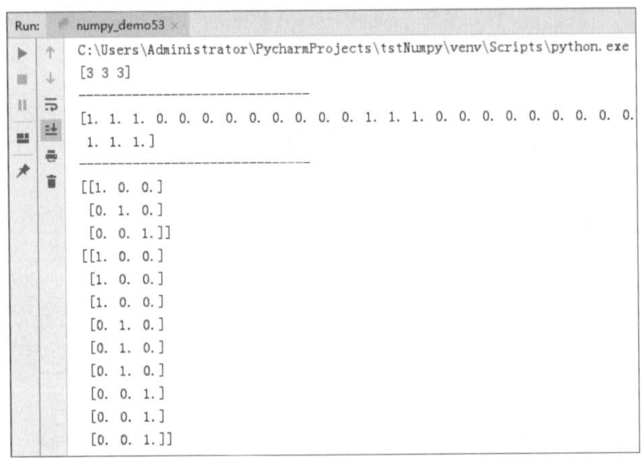

图2.47 NumPy模块repeat()实现数组元素的重复的代码运行结果

tile() 的功能是沿指定轴向堆叠数组的副本。你可以形象地将其想象成“铺瓷砖”。

■【程序代码清单 2.35】NumPy 模块 tile() 实现数组元素的重复

```
import numpy as np
arr=np.eye(3)
repeat_arr=np.tile(arr,3)
print(repeat_arr)
```

上述代码的运行结果如图 2.48 所示。

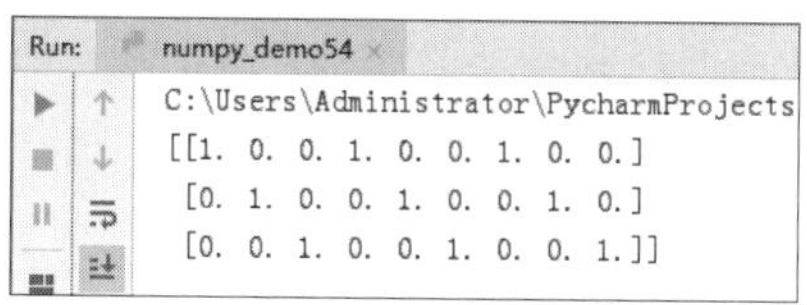

图2.48 NumPy模块tile()实现数组元素的重复的代码运行结果

2.5 通用方法：快速的元素级数组方法

通用方法（即 ufunc）是一种对 ndarray 中的数据进行元素级运算的方法，可以将其看成简单方法（接收一个或多个标量值，并产生一个或多个标量值）的矢量化包装器。

许多 ufunc 都是简单的元素级变体，例如开方类的方法 sqrt()，代码如下。

■【程序代码清单 2.36】NumPy 模块元组 sqrt() 数组方法

```
import numpy as np
arr=np.arange(10)
print(np.sqrt(arr))
```

上述代码的运行结果如图 2.49 所示。

```
Run: numpy_demo29
C:\Users\Administrator\PycharmProjects\tstNumpy\venv\Scripts\python.exe
[0.         1.         1.41421356 1.73205081 2.         2.23606798
 2.44948974 2.64575131 2.82842712 3.        ]
```

图2.49 NumPy模块元组sqrt()数组方法的代码运行结果

这是一元（unary）ufunc。另外一些方法 [如 add() 或 maximum()] 接受两个数组，因此也叫二元（binary）ufunc，并返回一个结果数组。

■【程序代码清单 2.37】NumPy 模块 maximum() 接受两个数组

```
import numpy as np
max_arr=np.maximum([5, -3, 9], [1, -9, 18])
max_arr1=np.maximum(np.eye(3), [0.6, -2,4])
```

```
print(max_arr)
print(max_arr1)
```

上述代码的运行结果如图 2.50 所示。

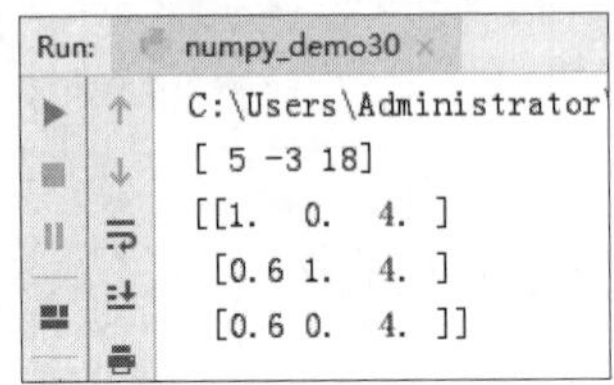

图2.50 NumPy模块maximum()接受两个数组的代码运行结果

由运行结果可知 maximum() 方法是比较参数中两个数组对应索引位置上的元素大小，大的被留下并输出。常见的一元 ufunc 如表 2.3 所示。

表 2.3 常见的一元 ufunc

方法名称	说明
abs、fabs	计算整数、浮点数或复数的绝对值。对于非复数值，可以使用计算更快的 fabs
sqrt	计算各元素的平方根，相当于 arr*0.5
square	计算各元素的平方，相当于 arr*2
exp	计算各元素的指数
log、log10、log2、log1p	自然对数（底数为 e)、底数为 10、底数为 2，以及底数为 e 的 log(1+x)
sign	计算各元素的正负：1（正数）、0（零）、-1（负数）
ceil	计算各元素的 ceiling 值，即不小于该值的最小整数
floor	计算各元素的 floor 值，即不大于该值的最大整数
rint	将各元素值四舍五入到最接近的整数，保留 dtype
modf	将数组的小数和整数部分以两个独立数组的形式返回
isnan	返回一个表示“哪些值是 NaN（这不是一个数字）”的布尔型数组
isfinite、isinf	分别返回一个表示“哪些元素是有穷的（非 inf, 非 NaN）”“哪些元素是无穷的”的布尔型数组
cos、cosh、sin、sinh、tan、tanh	普通型和双曲型三角函数
arccos、arccosh、arcsin、arcsinh、arctan、arctanh	反三角函数
logical_not	计算各元素 not x 的真值，相当于 -arr

常见的二元 ufunc 如表 2.4 所示。

表 2.4 常见的二元 ufunc

方法名称	说明
add	将数组中对应的元素相加
subtract	从第一个数组中减去第二个数组中的元素
multiply	数组元素相乘
divide、floor_divide	除法或向下圆中整除法（丢弃余数）
power	对第一个数组中的元素 A, 根据第二个数组中的相应元素 B，计算 AB
maximum、fmax	元素级的最大值计算，fmax 将忽略 NaN
minimum、fmin	元素级的最小值计算，fmin 将忽略 NaN

续表

方法名称	说明
mod	元素的求模计算（除法的余数）
copysign	将第二个数组中的值的符号复制给第一个数组中的值
greater、greater_equal、Less、less_equal、not_equal、logical_and、logical_or、logical_xor	执行元素级的比较运算，最终产生布尔型数组，相当于中缀运算符 >、>=、<、<=、!=、逻辑与、逻辑或、逻辑异或

二元 ufunc 也有一些用于执行特定矢量化运算的特殊方法，如 reduce() 方法。reduce() 接收一个数组参数，并通过一系列的二元运算对其值进行聚合。np.add.reduce() 对数组中的各个元素进行求和，代码如下。

【程序代码清单 2.38】NumPy 模块 reduce() 方法的应用

```
import numpy as np
arr=np.arange(101)
sum_arr=np.add.reduce(arr)
print(sum_arr)
```

程序中最经典的累加和就是求 1 到 100 的累加和，np.arange(101) 可以产生数字 1 到 100，然后调用 np.add.reduce(arr) 语句使用 reduce() 方法对数据进行累加。类似的方法如表 2.5 所示。

表 2.5 特殊的二元 ufunc

方法	说明
reduce(x)	通过连续执行原始运算的方式对值进行聚合
accumulate(x)	聚合值，保留所有局部聚合效果
reducate(x,bins)	“局部”约简（也就是 groupby）。约简数据的各个切片以产生聚合型数组
outer(x,y)	对每对元素 x 和 y 应用原始运算。结果数组的形状为 x.shape+y.shape

2.6 利用数组进行运算

采用 NumPy 中的数组，不用编写循环代码，就可以将许多种数据处理任务表述为简洁的数组表达式。用数组表达式代替循环代码的做法，通常被称为矢量化。一般来说，矢量化数组运算要比等价的纯 Python 运算快上一两个数量级（甚至更多），尤其在各种数值计算中。

2.6.1 用数学方法进行统计

可以通过数组中的一组数学方法对整个数组或某个轴向的数据进行统计。sum()、mean() 以及 std() 等聚合计算（aggregation，通常叫作约简，英文名称 reduction），既可以当作数组的实例方法调用，也可以当作顶级 NumPy 方法使用。

【程序代码清单 2.39】NumPy 模块数学方法聚合统计

```
import numpy as np
arr=np.arange(101)
sum_arr=arr.sum()
mean_arr=arr.mean()
std_arr=arr.std()
print(sum_arr)
print("--------------------")
print(mean_arr)
print("--------------------")
print(std_arr)
```

代码中将数字 1 到 100 通过 sum() 方法求和、mean() 方法求平均值、std() 方法求方差。上述代码的运行结果如图 2.51 所示。

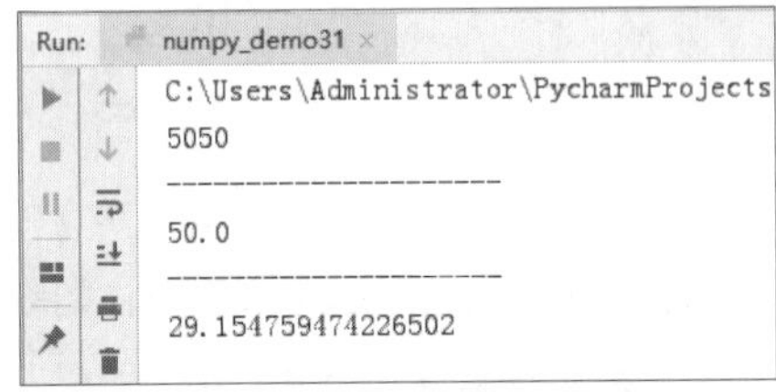

图2.51 NumPy模块数学方法聚合统计的代码运行结果

mean() 和 sum() 这类的方法可以接收一个 axis 参数，这个参数用于计算相应轴向上的统计值，最终结果是一个少一维的数组，代码如下。

【程序代码清单 2.40】NumPy 模块数学方法按行聚合统计

```
import numpy as np
arr=np.arange(100)
arr=arr.reshape(4,25)
sum_arr=arr.sum(axis=1)
mean_arr=arr.mean(axis=1)
std_arr=arr.std(axis=1)
print(sum_arr)
print("--------------------")
print(mean_arr)
print("--------------------")
print(std_arr)
```

代码中将数字 1 到 100 切分成 (4,25) 这样的形状，通过 sum() 方法求和时指定 axis=1，即行方向求和；mean() 方法求平均值时指定 axis=1，是行方向的运算；std() 方法求方差同样指定 axis=1，也是行方向的运算。上述代码的运行结果如图 2.52 所示。

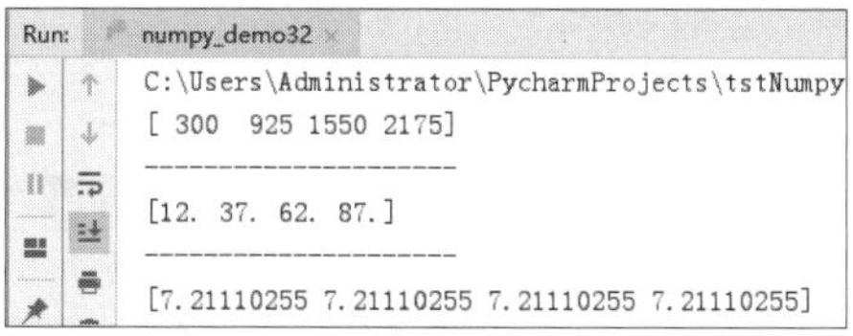

图2.52 NumPy模块数学方法按行聚合统计的代码运行结果

在统计方法中也有方法是不进行聚合的，如 cumsum() 和 cumprod() 之类的方法就不聚合，而是产生一个由中间结果组成的数组，代码如下。

【程序代码清单 2.41】NumPy 模块数学方法 cumsum()、cumprod() 非聚合统计

```
import numpy as np
arr=np.arange(100)
arr=arr.reshape(4,25)
sum_arr=arr.cumsum(0)
multi_arr=arr.cumprod(1)
print(sum_arr)
print("--------------------")
print(multi_arr)
```

代码中 arr.cumsum(0) 是按列进行值的求和统计，即当前索引的值等于当前数组原列索引的值与当前行前面所有列相同索引位置的值之和。arr.cumprod(1)，表示当前索引的值等于当前数组原行索引的值与当前行的所有行索引值之积。上述代码的运行结果如图 2.53 所示。

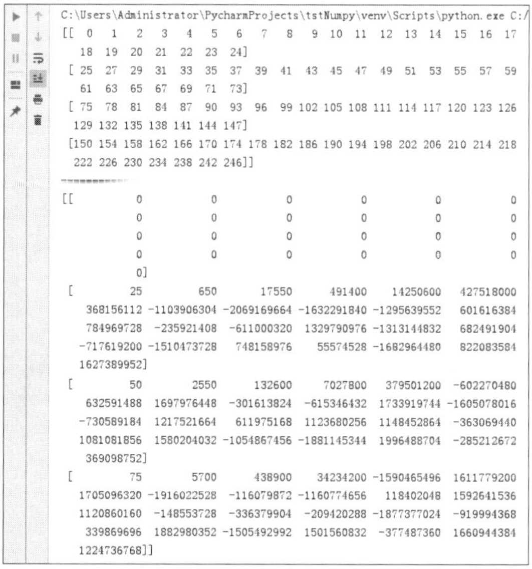

图2.53 NumPy模块数学方法cumsum()、cumprod()非聚合统计的代码运行结果

常用的基本数组统计方法如表 2.6 所示。

表 2.6 常用的基本数组统计方法

方法名称	说明
sum	对数组中全部或某轴向的元素求和。零长度的数组和为 0
mean	算术平均值。零长度的数组的平均值为 NaN
std、var	分别为标准差和方差，自由度可调（默认为 n）
min、max	分别为最小值和最大值
argmin、argmax	分别为最小和最大元素的索引
cumsum	所有元素的累计和
cumprod	所有元素的累计积

2.6.2 数组中布尔值的统计

在基本数组统计方法中，如 sum()、mean()、std() 等方法，布尔型数组中的数据被强制转化为 1 或者 0，布尔型的 True 转化成 1，布尔型的 0 转换成 0。实际应用中，sum() 方法就经常被用来对布尔型数组中的 True 值进行计数。比如计算某一数组中正数的数量是多少，就可以使用布尔表达式的统计值，代码如下。

【程序代码清单 2.42】NumPy 模块统计正数的数量

```
import numpy as np
arr=np.array([[20,-33,40,-46,56],[13,25,-17,98,-20]])
sum_arr=(arr>0).sum()
print(sum_arr)
```

上述代码的运行结果如图 2.54 所示。

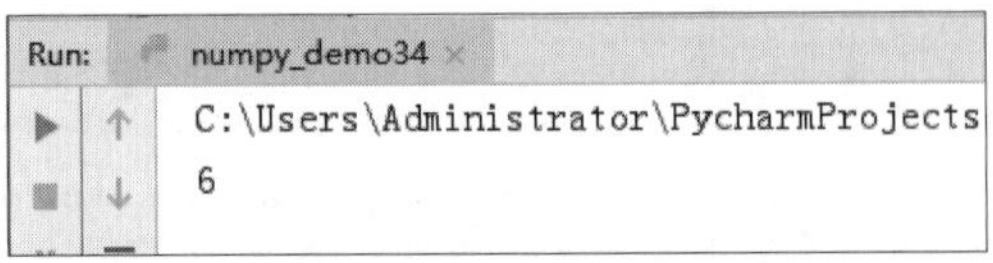

图2.54 NumPy模块统计正数的数量的代码运行结果

上述代码也可以改良成求一个数组中正数的和，代码如下。

【程序代码清单 2.43】NumPy 模块统计正数的和

```
import numpy as np
arr=np.array([[20,-33,40,-46,56],[13,25,-17,98,-20]])
sum_arr=arr[arr>0].sum()
print(sum_arr)
```

代码中的 arr[arr>0] 就是用布尔条件限定数组中的正数。arr>0 只是限定了正数的布尔值，用方括号括起来，再引用 arr 数组，即可将数组中的正数取出，最后进行求和运算。

上述代码的运行结果如图 2.55 所示。

```
Run:    numpy_demo35 ×
C:\Users\Administrator
252
```

图2.55 NumPy模块统计正数的和的代码运行结果

另外还有两个方法 any() 和 all()，它们对布尔型数组非常有用。any() 用于测试数组中是否存在一个或多个 True，而 all() 则检查数组中的所有值是否都是 True，代码如下。

【程序代码清单 2.44】NumPy 模块统计数组中的布尔值

```
import numpy as np
arr=np.array([[20,-33,40,-46,56],[13,25,-17,98,-20]])
arr_bool=arr>0
any_bool=arr_bool.any()
all_bool=arr_bool.all()
print(any_bool)
print("----------------------------")
print(all_bool)
```

代码中 any() 方法的输出结果为 True，原因在于 arr_bool 中有大于 0 的整数。all() 方法的输出结果为 False，原因在于 arr_bool 中不是所有的数都是大于 0 的整数。上述代码的运行结果如图 2.56 所示。

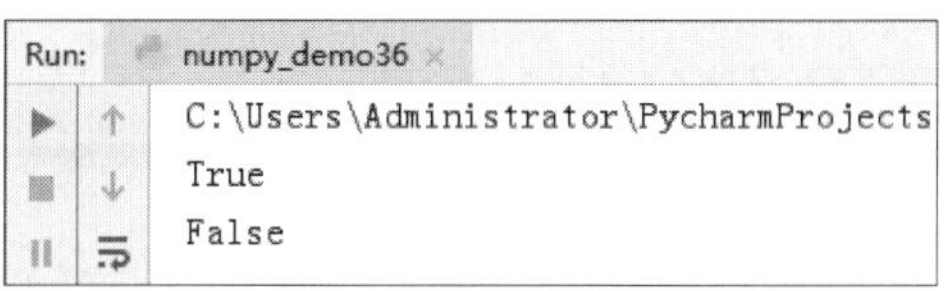

图2.56 NumPy模块统计数组中的布尔值的代码运行结果

2.6.3 将条件逻辑表述为数组运算

这里所说的条件逻辑表达式就是指 where() 方法，这个方法是一个三元表达式 x if condition else y 的矢量化版本。

这里从三元表达式说起。三元表达式实现的就是如果 condition 表达式正确，则显示 x 的值；如果不正确，就显示 y 值。

比如有两个数值型数组和一个布尔表达式。数值型数组的意义是两种红包的数额，布尔表达式的数值为 True 或 False。当布尔表达式的值为 True 时，发送数额大的红包数组；如果布尔表达式的值为 False，发送数额小的红包数组，数据如下。

```
red_arr1=[20,30,40,50,60,70,80,90]
red_arr2=[0.2,0.3,0.4,0.5,0.6,0.7,0.8,0.9]
bool_arr=[True,False,True,False,True,False,False,True]
```

如果用推导式的方式来解决，代码如下。

【程序代码清单 2.45】NumPy 模块用条件表达式解决发红包大小额问题

```
red_arr1=[20,30,40,50,60,70,80,90]
red_arr2=[0.2,0.3,0.4,0.5,0.6,0.7,0.8,0.9]
bool_arr=[True,False,True,False,True,False,False,True]
red_result=[(red1 if flag else red2)for red1,red2,flag in zip(red_arr1,red_arr2,bool_arr)]
print(red_result)
```

上述代码的运行结果如图 2.57 所示。

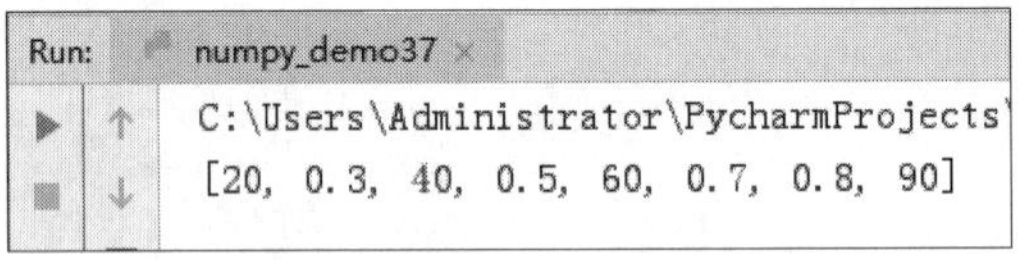

```
Run:    numpy_demo37 ×
C:\Users\Administrator\PycharmProjects\
[20, 0.3, 40, 0.5, 60, 0.7, 0.8, 90]
```

图2.57 NumPy模块用条件表达式解决发红包大小额问题的代码运行结果

从结果上来看，代码达到了相关的目的。如果是在年三十的晚上，抢红包的人非常多，这样布尔型数据集的内容就非常多，两个红包的数据集中的数据也非常多。而这样的操作对大数组的处理速度不是很快，而且还无法用于多维数组。使用 where()，问题就变得简单多了，代码如下。

【程序代码清单 2.46】 利用 NumPy 模块的 where() 解决发红包大小额问题

```
import numpy as np
red_arr1=np.array([20,30,40,50,60,70,80,90])
red_arr2=np.array([0.2,0.3,0.4,0.5,0.6,0.7,0.8,0.9])
bool_arr=np.array([True,False,True,False,True,False,False,True])
red_result=np.where(bool_arr,red_arr1,red_arr2)
print(red_result)
```

代码中 np.where() 的第二个和第三个参数可以不必是数组，它们都可以是标量值。在数据分析工作中，where() 通常用于根据一个数组产生一个新的数组。发红包大小额问题就是在通过 where() 中的第一个参数 bool_arr(发红包条件) 来决定选择的是哪一个数组中的数据，最终产生了新的数组。上述代码的运行结果如图 2.58 所示。

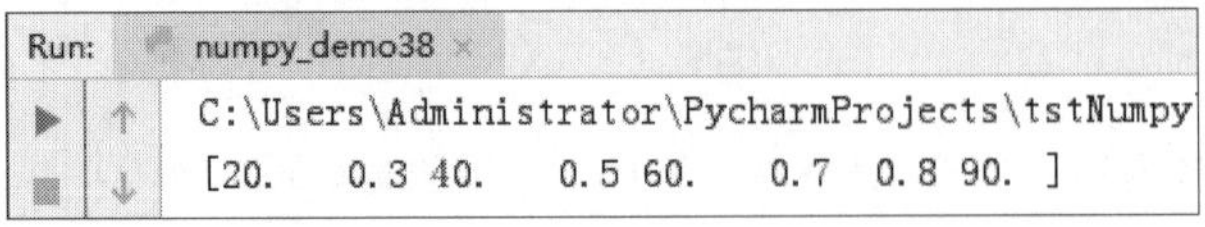

```
Run:    numpy_demo38 ×
C:\Users\Administrator\PycharmProjects\tstNumpy
[20.   0.3 40.   0.5 60.   0.7  0.8 90. ]
```

图2.58 利用NumPy模块的where()解决发红包大小额问题的代码运行结果

np.where() 除了能够表达比较简单的逻辑之外，利用 np.where() 的第二个或第三个参数也可以表达比较复杂的逻辑。例如，两个商家同时调用了发红包大小问题的解决程序，但为两个商家制订的规则发生了变化。当两个商家都发送大额红包的时候，两个商家都发送 0 元红包，即不发送红包；一个商家是大额、另一个商家是小额的时候，均发送的是平均后的红包结果；两个商家都是小额红包的时候，发送两个商家的和值红包结果。具体代码如下。

【程序代码清单 2.47】利用 NumPy 模块的 where() 解决两个商家发红包大小额问题

```
import numpy as np
red_arr1=np.array([20,30,40,50,60,70,80,90])
red_arr2=np.array([0.2,0.3,0.4,0.5,0.6,0.7,0.8,0.9])
bool_arr_a=np.array([True,False,True,False,True,False,False,True])
bool_arr_b=np.array([False,True,False,True,True,False,True,True])
red_result=np.where(bool_arr_a&bool_arr_b,0,np.where(bool_arr_a|bool_arr_b,(red_arr1+red_arr2)
/2,red_arr1+red_arr2))
print(red_result)
```

上述代码的运行结果如图 2.59 所示。

```
Run:  numpy_demo39
C:\Users\Administrator\PycharmProjects\tstNumpy\venv
[10.1   15.15 20.2   25.25  0.    70.7   40.4   0.  ]
```

图2.59 利用NumPy模块的where()解决两个商家发红包大小额问题的代码运行结果

2.6.4 数组的合并和拆分

数组和数组之间的合并也是经常遇到的运算，concatenate() 可以按指定要求将由数组组成的序列（如元组、列表）连接到一起，代码如下。

【程序代码清单 2.48】NumPy 模块的 concatenate()：数组的合并

```
import numpy as np
man=np.array([[20,21,23],[25,26,27]])
woman=np.array([[23,22,20],[27,28,26]])
all=np.concatenate([man,woman],axis=0)
cope=np.concatenate([man,woman],axis=1)
print(all)
print("------------------")
print(cope)
```

代码中有男、女两个数组，内部被分成两个部门，数据是部门内员工的年龄。如果部门整合，就需要通过 concatenate() 进行合并数组的运算，参数 axis=1 把对应的行元素合并，也就是相当于部门合并。axis=0 为按列拼接，也就是男女部分搭配，即对索引位置一致的部门，将其中的男女员工进行合并。上述代码运行结果如图 2.60 所示。

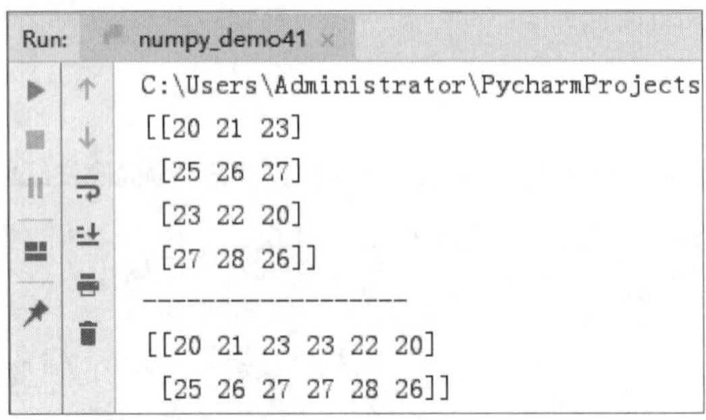

图2.60 利用NumPy模块的concatenate()进行数组的合并的代码运行结果

与此相反，split() 用于将一个数组沿指定轴拆分为多个数组，代码如下。

【程序代码清单 2.49】NumPy 模块的 split()：数组的拆分

```
import numpy as np
cope=np.array([20,21,23,23,22,20,25,26,27,27,28,26])
split_cope=np.split(cope,[1,3,6,7])
print(split_cope)
```

代码中的数组相当于整个部门内的每个人的年龄情况，根据指定的索引位置 1、3、6、7 进行整个部门的拆分。上述代码的运行结果如图 2.61 所示。

```
Run:  numpy_demo42
C:\Users\Administrator\PycharmProjects\tstNumpy\venv\Scripts\python.exe C:/Users/Administrator/
[array([20]), array([21, 23]), array([23, 22, 20]), array([25]), array([26, 27, 27, 28, 26])]
```

图2.61 利用NumPy模块的split()进行数组的拆分的代码运行结果

从运行结果上看，split() 方法把 cope 数组依据索引位置进行了拆分。此外，NumPy 还提供了 hsplit()、vsplit()、dsplit() 等拆分方法，相当于沿轴 0、轴 1、轴 2 进行拆分。

2.6.5 数组的排序

NumPy 中的数组与 Python 内置的列表类型一样，也是可以通过 sort () 方法进行排序的，代码如下。

【程序代码清单 2.50】NumPy 模块数组采用 sort() 排序

```
import numpy as np
cope=np.array([20,21,23,23,22,20,25,26,27,27,28,26])
cope.sort()
print(cope)
```

上述代码的运行结果如图 2.62 所示。

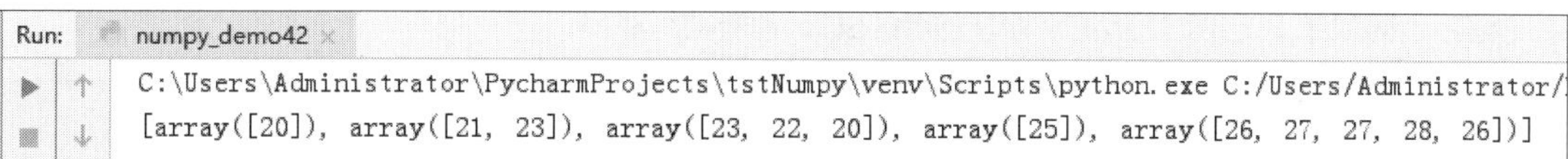
Run: numpy_demo42
C:\Users\Administrator\PycharmProjects\tstNumpy\venv\Scripts\python.exe C:/Users/Administrator/
[array([20]), array([21, 23]), array([23, 22, 20]), array([25]), array([26, 27, 27, 28, 26])]

图2.62 NumPy模块数组采用sort()排序的代码运行结果

多维数组可以在任何一个轴向上进行排序，只需将轴编号传给 sort()，代码如下。

【程序代码清单 2.51】NumPy 模块数组采用 sort() 排序（带 axis 参数）

```
import numpy as np
cope=np.array([[20,23,21,22,24],[28,25,27,26,29]])
cope.sort(axis=1)
print(cope)
```

上述代码的运行结果如图 2.63 所示。

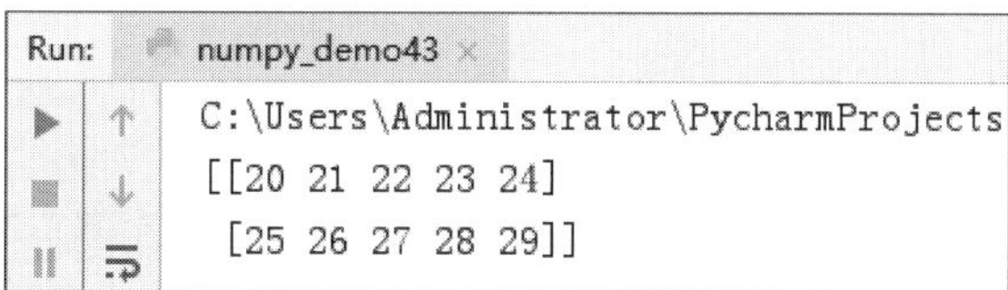
Run: numpy_demo43
C:\Users\Administrator\PycharmProjects
[[20 21 22 23 24]
 [25 26 27 28 29]]

图2.63 NumPy模块数组采用sort()排序（带axis参数）的代码运行结果

2.6.6 数组的集合运算

NumPy 提供了一些针对一维 ndarray 的基本集合运算，最常用的可能要数 unique() 了。它用于找出数组中的唯一值并返回已排序的结果，代码如下。

【程序代码清单 2.52】NumPy 模块的 unique()：找数组中唯一值

```
import numpy as np
names=np.array([" 经理 "," 副经理 "," 主管 "," 主管 "," 主管 "," 技术员 "," 业务员 "])
uni_names=np.unique(names)
print(uni_names)
```

代码中定义了公司中的人员职位描述数组，利用 unique() 方法找出公司中共有几种职位。上述代码的运行结果如图 2.64 所示。

Run: numpy_demo44
C:\Users\Administrator\PycharmProjects\tstNumpy
['业务员' '主管' '副经理' '技术员' '经理']

图2.64 利用NumPy模块的unique()找数组中唯一值的代码运行结果

测试一个数组中的值在另一个数组中的成员资格可以用 in1d()，返回一个布尔型数组，代码如下。

【程序代码清单 2.53】NumPy 模块的 in1d()：判断数组成员

```
import numpy as np
names=np.array([" 经理 "," 副经理 "," 主管 "," 主管 "," 主管 "," 技术员 "," 业务员 "])
my_names=np.array([" 主管 "," 技术员 "])
uni_names=np.in1d(names,my_names)
print(uni_names)
```

代码中定义了公司的人员职位描述的数组，又定义了各小部门的数组，对小部门中的职位在公司职位描述的数组中是否出现，通过 in1d() 方法来判断。上述代码的运行结果如图 2.65 所示。

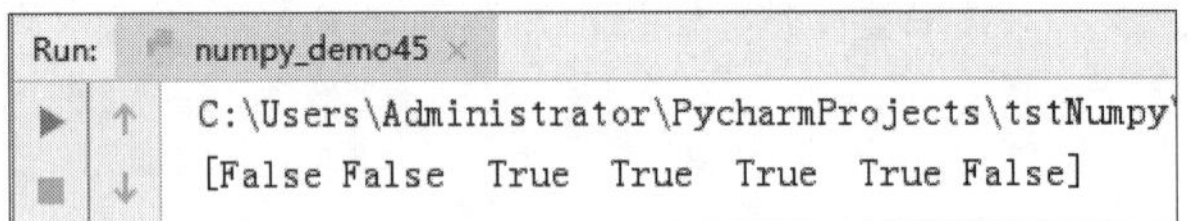

图2.65 利用NumPy()模块的in1d()判断数组成员的代码运行结果

NumPy 中常见的关于数组的集合方法如表 2.7 所示。

表 2.7 NumPy 中常见的关于数组的集合方法

方法	说明
unique(x)	计算 x 中的唯一元素，并返回有序结果
Intersect1d(x,y)	计算 x 和 y 中的公共元素，并返回有序结果
Union1d(x,y)	计算 x 和 y 的并集，并返回有序结果
In1d(x,y)	得到一个表示“x 的元素是否包含于 y”的布尔型数组
setdiff1d(x,y)	集合的差，即元素在 x 中且不在 y 中
Setxor1d(x,y)	集合中的对称差，即存在于一个数组中但不同时存在于两个数组中的元素

2.7 数组文件的输入和输出

NumPy 能够读写磁盘上的文本数据或者二进制数据。下面分别说明 NumPy 数组文件的输入和输出。

2.7.1 将数组以二进制的形式读取文件

save() 和 load() 是读写磁盘数组数据的两个主要函数。默认情况下，数组以未压缩的原始二进制形式保存在扩展名为“.npy”的文件中。

【程序代码清单 2.54】NumPy 模块的 save()：保存为二进制形式的文件

```
import numpy as np
arr=np.random.randn(20)
np.save("arr_file",arr)
```

如果文件路径末尾没有扩展名，代码会自动添加扩展名“.npy”，然后就可以通过 load() 读取磁盘上的文件，代码如下。

【程序代码清单 2.55】NumPy 模块的 load()：读取磁盘上的文件

```
import numpy as np
arr=np.load("arr_file.npy")
print(arr)
```

代码会读出 arr_file.npy 中的数据，输出文件内的信息。上述代码的运行结果如图 2.66 所示。

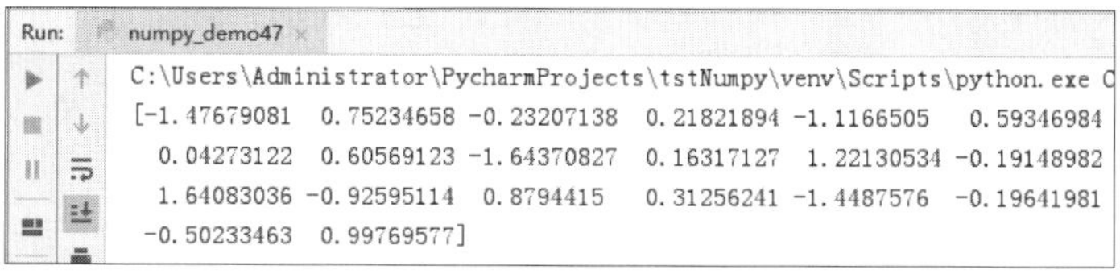

```
Run:  numpy_demo47
C:\Users\Administrator\PycharmProjects\tstNumpy\venv\Scripts\python.exe C
[-1.47679081  0.75234658 -0.23207138  0.21821894 -1.1166505   0.59346984
  0.04273122  0.60569123 -1.64370827  0.16317127  1.22130534 -0.19148982
  1.64083036 -0.92595114  0.8794415   0.31256241 -1.4487576  -0.19641981
 -0.50233463  0.99769577]
```

图2.66 利用NumPy模块的load()读取磁盘上的文件的代码运行结果

通过 savez() 可以将多个数组保存到一个压缩文件中，将数组以关键字参数的形式传入即可。

【程序代码清单 2.56】NumPy 模块的 savez()：保存压缩文件

```
import numpy as np
arr=np.random.randn(20)
np.savez( “arr_file",a=arr)
```

如果文件路径末尾没有扩展名，代码会自动添加扩展名“.npz”，然后就可以通过 load() 读取磁盘上的压缩文件，代码如下。

【程序代码清单 2.57】NumPy 模块的 load()：读取磁盘上的压缩文件

```
import numpy as np
arr=np.load("arr_file.npz")
print(arr[ “a"])
```

代码会读出 arr_file.npz 中的数据，取出文件信息字典中以“a”为键的内容，输出其信息。上述代码的运行结果如图 2.67 所示。

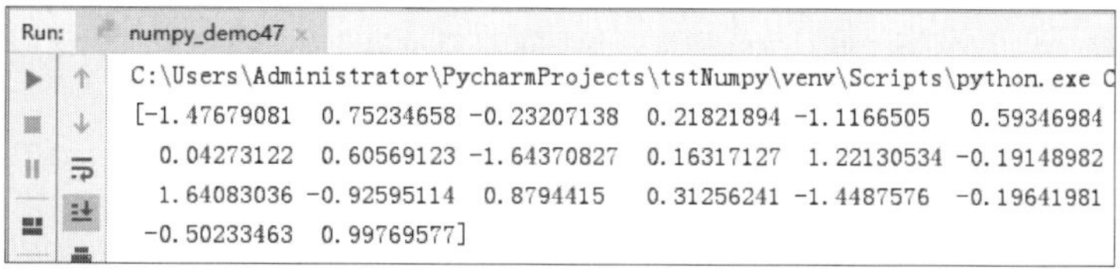

```
Run:  numpy_demo47
C:\Users\Administrator\PycharmProjects\tstNumpy\venv\Scripts\python.exe C
[-1.47679081  0.75234658 -0.23207138  0.21821894 -1.1166505   0.59346984
  0.04273122  0.60569123 -1.64370827  0.16317127  1.22130534 -0.19148982
  1.64083036 -0.92595114  0.8794415   0.31256241 -1.4487576  -0.19641981
 -0.50233463  0.99769577]
```

图2.67 利用NumPy模块的load()读取磁盘上的压缩文件的代码运行结果

2.7.2 存取文本文件

在文件中加载文本是非常平常的任务。NumPy 可以用 loadtxt() 或更为专门化的 getfromtxt() 将数据加载到普通的 NumPy 数组中。这些方法都有许多选项可供使用：指定各种分隔符、针对特定列的转换器方法、需要跳过的行数等。以一个简单的逗号分隔文件（CSV 格式）为例读取文本文件，代码如下。

【程序代码清单 2.58】NumPy 模块的 loadtxt()：读取磁盘上的文本文件

```
import numpy as np
arr=np.loadtxt("random_number.txt",delimiter=",")
print(arr)
```

上述代码的运行结果如图 2.68 所示。

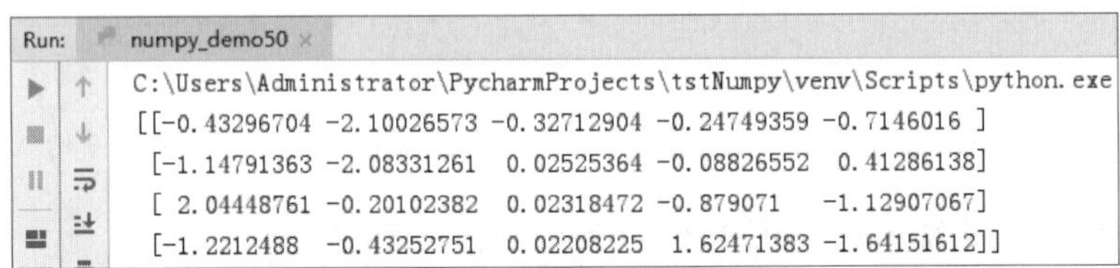

图2.68 利用NumPy模块的loadtxt()读取磁盘上的文本文件的代码运行结果

savetxt() 执行的是相反的操作：将数组写到以某种分隔符隔开的文本文件中。getfromtxt() 与 loadtxt() 差不多，只不过它面向的是结构化数组和缺失数据的处理。

2.8 小结

NumPy 是机器学习最重要的工具模块之一，其优势在于底层使用 C 语言编写，对数组的操作速度不受 Python 解释器的限制，还可以用作通用数据的高效多维容器。基本数据类型 ndarray 是一个 *N* 维齐次同构数组对象，每个数组都有一个 shape 和 dtype 属性。shape 描述的是 ndarray 的形状，而 dtype 则描述 ndarray 里面元素的数据类型，这是数组对象最关键的维度。可根据数组对象中数据的相关情况使用一些数组对象操作的方法，如 mean()、std()、var() 等，这些都是对数据的处理方法，也是后续机器学习中的关键操作方法。

机器学习模块之数据分析 Pandas

Pandas 是使数据分析工作变得更快、更简单的高级数据结构和操作工具。Pandas 是基于 NumPy 构建的，让以 NumPy 为中心的应用变得更加简单。在机器学习的过程中，对数据进行一系列的分析，在分析的基础之上再进行机器学习的算法预测也是必要的。

Pandas 可提供数据按轴自动对齐或数据对齐显示功能，可以防止许多由于数据未对齐以及数据源不同（索引方式不同）而导致的常见错误，具有灵活处理缺失数据、合并常见的数据表及常见数据库、数学方面的运算和约简、集成时间序列等功能。慢慢地，Pandas 也成为一个不可或缺的工具模块。

3.1 Pandas 数据结构的介绍

使用 Pandas，就要了解两个主要数据结构：Series 和 DataFrame。虽然并不能解决所有问题，但是对大多数应用来说，它们十分可靠，且容易使用。

3.1.1 Series 数据结构

Series 是一种类似于一维数组的对象，由一组数据以及一组与之相关的数据标签组成，这个相关的数据标签称为索引。如果只有一组数据，没有指明数据标签，可产生最简单的 Series，代码如下。

【程序代码清单 3.1】Pandas 最简单的 Series

```
from pandas import Series
obj=Series([287xxxx42,391xxxx91,281xxxx12,371xxxx31,261xxxx42])
print(obj)
```

代码中定义了一个一维数组的 Series 数据类型。上述代码的运行结果如图 3.1 所示。

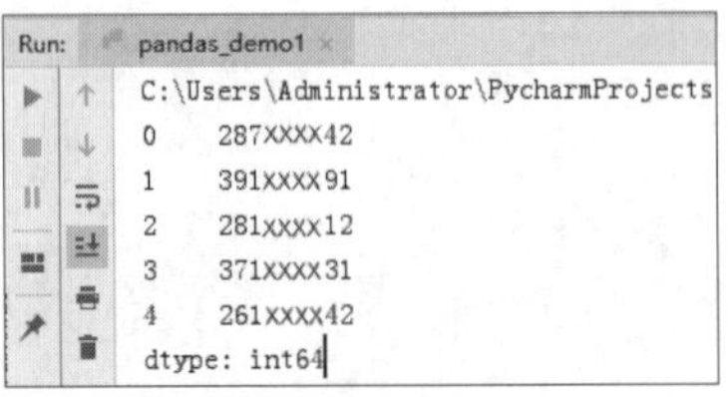

图3.1 Pandas最简单的Series的代码运行结果

Series 由两部分构成：索引放在左边，值放在右边。如果没有为数据指定索引，Series 也会自动创建一个 0 到 N-1 的整数型索引，这里的 N 指的是数据长度。通过 Series 的 values 和 index 属性可获取其数组表示形式和索引对象。

【程序代码清单 3.2】Pandas 的 Series 的索引和值

```
from pandas import Series
obj=Series([287xxxx42,391xxxx91,281xxxx12,371xxxx31,261xxxx42])
obj_index=obj.index
obj_values=obj.values
```

```
print(obj_index)
print(obj_values)
```

代码中 obj.index 内存储的就是 Series 中的索引，obj.values 内存储的就是 Series 的值。上述代码的运行结果如图 3.2 所示。

```
Run: pandas_demo2
C:\Users\Administrator\PycharmProjects\tstPandas\venv
RangeIndex(start=0, stop=5, step=1)
[287xxxx42 391xxxx91 281xxxx12 371xxxx31 261xxxx42]
```

图3.2 Pandas的Series的索引和值的代码运行结果

通常所创建的 Series 会采用一个可以对各个数据点进行标记的索引，代码如下。

【程序代码清单 3.3】Pandas 的 Series 的索引和值的输出

```
from pandas import Series
obj=Series([287xxxx42,391xxxx91,281xxxx12,371xxxx31,261xxxx42],index=["qq_name1","
qq_name2","qq_name3","qq_name4","qq_name5"])
print(obj)
```

代码在实现时直接在 Series 中指定 index 的名称，其表示 QQ 号码。上述代码的运行结果如图 3.3 所示。

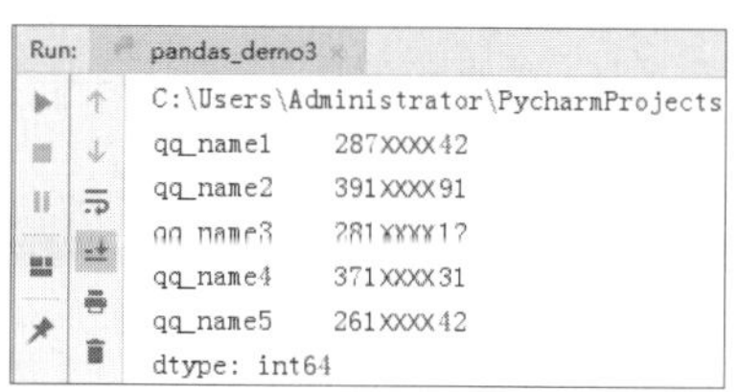

图3.3 Pandas的Series的索引和值的输出的代码运行结果

从运行结果上看，QQ 名称和 QQ 号码相对应。这样就可以通过索引的方式选取 Series 中的单个或一组值，代码如下。

【程序代码清单 3.4】Pandas 中根据 Series 的索引输出值

```
from pandas import Series
obj=Series([287xxxx42,391xxxx91,281xxxx12,371xxxx31,261xxxx42],index=["qq_name1","
qq_name2","qq_name3","qq_name4","qq_name5"])
print(obj["qq_name1"])
```

代码中通过 obj["qq_name"] 的引用方式来访问 Series 中 "qq_name" 对应的值。上述代码的运行结果如图 3.4 所示。

```
Run: pandas_demo4
C:\Users\Administrator\PycharmProjects
287xxxx42
```

图3.4 Pandas中根据Series的索引输出值的代码运行结果

在 Python 的基本数据类型中，实现一对数据的对应关系可以用字典这种类型。这样可以把 Series 看作定长的有序字典，体现从索引值到数据值的映射关系。也就是说，如果数据被存放在一个 Python 字典中，也可以直接通过这个字典来创建 Series。

【程序代码清单 3.5】Pandas 中根据字典创建 Series

```
from pandas import Series
dicts={"qq_name1":287xxxx42,"qq_name2":391xxxx91,"qq_name3":281xxxx12,"qq_
name4":371xxxx31,"qq_name5":261xxxx42}
obj=Series(dicts)
print(obj)
```

代码中定义了一个字典的数据类型 dicts，在 Series 中直接传入 dicts 这个参数，就将这个字典转化成 Series 数据类型。上述代码的运行结果如图 3.5 所示。

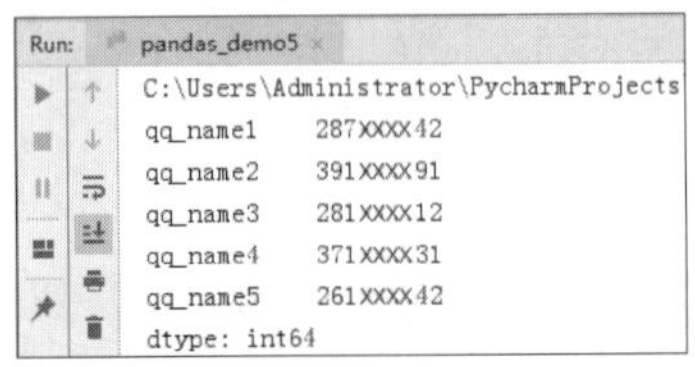

图3.5 Pandas中根据字典创建Series的代码运行结果

3.1.2 Series 数据类型的运算

Series 这种数据类型的最重要的一个功能是在进行算术运算时会自动对齐不同索引的数据，代码如下。

【程序代码清单 3.6】Pandas 中根据 Series 数据类型的相加运算

```
from pandas import Series
goods_in=Series({" 苹果 ":30," 梨 ":25," 香蕉 ":20," 桃 ":21," 李子 ":15})
goods_other_in=Series({" 苹果 ":10," 梨 ":20," 香蕉 ":15," 桃 ":10," 西瓜 ":50})
goods_kucun=goods_in+goods_other_in
print(goods_kucun)
```

代码中定义了水果超市的两个进货字典，第一个进货字典中有一些水果及其对应的数量，第二个进货字典中也有一些水果及其对应的数量，最终的库存量需要两个进货字典进行相加运算得出。上述代码的运行结果如图 3.6 所示。

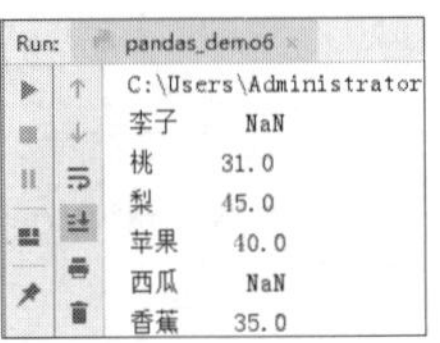

图3.6 Pandas中根据Series数据类型的相加运算的代码运行结果

对于运行结果，需要注意的是：如果两个 Series 相加，索引在两个 Series 中存在的话，就实现索引对应值的计算；如果其中一个 Series 中有的索引，另一个 Series 中没有，相加的结果中就会出现 NaN（表示空值）这样的值。

Series 中索引值的修改是可以通过对索引赋值的方式进行的，代码如下。

【程序代码清单 3.7】 Pandas 中根据 Series 索引赋值修改内容

```
from pandas import Series
import numpy as np
goods=Series([30,25,20,21,np.nan],index=[" 苹果 "," 梨 "," 香蕉 "," 桃 "," 李子 "])
goods[" 李子 "]=15
print(goods)
```

代码中使用 Series 定义水果超市的库存，其中“李子”的库存量为空，是使用 NumPy 模块的 nan 来表示的。接下来对“李子”的库存量进行修改，这种技术也是在对空值修改，在机器学习的数据处理中也需要对空值进行一定程度的处理。上述代码的运行结果如图 3.7 所示。

```
Run: pandas_demo6
C:\Users\Administrator\PycharmProjects
苹果    30.0
梨      25.0
香蕉    20.0
桃      21.0
李子    15.0
dtype: float64
```

图3.7 Pandas中根据Series索引赋值修改内容的代码运行结果

3.1.3 DataFrame 数据结构

DataFrame 是一个表格型的数据结构，它含有一组有序的列，每列可以是不同的值类型（数值、字符串、布尔型等）。DataFrame 既有行索引也有列索引，它可以被看作由 Series 组成的字典，只不过共用了索引。

DataFrame 的操作也是面向行和面向列的。其实，DataFrame 中的数据就是以一个或者多个二维块的形式存放的。

构建 DataFrame 的办法有很多，最常用的一种是直接传入一个由等长列表或 NumPy 数组组成的字典，代码如下。

【程序代码清单 3.8】Pandas 模块构建 DataFrame

```
from pandas import DataFrame
paints={" 字画名称 ":[" 旭日东升 "," 富水长流 "," 招财进宝 "," 鸿运当头 "],
" 字画底价 ":[2860,498,1068,598],
```

```
" 字画拍卖加价 ":[1000,2000,500,1500]}
goods_in=DataFrame(paints)
print(goods_in)
```

代码中定义了字画拍卖方面的字典数据 paints，由键和等长列表构成，然后用 DataFrame() 方法来将字典数据转化成 DataFrame 数据结构输出。上述代码的运行结果如图 3.8 所示。

```
Run:    pandas_demo8
C:\Users\Administrator\PycharmProjects
   字画名称  字画底价  字画拍卖加价
0  旭日东升  2860    1000
1  富水长流   498    2000
2  招财进宝  1068     500
3  鸿运当头   598    1500
```

图3.8 Pandas模块构建DataFrame的代码运行结果

从运行结果上看，DataFrame 数据结构的左边会自动加上索引，且全部列会被有序排列。这里，如果指定了列的顺序，则 DataFrame 的列就会按照指定的顺序进行排列，代码如下。

【程序代码清单 3.9】利用 Pandas 模块的 DataFrame 指定列顺序

```
from pandas import DataFrame
paints={" 字画名称 ":[" 旭日东升 "," 富水长流 "," 招财进宝 "," 鸿运当头 "],
" 字画底价 ":[2860,498,1068,598],
" 字画拍卖加价 ":[1000,2000,500,1500]}
goods_in=DataFrame(paints,columns=[" 字画名称 "," 字画拍卖加价 "," 字画底价 "])
print(goods_in)
```

代码中定义 DataFrame 数据结构时通过参数 columns 指定列的顺序为“字画名称”“字画拍卖加价”“字画底价”，这样的顺序与原字典的顺序不同。上述代码的运行结果如图 3.9 所示。

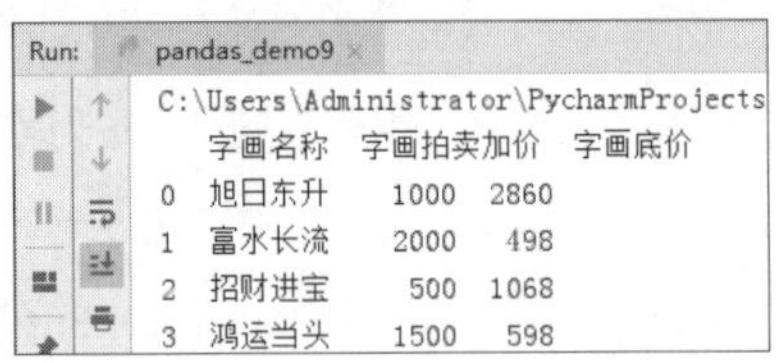

图3.9 利用Pandas模块的DataFrame指定列顺序的代码运行结果

从运行结果可知，DataFrame 最终是按照 columns 指定的顺序排列的。如果传入的列名在数据中是无法找到的，就会产生 NaN 值，代码如下。

【程序代码清单 3.10】利用 Pandas 模块的 DataFrame 指定列空缺

```
from pandas import DataFrame
paints={" 字画名称 ":[" 旭日东升 "," 富水长流 "," 招财进宝 "," 鸿运当头 "],
" 字画底价 ":[2860,498,1068,598],
" 字画拍卖加价 ":[1000,2000,500,1500]}
```

```
goods_in=DataFrame(paints,columns=[" 字画名称 "," 字画拍卖加价 "," 字画底价 "," 字画所属人 "])
print(goods_in)
```

代码中在指定 columns 列时加入了一个没有数据的“字画所属人”。上述代码的运行结果如图 3.10 所示。

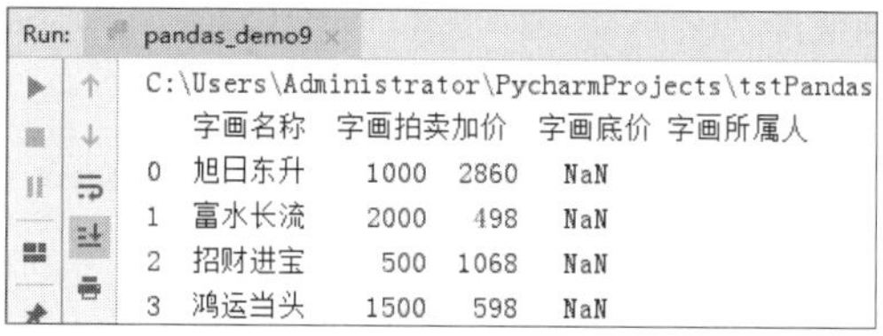

```
Run: pandas_demo9
C:\Users\Administrator\PycharmProjects\tstPandas
   字画名称  字画拍卖加价  字画底价 字画所属人
0  旭日东升    1000  2860   NaN
1  富水长流    2000   498   NaN
2  招财进宝     500  1068   NaN
3  鸿运当头    1500   598   NaN
```

图3.10 利用Pandas模块的DataFrame指定列空缺的代码运行结果

列名被指定 DataFrame 结构时可以通过类似字典标记的方式将列获取为一个 Series 结构，代码如下。

【程序代码清单 3.11】利用 Pandas 模块的 DataFrame 通过字典标记的方式获取 Series 结构列数据

```
from pandas import DataFrame
paints={" 字画名称 ":[" 旭日东升 "," 富水长流 "," 招财进宝 "," 鸿运当头 "],
" 字画底价 ":[2860,498,1068,598],
" 字画拍卖加价 ":[1000,2000,500,1500]}
goods_in=DataFrame(paints,index=[" 第一幅 "," 第二幅 "," 第三幅 "," 第四幅 "])
paints_price=goods_in[" 字画底价 "]
print(paints_price)
```

代码中定义了字画的 DataFrame 之后，直接通过 goods_in[" 字画底价 "] 来访问“字画底价”这个维度的数据，获取的是一个 Series 结构的数据。上述代码的运行结果如图 3.11 所示。

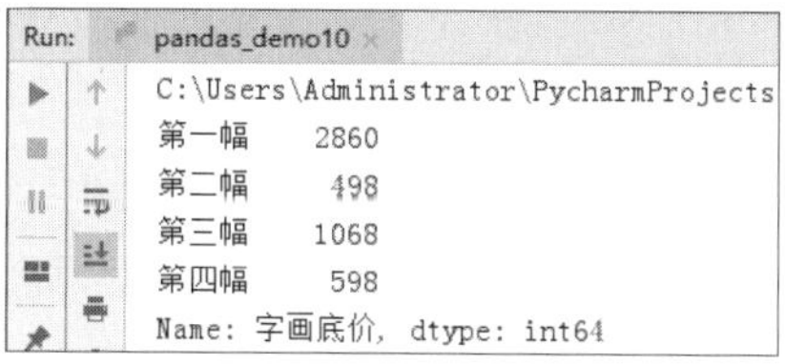

```
Run: pandas_demo10
C:\Users\Administrator\PycharmProjects
第一幅    2860
第二幅     498
第三幅    1068
第四幅     598
Name: 字画底价, dtype: int64
```

图3.11 利用Pandas模块的DataFrame通过字典标记的方式获取Series结构列数据的代码运行结果

从运行结果上看，返回的 Series 拥有与原 DataFrame 相同的索引，且其索引值也已经被相应地设置好了。如果访问的是行，可以通过位置和名称的方式进行获取，代码如下。

【程序代码清单 3.12】利用 Pandas 模块的 DataFrame 通过位置获取 Series 结构行数据

```
from pandas import DataFrame
paints={" 字画名称 ":[" 旭日东升 "," 富水长流 "," 招财进宝 "," 鸿运当头 "],
" 字画底价 ":[2860,498,1068,598],
" 字画拍卖加价 ":[1000,2000,500,1500]}
goods_in=DataFrame(paints,index=[" 第一幅 "," 第二幅 "," 第三幅 "," 第四幅 "])
```

```
paints_three=goods_in.loc["第三幅"]
print(paints_three)
```

代码中定义了字画的 DataFrame 之后，使用 goods_in.loc["第三幅"] 来获取行数据，其中 loc 就是位置的关键词，"第三幅"就是索引的名称。上述代码的运行结果如图 3.12 所示。

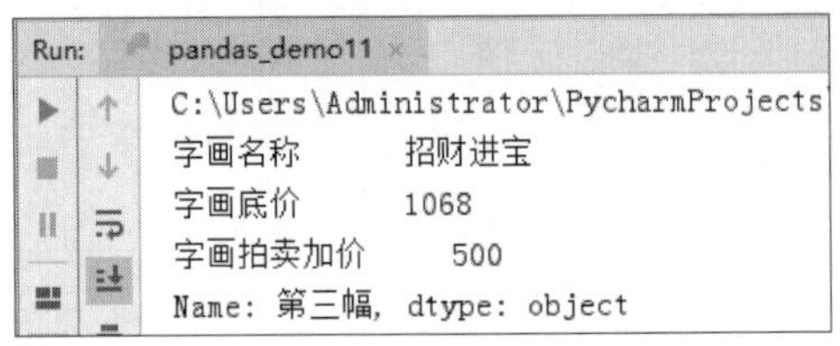

图3.12 利用Pandas模块的DataFrame通过位置获取Series结构行数据的代码运行结果

利用标签的切片运算也可以获取多行和多列，代码如下。

【程序代码清单 3.13】利用 Pandas 模块的 DataFrame 通过位置结合切片获取数据

```
from pandas import DataFrame
paints={"字画名称":["旭日东升","富水长流","招财进宝","鸿运当头"],
"字画底价":[2860,498,1068,598],
"字画拍卖加价":[1000,2000,500,1500]}
goods_in=DataFrame(paints,index=["第一幅","第二幅","第三幅","第四幅"])
paints_three=goods_in.loc["第三幅":"第四幅","字画名称":"字画底价"]
print(paints_three)
print("------------------------------------------------")
paints_four=goods_in.loc[["第三幅","第四幅"],["字画名称","字画底价"]]
print(paints_four)
```

代码中用了两种方式来完成位置参数的实现。第一种方式使用切片的方法在 loc 中传入两个参数，"第三幅":"第四幅"表示的是行的索引从哪一行到哪一行，"字画名称":"字画底价"表示的是列的索引从哪一列到哪一列。第二种方式使用列举的方法在 loc 中传入两个参数，"第三幅"和"第四幅"组成的列表是行索引名称的每一行，"字画名称"和"字画底价"组成的列表是列索引名称的每一列。这两种方式都可以实现通过位置定位具体的行和列。上述代码的运行结果如图 3.13 所示。

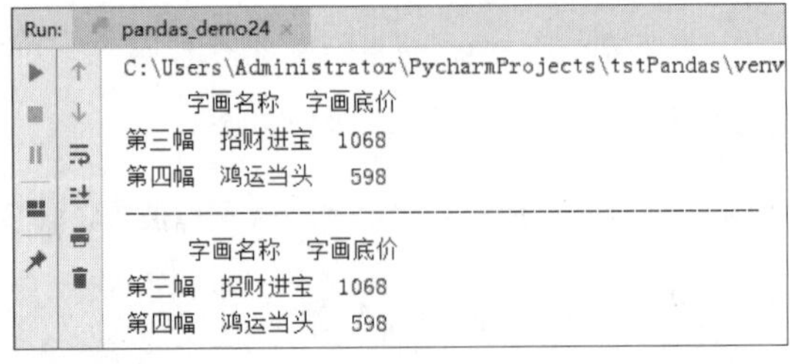

图3.13 利用Pandas模块的DataFrame通过位置结合切片获取数据的代码运行结果

从运行结果上看，虚线的上面和下面是一致的，其实是分别使用了不同的位置参数实现的。

其实，对 DataFrame 数据的选取也可以通过布尔型数组实现，代码如下。

【程序代码清单 3.14】利用 Pandas 模块的 DataFrame 通过位置结合布尔型数组获取数据

```
from pandas import DataFrame
paints={" 字画名称 ":[" 旭日东升 "," 富水长流 "," 招财进宝 "," 鸿运当头 "],
" 字画底价 ":[2860,498,1068,598],
" 字画拍卖加价 ":[1000,2000,500,1500]}
goods_in=DataFrame(paints,index=[" 第一幅 "," 第二幅 "," 第三幅 "," 第四幅 "])
paints_three=goods_in.loc[goods_in[" 字画底价 "]>500,:]
print(paints_three)
print("-----------------------------------------")
paints_four=goods_in.loc[(goods_in[" 字画底价 "]>500)&(goods_in[" 字画拍卖加价 "]>1000),:]
print(paints_four)
```

代码中有两个 loc 语句。第一个 loc 语句传入的第一个参数的布尔表达式是查看定义的 DataFrame 数据中“字画底价”这一列是否有大于 500 的数据行，如果有大于 500 的数据行就取出这一行，第二个参数采用冒号取出这一行的所有列的索引数据值。第二个 loc 语句传入的第一个参数的布尔表达式是查看定义的 DataFrame 数据中“字画底价”这一列是否有大于 500 且“字画拍卖加价”大于 1000 的行。注意两个条件间是“与”的关系，必须同时满足条件，且“&”符号连接的两个条件表达式必须用括号括起来，不然会报错。第二个参数也是采用冒号取出这一行的所有列的索引数据值。上述代码的运行结果如图 3.14 所示。

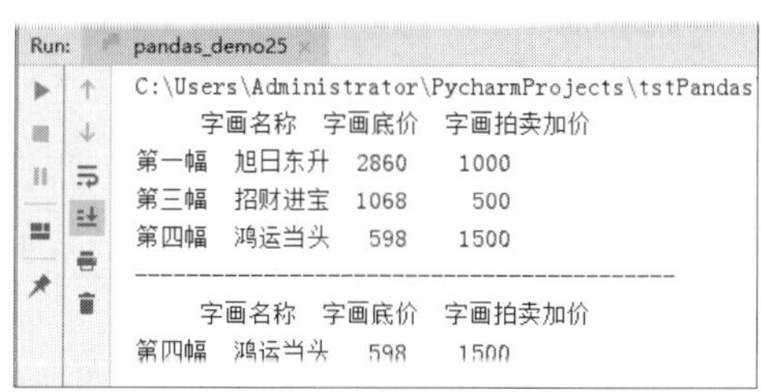

图3.14 利用Pandas模块的DataFrame通过位置结合布尔型数组获取数据的代码运行结果

从运行结果上看，虚线上面是满足“字画底价”大于 500 的结果，虚线下面是“字画底价”大于 500 且“字画拍卖加价”大于 1000 的结果。

3.1.4 DataFrame 数据的修改

Pandas 中 DataFrame 数据结构内的列可以通过赋值的方式进行修改。这样，可以给空数据所在的位置赋上一个标量值或一组值，对空数据进行填充，这也是机器学习常用的技术，代码如下。

【程序代码清单 3.15】利用 Pandas 模块的 DataFrame 修改列数据为相同值

```
from pandas import DataFrame
paints={" 字画名称 ":[" 旭日东升 "," 富水长流 "," 招财进宝 "," 鸿运当头 "],
" 字画底价 ":[2860,498,1068,598],
" 字画拍卖加价 ":[1000,2000,500,1500]}
goods_in=DataFrame(paints,columns=[" 字画名称 "," 字画拍卖加价 "," 字画底价 "," 字画所属人 "])
goods_in[" 字画所属人 "]=" 张三 "
print(goods_in)
```

代码中定义 DataFrame 时 columns 列表中有“字画所属人”，其实是没有这个数据的。最开始是空数据，可通过 goods_in[" 字画所属人 "]=" 张三 " 赋值语句为“字画所属人”的整列进行赋值。上述代码的运行结果如图 3.15 所示。

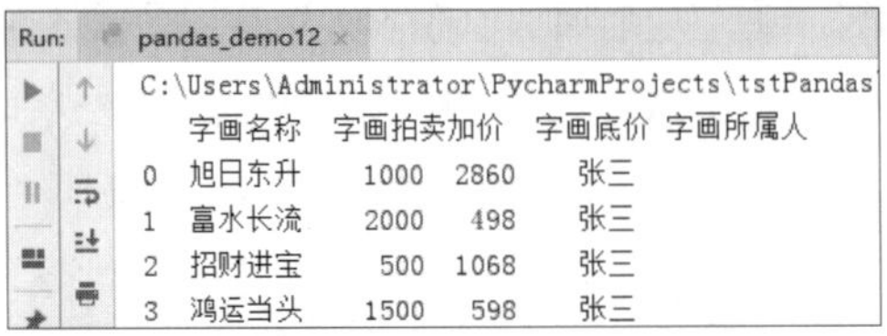

```
Run:    pandas_demo12
C:\Users\Administrator\PycharmProjects\tstPandas
   字画名称  字画拍卖加价  字画底价  字画所属人
0  旭日东升    1000  2860     张三
1  富水长流    2000   498     张三
2  招财进宝     500  1068     张三
3  鸿运当头    1500   598     张三
```

图3.15 利用Pandas模块的DataFrame修改列数据为相同值的代码运行结果

也可以通过列表类型为“字画所属人”的每一行数据赋不同的值，代码如下。

【程序代码清单 3.16】利用 Pandas 模块的 DataFrame 修改列数据为不同值

```
from pandas import DataFrame
paints={" 字画名称 ":[" 旭日东升 "," 富水长流 "," 招财进宝 "," 鸿运当头 "],
" 字画底价 ":[2860,498,1068,598],
" 字画拍卖加价 ":[1000,2000,500,1500]}
goods_in=DataFrame(paints,columns=[" 字画名称 "," 字画拍卖加价 "," 字画底价 "," 字画所属人 "])
goods_in[" 字画所属人 "]=[" 张三 "," 李四 "," 王五 "," 赵六 "]
print(goods_in)
```

代码中通过 goods_in[" 字画所属人 "]=[" 张三 "," 李四 "," 王五 "," 赵六 "] 语句对“字画所属人”这一列进行不同的内容赋值。需要注意的是列表数据应等长，也就是必须跟 DataFrame 的长度相匹配。如果赋值的是一个 Series，就会精确匹配 DataFrame 的索引，没有数据的所有空位都将被填上相应值。上述代码的运行结果如图 3.16 所示。

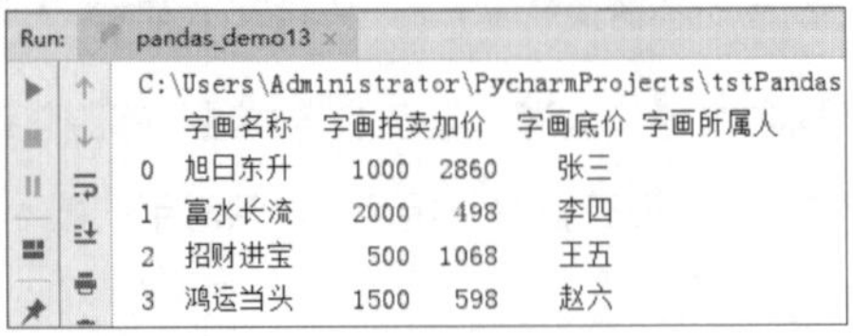

```
Run:    pandas_demo13
C:\Users\Administrator\PycharmProjects\tstPandas
   字画名称  字画拍卖加价  字画底价  字画所属人
0  旭日东升    1000  2860     张三
1  富水长流    2000   498     李四
2  招财进宝     500  1068     王五
3  鸿运当头    1500   598     赵六
```

图3.16 利用Pandas模块的DataFrame修改列数据为不同值的代码运行结果

关键字 del 用于删除列，可通过 del DataFrame 名 [" 列名 "] 格式来进行删除操作。

【程序代码清单 3.17】利用 Pandas 模块的 DataFrame 删除列数据的操作

```
from pandas import DataFrame
paints={" 字画名称 ":[" 旭日东升 "," 富水长流 "," 招财进宝 "," 鸿运当头 "],
" 字画底价 ":[2860,498,1068,598],
" 字画拍卖加价 ":[1000,2000,500,1500],
" 字画所属人 ":[" 张三 "," 李四 "," 王五 "," 赵六 "]}
goods_in=DataFrame(paints,columns=[" 字画名称 "," 字画拍卖加价 "," 字画底价 "," 字画所属人 "])
del goods_in[" 字画所属人 "]
print(goods_in)
```

代码中定义 DataFrame 数据结构时已经建立了“字画所属人”这个列维度，通过删除语句 del goods_in[" 字画所属人 "] 就把“字画所属人”列删除掉了。上述代码的运行执行结果如图 3.17 所示。

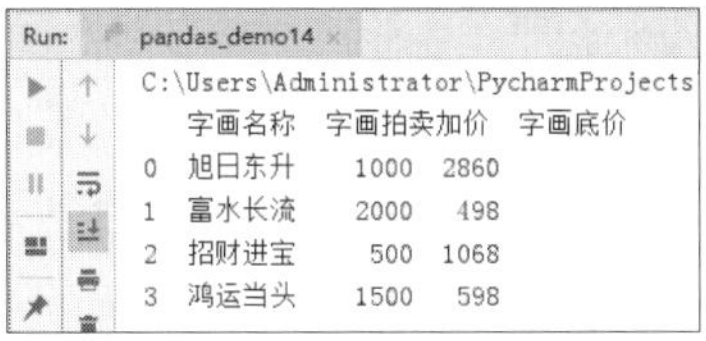

```
Run:  pandas_demo14
C:\Users\Administrator\PycharmProjects
   字画名称  字画拍卖加价  字画底价
0  旭日东升    1000  2860
1  富水长流    2000   498
2  招财进宝     500  1068
3  鸿运当头    1500   598
```

图3.17 利用Pandas模块的DataFrame删除列数据的操作的代码运行结果

如果在创建 DataFrame 的时候传入的字典参数是嵌套字典，也就是“字典的字典”，则会被解释为外层字典的键作为列，内层字典的键作为行索引，代码如下。

【程序代码清单 3.18】利用 Pandas 模块的嵌套字典形成 DataFrame 数据结构

```
from pandas import DataFrame
paints={" 字画名称 ":{" 第一幅 ":" 旭日东升 "," 第二幅 ":" 富水长流 "," 第三幅 ":" 招财进宝 ","
第四幅 ":" 鸿运当头 "},
" 字画底价 ":{" 第一幅 ":2860," 第二幅 ":498," 第三幅 ":1068," 第四幅 ":598},
" 字画拍卖加价 ":{" 第一幅 ":1000," 第二幅 ":2000," 第三幅 ":500," 第四幅 ":1500}}
goods_in=DataFrame(paints,columns=[" 字画名称 "," 字画拍卖加价 "," 字画底价 "])
print(goods_in)
```

代码中字典定义的是一个嵌套字典，内层字典的键都是等长的，而且会被合并、排序，从而形成最终的索引。上述代码的运行结果如图 3.18 所示。

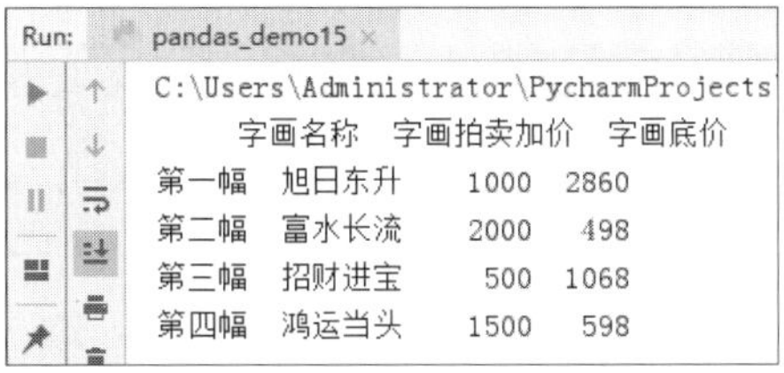

```
Run:  pandas_demo15
C:\Users\Administrator\PycharmProjects
      字画名称  字画拍卖加价  字画底价
第一幅  旭日东升    1000  2860
第二幅  富水长流    2000   498
第三幅  招财进宝     500  1068
第四幅  鸿运当头    1500   598
```

图3.18 利用Pandas模块的嵌套字典形成DataFrame数据结构的代码运行结果

3.1.5 DataFrame 中的索引对象

Pandas 的索引对象的主要责任是管理轴标签和其他元数据。在构建 Series 或 DataFrame 时，所用到的任何数组或其他序列的标签都会被转换成一个索引对象。需要注意的是，这个索引对象是不能被修改的，代码如下。

【程序代码清单 3.19】Pandas 模块中 DataFrame 索引对象的不可修改性

```
from pandas import DataFrame
paints={" 字画名称 ":{" 第一幅 ":" 旭日东升 "," 第二幅 ":" 富水长流 "," 第三幅 ":" 招财进宝 ","
第四幅 ":" 鸿运当头 "},
" 字画底价 ":{" 第一幅 ":2860," 第二幅 ":498," 第三幅 ":1068," 第四幅 ":598},
" 字画拍卖加价 ":{" 第一幅 ":1000," 第二幅 ":2000," 第三幅 ":500," 第四幅 ":1500}}
goods_in=DataFrame(paints)
goods_in_indexes=goods_in.index
goods_in_indexes[1]=" 字画拍卖底价 "
print(goods_in_indexes)
```

代码中定义了字画 DataFrame，接下来把索引对象 index 的内容存放在变量 goods_in_indexes 中，goods_in_indexes[1]=" 字画拍卖底价 " 实现对索引对象 index 中的内容进行修改。上述代码的运行结果如图 3.19 所示。

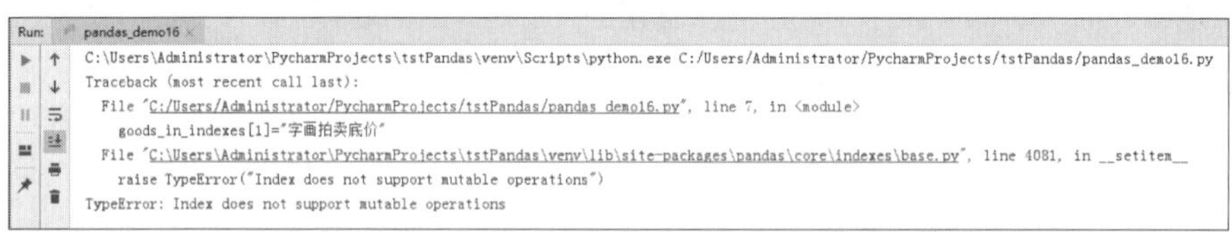

图3.19 Pandas模块中DataFrame索引对象的不可修改性的代码运行结果

从运行结果上看，出现了"Index does not support mutable operations"的报错信息，其含义就是"索引对象不支持变化的选项"，也就是"索引对象不支持改变"，用户是不能对其进行修改的。其实不可修改性也是很重要的，这样可以保证索引对象在多个数据结构之间安全共享。索引对象"长得像"数组，其实在功能上类似固定大小的集合。每个索引都有一些方法和属性。它们可用于设置逻辑并回答该索引所包含的数据等常见问题。表 3.1 列举了索引对象的一些方法和属性。

表 3.1 索引对象的一些方法和属性

方法和属性	说明
append	连接另一个索引对象，产生一个新的索引对象
diff	计算差集，并得到一个索引对象
intersection	计算交集
union	计算并集
isin	计算一个指示的各值是否都包含在参数集合中的布尔型数组
delete	删除指定索引处的元素，并得到新的索引对象

续表

方法和属性	说明
drop	删除传入的值，并得到新的索引对象
insert	将元素插入指定索引处，并得到新的索引对象
is_montonic（属性）	当各元素均大于或等于前一个元素时，返回 True
is_unique（属性）	当索引对象没有重复值时，返回 True
unique	计算索引对象中唯一值的数组

3.1.6 层次化索引

层次化索引（hierarchical indexing）是Pandas的一个重要特点，使用户能在一个轴上拥有多个（两个以上）索引级别。抽象点儿说，它使用户能以低维度形式处理高维度数据。比如创建一个 Series，并用一个由多个列表或数组组成的列表作为索引，代码如下。

【程序代码清单 3.20】Pandas 模块中的层次化索引

```
from pandas import DataFrame
paints={" 字画名称 ":[" 旭日东升 "," 富水长流 "," 招财进宝 "," 鸿运当头 "],
" 字画底价 ":[2860,498,1068,598],
" 字画拍卖加价 ":[1000,2000,500,1500]}
goods_in=DataFrame(paints,index=[[" 第一拍卖现场 "," 第一拍卖现场 "," 第二拍卖现场 "," 第二
拍卖现场 "],[" 第一幅 "," 第二幅 "," 第一幅 "," 第二幅 "]])
print(goods_in)
```

代码中定义 DataFrame 数据结构时，索引对象传入一个二维列表，列表中的第一项就是第一层索引名称列表，列表中的第二项就是第二层索引名称列表。上述代码的运行结果如图 3.20 所示。

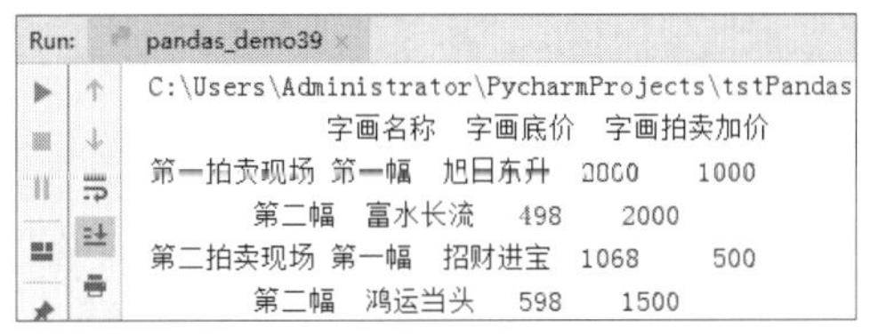

图3.20 Pandas模块中的层次化索引的代码运行结果

从运行结果上看，“第一拍卖现场”“第二拍卖现场”是第一级索引值，“第一幅”“第二幅”是第二级索引值。后面的数据就是“第一幅”或“第二幅”对应的“字画名称”“字画底价”及“字画拍卖加价”的信息内容。其实，这就是带有 MultiIndex 索引的 Series 的格式化输出形式。输出其索引的具体结构代码如下。

【程序代码清单 3.21】Pandas 模块中的层次化索引结构

```
from pandas import DataFrame
paints={" 字画名称 ":[" 旭日东升 "," 富水长流 "," 招财进宝 "," 鸿运当头 "],
" 字画底价 ":[2860,498,1068,598],
```

```
"字画拍卖加价":[1000,2000,500,1500]}
goods_in=DataFrame(paints,index=[["第一拍卖现场","第一拍卖现场","第二拍卖现场","第二拍卖现场"],["第一幅","第二幅","第一幅","第二幅"]])
goods_in_indexes=goods_in.index
print(goods_in_indexes)
```

代码中将 goods_in.index 索引对象的内容保存到变量 goods_in_indexes 中。上述代码的运行结果如图 3.21 所示。

```
Run:  pandas_demo40
C:\Users\Administrator\PycharmProjects\
MultiIndex([('第一拍卖现场', '第一幅'),
            ('第一拍卖现场', '第二幅'),
            ('第二拍卖现场', '第一幅'),
            ('第二拍卖现场', '第二幅')],
           )
```

图3.21 Pandas模块中的层次化索引结构的代码运行结果

从运行结果上看，这种层次化的索引会将第一级索引和第二级索引以元素的形式一一对应起来，整个 DataFrame 数据结构的索引就保存在一一对应关系元组组成的列表中。

针对这样的索引结构，选取数据子集的操作很简单，代码如下。

【程序代码清单 3.22】Pandas 模块中层次化索引结构的行选取

```
from pandas import DataFrame
paints={"字画名称":["旭日东升","富水长流","招财进宝","鸿运当头"],
"字画底价":[2860,498,1068,598],
"字画拍卖加价":[1000,2000,500,1500]}
goods_in=DataFrame(paints,index=[["第一拍卖现场","第一拍卖现场","第二拍卖现场","第二拍卖现场"],["第一幅","第二幅","第一幅","第二幅"]])
goods_in_second=goods_in.loc["第二拍卖现场"]
print(goods_in_second)
print("---------------------------------------")
goods_in_second_one=goods_in.loc["第二拍卖现场","第一幅"]
print(goods_in_second_one)
```

代码中调用了两次 goods_in.loc() 方法，第一次获取第一级索引为“第二拍卖现场”，直接在方括号中调用列索引即可；第二次获取第一级索引中的第二级索引，方括号中引用的两个不同级索引用逗号隔开。上述代码的运行结果如图 3.22 所示。

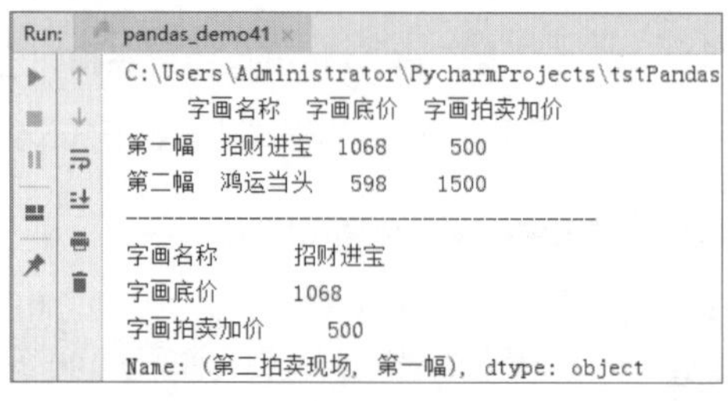

图3.22 Pandas模块中层次化索引结构的行选取的代码运行结果

从运行结果上看，虚线上面输出“第二拍卖现场”索引级别下的所有数据，虚线下面输出“第二拍卖现场”中“第一幅”索引下的所有数据，在最后一行输出“Name”（后面有标注，显示相应索引后的具体数据）。

层次化索引在数据重塑和基于分组的操作中有着重要的作用。比如说，数据可以通过 unstack() 方法被重新安排到一个 DataFrame 中，代码如下。

【程序代码清单 3.23】DataFrame 数据结构的 unstack() 方法

```
from pandas import DataFrame
paints={" 字画名称 ":[" 旭日东升 "," 富水长流 "," 招财进宝 "," 鸿运当头 "],
" 字画底价 ":[2860,498,1068,598],
" 字画拍卖加价 ":[1000,2000,500,1500]}
goods_in=DataFrame(paints,index=[[" 第一拍卖现场 "," 第一拍卖现场 "," 第二拍卖现场 "," 第二
拍卖现场 "],[" 第一幅 "," 第二幅 "," 第一幅 "," 第二幅 "]])
goods_stack=goods_in.unstack()
print(goods_stack)
```

代码中调用了 unstack() 方法，第一次获取第一级索引为“第二拍卖现场”，直接在方括号中调用列索引即可。上述代码的运行结果如图 3.23 所示。

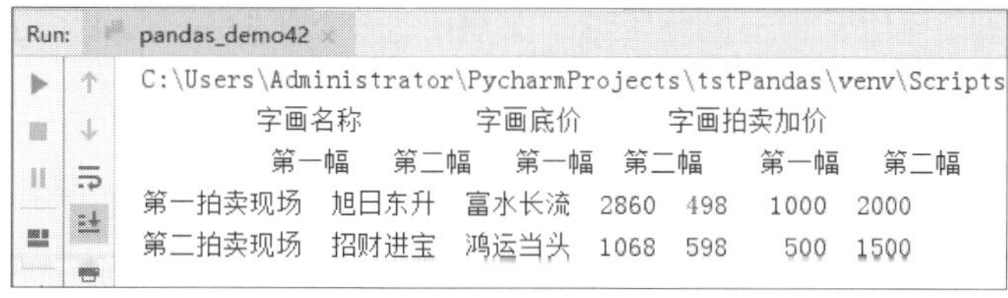

图3.23 DataFrame数据结构的unstack()方法的代码运行结果

从运行结果上看，使用 unstack() 方法，DataFrame 数据结构的第二层列索引被转变成行索引。与 unstack() 相反的操作（也称为逆运算）就是 stack()，代码如下。

【程序代码清单 3.24】DataFrame 数据结构的 stack() 方法

```
from pandas import DataFrame
paints={" 字画名称 ":[" 旭日东升 "," 富水长流 "," 招财进宝 "," 鸿运当头 "],
" 字画底价 ":[2860,498,1068,598],
" 字画拍卖加价 ":[1000,2000,500,1500]}
goods_in=DataFrame(paints,index=[[" 第一拍卖现场 "," 第一拍卖现场 "," 第二拍卖现场 "," 第二
拍卖现场 "],[" 第一幅 "," 第二幅 "," 第一幅 "," 第二幅 "]])
goods_stack=goods_in.unstack().stack()
print(goods_stack)
```

代码中 DataFrame 数据结构的字画拍卖数据被用 unstack() 方法把列索引变成了行索引，而调用 stack() 后，又把行索引变成了列索引。上述代码的运行结果如图 3.24 所示。

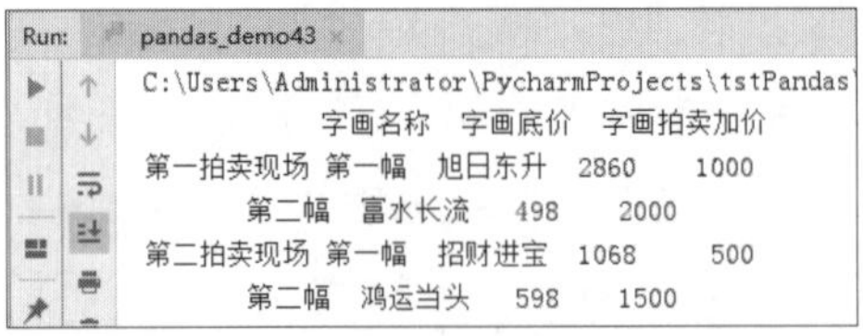

```
Run:    pandas_demo43
C:\Users\Administrator\PycharmProjects\tstPandas
                字画名称   字画底价   字画拍卖加价
第一拍卖现场 第一幅   旭日东升   2860      1000
           第二幅   富水长流    498      2000
第二拍卖现场 第一幅   招财进宝   1068       500
           第二幅   鸿运当头    598      1500
```

图3.24 DataFrame数据结构的stack()方法的代码运行结果

3.2 Pandas 数据结构中的基本数据操作

认识了 Pandas 的基本数据结构之后，可对 Series 和 DataFrame 中的数据进行操作，这里介绍一些基本操作。

3.2.1 重新索引

对 Pandas 对象来说，无论是哪一种数据结构，最重要的一个方法是 reindex()，其作用是创建一个适应新索引的新对象，代码如下。

【程序代码清单 3.25】利用 Pandas 模块中的 reindex() 修改索引的显示顺序

```
from pandas import DataFrame
paints={" 车名 ":[" 奥迪 Q5L"," 哈弗 H6"," 奔驰 GLC"]," 最低报价 ":[38.78,9.80,39.48]," 最
高报价 ":[49.80,14.10,58.78]}
goods_in=DataFrame(paints,index=[" 第一辆车 "," 第二辆车 "," 第三辆车 "])
print(goods_in)
other_goods=goods_in.reindex([" 第三辆车 "," 第二辆车 "," 第一辆车 "])
print(other_goods)
```

代码中定义 DataFrame 时指定了 index=[" 第一辆车 "," 第二辆车 "," 第三辆车 "]，接着用代码 reindex 重新指定索引顺序为 [" 第三辆车 "," 第二辆车 "," 第一辆车 "]，对应的 DataFrame 数据就会按照新的索引顺序进行显示。上述代码的运行结果如图 3.25 所示。

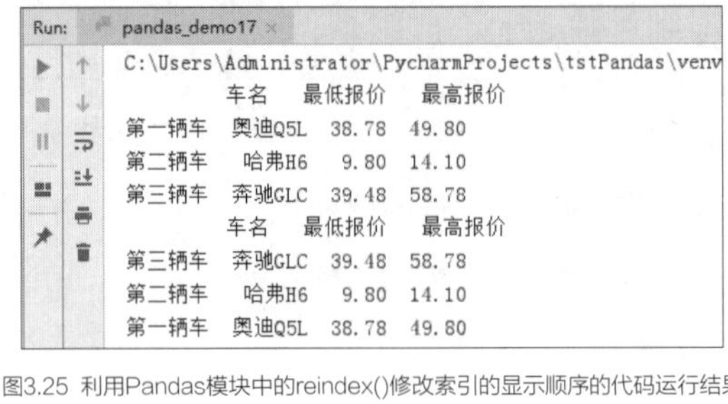

```
Run:    pandas_demo17
C:\Users\Administrator\PycharmProjects\tstPandas\venv
            车名    最低报价    最高报价
第一辆车    奥迪Q5L    38.78    49.80
第二辆车     哈弗H6     9.80    14.10
第三辆车    奔驰GLC    39.48    58.78
            车名    最低报价    最高报价
第三辆车    奔驰GLC    39.48    58.78
第二辆车     哈弗H6     9.80    14.10
第一辆车    奥迪Q5L    38.78    49.80
```

图3.25 利用Pandas模块中的reindex()修改索引的显示顺序的代码运行结果

从运行结果上看，reindex() 将原来的显示顺序“第一辆车”“第二辆车”“第三辆车”改变成为“第三辆车”“第二辆车”“第一辆车”。这是把原有的索引顺序进行了重排。如果添加了新的索引名称，由于没有数据相对应，就会显示 NaN 值，代码如下。

【程序代码清单 3.26】在 Pandas 模块的 reindex() 中添加了无此索引的项

```
from pandas import DataFrame
paints={" 车名 ":[" 奥迪 Q5L"," 哈弗 H6"," 奔驰 GLC"]," 最低报价 ":[38.78,9.80,39.48]," 最
高报价 ":[49.80,14.10,58.78]}
goods_in=DataFrame(paints,index=[" 第一辆车 "," 第二辆车 "," 第三辆车 "])
print(goods_in)
other_goods=goods_in.reindex([" 第三辆车 "," 第二辆车 "," 第一辆车 "," 第四辆车 "])
print(other_goods)
```

代码中重新索引时参数传入的列表中多了一个“第四辆车”。上述代码的运行结果如图 3.26 所示。

```
Run: pandas_demo18
C:\Users\Administrator\PycharmProjects
          车名    最低报价   最高报价
第一辆车  奥迪Q5L   38.78   49.80
第二辆车   哈弗H6    9.80   14.10
第三辆车  奔驰GLC   39.48   58.78
          车名    最低报价   最高报价
第三辆车  奔驰GLC   39.48   58.78
第二辆车   哈弗H6    9.80   14.10
第一辆车  奥迪Q5L   38.78   49.80
第四辆车    NaN     NaN     NaN
```

图3.26 在Pandas模块的reindex()中添加了无此索引的项的代码运行结果

对重新索引前后的代码运行结果进行对比可发现，多了一个“第四辆车”的索引，且因为没有对应的数据，显示的数据值均为 NaN。如果显示出相同的某个数据，可以用 fill_value 来进行填充，代码如下。

【程序代码清单 3.27】在 Pandas 模块的 reindex() 中用 fill_value 设置无此索引的项

```
from pandas import DataFrame
paints={" 车名 ":[" 奥迪 Q5L"," 哈弗 H6"," 奔驰 GLC"]," 最低报价 ":[38.78,9.80,39.48]," 最
高报价 ":[49.80,14.10,58.78]}
goods_in=DataFrame(paints,index=[" 第一辆车 "," 第二辆车 "," 第三辆车 "])
print(goods_in)
other_goods=goods_in.reindex([" 第三辆车 "," 第二辆车 "," 第一辆车 "," 第四辆车 "],fili_value=
7.90)
print(other_goods)
```

代码中调用 reindex() 方法时，添加了一个原来索引对象中没有的项“第四辆车”，又通过属性 fill_value=7.90 设置新加入的索引对象对应的数据值均为 7.90。上述代码的运行结果如图 3.27 所示。

```
Run:    pandas_demo19
C:\Users\Administrator\PycharmProjects
            车名    最低报价    最高报价
第一辆车    奥迪Q5L    38.78    49.80
第二辆车     哈弗H6     9.80    14.10
第三辆车    奔驰GLC    39.48    58.78
            车名    最低报价    最高报价
第三辆车    奔驰GLC    39.48    58.78
第二辆车     哈弗H6     9.80    14.10
第一辆车    奥迪Q5L    38.78    49.80
第四辆车       7.9      7.90     7.90
```

图3.27 在Pandas模块的reindex()中用fill_value设置无此索引的项的代码运行结果

从运行结果上看，显然填充 fill_value 对于车名来说是不科学的。因此，可以用前填充和后填充的方式。这样就引入了 method 属性，设置 method 的属性值为“ffill”就可以实现前填充，也就是根据前一个数据的值进行数据的填充，代码如下。

【程序代码清单 3.28】在 Pandas 模块的 reindex() 中用 method 前填充设置无此索引的项

```
from pandas import DataFrame
paints={" 车名 ":[" 奥迪 Q5L"," 哈弗 H6"," 奔驰 GLC"]," 最低报价 ":[38.78,9.80,39.48]," 最
高报价 ":[49.80,14.10,58.78]}
goods_in=DataFrame(paints,index=[1,2,3])
print(goods_in)
other_goods=goods_in.reindex([1,2,3,4],method="ffill")
print(other_goods)
```

注意，reindex() 中的参数，也就是列表的值一定是一个数值序列。如果不是一个数值序列，而是“第一辆车”“第二辆车”“第三辆车”等文本就会提示错误。上述代码的运行结果如图 3.28 所示。

```
Run:    pandas_demo20
C:\Users\Administrator\PycharmProjects
       车名    最低报价    最高报价
1   奥迪Q5L    38.78    49.80
2    哈弗H6     9.80    14.10
3   奔驰GLC    39.48    58.78
       车名    最低报价    最高报价
1   奥迪Q5L    38.78    49.80
2    哈弗H6     9.80    14.10
3   奔驰GLC    39.48    58.78
4   奔驰GLC    39.48    58.78
```

图3.28 在Pandas模块的reindex()中用method前填充设置无此索引的项的代码运行结果

从运行结果上看，新加入的索引项 4 的数据和前面索引项 3 的数据是一致的，类型也是一致的。对于 method 这个属性来讲，可以进行前向填充和后向填充，具体参数如表 3.2 所示。

表 3.2 reindex() 属性 method 的参数

参数	说明
ffill 或 pad	前向填充（或搬运）值
bfill 或 backfill	后向填充（或搬运）值

对于 DataFrame，reindex() 不但可以修改行索引，也可以修改列索引，通过 columns 关键字可以实现重新索引列，代码如下。

【程序代码清单 3.29】在 Pandas 模块的 reindex() 中用 columns 关键字重新索引列

```
from pandas import DataFrame
paints={" 车名 ":[" 奥迪 Q5L"," 哈弗 H6"," 奔驰 GLC"]," 最低报价 ":[38.78,9.80,39.48]," 最
高报价 ":[49.80,14.10,58.78]}
goods_in=DataFrame(paints,index=[1,2,3])
print(goods_in)
other_goods=goods_in.reindex(columns=[" 车名 "," 最高报价 "," 最低报价 "," 标配价 "])
print(other_goods)
```

代码中使用 reindex() 重新索引时使用 columns 参数，把原有的列调整了顺序，还另外添加了“标配价”。上述代码的运行结果如图 3.29 所示。

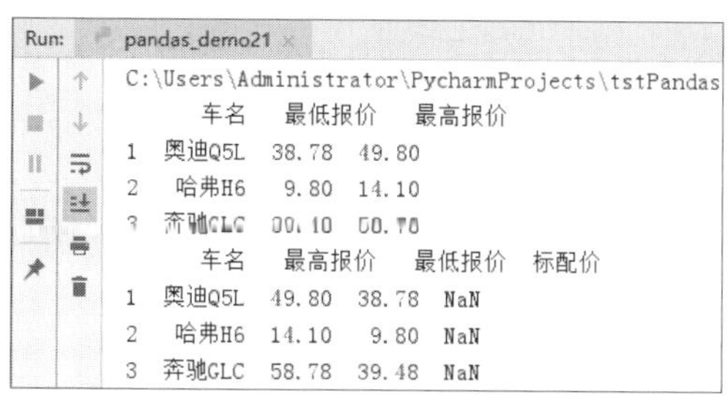

图3.29 在Pandas模块的reindex()中用columns关键字重新索引列的代码运行结果

从运行结果上看，重新索引后不但列显示的顺序调整了，同时还多了一列“标配价”，只不过没有数据值，只能显示 NaN。

method 的填充方式是按行填充，不能按列填充。

reindex() 的参数及说明如表 3.3 所示。

表 3.3 reindex() 的参数及说明

参数	说明
index	用作索引的新序列，既可以是 index 实例，也可以是序列型结构的 Python 列表、元组等
method	插值（填充）方式
fill_value	在重新索引的过程中，需要引入缺失值时使用的替代值

续表

参数	说明
limit	前向或后向填充时的最大填充量
level	在 MultiIndex 的指定级别上匹配简单索引，否则选取其子集
copy	默认为 True，此时无论如何都复制；如果为 False，则新旧值相等就不复制

3.2.2 删除指定轴上的项

删除某条轴上的一个或多个项可以使用 drop() 方法，有一个索引数组或列表即可。drop() 方法需要执行一些数据整理和集合逻辑处理工作，会返回一个在指定轴上删除了指定值的新对象，代码如下。

【程序代码清单 3.30】利用 Pandas 模块的 drop() 方法删除行数据

```
from pandas import DataFrame
paints={" 车名 ":[" 奥迪 Q5L"," 哈弗 H6"," 奔驰 GLC"]," 最低报价 ":[38.78,9.80,39.48]," 最
高报价 ":[49.80,14.10,58.78]}
goods_in=DataFrame(paints,index=[1,2,3])
goods_in=goods_in.drop(2)
print(goods_in)
```

代码中使用 drop() 方法时传入行索引值 2 可实现删除。上述代码的运行结果如图 3.30 所示。

```
Run:   pandas_demo22
C:\Users\Administrator\PycharmProjects
        车名    最低报价    最高报价
1  奥迪Q5L   38.78   49.80
3  奔驰GLC   39.48   58.78
```

图3.30 利用Pandas模块的drop()方法删除行数据的代码运行结果

从运行结果上看，行索引值为 2 的数据行已经被删除了。利用 DataFrame，可以删除任意轴上索引对应的值，包括列方向上的索引对应的值，代码如下。

【程序代码清单 3.31】利用 Pandas 模块的 drop() 方法删除列数据

```
from pandas import DataFrame
paints={" 车名 ":[" 奥迪 Q5L"," 哈弗 H6"," 奔驰 GLC"]," 最低报价 ":[38.78,9.80,39.48]," 最
高报价 ":[49.80,14.10,58.78]}
goods_in=DataFrame(paints,index=[1,2,3])
goods_in=goods_in.drop([" 最高报价 "," 最低报价 "],axis=1)
print(goods_in)
```

代码中使用 drop() 方法时传入列索引值“最高报价”和“最低报价”形成的列表，同时传入 axis 参数指明轴的方向。axis 参数置 1，就是把轴的方向改变成为列并实现删除。上述代码的运行结果如图 3.31 所示。

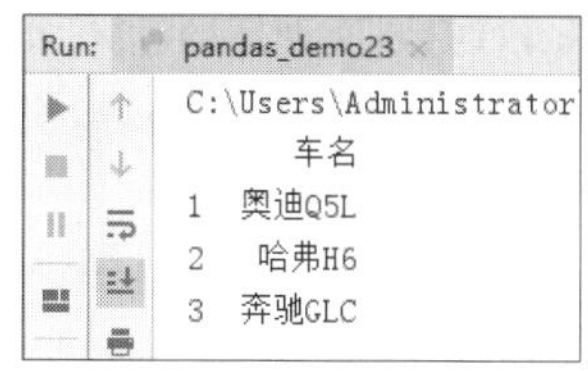

图3.31 利用Pandas模块的drop()方法删除列数据的代码运行结果

从运行结果上看，定义关于车的DataFrame数据因为drop()方法删除了“最高报价”和“最低报价”两列，只剩下“车名”这一列。这样可以知道drop()方法在删除时是通过axis参数改变轴的方向的。

3.2.3 算术运算和数据对齐

Pandas最重要的功能之一是，它可以对不同索引的对象进行算术运算。在将对象相加时，如果存在不同的索引对，则结果的索引就是该索引对的并集。对于DataFrame数据，对齐操作会同时发生在行和列上。假定有两家幼儿园商议合并成一家幼儿园，就需要对一些数据进行合并操作，代码如下。

【程序代码清单3.32】两家幼儿园DataFrame数据的加法合并

```
from pandas import DataFrame
kindergarten1={"小朋友数目":{"1班":32,"2班":20},"小朋友睡床":{"1班":40,"2班":30},"上课教室":{"1班":3,"2班":2}}
kindergarten2={"小朋友数目":{"1班":10,"2班":21,"3班":15},"小朋友睡床":{"1班":11,"2班":21,"3班":16},"上课教室":{"1班":1,"2班":2,"3班":2}}
kindergarten_dataframe1=DataFrame(kindergarten1)
kindergarten_dataframe2=DataFrame(kindergarten2)
kindergarten_all=kindergarten_dataframe1+kindergarten_dataframe2
print(kindergarten_all)
```

代码中定义了两家幼儿园的DataFrame数据结构，合并操作实现了两家幼儿园DataFrame数据的相加。上述代码的运行结果如图3.32所示。

```
Run: pandas_demo27
C:\Users\Administrator\PycharmProjects
     小朋友数目  小朋友睡床  上课教室
1班     42.0      51.0     4.0
2班     41.0      51.0     4.0
3班      NaN       NaN     NaN
```

图3.32 两家幼儿园DataFrame数据的加法合并的代码运行结果

从运行结果上看，相加后将会返回一个新的DataFrame，其索引和列为原来两个DataFrame的并集。需要特别说明的是，一家幼儿园有索引项“3班”，另一家幼儿园没有索引项“3班”，在进行相加运算时数据就会显示NaN。实际上，我们往往希望当一个对象中的某个轴标签在另一个对象中找不到时，可以通过填充一个特殊值来处理。这时，可以用 add() 方法实现相加运算，add() 方法可以传入 fill_value 参数，这个 fill_value 参数可实现在另一个对象中找不到索引项时填充一个值，代码如下。

【程序代码清单 3.33】使用 add() 方法实现两家幼儿园 DataFrame 数据的合并

```
from pandas import DataFrame
kindergarten1={" 小朋友数目 ":{"1 班 ":32,"2 班 ":20}," 小朋友睡床 ":{"1 班 ":40,"2 班 ":30}," 上课教室 ":{"1 班 ":3,"2 班 ":2}}
kindergarten2={" 小朋友数目 ":{"1 班 ":10,"2 班 ":21,"3 班 ":15}," 小朋友睡床 ":{"1 班 ":11,"2 班 ":21,"3 班 ":16}," 上课教室 ":{"1 班 ":1,"2 班 ":2,"3 班 ":2}}
kindergarten_dataframe1=DataFrame(kindergarten1)
kindergarten_dataframe2=DataFrame(kindergarten2)
kindergarten_all=kindergarten_dataframe1.add(kindergarten_dataframe2,fill_value=0)
print(kindergarten_all)
```

代码中使用 add() 方法实现了两家幼儿园 DataFrame 数据的相加。add() 方法中传入了 fill_value 参数，当一个对象没有某个索引项时，这里填充的数据为 0。上述代码的运行结果如图 3.33 所示。

```
Run:  pandas_demo28
C:\Users\Administrator\PycharmProjects
     小朋友数目  小朋友睡床  上课教室
1班    42.0     51.0     4.0
2班    41.0     51.0     4.0
3班    15.0     16.0     2.0
```

图3.33 使用add()方法实现两家幼儿园DataFrame 数据的合并的代码运行结果

从运行结果上看，没有出现异常值 NaN，需要统计的每一个维度都有数据。

关于算术方法，除了 add() 以外，还有其他方法，如表 3.4 所示。

表 3.4 Pandas 数据结构的算术方法

方法名称	说明
add	用于加法（+）的方法
sub	用于减法（-）的方法
div	用于除法（/）的方法
mul	用于乘法（*）的方法

Pandas 的数据结构有 DataFrame 和 Series 两种类型，同种类型之间的运算很容易理解。那如果 DataFrame 和 Series 之间进行算术运算，会碰出什么样的火花呢？假定两家幼儿园也要发生合并操作，一家幼儿园有两个班级，可以用 DataFrame 数据结构来表示。另一家幼儿园只有一个班级，用 Series 数据结构来表示。合并操作后的结果如何呢？代码如下。

【程序代码清单 3.34】两家幼儿园 DataFrame 和 Series 数据的合并

```
from pandas import DataFrame,Series
kindergarten1={" 小朋友数目 ":[32,20]," 小朋友睡床 ":[40,30]," 上课教室 ":[3,2]}
kindergarten2={" 小朋友数目 ":16," 小朋友睡床 ":19," 上课教室 ":2}
```

```
kindergarten_dataframe1=DataFrame(kindergarten1)
kindergarten_series1=Series(kindergarten2)
kindergarten_all=garden_dataframe1+kindergarten_series1
print(kindergarten_all)
```

代码中定义了一个 DataFrame 数据结构的幼儿园，也定义了一个 Series 数据结构的幼儿园，直接用“+”号实现两种结构数据的相加。上述代码的运行结果如图 3.34 所示。

```
Run:  pandas_demo29
C:\Users\Administrator\PycharmProjects
   小朋友数目  小朋友睡床  上课教室
0     48      59     5
1     36      49     4
```

图3.34 两家幼儿园DataFrame和Series 数据的合并的代码运行结果

从运行结果上看，两家幼儿园数据合并的时候，Series 数据结构的幼儿园和 DataFrame 数据结构的幼儿园每条数据都发生了相加，也就是 DataFrame 数据结构的幼儿园每个班的数据都要加上 Series 数据结构的幼儿园每个班的数据，这显然是不合理的。但这里探讨的是两种数据的相加是可以运算的，这叫作广播，关于 NumPy 的知识讲解中提到过这样的内容。默认情况下，DataFrame 和 Series 之间的算术运算会将 Series 的索引匹配到 DataFrame 的列，然后沿着行一直向下广播。如果你希望匹配行且在列上广播，就可以利用算术方法 sub()、add() 等，前面提到过的这些算术方法可以通过参数 axis 来控制轴的方向。

对 DataFrame 和 Series 进行算术运算时采用广播具有现实意义。比如一家超市原来定义了一些价格数据，然后随着时间的推移，物价发生了改变，每件商品的价格都在调整，那就可以用这种算术运算的方式去广播修改每件商品的价格。如果价格方面算术运算的值是不相同的，就可以使用前面提到的 loc() 方法对数据进行切片或条件的定位，再进行相关的广播操作。

3.3 数据处理

数据处理在机器学习前的数据有效性处理中很常见，也叫数据清洗。Pandas 的设计目标之一就是让数据处理的任务变得轻松一点儿。前面接触过的 NaN，可表示浮点和非浮点数组中的缺失数据。

3.3.1 判断缺失数据

缺失数据是数据处理中常见的一种情况，NaN 可以作为被检测出来的标记。isnull() 方法用来判断数据中是否含有缺失数据，代码如下。

【程序代码清单 3.35】判断描述车的 DataFrame 数据中是否有缺失数据

```
from pandas import DataFrame
import numpy
paints={" 车名 ":[" 奥迪 Q5L"," 哈弗 H6"," 奔驰 GLC"]," 最低报价 ":[numpy.nan,9.80,numpy.
nan]," 最高报价 ":[49.80,numpy.nan,58.78]}
goods_in=DataFrame(paints,index=[1,2,3])
goods_in_isnull=goods_in.isnull()
print(goods_in_isnull)
```

代码中定义了车的 DataFrame 数据结构，然后使用 isnull() 方法判断数据中是否含有缺失数据。上述代码的运行结果如图 3.35 所示。

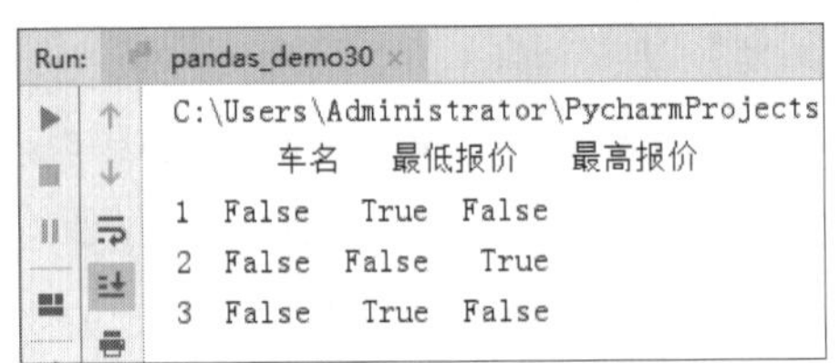

图3.35 判断描述车的DataFrame数据中是否有缺失数据的代码运行结果

从运行结果上看，isnull() 方法会在结果中显示 True 或 False。这个结果值可以作为布尔值对数据进行过滤，相当于把有一项为空的数据值去掉。

【程序代码清单 3.36】对描述车的 DataFrame 数据根据 isnull() 的布尔值将缺失数据选取出来

```
from pandas import DataFrame
import numpy
paints={" 车名 ":[" 奥迪 Q5L"," 哈弗 H6"," 奔驰 GLC"]," 最低报价 ":[numpy.nan,9.80,numpy.
nan]," 最高报价 ":[49.80,23.10,58.78]}
goods_in=DataFrame(paints,index=[1,2,3])
goods_in_isnull=goods_in[goods_in[" 最低报价 "].isnull()]
print(goods_in_isnull)
```

代码中用 goods_in[" 最低报价 "].isnull() 来判断“最低报价”维度数据中的缺失数据，结果是布尔数组。用这个布尔数组作为 goods_in 的参数，就会把“最低报价”为空的那一行数据选出。上述代码的运行结果如图 3.36 所示。

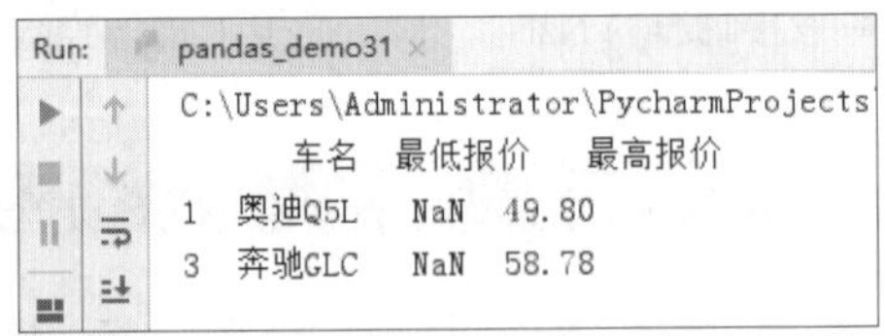

图3.36 对描述车的DataFrame数据根据isnull()的布尔值将缺失数据选取出来的代码运行结果

从运行结果上看，“最低报价”数据中有 NaN 的数据行被选取出来了。把数据选取出来之后就要进行相应的处理，处理方法如表 3.5 所示。

表 3.5 DataFrame 数据表中缺失数据的处理方法

方法名称	说明
dropna	根据各标签的值中是否存在缺失数据对轴标签进行过滤，可通过阈值调节对缺失数据的容忍度
fillna	用指定值或插值方法（如 ffill 或 bfill）填充缺失数据
isnull	返回一个含有布尔值的对象，这些布尔值表示哪些数据是缺失，该对象的类型与原类型一致
notnull	isnull 的否定式

3.3.2 删除缺失数据

删除缺失数据的方法有许多，dropna() 可能会更实用一些。dropna() 返回一个仅含非空数据和索引值的 Pandas 对应的数据结构，默认丢弃任何含有缺失数据的行，代码如下。

【程序代码清单 3.37】对描述车的 DataFrame 数据 dropna() 返回仅含非空数据的行

```
from pandas import DataFrame
import numpy
paints={" 车名 ":[" 奥迪 Q5L"," 哈弗 H6"," 奔驰 GLC"]," 最低报价 ":[numpy.nan,9.80,numpy.
nan]," 最高报价 ":[49.80,23.10,58.78]}
goods_in=DataFrame(paints,index=[1,2,3])
goods_in_nonull=goods_in.dropna()
print(goods_in_nonull)
```

代码中对描述车的 DataFrame 数据直接调用 dropna() 方法删除含缺失数据的行。上述代码的运行结果如图 3.37 所示。

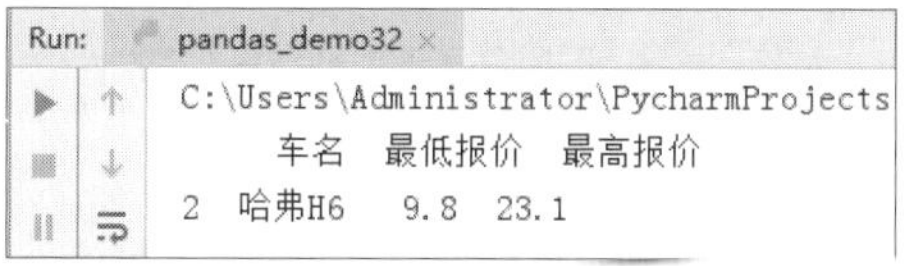

图3.37 对描述车的DataFrame数据dropna()返回仅含非空数据的行的代码运行结果

从运行结果上来看，含有缺失数据的行被删除了。dropna() 也提供了一些参数，传入 how="all" 将只丢弃全为 NaN 的那些行，代码如下。

【程序代码清单 3.38】对描述车的 DataFrame 数据 dropna() 删除全为 NaN 的行

```
from pandas import DataFrame
import numpy
paints={" 车名 ":[" 奥迪 Q5L"," 哈弗 H6"," 奔驰 GLC",numpy.nan]," 最低报价 ":[numpy.
nan,9.80,numpy.nan,numpy.nan]," 最高报价 ":[49.80,23.10,58.78,numpy.nan]}
goods_in=DataFrame(paints,index=[1,2,3,4])
print(goods_in)
print("------------------------------")
```

```
goods_in_nonull=goods_in.dropna(how="all")
print(goods_in_nonull)
```

代码中首先输出了一个 DataFrame 结构的描述车的数据，数据中加入了全部都是 NaN 的一行数据，然后调用 dropna() 对数据进行删除缺失数据处理。不过，这里传入了参数 how="all"，也就是全部都是 NaN 的这一行数据会被删除掉。上述代码的运行结果如图 3.38 所示。

```
Run:    pandas_demo32
C:\Users\Administrator\PycharmProjects
       车名  最低报价   最高报价
1  奥迪Q5L    NaN  49.80
2   哈弗H6    9.8  23.10
3  奔驰GLC    NaN  58.78
4    NaN    NaN    NaN
------------------------------
       车名  最低报价   最高报价
1  奥迪Q5L    NaN  49.80
2   哈弗H6    9.8  23.10
3  奔驰GLC    NaN  58.78
```

图3.38 对描述车的DataFrame数据dropna()删除全为NaN的行的代码运行结果

从运行结果上看，虚线前后的数据变化就是 dropna() 引入 how="all" 参数后的变化，虚线上面的输出有一行数据全部是 NaN，虚线下面的输出就没有。如果要删除的是某一列，传入 axis=1 即可，代码如下。

【程序代码清单 3.39】对描述车的 DataFrame 数据 dropna() 删除含 NaN 的列

```
from pandas import DataFrame
import numpy
paints={" 车名 ":[" 奥迪 Q5L"," 哈弗 H6"," 奔驰 GLC"]," 最低报价 ":[numpy.nan,9.80,numpy.
nan]," 最高报价 ":[49.80,23.10,58.78]}
goods_in=DataFrame(paints,index=[1,2,3])
goods_in_nonull=goods_in.dropna(axis=1)
print(goods_in_nonull)
```

代码中使用 dropna() 方法删除 DataFrame 结构的描述车数据时，传入了参数 axis=1。这个参数决定了 dropna() 进行列删除。上述代码的运行结果如图 3.39 所示。

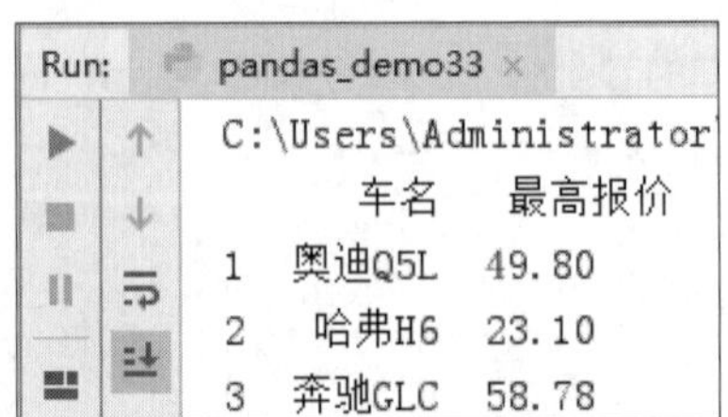

图3.39 对描述车的DataFrame数据dropna()删除含NaN的列的代码运行结果

3.3.3 填充缺失数据

对缺失数据不是只有删除这一种操作，如果在数据量很少的情况下，再进行删除操作会造成后面机器学习的时候数据预测不准确。对缺失数据的另外一种操作就是填补那些“空洞”。fillna() 方法就是填补“空洞”最主要的方法。通过调用 fillna() 会将缺失值替换为常数值，代码如下。

【程序代码清单 3.40】对描述车的 DataFrame 数据 fillna() 用常数填充含 NaN 的数据列

```
from pandas import DataFrame
import numpy
paints={" 车名 ":[" 奥迪 Q5L"," 哈弗 H6"," 奔驰 GLC"]," 最低报价 ":[numpy.nan,9.80,numpy.
nan]," 最高报价 ":[49.80,23.10,58.78]}
goods_in=DataFrame(paints,index=[1,2,3])
goods_in_nonull=goods_in.fillna(10)
print(goods_in_nonull)
```

代码中对 DataFrame 结构的描述车数据调用 fillna() 方法进行填充，填充的数值采用常数 10，也就是说 DataFrame 的描述车数据中如果有缺失数据就用常数 10 来填充。上述代码的运行结果如图 3.40 所示。

```
Run:  pandas_demo34
C:\Users\Administrator\PycharmProjects
       车名  最低报价   最高报价
1  奥迪Q5L  10.0  49.80
2   哈弗H6   9.8  23.10
3  奔驰GLC  10.0  58.78
```

图3.40 对描述车的DataFrame数据fillna()用常数填充含NaN数据列的代码运行结果

从运行结果上看，数据中为 NaN 的地方都被常数 10 填充。如果通过一个字典调用 fillna()，就可以实现对不同的列填充不同的值，代码如下。

【程序代码清单 3.41】对描述车的 DataFrame 数据 fillna() 用字典填充含 NaN 的数据列

```
from pandas import DataFrame
import numpy
paints={" 车名 ":[" 奥迪 Q5L"," 哈弗 H6"," 奔驰 GLC"]," 最低报价 ":[numpy.nan,9.80,numpy.
nan]," 最高报价 ":[49.80,23.10,numpy.nan]}
goods_in=DataFrame(paints,index=[1,2,3])
goods_in_fill=goods_in.fillna({" 最低报价 ":10," 最高报价 ":20})
print(goods_in_fill)
```

代码中对 DataFrame 结构的描述车数据调用 fillna() 方法进行填充，填充的数值采用字典型数据 {" 最低报价 ":10，" 最高报价 ":20}，说明在“最低报价”这一列对 NaN 数据填充 10，在“最高报价”这一列对 NaN 数据填充 20。上述代码的运行结果如图 3.41 所示。

```
Run:  pandas_demo35
C:\Users\Administrator\PycharmProjects
      车名  最低报价  最高报价
1  奥迪Q5L  10.0  49.8
2   哈弗H6   9.8  23.1
3  奔驰GLC  10.0  20.0
```

图3.41 对描述车的DataFrame数据fillna()用字典填充含NaN数据列的代码运行结果

从运行结果上看，“最低报价”的那一列 NaN 数据被填充了 10，“最高报价”的那一列 NaN 数据被填充了 20。如果觉得这样的数据填充没有什么意义，对 reindex() 有效的那些插值方法也可用于 fillna()，比如 method 这样的参数，代码如下。

【程序代码清单 3.42】对描述车的 DataFrame 数据 fillna() 用 method 插值填充 NaN 数据列

```
from pandas import DataFrame
import numpy
paints={" 车名 ":[" 奥迪 Q5L"," 哈弗 H6"," 奔驰 GLC"]," 最低报价 ":[9.80,numpy.
nan,15.42]," 最高报价 ":[49.80,23.10,numpy.nan]}
goods_in=DataFrame(paints,index=[1,2,3])
goods_in_fill=goods_in.fillna(method="ffill")
print(goods_in_fill)
```

代码中对 DataFrame 结构的描述车数据调用 fillna() 方法进行填充，填充的数值采用对 reindex() 有效的插值方法 method="ffill"，含义是“前向数据填充”，即用前面的数据进行填充。上述代码的运行结果如图 3.42 所示。

```
Run:  pandas_demo36
C:\Users\Administrator\PycharmProjects
      车名  最低报价  最高报价
1  奥迪Q5L   9.80  49.8
2   哈弗H6   9.80  23.1
3  奔驰GLC  15.42  23.1
```

图3.42 对描述车的DataFrame数据fillna()用method插值填充NaN数据列的代码运行结果

从运行结果上看，DataFrame结构的描述车数据中NaN数据在相应的列中采用了其前面的数值进行填充。当然，这里面也可以用中位数或均值来填充。所谓中位数，是统计学中的名词，是指按顺序排列的一组数据中居于中间位置的数，比如数组 [1,2,3,5,6,7,9] 的中位数就是中间索引位置的值 5。在 fillna() 方法中也可以使用中位数进行填充，代码如下。

【程序代码清单 3.43】对描述车的 DataFrame 数据 fillna() 用中位数填充 NaN 数据列

```
from pandas import DataFrame,Series
import numpy
paints={" 车名 ":[" 奥迪 Q5L"," 哈弗 H6"," 奔驰 GLC"]," 最低报价 ":[9.80,numpy.nan,15.42],"
最高报价 ":[49.80,23.10,numpy.nan]}
goods_in=DataFrame(paints,index=[1,2,3])
```

```
goods_in_fill=goods_in.fillna(goods_in.median())
print(goods_in_fill)
```

代码中对 DataFrame 结构的描述车数据调用 fillna() 方法进行填充，填充的数值采用 median() 方法计算其中位数。上述代码的运行结果如图 3.43 所示。

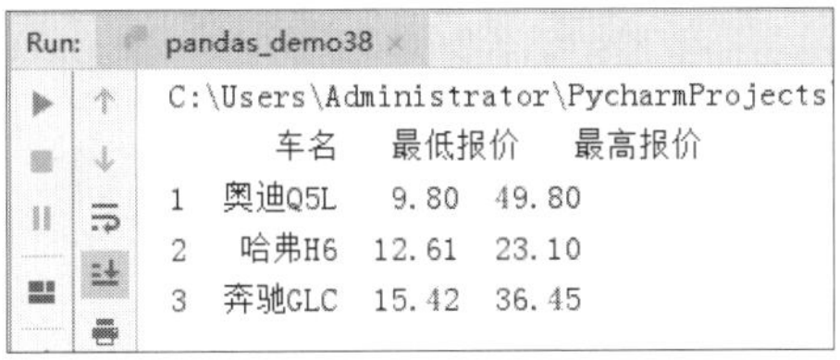

```
C:\Users\Administrator\PycharmProjects
      车名    最低报价    最高报价
1  奥迪Q5L    9.80   49.80
2   哈弗H6   12.61   23.10
3  奔驰GLC   15.42   36.45
```

图3.43 对描述车的DataFrame数据fillna()用中位数填充NaN数据列的代码运行结果

从运行结果上看，缺失的数据已经被中位数填充完成。

3.3.4 移除重复数据

DataFrame 数据中常常会出现一些重复行，这些重复的数据，在使用前也需要进行处理。DataFrame 的 duplicated() 方法返回一个布尔型 Series，表示各行是否是重复行，代码如下。

【程序代码清单 3.44】DataFrame 描述车数据重复行的检测

```
from pandas import DataFrame
import numpy
paints={" 车名 ":[" 奥迪 Q5L"," 哈弗 H6"," 奔驰 GLC"," 奥迪 Q5L"," 哈弗 H6"],
" 最低报价 ":[9.80,14.35,15.42,9.80,14.35],
" 最高报价 ":[49.80,23.10,60.45,49.80,23.10]}
goods_in=DataFrame(paints)
goods_in_duplicated=goods_in.duplicated()
print(goods_in_duplicated)
```

代码中对 DataFrame 结构的描述车数据调用 duplicated() 方法进行重复值的查找，如果有重复值，重复的值就会输出为 True。上述代码的运行结果如图 3.44 所示。

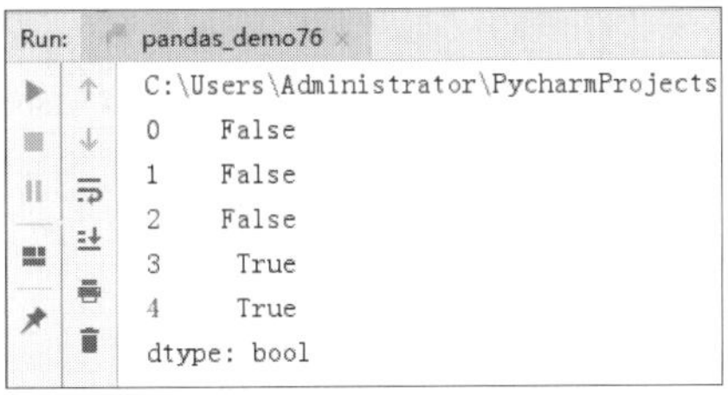

```
C:\Users\Administrator\PycharmProjects
0    False
1    False
2    False
3     True
4     True
dtype: bool
```

图3.44 DataFrame描述车数据重复行的检测的代码运行结果

还有一个与此相关的 drop_duplicates() 方法，它用于返回一个删除了重复行的 DataFrame，也就是实现了删除重复项，代码如下。

【程序代码清单 3.45】DataFrame 描述车数据重复行的删除

```
from pandas import DataFrame
import numpy
paints={" 车名 ":[" 奥迪 Q5L"," 哈弗 H6"," 奔驰 GLC"," 奥迪 Q5L"," 哈弗 H6"],
" 最低报价 ":[9.80,14.35,15.42,9.80,14.35],
" 最高报价 ":[49.80,23.10,60.45,49.80,23.10]}
goods_in=DataFrame(paints)
goods_in_duplicated=goods_in.drop_duplicates()
print(goods_in_duplicated)
```

代码中对 DataFrame 结构的描述车数据调用 drop_duplicates() 方法对重复数据进行删除，如果查到 DataFrame 数据后面有跟前面重复的数据，就会将之删除。上述代码的运行结果如图 3.45 所示。

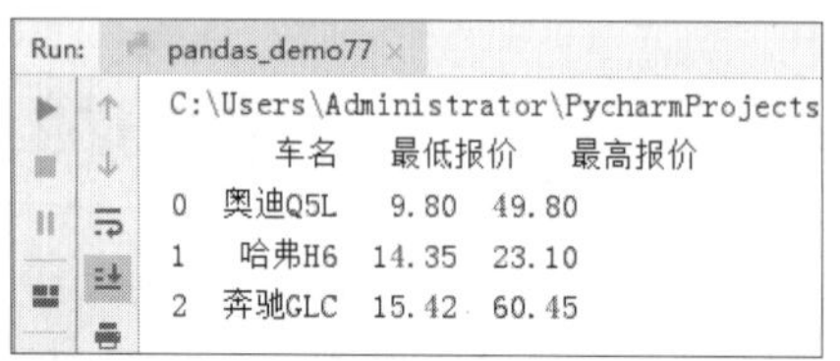

图3.45 DataFrame描述车数据重复行的删除的代码运行结果

从运行结果上看，drop_duplicates() 默认保留的是第一个出现的值组合。若传入 keep="last"，则保留最后一个，代码如下。

【程序代码清单 3.46】DataFrames 描述车数据保留最后重复行

```
from pandas import DataFrame
import numpy
paints={" 车名 ":[" 奥迪 Q5L"," 哈弗 H6"," 奔驰 GLC"," 奥迪 Q5L"," 哈弗 H6"],
" 最低报价 ":[9.80,14.35,15.42,9.80,14.35],
" 最高报价 ":[49.80,23.10,60.45,49.80,23.10]}
goods_in=DataFrame(paints)goods_in_duplicated=goods_in.drop_duplicates([" 车名 "," 最低报价 ","
最高报价 "],keep="last")print(goods_in_duplicated)
```

代码使用 drop_duplicates() 方法对“车名”“最低报价”“最高报价”3 个维度中的重复数据采用 keep="last" 参数保留最后一个重复项。上述代码的运行结果如图 3.46 所示。

```
Run: pandas_demo78
C:\Users\Administrator\PycharmProjects
     车名    最低报价  最高报价
2  奔驰GLC   15.42   60.45
3  奥迪Q5L    9.80   49.80
4   哈弗H6   14.35   23.10
```

图3.46 DataFrame描述车数据保留最后重复行的代码运行结果

从运行结果上看，索引数字为 0 和 1 的重复项是最先出现的，被 drop_duplicates() 方法删除了，而后面的索引数字为 3 和 4 的数据被留了下来。

3.3.5 替换数据

利用 fillna() 方法填充缺失数据可以看作值替换的一种特殊情况。而 replace() 则提供了一种实现该功能的更简单、更灵活的方式，代码如下。

【程序代码清单 3.47】DataFrame 描述车数据使用 replace() 替换数据

```
from pandas import DataFrame
import numpy as np
paints={" 车名 ":[" 奥迪 Q5L"," 哈弗 H6"," 奔驰 GLC"," 奥迪 Q5L"," 哈弗 H6"],
" 最低报价 ":[9.80,14.35,15.42,9.80,np.nan],
" 最高报价 ":[49.80,23.45,np.nan,49.80,23.10]}
goods_in=DataFrame(paints)
goods_in_replace=goods_in.replace(np.nan,20.50)
print(goods_in_replace)
```

代码中定义 DataFrame 结构的描述车数据，其中有 NaN 数据，紧接着调用 replace() 方法把 NaN 数据替换为 20.50。上述代码的运行结果如图 3.47 所示。

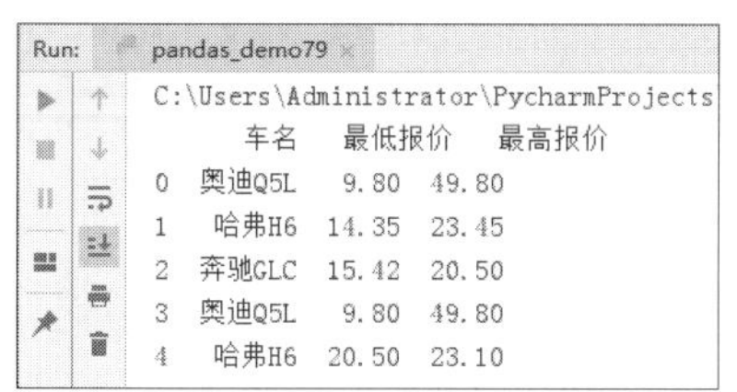

图3.47 DataFrame描述车数据使用replace()替换数据的代码运行结果

从运行结果上看，DataFrame 数据中的 NaN 数据全部被替换为 20.50。如果希望将不同的值对应替换，可以通过字典来处理，代码如下。

【程序代码清单 3.48】DataFrame 描述车数据使用 replace() 字典参数替换数据

```
from pandas import DataFrame
import numpy as np
paints={" 车名 ":[" 奥迪 Q5L"," 哈弗 H6"," 奔驰 GLC"," 奥迪 Q5L"," 哈弗 H6"],
" 最低报价 ":[9.80,14.35,15.42,0,np.nan],
" 最高报价 ":[0,23.45,np.nan,49.80,23.10]}
goods_in=DataFrame(paints)
goods_in_replace=goods_in.replace({np.nan:20.50,0:25.47})
print(goods_in_replace)
```

代码中 replace() 方法传入一个字典，字典的键分别是 np.nan 和 0，也就意味着 DataFrame 数据中的

np.nan 数据和 0 数据都将被替换成别的数据，np.nan 替换成对应的键的值 20.50，0 替换成对应的键的值 25.47。上述代码的运行结果如图 3.48 所示。

```
Run:  pandas_demo80
C:\Users\Administrator\PycharmProjects
     车名   最低报价   最高报价
0  奥迪Q5L   9.80   25.47
1   哈弗H6  14.35   23.45
2  奔驰GLC  15.42   20.50
3  奥迪Q5L  25.47   49.80
4   哈弗H6  20.50   23.10
```

图3.48 DataFrame描述车数据使用replace()字典参数替换数据的代码运行结果

从运行结果上看，有 25.47，这个值替换的是原数据中的 0；有 20.50，这个值替换的是原数据中的 np.nan。

3.3.6 排列和随机采样

利用 permutation() 方法可以轻松实现对 Series 或 DataFrame 的列的提取工作。通过对需要排列的轴的长度调用 permutation()，可产生一个具有新顺序的整数数组，代码如下。

【程序代码清单 3.49】DataFrame 描述车数据使用 permutation() 提取列

```
from pandas import DataFrame
import numpy as np
paints={" 车名 ":[" 奥迪 Q5L"," 哈弗 H6"," 奔驰 GLC"," 奥迪 Q5L"," 哈弗 H6"],
" 最低报价 ":[9.80,14.35,15.42,0,12.35],
" 最高报价 ":[0,23.45,26.47,49.80,23.10]}
goods_in=DataFrame(paints,index=[0,1,2,3,4])
goods_in_permutation=np.random.permutation(goods_in)
print(goods_in_permutation)
```

代码中定义 DataFrame 结构的描述车数据，然后利用 permutation() 方法对数据进行列的提取。上述代码的运行结果如图 3.49 所示。

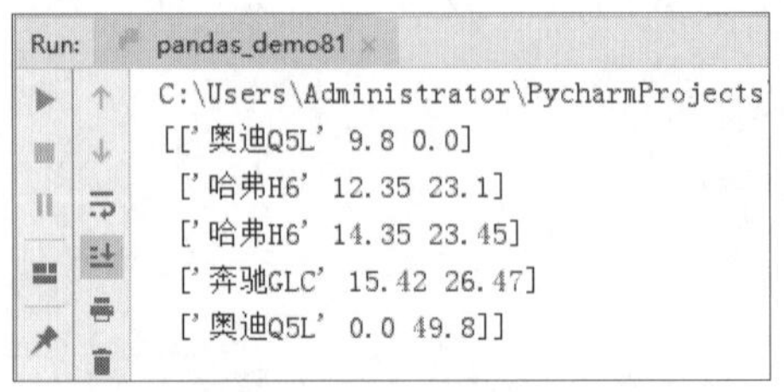

图3.49 DataFrame描述车数据使用permutation()提取列的代码运行结果

从运行结果上看，其实这个二维数组的顺序不是固定的，每次运行都有不同的顺序。这也是 permutation()

随机提取的原因。但每一行的数据与维度是一一对应的关系。利用这样的随机特性结合 take() 方法可以进行随机采样。在机器学习阶段，需要在对数据进行研究的基础上进行算法模型的预设。在对数据进行研究时，如果数据量比较大就需要进行采样。permutation() 结合 task() 方法的代码如下。

【程序代码清单 3.50】DataFrame 描述车数据使用 take() 和 permutation() 进行数据采样

```
from pandas import DataFrame
import numpy as np
paints={" 车名 ":[" 奥迪 Q5L"," 哈弗 H6"," 奔驰 GLC"," 奥迪 Q5L"," 哈弗 H6"],
" 最低报价 ":[9.80,14.35,15.42,0,12.35],
" 最高报价 ":[0,23.45,26.47,49.80,23.10]}
goods_in=DataFrame(paints,index=[0,1,2,3,4])
goods_in_permutation=goods_in.take(np.random.permutation(len(goods_in)))
print(goods_in_permutation)
```

代码中用 take() 方法采样 permutation() 的 DataFrame 数据的长度，这样 permutation() 随机提取的索引值就会被 take() 方法从 DataFrame 数据中提取出来。上述代码的运行结果如图 3.50 所示。

```
Run: pandas_demo82
C:\Users\Administrator\PycharmProjects\
     车名   最低报价   最高报价
3  奥迪Q5L    0.00   49.80
4   哈弗H6   12.35   23.10
2  奔驰GLC   15.42   26.47
1   哈弗H6   14.35   23.45
0  奥迪Q5L    9.80    0.00
```

图3.50 DataFrame描述车数据使用take()和permutation()进行数据采样的代码运行结果

从运行结果上看，是把 DataFrame 描述车的数据全部随机提取出来，而且每次的运行顺序也是不一样的。如果要提取其中的某几条，可以通过 np.random.permutation(3) 语句，这样只是从全部数据中提取出 3 条数据。

3.4 方法的应用与映射

NumPy 的 unfuncs() 方法，不管是一元的，还是二元的，类似于这种元素级数组方法，也可以用于操作 Pandas 对象。不过，一般对数据的行或列做统计运算比较有实际意义，apply() 方法即可实现此功能，可将其应用到由各列和行所形成的一维数组上。

归一化操作是数据处理过程中经常遇到的操作。所谓归一化，就是把数据映射到 0 ~ 1 进行处理，也称为离差标准化，是对原始数据的线性变换。归一化的转换方法如下。

$$\hat{x} = \frac{x - x_{\min}}{x_{\max} - x_{\min}}$$

应用这样的归一化公式，对一些数据进行归一化操作，代码如下。

【程序代码清单 3.51】DataFrame 描述车数据归一化处理

```
from pandas import DataFrame
paints={" 车名 ":[" 奥迪 Q5L"," 哈弗 H6"," 奔驰 GLC"]," 最低报价 ":[38.78,9.80,39.48]," 最
高报价 ":[49.80,14.10,58.78]}
goods_in=DataFrame(paints,index=[1,2,3])
f=lambda x:(x-x.min())/(x.max()-x.min())
goods_in[[" 最低报价 "," 最高报价 "]]=goods_in[[" 最低报价 "," 最高报价 "]].apply(f)
print(goods_in)
```

代码中将“最低报价”和“最高报价”提出来的目的在于归一化只对数据进行操作，apply() 方法辅助归一化公式能够作用到由各列和行所形成的一维数组上，apply() 方法中的 lambda 参数返回的就是每一列维度的数据归一化计算后的结果。上述代码的运行结果如图 3.51 所示。

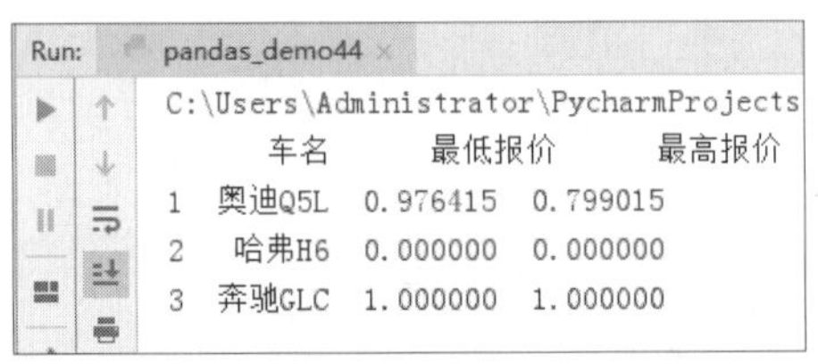

图3.51 DataFrame描述车数据归一化处理的代码运行结果

从运行结果上看，“最低报价”和“最高报价”的数据都为 0 ~ 1，其中最大值为 1.000000，最小值为 0.000000，完成了数据的归一化操作。

3.4.1 排序和排名

排序和排名是数据处理阶段经常遇到的操作，根据条件对数据集排序（sort）也是一种重要的内置运算。要对行和列索引进行排序，可以按字典顺序，使用 sort_index() 方法返回一个已排序的新对象。

【程序代码清单 3.52】DataFrame 描述车数据的索引排序

```
from pandas import DataFrame
paints={" 车名 ":[" 奥迪 Q5L"," 哈弗 H6"," 奔驰 GLC"]," 最低报价 ":[38.78,9.80,39.48]," 最
高报价 ":[49.80,14.10,58.78]}
goods_in=DataFrame(paints,index=["L 车 ","K 车 ","D 车 "])
goods_in=goods_in.sort_index()
print(goods_in)
```

代码中将 index 的索引项名称定为“L 车”“K 车”“D 车”，然后执行 sort_index() 方法，会将 3 个名称按照字母顺序进行排序。上述代码的运行结果如图 3.52 所示。

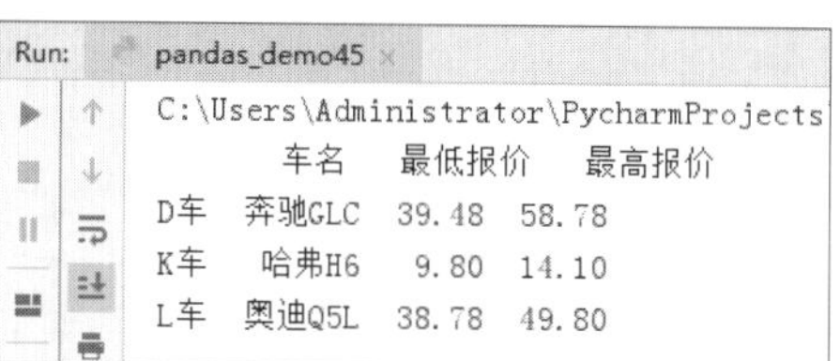

图3.52 DataFrame描述车数据的索引排序的代码运行结果

从运行结果上看，原索引顺序“L 车”“K 车”“D 车”被输出成字母顺序“D 车”“K 车”“L 车”。sort_index() 也可以指定按某一个轴的顺序进行输出，代码如下。

【程序代码清单 3.53】DataFrame 描述车数据的索引按轴排序

```
from pandas import DataFrame
goods_in=DataFrame([[" 奥迪 Q5L",38.78,49.80],[" 哈弗 H6",9.80,58.78],[" 奔驰 GLC",14.10,
39.48]],
index=["L 车 ","K 车 ","D 车 "],columns=["names","low_price","high_price"])
goods_in=goods_in.sort_index(axis=1)
print(goods_in)
```

代码中定义 DataFrame 结构的描述车数据的时候，把 columns 这一列改成了英文“name”“low_price”“high_price”，这样从运行结果中可以看到按英文字母的排序。上述代码的运行结果如图 3.53 所示。

```
Run:    pandas_demo46
C:\Users\Administrator\PycharmProjects
    high_price  low_price   names
L车      49.80      38.78  奥迪Q5L
K车      58.78       9.80   哈弗H6
D车      39.48      14.10  奔驰GLC
```

图3.53 DataFrame描述车数据的索引按轴排序的代码运行结果

从运行结果上看，数据是按 columns 列索引的字母顺序排列的。默认情况下，sort_index() 都是升序排列。如果需要降序排列，可通过 ascending=False 参数设置，代码如下。

【程序代码清单 3.54】DataFrame 描述车数据的索引降序排列

```
from pandas import DataFrame
paints={" 车名 ":[" 奥迪 Q5L"," 哈弗 H6"," 奔驰 GLC"]," 最低报价 ":[38.78,9.80,39.48]," 最
高报价 ":[49.80,14.10,58.78]}
goods_in=DataFrame(paints,index=["L 车 ","K 车 ","D 车 "])
goods_in=goods_in.sort_index(ascending=False)
print(goods_in)
```

代码中 sort_index() 传入了参数 ascending=False，实现了索引字母的降序排列。上述代码的运行结果如图 3.54 所示。

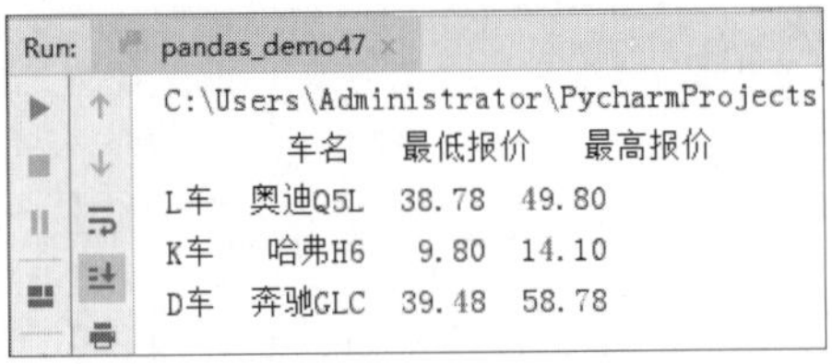

```
Run:   pandas_demo47
C:\Users\Administrator\PycharmProjects
        车名    最低报价   最高报价
L车   奥迪Q5L   38.78   49.80
K车    哈弗H6    9.80   14.10
D车   奔驰GLC   39.48   58.78
```

图3.54 DataFrame描述车数据的索引降序排列的代码运行结果

从运行结果上看，“L 车”“K 车”“D 车”的索引输出满足了字母的降序排列要求。如果按照某一列的数值大小进行排序，可以使用 sort_values()，sort_values() 会传入一个 by 参数来指定列维度中的某个列名，代码如下。

【程序代码清单 3.55】DataFrame 描述车数据的按某列数值排序

```
from pandas import DataFrame
paints={" 车名 ":[" 奥迪 Q5L"," 哈弗 H6"," 奔驰 GLC"]," 最低报价 ":[38.78,9.80,39.48]," 最
高报价 ":[49.80,14.10,58.78]}
goods_in=DataFrame(paints,index=[1,2,3])
goods_in=goods_in.sort_values(by=" 最低报价 ")
print(goods_in)
```

代码中 sort_values() 方法传入了参数 by=" 最低报价 "，这个“最低报价”中的数值数据就是 sort_values() 方法参考的数值，以 sort_values() 默认的升序进行排序。上述代码的运行结果如图 3.55 所示。

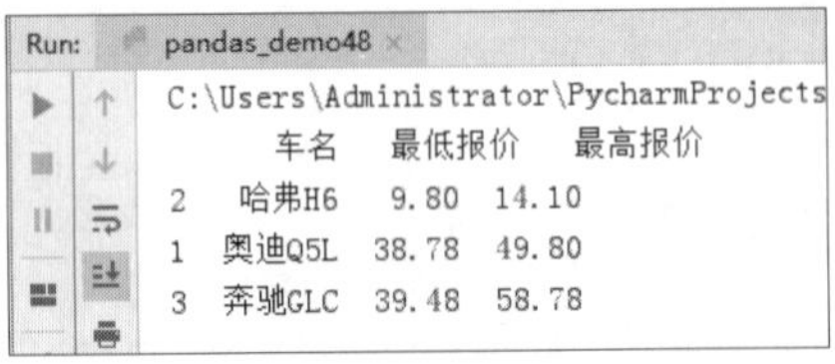

```
Run:   pandas_demo48
C:\Users\Administrator\PycharmProjects
      车名    最低报价   最高报价
2    哈弗H6    9.80   14.10
1   奥迪Q5L   38.78   49.80
3   奔驰GLC   39.48   58.78
```

图3.55 DataFrame描述车数据的按某列数值排序的代码运行结果

从运行结果上看，数据是按照“最低报价”由低到高的顺序排列的。如果在排序的同时增设一个排名值，就可以用 rank() 排名函数。

排名函数的作用会从 1 开始，一直排序到数组中有效数据的数量。它跟 NumPy.argsort() 产生的间接顺序索引差不多，只不过它可以根据某种规则破坏平级关系。默认情况下，rank() 是通过“为各组分配一个平均排名”的方式破坏平级关系的。

【程序代码清单 3.56】DataFrame 描述车数据的列排名

```
from pandas import DataFrame
paints={" 车名 ":[" 奥迪 Q5L"," 哈弗 H6"," 奔驰 GLC"]," 最低报价 ":[38.78,9.80,39.48]," 最
高报价 ":[49.80,14.10,58.78]}
goods_in=DataFrame(paints,index=[1,2,3])
```

```
goods_in=goods_in.rank()
print(goods_in)
```

代码中定义 DataFrame 结构的描述车数据，然后用 rank() 方法对数据进行排名。上述代码的运行结果如图 3.56 所示。

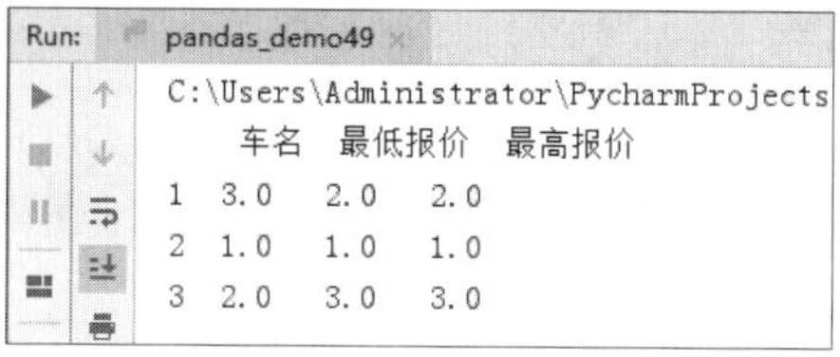

```
Run:   pandas_demo49
C:\Users\Administrator\PycharmProjects
     车名  最低报价  最高报价
1  3.0   2.0   2.0
2  1.0   1.0   1.0
3  2.0   3.0   3.0
```

图3.56 DataFrame描述车数据的列排名的代码运行结果

从运行结果上看，rank() 方法会把数据按照每个列维度进行排名，DataFrame 也可以在行这个方向上进行排名，用 axis 参数进行维度上的说明，代码如下。

【程序代码清单 3.57】DataFrame 描述车数据的行排名

```
from pandas import DataFrame
paints={" 车名 ":[" 奥迪 Q5L"," 哈弗 H6"," 奔驰 GLC"]," 最低报价 ":[38.78,9.80,39.48]," 最
高报价 ":[49.80,14.10,58.78]}
goods_in=DataFrame(paints,index=[1,2,3])
goods_in=goods_in.rank(axis=1)
print(goods_in)
```

代码中定义 DataFrame 结构的描述车数据，然后用 rank() 方法对数据进行排名的时候传入参数 axis=1，就可以完成每一行数据的排名。对于描述车数据来说，“最低价格”一直低于“最高价格”，所以输出“最低价格”始终为 1，“最高价格”始终为 2。上述代码的运行结果如图 3.57 所示。

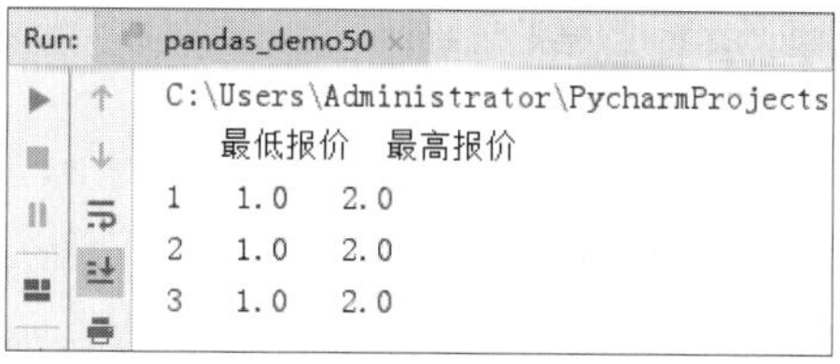

```
Run:   pandas_demo50
C:\Users\Administrator\PycharmProjects
   最低报价  最高报价
1   1.0   2.0
2   1.0   2.0
3   1.0   2.0
```

图3.57 DataFrame描述车数据的行排名的代码运行结果

从运行结果上看，每行的最低报价都是 1.0，最高报价都是 2.0。

3.4.2 带有重复值的轴索引

如果轴索引出现了重复值的情况（这在前面的案例中是没有涉及的，但在公司工作中可能会遇到），通过索引的 is_unique 属性可以知道轴索引的值是否是唯一的，代码如下。

【程序代码清单 3.58】找出 DataFrame 描述车数据中带有重复值的轴索引

```
from pandas import DataFrame
paints={" 车名 ":[" 奥迪 Q5L"," 哈弗 H6"," 奔驰 GLC"," 奔驰 GLC"," 奥迪 Q5L"],
" 最低报价 ":[38.78,9.80,39.48,39.48,38.78],
" 最高报价 ":[49.80,14.10,58.78,58.78,49.80]}
goods_in=DataFrame(paints,index=[" 一辆车 "," 一辆车 "," 一辆车 "," 一辆车 "," 一辆车 "])
goods_in_unique=goods_in.index.is_unique
print(goods_in_unique)
goods_in_value=goods_in.index.unique()
print(goods_in_value)
```

代码中对 DataFrame 结构的描述车数据的轴索引使用 is_unique 判断是否有重复值。从定义 DataFrame 时 index 的参数得知，索引是有重复值“一辆车”的，is_unique 的结果就会显示 False。具体索引有哪些值，重复的和不重复的都算在内，可以用 unique() 方法来判断。上述代码的运行结果如图 3.58 所示。

```
Run: pandas_demo51
C:\Users\Administrator\PycharmProjects
False
Index(['一辆车'], dtype='object')
```

图3.58 找出DataFrame描述车数据中带有重复值的轴索引的代码运行结果

从运行结果上看，unique() 方法调用后输出 False，第二行显示重复值的具体值是“一辆车”。

3.4.3 汇总和计算描述统计

Pandas对象拥有一些关于数据和统计的方法，大部分属于约简和汇总统计方法，用于从 Series 中提取单个值或者从 DataFrame 的行或列中提取一个 Series，继而通过 mean() 或 sum() 一类的方法进行统计，代码如下。

【程序代码清单 3.59】DataFrame 数据汇总统计

```
from pandas import DataFrame
paints={" 地址 ":[" 北京市 "," 大兴区 "," 黄村镇 "," 卫星城 "],
" 购物车内每件商品价格 ":[38.78,9.80,39.48,39.48]}
goods_in=DataFrame(paints)
goods_sum=goods_in.sum()
print(goods_sum)
```

代码中用 sum() 方法将 DataFrame 中的内容进行维度上的聚合。上述代码的运行结果如图 3.59 所示。

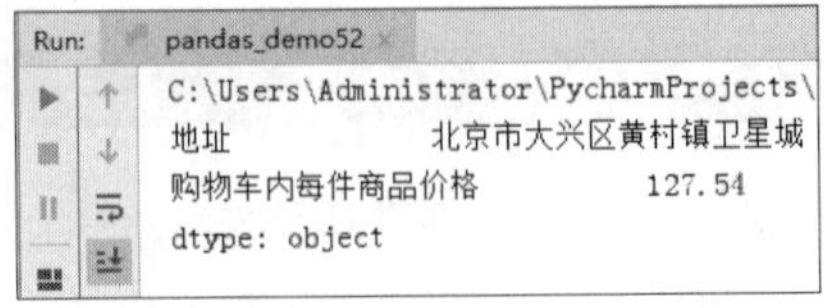

图3.59 DataFrame数据汇总统计的代码运行结果

从运行结果上看，sum() 方法把“地址”的每个文本做了连接，把“购物车内每件商品价格”做了求和运算。注意，这里只是为了说明文本一般在执行 sum() 方法时做文本连接，数值一般在执行 sum() 方法时做加法运算。DataFrame 中的数据一般都是等长的，“地址”和“购物车内每件商品价格”这两个维度不一定是等长的。一般文本的连接运算在这种分析中很少见，数据的求和运算是比较常见的。

在用 sum() 进行求和运算时还可以传入 axis 这个参数，来限定轴的方向。

【程序代码清单 3.60】DataFrame 数据按轴的方向汇总统计

```
from pandas import DataFrame
import numpy as np
paints={" 会员名 ":[" 小王 "," 小李 "," 小张 "," 小凤 "],
" 苹果 ":[5,4,3,np.nan],
" 橘子 ":[4,2,1,2],
" 石榴 ":[3,1,1,np.nan]}
goods_in=DataFrame(paints)
goods_sum=goods_in.sum(axis=1)
print(goods_sum)
```

代码中使用 sum() 方法结合参数 axis=1 来统计每列的数据和值。这里统计的是“小王”“小李”“小张”“小凤”4 名会员在水果店里购买物品的和值。上述代码的运行结果如图 3.60 所示。

```
Run: pandas_demo53
C:\Users\Administrator
0    12.0
1     7.0
2     5.0
3     2.0
dtype: float64
```

图3.60 DataFrame数据按轴的方向汇总统计的代码运行结果

从运行结果上看，只显示索引值 0、1、2、3，其实就代表了“小王”“小李”“小张”“小凤”4 人。在数据中有 NaN 值出现，没有把 NaN 值计算在内。NaN 值会自动被排除。如果希望某列出现 NaN 值的时候，会将其计算在内，可以通过 skipna 参数禁用该功能，代码如下。

【程序代码清单 3.61】DataFrame 数据按轴的方向汇总统计（带 NaN 值）

```
from pandas import DataFrame
import numpy as np
paints={" 会员名 ":[" 小王 "," 小李 "," 小张 "," 小凤 "],
" 苹果 ":[5,4,3,np.nan],
" 橘子 ":[4,2,1,2],
" 石榴 ":[3,1,1,np.nan]}
goods_in=DataFrame(paints)
goods_sum=goods_in.sum(axis=1,skipna=False)
print(goods_sum)
```

代码中使用 sum() 方法的时候除了传入 axis=1 指明按列统计汇总，还通过 skipna 参数决定数据在统计汇总时是不能忽略 NaN 值的。上述代码的运行结果如图 3.61 所示。

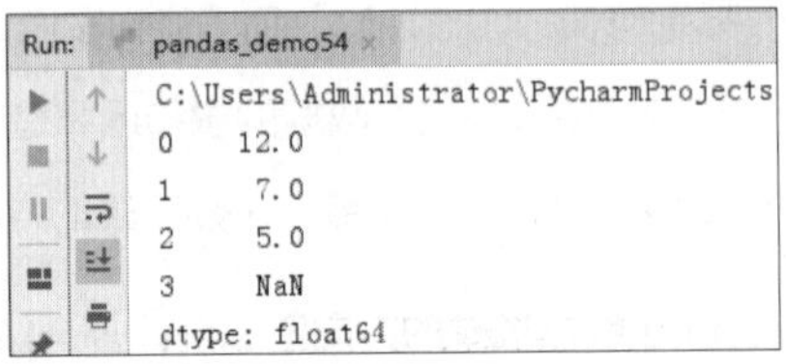

```
Run:  pandas_demo54
C:\Users\Administrator\PycharmProjects
0    12.0
1     7.0
2     5.0
3     NaN
dtype: float64
```

图3.61 DataFrame数据按轴的方向汇总统计（带NaN值）的代码运行结果

在统计方面，还有另外一些方法则是累计型的。cumsum() 方法就是累计型的代表，代码如下。

【程序代码清单 3.62】DataFrame 数据用 cumsum() 统计各行的累加值

```
from pandas import DataFrame
import numpy as np
paints={" 会员名 ":[" 小王 "," 小李 "," 小张 "," 小凤 "],
" 苹果 ":[5,4,3,np.nan],
" 橘子 ":[4,2,1,2],
" 石榴 ":[3,1,1,np.nan]}
goods_in=DataFrame(paints)
goods_sum=goods_in[[" 苹果 "," 橘子 "," 石榴 "]].cumsum()
print(goods_sum)
```

代码中使用 cumsum() 方法按行统计累加值，但“会员名”这个维度是不能进行累加的，需要把“会员名”这个维度去除掉。使用了 goods_in[[" 苹果 "," 橘子 "," 石榴 "]].cumsum() 这样的语句，其实际的作用只是对水果超市的“苹果”“橘子”“石榴”进行统计，其他的维度并不进行统计。上述代码的运行结果如图 3.62 所示。

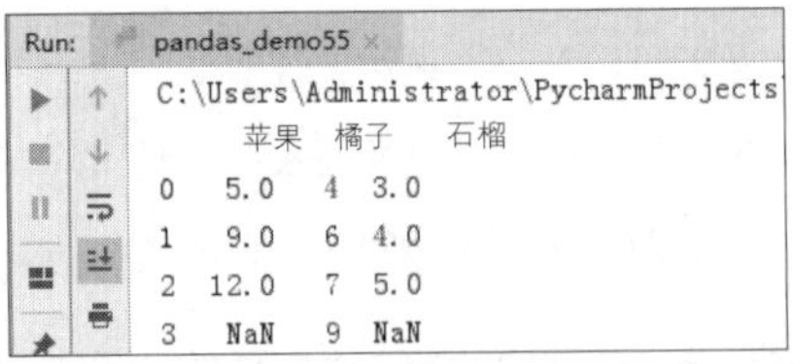

```
Run:  pandas_demo55
C:\Users\Administrator\PycharmProjects
     苹果  橘子   石榴
0   5.0   4  3.0
1   9.0   6  4.0
2  12.0   7  5.0
3   NaN   9  NaN
```

图3.62 DataFrame数据用cumsum()统计各行的累加值的代码运行结果

从运行结果上看，cumsum() 按行累加的方法是把 NaN 值计算在内的。还有一种方法 describe() 可以一次性产生多个汇总统计，代码如下。

【程序代码清单 3.63】DataFrame 数据用 describe() 进行汇总统计

```
from pandas import DataFrame
import numpy as np
paints={" 会员名 ":[" 小王 "," 小李 "," 小张 "," 小凤 "],
```

```
"苹果":[5,4,3,np.nan],
"橘子":[4,2,1,2],
"石榴":[3,1,1,np.nan]}
goods_in=DataFrame(paints)
goods_sum=goods_in.describe()
print(goods_sum)
```

代码中直接引用 descirbe() 进行汇总统计。上述代码运行的结果如图 3.63 所示。

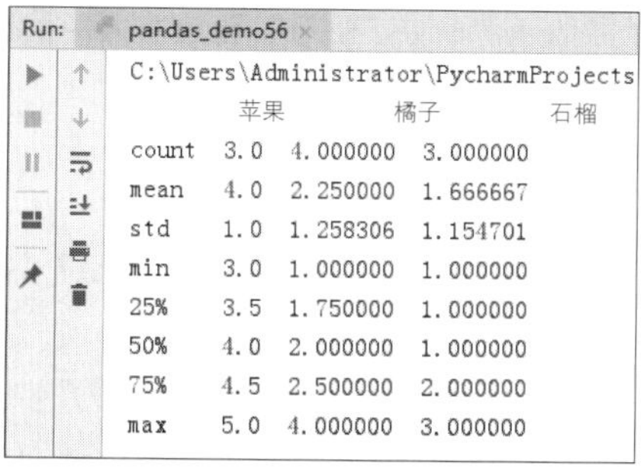

```
C:\Users\Administrator\PycharmProjects
        苹果       橘子       石榴
count  3.0  4.000000  3.000000
mean   4.0  2.250000  1.666667
std    1.0  1.258306  1.154701
min    3.0  1.000000  1.000000
25%    3.5  1.750000  1.000000
50%    4.0  2.000000  1.000000
75%    4.5  2.500000  2.000000
max    5.0  4.000000  3.000000
```

图3.63 DataFrame数据用describe()进行汇总统计的代码运行结果

从运行结果上看，describe() 方法会从 count（个数）、mean（均值）、std（标准差）、min（最小值）、max（最大值）、25%、50%、75% 这几个统计项去描述 DataFrame 数据。不过，describe() 一般都是用来统计数值型数据的。

除了上述方法外，Pandas 数据类型其他描述统计的方法如表 3.6 所示。

表 3.6 Pandas 数据类型其他描述统计的方法

方法名称	说明
count	非 NaN 值的数量
describe()	针对 Series 或各 DataFrame 列计算统计汇总
min、max	计算最小值和最大值
argmin、argmax	计算能够获取到最小值和最大值的索引位置（整数）
idxmin、idxmax	计算能够获取到最小值和最大值的索引值
quantile	计算样本的分位数（0 或 1）
sum	值的总和
mean	值的平均数
median	值的算术中位数（50% 分位数）
mad	根据平均值计算平均绝对离差
var	样本值的方差
std	样本值的标准差
skew	样本值的偏度（三阶距）
kurt	样本值的偏度（四阶距）
cumsum	样本值的累计和
cummin、cummax	样本值的累计最小值和累计最大值
curprod	样本值的累计积
diff	计算一阶差分（对时间序列很有用）
pct_change	计算百分数变化

3.4.4 相关系数和协方差

在数据处理的方向上需要统计学的知识，尤其在研究数据在不同维度上的变化方面。当数据在两个维度上变化过程是同向变化，你这个维度数据变大，同时我这个维度数据也变大，说明两个维度是同向变化的。当数据在两个维度上变化过程是反向变化，你这个维度变大，同时我这个维度变小，说明两个维度是反向变化的，这时协方差就是负的。从数值来看，协方差的数值越大，两个变量同向程度也就越大。Pandas 模块中用 cov() 计算协方差，代码如下。

【程序代码清单 3.64】DataFrame 数据 cov() 协方差的计算

```
from pandas import DataFrame
import numpy as np
paints={" 时期 ":[" 一期 "," 二期 "," 三期 "," 四期 "],
" 苹果 ":[15,16,3,2],
" 橘子 ":[12,14,16,18],
" 石榴 ":[11,8,7,1]}
goods_in=DataFrame(paints)
goods_sum=goods_in.cov()
print(goods_sum)
```

代码中用 cov() 方法来计算不同时期“苹果”“橘子”“石榴”3 种水果的售卖情况协方差。上述代码的运行结果如图 3.64 所示。

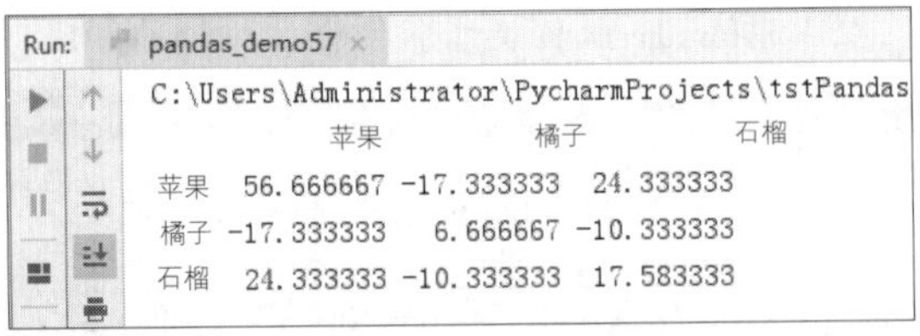

```
Run: pandas_demo57
C:\Users\Administrator\PycharmProjects\tstPandas
            苹果         橘子         石榴
苹果  56.666667 -17.333333  24.333333
橘子 -17.333333   6.666667 -10.333333
石榴  24.333333 -10.333333  17.583333
```

图3.64 DataFrame数据cov()协方差的计算的代码运行结果

从结果上看，比如“橘子”和“苹果”两个维度的协方差是 -17.333333，这个值是一个负的协方差值，也就是反向，“苹果”增长，“橘子”就会下降。“石榴”和“苹果”两个维度的协方差是 24.333333，这个值是一个正的协方差值，也就是正向，“苹果”增长，“石榴”就会增长。

相关系数与协方差有着一定的联系。这里从公式入手，相关系数的计算方法是：用 X、Y 的协方差除以 X 的标准差和 Y 的标准差。所以，相关系数也可以看成协方差：一种剔除了两个变量量值影响、标准化后的特殊协方差。既然相关系数是一种特殊的协方差，第一反映两个变量变化时是同向还是反向，如果同向变化就为正，反向变化就为负。第二消除了两个变量变化幅度的影响，而只是单纯反映两个变量每单位变化时的相似程度。Pandas 模块中用 corr() 计算协方差，代码如下。

【程序代码清单 3.65】DataFrame 数据 corr() 相关系数的计算

```
from pandas import DataFrame
import numpy as np
paints={" 时期 ":[" 一期 "," 二期 "," 三期 "," 四期 "],
" 苹果 ":[15,16,3,2],
" 橘子 ":[12,14,16,18],
" 石榴 ":[11,8,7,1]}
goods_in=DataFrame(paints)
goods_sum=goods_in.corr()
print(goods_sum)
```

代码中 corr() 方法来计算不同时期“苹果”“橘子”“石榴”3 种水果售卖情况的相关系数。上述代码的运行结果如图 3.65 所示。

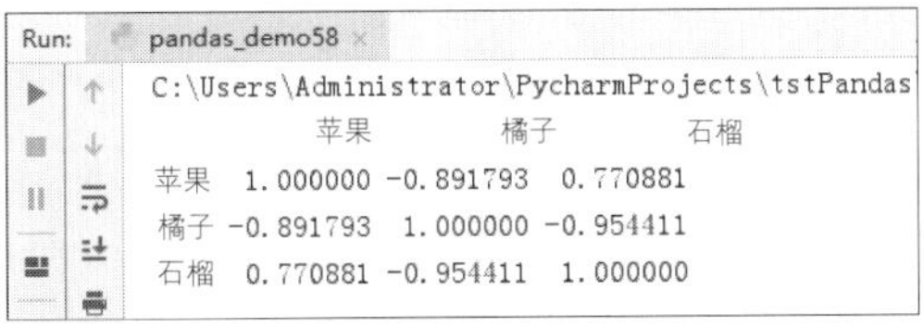

```
Run:  pandas_demo58
C:\Users\Administrator\PycharmProjects\tstPandas
          苹果         橘子         石榴
苹果   1.000000 -0.891793  0.770881
橘子  -0.891793  1.000000 -0.954411
石榴   0.770881 -0.954411  1.000000
```

图3.65 DataFrame数据corr()相关系数的计算的代码运行结果

3.5 数据的读取和存储

Python 的数据有时候是需要导入和导出的，这就需要了解 Pandas 的输入输出对象。输入输出对象最常见的就是读取文本文件格式。

3.5.1 读取文本文件格式的数据

Pandas 提供了一些用于将表格型数据读取为 DataFrame 对象的方法，其中 read_csv() 和 read_table() 使用比较频繁。

首先这里需要一个逗号分隔的 CSV 文本文件，文件内容如下。

小明 , 小钱 , 小月 , 小开心

1,2,3,4

1,4,3,2

2,4,3,1

假定文件中是几个小朋友携带的各种玩具的数目。由于该文件以逗号分隔，所以我们可以使用 read_csv() 将其读入为 DataFrame，代码如下。

【程序代码清单 3.66】Pandas 读取 CSV 文件

```
import pandas as pd
datas=pd.read_csv("child.txt")
print(datas.columns)
print("----------------------------")
print(datas)
```

代码中使用 read_csv() 读取 CSV 文本文件。上述代码的运行结果如图 3.66 所示。

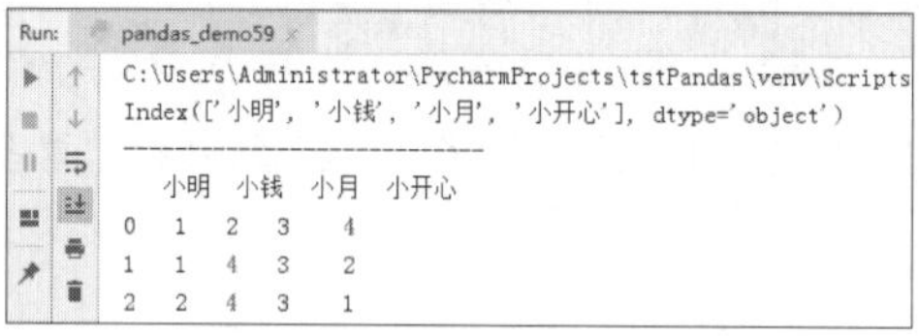

```
Run:  pandas_demo59
C:\Users\Administrator\PycharmProjects\tstPandas\venv\Scripts
Index(['小明', '小钱', '小月', '小开心'], dtype='object')
----------------------------
   小明  小钱  小月  小开心
0   1   2   3    4
1   1   4   3    2
2   2   4   3    1
```

图3.66 Pandas读取CSV文件的代码运行结果

从结果上看，虚线上方表示读取文件后 DataFrame 的维度内容，虚线下方表示具体的 DataFrame 数据结构中的数据，也就是文件内容。如果文件中的分隔字符是空格，不是逗号，而且文件中第一行没有标明数据的维度，文件的内容会变成如下的样子。

1 2 3 4

1 4 3 2

2 4 3 1

类似这样的文件内容，读取文件时需要用 sep 这个参数来指明分隔符号，同时还需要用 names 指明数据的维度意义，不这么处理，read_csv() 默认会将第一行的 4 个数字当成维度来处理，这样是不对的。代码如下。

【程序代码清单 3.67】Pandas 读取带空格的 CSV 文件

```
import pandas as pd
datas=pd.read_csv("child1.txt",sep=" ",names=[" 小明 "," 小钱 "," 小月 "," 小开心 "])
print(datas.columns)
print("--------------------------------")
print(datas)
```

代码中使用 read_csv() 读取 CSV 文本文件时用 sep 来指定文件的分隔符号，用 names 来指定读取文件后的 DataFrame 列维度的意义。上述代码的运行结果如图 3.67 所示。

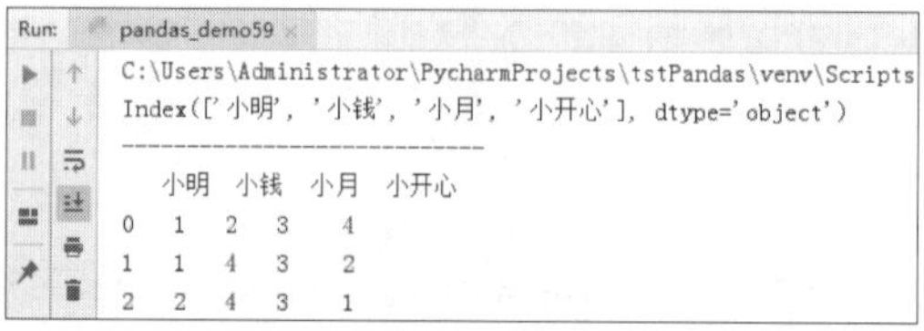

```
Run:  pandas_demo59
C:\Users\Administrator\PycharmProjects\tstPandas\venv\Scripts
Index(['小明', '小钱', '小月', '小开心'], dtype='object')
----------------------------
   小明  小钱  小月  小开心
0   1   2   3    4
1   1   4   3    2
2   2   4   3    1
```

图3.67 Pandas读取带空格的CSV文件的代码运行结果

这里的 read_csv() 也可以用 read_table() 来代替，只不过 read_table() 对分隔符的要求比较严格，必须带 sep 这样的参数。如果以空格进行分隔，sep 参数的值也需要将空格数规定好，文件内容也需要与之配合，文件内容多了一个空格，输出都会出现 NaN 的内容，这是 read_table() 比较局限的地方。read_csv() 的 sep 参数中分隔符是一个空格，文件内容分隔多几个空格都无妨。

· 3.5.2 将数据写出到文本格式

利用 DataFrame 的 to_csv() 方法可以将数据写到一个以逗号分隔的 CSV 文件中，代码如下。

【程序代码清单 3.68】Pandas 输出 CSV 文件

```
from pandas import DataFrame
paints={" 字画名称 ":[" 旭日东升 "," 富水长流 "," 招财进宝 "," 鸿运当头 "],
" 字画底价 ":[2860,498,1068,598],
" 字画拍卖加价 ":[1000,2000,500,1500]}
goods_in=DataFrame(paints,index=[" 第一幅 "," 第二幅 "," 第三幅 "," 第四幅 "])
goods_in.to_csv("paint.csv")
```

代码中调用 to_csv() 方法把 DataFrame 数据结构的字画拍卖数据导出为 paint.csv 文件。上述代码的运行结果如图 3.68 所示。

```
,字画名称,字画底价,字画拍卖加价
第一幅,旭日东升,2860,1000
第二幅,富水长流,498,2000
第三幅,招财进宝,1068,500
第四幅,鸿运当头,598,1500
```

图3.68 Pandas输出CSV文件的代码运行结果

从结果上看，文件内容基本以“，”来分隔。如果要以其他符号来分隔，如“|”分隔，可通过 sep="|" 参数来设置。

3.6 字符串操作

对 Pandas 对象类型来说，有一部分操作是涉及文本的操作，对于文本的运算都直接采用字符串对象的内置方法。如果遇到更为复杂的模式匹配和文本操作，则可能需要用到正则表达式。

对大部分字符串处理应用而言，内置的字符串方法已经能够满足需求了。例如，通过分隔电话号码来辩识运营商，再对运营商的数据进行处理，就可以用 slice() 提取前 3 位，代码如下。

【程序代码清单 3.69】Pandas 字符串操作提取电话运营商

```
from pandas import DataFrame
import numpy as np
paints={" 电话号码 ":["138xxxx1111","189xxxx1111","139xxxx1111","130xxxx1111","
131xxxx1111"]}
goods_in=DataFrame(paints)
goods_in[" 运营商前缀 "]=goods_in[" 电话号码 "].str.slice(0,3)
print(goods_in)
```

代码中提取 DataFrame 数据的“电话号码”维度，将这个维度转换成 str，调用字符串 slice() 方法提取字符串前 3 位，格式为 slice(0,3) 即可。上述代码的运行结果如图 3.69 所示。

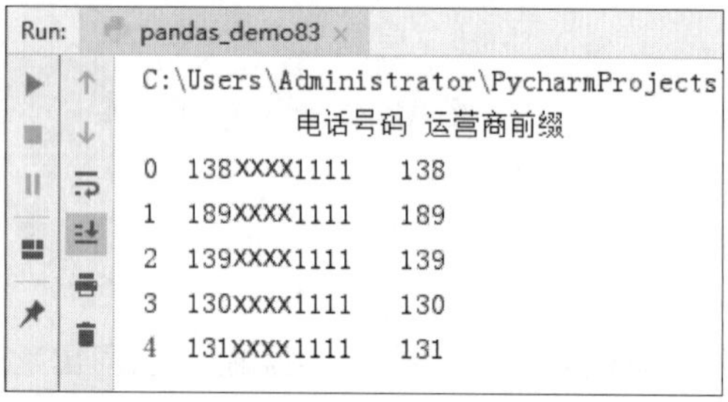

```
Run:  pandas_demo83
C:\Users\Administrator\PycharmProjects
        电话号码  运营商前缀
0  138XXXX1111    138
1  189XXXX1111    189
2  139XXXX1111    139
3  130XXXX1111    130
4  131XXXX1111    131
```

图3.69 Pandas字符串操作提取电话运营商的代码运行结果

从结果上看，从电话号码中提取了前 3 位作为运营商前缀这个维度的数据。

Python 内置的其他字符串方法都是大同小异的，但在整个数据处理过程中，可能会使用到字符串的相关操作，表 3.7 列举了 Python 内置的字符串方法。

表 3.7 Python 内置的字符串方法

方法	说明
count	返回子串在字符串中的出现次数（非重叠）
endswith、startswith	如果字符串以某个后缀结尾（以某个前缀开头），则返回 True
join	将字符串用作连接其他字符串序列的分隔符
index	如果在字符串中找到子串，则返回子串第一个字符所在的位置。如果没有找到，则引发 ValueError
find	如果在字符串中找到子串，则返回第一个发现的子串的第一个字符所在的位置。如果没有找到，则返回 -1
rfind	如果在字符串中找到子串，则返回最后一个发现的子串的第一字符所在的位置。如果没有找到，则返回 -1
replace	用另一个字符串替换指定子串
strip、rstrip、lstrip	去除空白符（包括换行符）。相当于对各个元素执行 x.strip()（以及 rstrip、lstrip）
split	通过指定的分隔符将字符串拆分为一组子串
lower、upper	将字母字符转换成小写或大写
ljust、rjust	有空格（或其他字符）填充字符串的空白侧以返回符合最低宽度的字符串

3.7 合并数据集

Pandas 对象中的数据可以通过一些内置的方式进行合并，主要有以下两种方法。

第一种：merge() 可根据一个或多个键将不同 DataFrame 中的行连接起来。类似于数据库中的关系表之间的连接。

第二种：concat() 可沿着一条轴将多个对象堆叠到一起。类似于数据库中添加数据记录。

这里也主要从这两种方法入手，进行合并数据集的说明。

3.7.1 数据库风格的 DataFrame 合并

在数据库操作中，数据库的合并（merge）或连接（join）运算是通过一个或多个键将行连接起来的。这些运算是关系数据库的核心。Pandas 的 merge() 方法是对数据应用这些算法的主要切入点。这里以会员的登录字典和信息字典为例说明 merge() 的用法，代码如下。

【程序代码清单 3.70】Pandas 实现会员表的 merge() 按 ID 合并

```
import pandas as pd
from pandas import DataFrame
login={" 会员 Id":[110,111,112,113],
" 会员名称 ":[" 刘一 "," 赵二 "," 薛三 "," 陆四 "],
" 会员密码 ":["admin","123456","000000","888888"]}
info={" 会员 Id":[110,111,112,113],
" 会员地址 ":[" 北京朝阳 "," 北京丰台 "," 北京大兴 "," 河北廊坊 "],
" 会员会费 ":[250,360,470,550]}
login_member=DataFrame(login,index=[1,2,3,4])
member_info=DataFrame(info,index=[1,2,3,4])
member=pd.merge(login_member,member_info,on=" 会员 Id")
print(member)
```

代码中定义了会员的登录 login_member 的 DataFrame，又定义了会员信息 member_info 的 DataFrame。这两个 DataFrame 通过“会员 Id”实现了一一对应的关系，通过 merge() 方法把两个 DataFrame 数据结构合并，在合并时指明参数 on 的值是以“会员 Id”这个维度作为参考的。上述代码运行结果如图 3.70 所示。

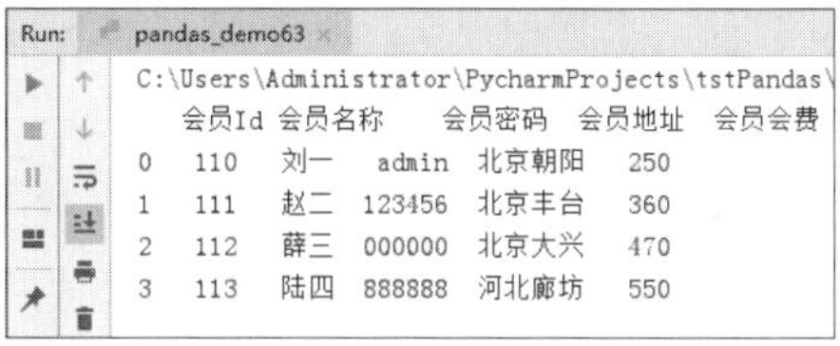

```
Run: pandas_demo63
C:\Users\Administrator\PycharmProjects\tstPandas\
   会员Id 会员名称   会员密码  会员地址  会员会费
0   110    刘一    admin   北京朝阳   250
1   111    赵二   123456   北京丰台   360
2   112    薛三   000000   北京大兴   470
3   113    陆四   888888   河北廊坊   550
```

图3.70 Pandas实现会员表的merge()按ID合并的代码运行结果

从结果上看，两个 DataFrame 数据通过会员 ID 的对应关系形成一个整体。如果两个 DataFrame 合并时两个对象的列名不同，也可以分别进行指定，代码如下。

【程序代码清单 3.71】Pandas 实现会员表的 merge() 按不同列名合并

```
import pandas as pd
from pandas import DataFrame
login={" 会员 Number 号码 ":[110,111,112,113],
" 会员名称 ":[" 刘一 "," 赵二 "," 薛三 "," 陆四 "],
" 会员密码 ":["admin","123456","000000","888888"]}
info={" 会员 Card":[110,111,112,113],
" 会员地址 ":[" 北京朝阳 "," 北京丰台 "," 北京大兴 "," 河北廊坊 "],
" 会员会费 ":[250,360,470,550]}
login_member=DataFrame(login,index=[1,2,3,4])
member_info=DataFrame(info,index=[1,2,3,4])
member=pd.merge(login_member,member_info,left_on=" 会员 Number 号码 ",right_on=" 会员
Card")
print(member)
```

代码中定义的两个 DataFrame 数据需要合并的维度一个是“会员 Number 号码”，另一个是“会员 Card”，调用 merge() 方法的时候，left_on 的值是左边表格需要合并参考的维度，即“会员 Number 号码”；right_on 是右边表格需要合并参考的维度，即“会员 Card”。上述代码运行结果如图 3.71 所示。

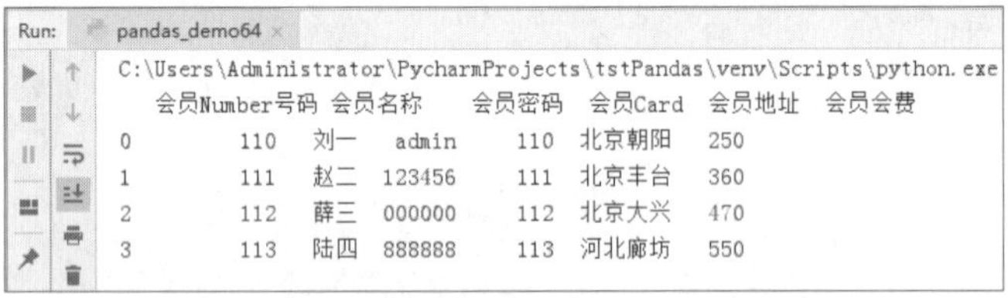

```
Run:  pandas_demo64
C:\Users\Administrator\PycharmProjects\tstPandas\venv\Scripts\python.exe
   会员Number号码 会员名称    会员密码  会员Card  会员地址  会员会费
0         110    刘一    admin     110   北京朝阳   250
1         111    赵二   123456     111   北京丰台   360
2         112    薛三   000000     112   北京大兴   470
3         113    陆四   888888     113   河北廊坊   550
```

图3.71 Pandas实现会员表的merge()按不同列名合并的代码运行结果

从结果上看，合并的结果还是很“完美”的。下面的代码用来说明特殊情况。如果出现合并的两个 DataFrame 有不同的会员号码，代码如下。

【程序代码清单 3.72】Pandas 实现会员表有不同数据时 merge() 按不同列名合并

```
import pandas as pd
from pandas import DataFrame
login={" 会员 Number 号码 ":[110,111,112,114],
" 会员名称 ":[" 刘一 "," 赵二 "," 薛三 "," 陆四 "],
" 会员密码 ":["admin","123456","000000","888888"]}
info={" 会员 Card":[110,111,112,113],
" 会员地址 ":[" 北京朝阳 "," 北京丰台 "," 北京大兴 "," 河北廊坊 "],
" 会员会费 ":[250,360,470,550]}
login_member=DataFrame(login,index=[1,2,3,4])
member_info=DataFrame(info,index=[1,2,3,4])
member=pd.merge(login_member,member_info,left_on=" 会员 Number 号码 ",right_on=" 会员
```

```
Card")
print(member)
```

代码中定义的会员登录 DataFrame 有“会员 Number 号码”的数据是 114，这个数据在会员信息 DataFrame 中是没有的。同样，会员信息 DataFrame 有“会员 Card”的数据是 113，这个数据在会员登录 DataFrame 中是没有的。在使用 merge() 的时候，仍然是会员登录 DataFrame 需要的 left_on 参数是“会员 Number 号码”，会员信息 DataFrame 需要的 right_on 参数是“会员 Number 号码”，请注意最后的输出结果。上述代码运行的结果如图 3.72 所示。

```
Run:  pandas_demo65
C:\Users\Administrator\PycharmProjects\tstPandas\venv\Scripts\python.exe
   会员Number号码 会员名称    会员密码  会员Card  会员地址  会员会费
0          110    刘一    admin     110   北京朝阳   250
1          111    赵二   123456     111   北京丰台   360
2          112    薛三   000000     112   北京大兴   470
```

图3.72 Pandas实现会员表有不同数据时merge()按不同列名合并的代码运行结果

从结果上看，没有了会员登录 DataFrame 的“会员 Number 号码”的数据 114，也没有了会员信息 DataFrame 有“会员 Card”的数据 113。这是因为默认情况下，merge() 做的是内（inner）连接，结果中的键是交集。其他方式还有左（left）、右（right）以及外（outer）。外连接求取的是键的并集，组合了左连接和右连接的效果，代码如下。

【程序代码清单 3.73】Pandas 实现会员表有不同数据时 merge() 按不同列名外连接

```
import pandas as pd
from pandas import DataFrame
login={" 会员 Number 号码 ":[110,111,112,114],
" 会员名称 ":[" 刘一 "," 赵二 "," 薛三 "," 陆四 "],
" 会员密码 ":["admin","123456","000000","888888"]}
info={" 会员 Card":[110,111,112,113],
" 会员地址 ":[" 北京朝阳 "," 北京丰台 "," 北京大兴 "," 河北廊坊 "],
" 会员会费 ":[250,360,470,550]}
login_member=DataFrame(login,index=[1,2,3,4])
member_info=DataFrame(info,index=[1,2,3,4])
member=pd.merge(login_member,member_info,left_on=" 会员 Number 号码 ",right_on=" 会员
Card",how="outer")
print(member)
```

代码中在两个 DataFrame 中有不同数据时 merge() 索引的对象名称，还是有不同的数据，但调用 merge() 的时候加入了参数 how="outer" 指明连接方式为外连接。上述代码运行的结果如图 3.73 所示。

```
Run:    pandas_demo66
C:\Users\Administrator\PycharmProjects\tstPandas\venv\Scripts\python.exe
   会员Number号码 会员名称    会员密码  会员Card  会员地址   会员会费
0        110.0   刘一   admin   110.0  北京朝阳  250.0
1        111.0   赵二  123456   111.0  北京丰台  360.0
2        112.0   薛三  000000   112.0  北京大兴  470.0
3        114.0   陆四  888888     NaN    NaN    NaN
4          NaN  NaN      NaN   113.0  河北廊坊  550.0
```

图3.73 Pandas实现会员表有不同数据时merge()按不同列名外连接的代码运行结果

从结果上看，除了两个 DataFrame 数据的交集被显示出来，还需注意 113 和 114 这两个独特的数据。会员登录 DataFrame 的数据 114 在会员信息 DataFrame 中没有这个数据，就把会员信息 DataFrame 维度中的数据显示为 NaN；会员信息 DataFrame 的数据 113 在会员登录 DataFrame 中没有这个数据，就把会员登录 DataFrame 维度中的数据显示为 NaN。这就是外连接的作用。

3.7.2 索引上的合并

对于 DataFrame 中的连接键位于其索引中这种情况，可以传入 left_index=True 或 right_index=True（或两个都传）以说明索引应该被用作连接键，代码如下。

【程序代码清单 3.74】Pandas 实现会员表 merge() 按连接键在索引中连接

```
import pandas as pd
from pandas import DataFrame
login={" 会员名称 ":[" 刘一 "," 赵二 "," 薛三 "," 陆四 "],
" 会员密码 ":["admin","123456","000000","888888"]}
info={" 会员地址 ":[" 北京朝阳 "," 北京丰台 "," 北京大兴 "," 河北廊坊 "],
" 会员会费 ":[250,360,470,550]}
login_member=DataFrame(login,index=[1,2,3,4])
member_info=DataFrame(info,index=[1,2,3,4])
member=pd.merge(login_member,member_info,left_index=True,right_index=True)
print(member)
```

代码中两个 DataFrame 中没有需要合并的维度，只有 index 索引可以作为连接键。这两个 DataFrame 进行 merge() 操作的时候，left_index 指明左边的 DataFrame 需要用 index 索引，right_index 表明右边的 DataFrame 也需要用 index 索引，上述代码运行的结果如图 3.74 所示。

```
Run:    pandas_demo67
C:\Users\Administrator\PycharmProjects\tstPandas
   会员名称    会员密码  会员地址  会员会费
1   刘一   admin  北京朝阳   250
2   赵二  123456  北京丰台   360
3   薛三  000000  北京大兴   470
4   陆四  888888  河北廊坊   550
```

图3.74 Pandas实现会员表merge()按连接键在索引中连接的代码运行结果

从结果上看，两个DataFrame都通过索引的1、2、3、4连接在了一起。如果两个DataFrame还有不同的数据，可以通过 how="outer" 做外连接。DataFrame 还有一个 join() 实例方法，它能更为方便地实现按索引合并。它还可用于合并多个带有相同或相似索引的 DataFrame 对象，而不管它们之间有没有重叠的列，代码如下。

【程序代码清单 3.75】Pandas 实现会员表 join() 按连接键在索引中连接

```
import pandas as pd
from pandas import DataFrame
login={" 会员名称 ":[" 刘一 "," 赵二 "," 薛三 "," 陆四 "],
" 会员密码 ":["admin","123456","000000","888888"]}
info={" 会员地址 ":[" 北京朝阳 "," 北京丰台 "," 北京大兴 "," 河北廊坊 "],
" 会员会费 ":[250,360,470,550]}
login_member=DataFrame(login,index=[1,2,3,5])
member_info=DataFrame(info,index=[1,2,3,4])
member=login_member.join(member_info)
print(member)
```

代码中用 join() 方法连接两个 DataFrame，把其中一个 DataFrame 用点运算符调用 join()，把另一个 DataFrame 作为参数。上述代码运行结果如图 3.75 所示。

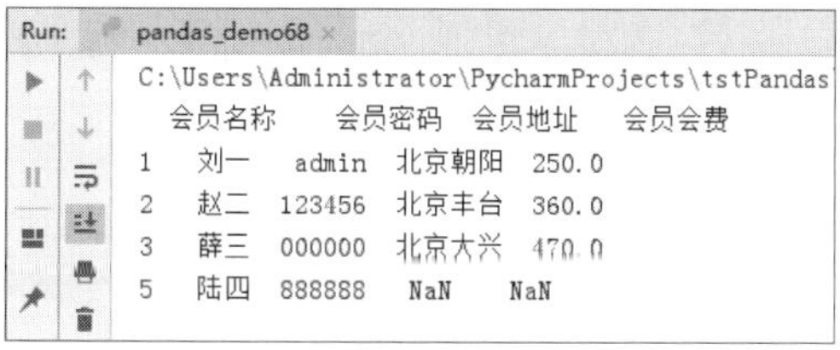

```
Run:  pandas_demo68
C:\Users\Administrator\PycharmProjects\tstPandas
  会员名称    会员密码  会员地址   会员会费
1   刘一    admin  北京朝阳  250.0
2   赵二   123456  北京丰台  360.0
3   薛三   000000  北京大兴  470.0
5   陆四   888888    NaN    NaN
```

图3.75 Pandas实现会员表join()按连接键在索引中连接的代码运行结果

从结果上看，join() 连接之后出现 NaN 数据。这是因为两表的索引有不同的数据，同时没有出现索引数据 4，而索引数据 4 是作为 join() 右边 DataFrame 的数据，故采用 join() 这种方法进行两表合并会根据索引进行合并，同时使用的是左连接。如果使用外连接，可以使用 how="outer"。

3.7.3 轴向的连接

前面讲过的连接相当于 DataFrame 的列合并，对于 Pandas 对象（如 Series 和 DataFrame），如果在行上需要扩展数据记录，带有标签的轴是否能够进一步推广数组的行连接运算，这是疑问。具体来说，需要考虑以下几个问题。

（1）如果参与合并的各对象其他轴上的索引是不同的，那这些轴是做并集还是交集?

（2）组合对象中的分组是相同的还是不同的？

（3）用于连接的轴是否有一些其他要求？

Pandas 的 concat() 方法提供了一种能够解决这些问题的可靠方式，代码如下。

【程序代码清单 3.76】Pandas 实现会员 concat() 无重叠索引的连接

```
import pandas as pd
from pandas import Series
member1=Series([1,350],index=[" 会员级别 "," 会员最低消费 "])
member2=Series([2,100,10],index=[" 会员购买产品次数 "," 会员卡最低存额 "," 会员活动次数 "])
member3=Series([2],index=[" 会员推荐人数 "])
member=pd.concat([member1,member2,member3])
print(member)
```

代码中定义了 3 个关于会员相关维度的 Series，这 3 个 Series 之间不存在重叠的索引，每个 Series 中的数据个数不尽相同。调用 concat() 方法进行连接，连接时注意参数是把 3 个 Series 放在一个列表中。上述代码运行结果如图 3.76 所示。

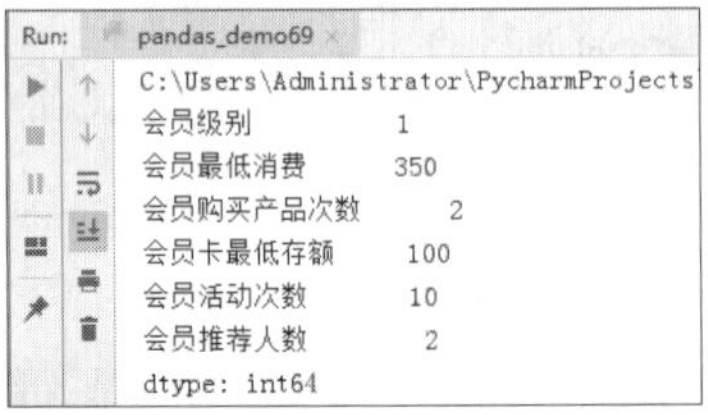

```
Run:  pandas_demo69
C:\Users\Administrator\PycharmProjects
会员级别          1
会员最低消费      350
会员购买产品次数    2
会员卡最低存额     100
会员活动次数       10
会员推荐人数        2
dtype: int64
```

图3.76 Pandas实现会员concat()无重叠索引的连接的代码运行结果

从结果上看，这 3 个 Series 对象调用 concat() 方法把值和索引连接了起来，做的是值和索引的并运算，对象中的分组也是可以不尽相同的。下面就要看跟轴有没有什么关系。这里传入 axis=1 来更换轴，原来默认的轴应该是 axis=0，代码如下。

【程序代码清单 3.77】Pandas 实现会员 concat() 无重叠索引轴变换的连接

```
import pandas as pd
from pandas import Series
member1=Series([1,350],index=[" 会员级别 "," 会员最低消费 "])
member2=Series([2,100,10],index=[" 会员购买产品次数 "," 会员卡最低存额 "," 会员活动次数 "])
member3=Series([2],index=[" 会员推荐人数 "])
member=pd.concat([member1,member2,member3],axis=1)
print(member)
```

代码中使用 concat() 方法连接 3 个无重叠索引的 Series，传入了参数 axis=1。上述代码运行结果如图 3.77 所示。

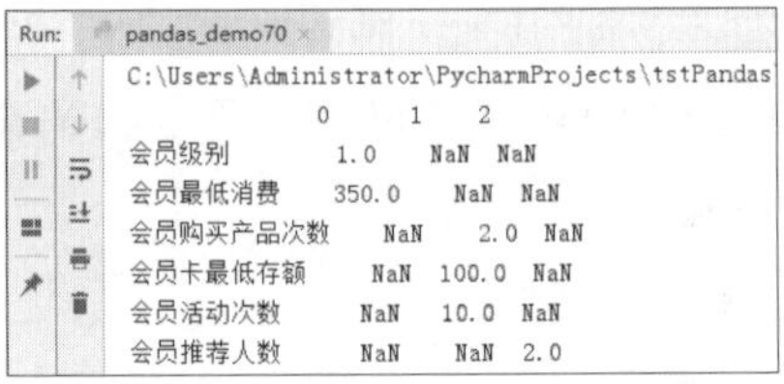

```
Run:  pandas_demo70
C:\Users\Administrator\PycharmProjects\tstPandas
                 0      1    2
会员级别          1.0    NaN  NaN
会员最低消费      350.0    NaN  NaN
会员购买产品次数    NaN    2.0  NaN
会员卡最低存额      NaN  100.0  NaN
会员活动次数        NaN   10.0  NaN
会员推荐人数        NaN    NaN  2.0
```

图3.77 Pandas实现会员concat()无重叠索引轴变换的连接的代码运行结果

从结果上看，输出了 DataFrame 数据结构，这是由于传入 axis=1，结果就会变成一个 DataFrame，其中的 axis=1 是列，没有数据的地方就会显示 NaN。concat() 在这里也体现了并运算，把所有不同的维度连接在了一起。在这种情况下，另外一条轴上没有重叠，从索引的有序并集（外连接）上就可以看出来。传入 join="inner" 即可得到它们的交集，代码如下。

【程序代码清单 3.78】Pandas 实现会员 concat() 无重叠索引轴变换交集的连接

```
import pandas as pd
from pandas import Series
member1=Series([1,350],index=[" 会员级别 "," 会员最低消费 "])
member2=Series([1,100,10,2],index=[" 会员级别 "," 会员卡最低存额 "," 会员活动次数 "," 会员
推荐人数 "])
member3=Series([1,350,2],index=[" 会员级别 "," 会员最低消费 "," 会员推荐人数 "])
member=pd.concat([member1,member2,member3],axis=1,join="inner")
print(member)
```

代码中使用 concat() 方法连接 3 个有重叠索引的 Series，member1、member2、member3 这 3 个 Series 共有的索引只有一个“会员级别”索引，对两两之间还是有其他共有的索引名称的，再传入了转化 DataFrame 的参数 axis=1。上述代码运行结果如图 3.78 所示。

```
Run:  pandas_demo71
C:\Users\Administrator\PycharmProjects
       0  1  2
会员级别  1  1  1
```

图3.78　Pandas实现会员concat()无重叠索引轴变换交集的连接的代码运行结果

从结果上看，显示的是 3 个 Series 共有的索引维度“会员级别”。

3.7.4 分组合并统计

在数据处理阶段往往需要把数据进行分组，分组后查看数据的一些特点。groupby() 首先按照键对数据进行分组，就可以得到每个分组的名称，以及组本身，而组本身是一个 DataFrame 或者一个 Series，然后根据这个 DataFrame 或者 Series 进行统计。统计完成之后会将键和统计结果拼合起来。这也是分组合并统计的过程和步骤，代码如下。

【程序代码清单 3.79】Pandas 实现分组统计会员级别消费

```
import pandas as pd
from pandas import DataFrame
member=DataFrame({" 会员级别 ":[1,2,5,3,1,1,2,5,2,3,1,1,2,3,5,4]," 会员消费情况 ":[100,500,250
0,1427,90,90,490,2498,486,1315,89,97,490,1489,2389,1900]})
member_group=member.groupby(" 会员级别 ").sum()
print(member_group)
```

代码中使用 groupby() 方法对“会员消费”与“会员级别”组成的 DataFrame 数据进行分组，分组参照的维度为“会员级别”。sum() 方法的作用是对分组之后的“会员消费”进行求和运算，旨在统计不同的会员级别的消费情况，上述代码运行的结果如图 3.79 所示。

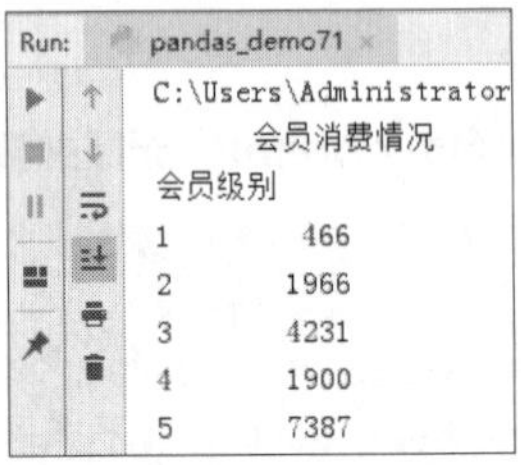

```
Run: pandas_demo71
C:\Users\Administrator
          会员消费情况
会员级别
1             466
2            1966
3            4231
4            1900
5            7387
```

图3.79 Pandas实现分组统计会员级别消费的代码运行结果

从运行结果上看，按照“会员级别”的 5 个级别分组后，算出了“会员消费情况”的总和。“会员级别”变成了数据的索引列，“会员消费情况”列以和值显示。groupby() 也可以对多个列进行分组，查询所有数据列的统计，代码如下。

【程序代码清单 3.80】Pandas 实现多列分组统计会员级别消费

```
import pandas as pd
from pandas import DataFrame
member=DataFrame({" 会员级别 ":[1,2,5,3,1,1,2,5,2,3,1,1,2,3,5,4],
" 会员消费情况 ":[100,500,2500,1427,90,90,490,2498,486,1315,89,97,490,1489,2389,1900],
" 会员参与活动数目 ":[1,3,10,5,3,3,6,8,4,2,3,3,6,5,4,1]})
member_group=member.groupby([" 会员级别 "," 会员参与活动数目 "]).sum()
print(member_group)
```

代码中使用 groupby() 时使用了两个维度，“会员级别”和“会员参与活动数目”，按照这两个维度分组后利用 sum() 来求和。上述代码运行结果如图 3.80 所示。

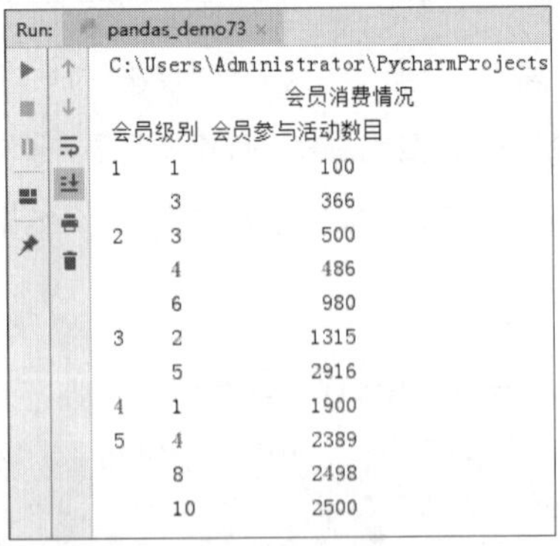

```
Run: pandas_demo73
C:\Users\Administrator\PycharmProjects
                     会员消费情况
会员级别 会员参与活动数目
1    1             100
     3             366
2    3             500
     4             486
     6             980
3    2            1315
     5            2916
4    1            1900
5    4            2389
     8            2498
     10           2500
```

图3.80 Pandas实现多列分组统计会员级别消费的代码运行结果

从结果上看，“会员级别”和“会员参与活动数目”构成分组后的层次索引结构。如会员级别为一级、活动次数为 1 次的会员消费金额是 100 元，这是从分组统计结果中得到的信息。如果想看多种数学统计信息比如均值、求和、均方差这些，可以采用 agg() 方法，代码如下。

【程序代码清单 3.81】Pandas 实现多列分组多信息统计会员级别消费

```
import pandas as pd
import numpy as np
from pandas import DataFrame
member=DataFrame({" 会员级别 ":[1,2,5,3,1,1,2,5,2,3,1,1,2,3,5,4],
" 会员消费情况 ":[100,500,2500,1427,90,90,490,2498,486,1315,89,97,490,1489,2389,1900],
" 会员参与活动数目 ":[1,3,10,5,3,3,6,8,4,2,3,3,6,5,4,1]})
member_group=member.groupby(" 会员级别 ").agg([np.sum,np.mean,np.std])
print(member_group)
```

代码中使用 groupby() 对“会员级别”进行分组，然后通过 agg() 方法对分组后的数据求和、求平均数、求标准差。代码运行结果如图 3.81 所示。

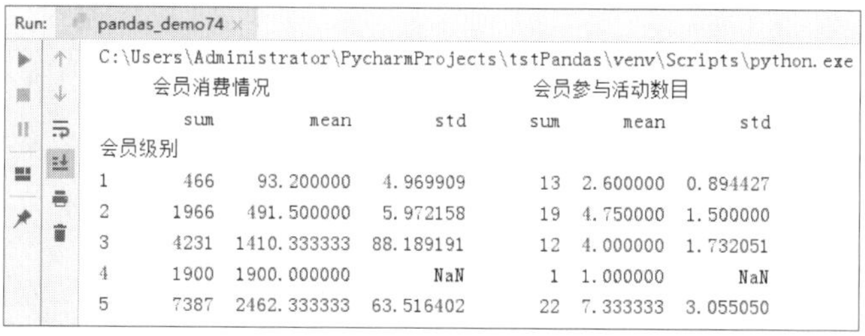

```
Run: pandas_demo74
C:\Users\Administrator\PycharmProjects\tstPandas\venv\Scripts\python.exe
       会员消费情况                           会员参与活动数目
        sum         mean        std      sum      mean       std
会员级别
1       466    93.200000   4.969909       13  2.600000  0.894427
2      1966   491.500000   5.972158       19  4.750000  1.500000
3      4231  1410.333333  88.189191       12  4.000000  1.732051
4      1900  1900.000000        NaN        1  1.000000       NaN
5      7387  2462.333333  63.516402       22  7.333333  3.055050
```

图3.81 Pandas实现多列分组多信息统计会员级别消费运行结果

从结果上看，以“会员级别”为索引项，对“会员消费情况”和“会员参与活动数目”两个维度进行求和、求平均数、求标准差。

3.7.5 透视表

透视表是一种可以对数据动态排布并且分类汇总的表格。或许大多数人都在 Excel 中使用过数据透视表，也体会过它的强大功能，而在 Pandas 中它被称作 pivot_table，代码如下。

【程序代码清单 3.82】Pandas 实现 pivot_table 统计会员级别消费

```
import pandas as pd
import numpy as np
from pandas import DataFrame
member=DataFrame({" 会员级别 ":[1,2,5,3,1,1,2,5,2,3,1,1,2,3,5,4],
" 会员消费情况 ":[100,500,2500,1427,90,90,490,2498,486,1315,89,97,490,1489,2389,1900],
" 会员参与活动数目 ":[1,3,10,5,3,3,6,8,4,2,3,3,6,5,4,1]})
member_table=pd.pivot_table(member,index=[" 会员级别 "],aggfunc=[np.sum])
print(member_table)
```

代码中 pivot_table 后面的参数，第一个参数是需要进行透视表操作的 DataFrame 数据，第二个参数是建立透视表时以“会员级别”维度作为索引，第三个参数是统计的时候的运算方法，如是求和还是求平均数等。这里是求和，代码运行的结果如图 3.82 所示。

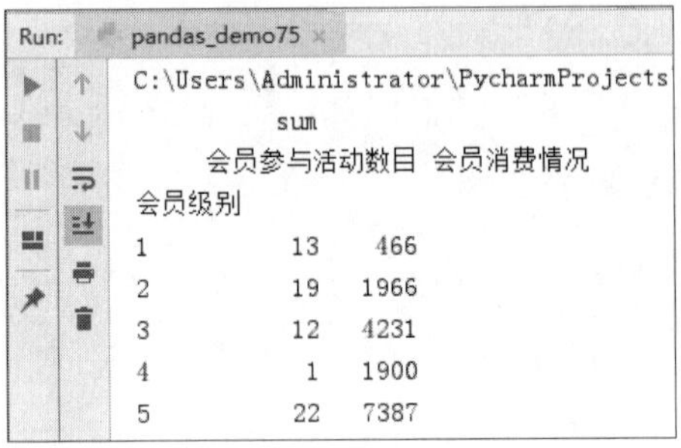
Run:
pandas_demo75
C:\Users\Administrator\PycharmProjects
sum
会员参与活动数目 会员消费情况
会员级别
1 13 466
2 19 1966
3 12 4231
4 1 1900
5 22 7387

图3.82 Pandas实现pivot_table统计会员级别消费运行结果

3.8 小结

Pandas 主要是一个用于数据处理、分析、操作的工具，主要提供了两种数据结构：Series 和 DataFrame。一般在使用机器学习的算法之前，都需要对数据进行清洗、提纯等操作，这部分操作就离不开 Pandas 这个强大的工具。首先需要用 Pandas 的读取操作，然后对数据进行去重、去空、去异常或者填充等各种数据清洗的操作。如果需要对数据的整体进行分析再进行机器学习，这就要把数据进行分组，再进行排序等查看数据的规律。Pandas 强大的数据处理和清洗方法可以帮助完成这样的工作。读者应学会很好地利用 Pandas 的强大功能为数据服务，把它作为数据方面的利器。

机器学习模块之图形展示 Matplotlib

绘图往往是查看数据内在特点较好的方法，而探寻数据的相关特点也是机器学习前数据处理的重要部分。好的图形展示可以帮助读者找出异常值、进行必要的数据转换、得出有关算法模型的匹配等。Python 有许多可视化工具（参见本章末尾），但是本书主要讲解 Matplotlib。

Matplotlib 是一个用于创建图表的桌面绘图包，主要表现在二维方向。Python 通过 Matplotlib 的模块创建了一个 MATLAB 式样绘图接口。它不仅支持各种操作系统上许多不同的图形用户界面后端，而且还可将图像导出为各种常见的矢量和光栅图，格式如 PDF、SVG、JPG、PNG、BMP、GIF 等。

Matplotlib 还有许多插件工具集，如用于三维图形的 mplot3d 以及用于地图和投影的 basemap。

4.1 Matplotlib 绘图入门

Matplotlib API 方法（如 plot() 和 close()）都位于 Matplotlib.pyplot 模块中，其通常的引入约定如下。

```
Import Matplotlib.pyplot as plt
```

4.1.1 Figure 和 subplot

Matplotlib 的图像都位于 Figure 对象中，你可以用 plt.figure() 创建一个新的 Figure。

```
fig=plt.figure()
```

调用上述语句会弹出一个空窗口。plt.figure() 有一些选项，figsize() 是比较重要的一个，它用于确保当图像保存到磁盘时具有一定的大小和纵横比。Matplotlib 的 Figure 还支持一种 MATLAB 式的编号结构，比如 plt.figure(2)。通过 plt.gcf() 方法即可得到当前 Figure 的引用。

绘图操作是不能在空 Figure 上进行的，必须用 add_subplot() 创建一个或多个 subplot。一般用语句 ax1=fig.add_subplot(2,2,1)。

这条代码的意思是，图像应该是 2×2 的，且当前选中的是 4 个 subplot 中的第一个，subplot 的编号从 1 开始。可以再把后面两个 subplot 也创建出来，代码如下。

【程序代码清单 4.1】Matplotlib 模块创建 Figure 和 subplot

```
import Matplotlib.pyplot as plt
fig=plt.figure()
ax1=fig.add_subplot(2,2,1)
ax2=fig.add_subplot(2,2,2)
ax3=fig.add_subplot(2,2,3)
plt.show()
```

代码中使用 plt.show() 方法把创建的 subplot 显示出来，代码运行的结果如图 4.1 所示。

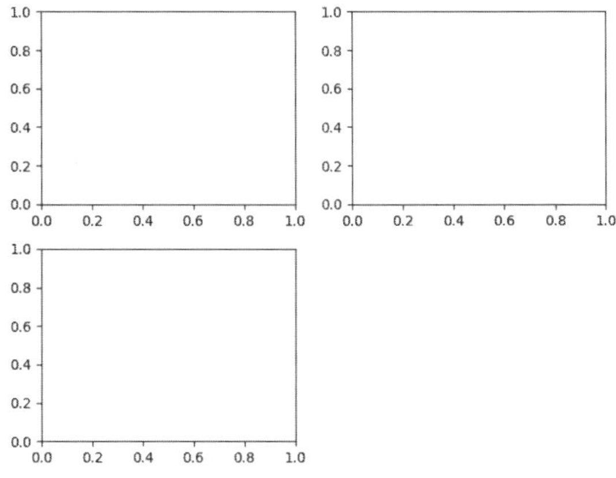

图4.1 Matplotlib模块创建Figure和subplot运行结果

从结果上看，出现了 3 个内容空白的坐标系，也就是 3 个 subplot。这时发出一条绘图命令，比如使用画线的方法 plot()，在参数中使用两个集合，一个集合是 *x* 轴的坐标，另一个集合是 *y* 轴的坐标，代码如下。

【程序代码清单 4.2】Matplotlib 模块在 subplot 上画线

```
import Matplotlib.pyplot as plt
fig=plt.figure()
ax1=fig.add_subplot(2,2,1)
ax2=fig.add_subplot(2,2,2)
ax3=fig.add_subplot(2,2,3)
ax1.plot([2.0,4.0,8.0,10.0],[1.0,3.0,2.0,6.0],"k--")
plt.show()
```

代码创建了 subplot 后，在 ax1 中进行画线，参数中有两个列表，列表中的数值就是具体的坐标值。k--参数代表画线的线型，代码运行后的结果如图 4.2 所示。

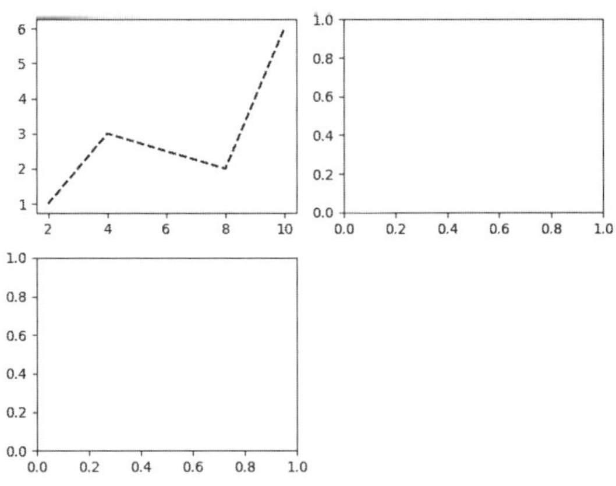

图4.2 Matplotlib模块在subplot上画线运行结果

从结果上看，ax1 的 subplot 根据具体的点的坐标画出一条有拐点的虚线。这是由于 fig.add_subplot() 所返回的对象是 AxesSubplot 对象，直接调用它们的实例方法就可以画图。

在 Matplotlib 的文档中可以找到各种类型图表的绘制方法，在后面会有介绍。根据特定布局创建 Figure 和 subplot 是一件非常常见的任务，于是便出现了一个更为方便的方法，直接使用 plt.subplots()。它可以创建一个新的 Figure，并返回一个含有已创建的 subplot 对象的 NumPy 数组。这是非常实用的，因为可以轻松地对 axes 数组进行索引，就好像是二维数组，例如 axes[0,1]，代码如下。

【程序代码清单 4.3】Matplotlib 模块调用 plt.subplots() 进行画线

```
import Matplotlib.pyplot as plt
fig,axes=plt.subplots(2,2)
axes[0,1].plot([2.0,4.0,8.0,10.0],[1.0,3.0,2.0,6.0],"k--",color="b")
plt.show()
```

代码中 plt.subplots(2,2) 定义了横向 2 个 subplot，竖向 2 个 subplot，同时返回两个参数，一个是创建的 Figure，另一个是 subplot 对象的 axes 数组。接下来对 axes 数据进行引用，调用 plot() 方法，传入横坐标的列表和纵坐标的列表，参数 k-- 表明线型是虚线，color="b" 表示颜色为蓝色，代码运行后的结果如图 4.3 所示。

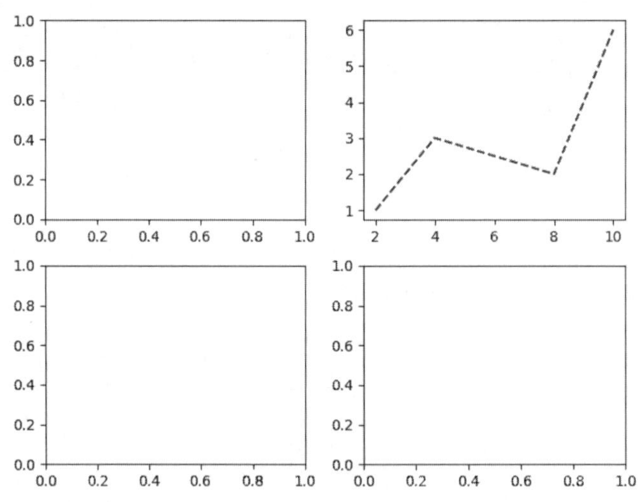

图4.3 Matplotlib模块调用plt.subplots()进行画线运行结果

从结果上看，右上角的 subplot 被画出一条虚线的蓝色折线。axes[0,1] 指的是右上角的 subplot，也就是说 subplot 的索引是从 0 开始的。

4.1.2 颜色、标记和线型

Matplotlib 的 plot() 方法接收一组 x 轴和 y 轴坐标，还可以接收表示颜色和线型的字符串。比如绘制红色虚线，代码如下。

【程序代码清单 4.4】Matplotlib 模块使用颜色和线型的字符串进行画线

```
import Matplotlib.pyplot as plt
fig,axes=plt.subplots(1,1)
axes.plot([2.0,4.0,8.0,10.0],[1.0,3.0,2.0,6.0],"r--")
plt.show()
```

代码中 plot.subplots(1,1) 表示只建立一个 Figure 和一个 subplot 对象，axes 中存的就是一个 axes 对象，这里直接采用 plot() 方法即可，plot() 前两个参数指的是横坐标列表和纵坐标列表，“r--”就是颜色和线型构成的字符串，“r”代表红色，“--”代表虚线，“r--”就代表红色虚线，代码运行的结果如图 4.4 所示。

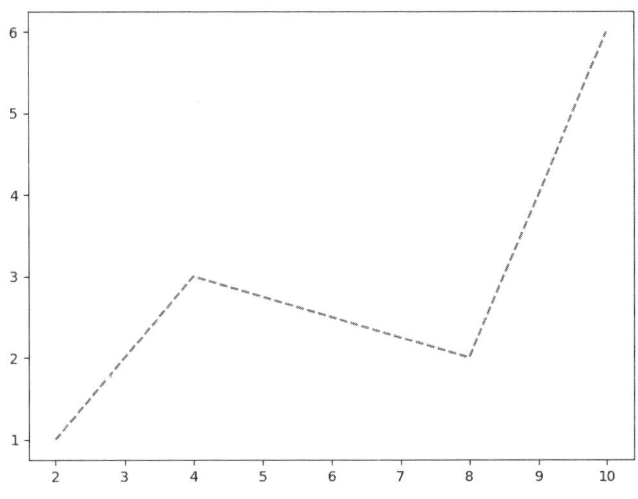

图4.4 Matplotlib模块使用颜色和线型的字符串进行画线运行结果

从结果上看，这是一条红色的虚线折线。这种在一个字符串中指定颜色和线型的方式非常方便。可通过指明属性 linestyle 来表示线型，指明属性 color 来表示颜色，也具有同样的效果，代码如下。

【程序代码清单 4.5】Matplotlib 模块使用颜色和线型的属性进行画线

```
import Matplotlib.pyplot as plt
fig,axes=plt.subplots(1,1)
axes.plot([2.0,4.0,8.0,10.0],[1.0,3.0,2.0,6.0],color="red",linestyle="--")
plt.show()
```

代码中画图时，color 表明的是颜色，后面的“red”指的是红色，linestyle 表明的是线型，后面的“--”表示的是虚线，代码运行结果如图 4.5 所示。

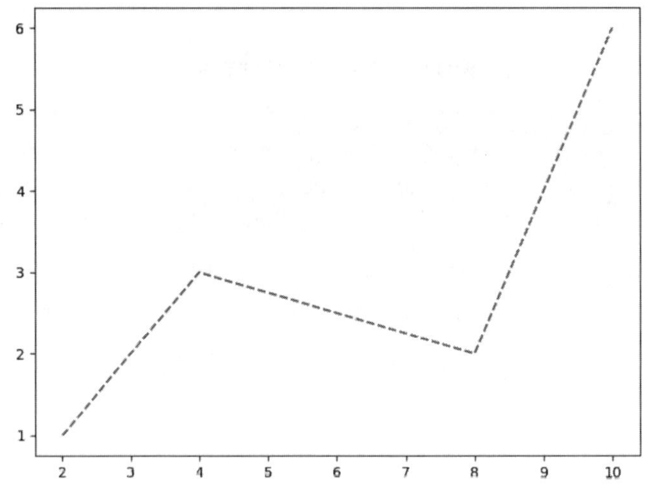

图4.5 Matplotlib模块使用颜色和线型的属性进行画线运行结果

从结果上看，唯一的 subplot 上画了一条红色的虚线折线。这个效果与前面案例的一样。

在画线时的参数 linestyle 的线型选择上，可以参见表 4.1，其他的线型可参见 Matplotlib 文档。

表 4.1 linestyle 线型选择

表示	意义
-	实线
--	虚线
-.	点横线
:	点线

线型图还可以加上一些标记（marker），以强调实际的数据点。由于 Matplotlib 创建的是连续的线型图（点与点之间插值），因此有时可能不太容易看出真实数据点的位置。标记也可以放在格式字符串中，但标记类型和线型必须放在颜色后面。

【程序代码清单 4.6】Matplotlib 模块使用线型图标记缩写进行画线

```
import Matplotlib.pyplot as plt
fig,axes=plt.subplots(1,1)
axes.plot([2.0,4.0,8.0,10.0],[1.0,3.0,2.0,6.0],"ro--")
plt.show()
```

代码中 plot() 中指明了参数“ro--”，“r”表示红色，“o”表示数据点的标记，这里是圆点，“--”表示线型。综合起来，“ro--”就是红色虚线并且在数据点上做圆点标记，代码运行结果如图 4.6 所示。

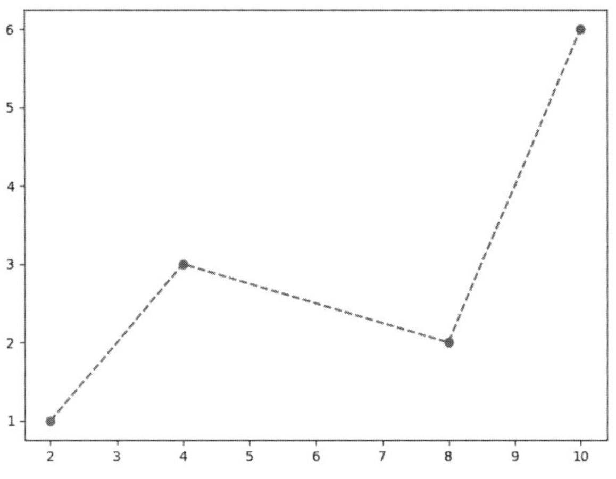

图4.6 Matplotlib模块使用线型图标记缩写进行画线运行结果

从结果上看，圆形的红点就是数据点的位置。还可以将其写成更为明确的形式，marker 参数就是用来标注数据点的。使用 marker 标记的代码如下。

【程序代码清单 4.7】Matplotlib 模块使用线型图 marker 标记进行画线

```
import Matplotlib.pyplot as plt
fig,axes=plt.subplots(1,1)
axes.plot([2.0,4.0,8.0,10.0],[1.0,3.0,2.0,6.0],color="red",linestyle="--",marker="x")
plt.show()
```

代码中传入参数 marker 用于设置数据点，这里传入的参数是“x”，显示出来的是叉号，代码运行的结果如图 4.7 所示。

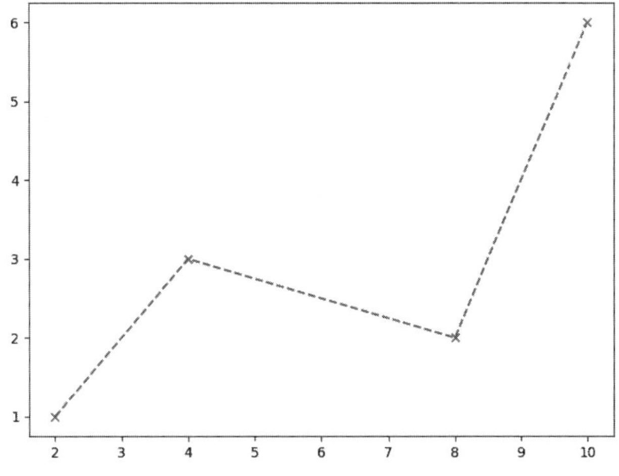

图4.7 Matplotlib模块使用线型图marker标记进行画线运行结果

从结果上看，图中画叉号的数据就是被标记出来的数据点。数据点的标记有很多类型，如表 4.2 所示。

表 4.2 数据点的标记类型

表示方法	数据点类型
'.'	●
'o'	●
'v'	▼
'^'	▲
'>'	◀
'<'	▶
'P'	⬟
'X'	✕
'*'	★

4.1.3 坐标轴标记

pyplot 的其他接口方法诸如 xlim()、xticks() 和 xticklabels()，分别用于控制图表的范围、刻度位置、刻度标签等。其使用方式有以下两种。

（1）调用时不带参数，则返回当前的参数值。例如，plt.xlim() 方法返回当前的 x 轴绘图范围。

（2）调用时带参数，则设置参数值。例如，plt.xlim([0,10]) 会将 x 轴范围设置为 0 到 10。

如果需要修改 x 轴的刻度，可以使用方法 set_xticks() 和 set_xticklabels()。Matplotlib 要将刻度放在数据范围中的指定位置，默认情况下，刻度标签就是指定位置，代码如下。

【程序代码清单 4.8】Matplotlib 模块标注 x 轴坐标点

```
import Matplotlib.pyplot as plt
fig,axes=plt.subplots(1,1)
axes.plot([2.0,4.0,8.0,10.0],[1.0,3.0,2.0,6.0],color="red",linestyle="--",marker="x")
axes.set_xticks([0,5,10])
axes.set_xticklabels(["zero","five","ten"])
plt.show()
```

代码中使用 set_xticks() 方法设置数据显示刻度，在参数列表中的 [0,5,10] 的位置上显示刻度，再利用 set_xticklabels() 设定刻度的标记显示。参数列表中的 ["zero","five","ten"] 分别对应刻度位置 0、5、10，代码运行的结果如图 4.8 所示。

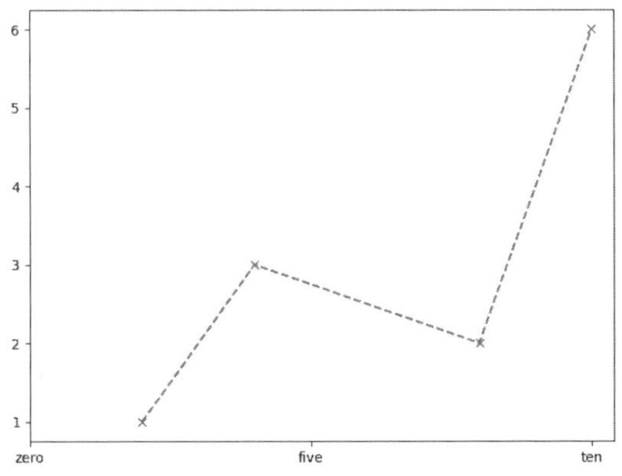

图4.8 Matplotlib模块标注x轴坐标点运行结果

从结果上看，x 轴被“zero”“five”“ten”3 个坐标点标注。对于这样的图形结果，x 轴少了意义的说明，可以用 set_xlabel() 为 x 轴设置名称，并用 set_title() 设置一个标题，代码如下。

【程序代码清单 4.9】Matplotlib 模块为 x 轴设置名称

```
import Matplotlib.pyplot as plt
fig,axes=plt.subplots(1,1)
axes.plot([2.0,4.0,8.0,10.0],[1.0,3.0,2.0,6.0],color="red",linestyle="--",marker="x")
axes.set_xticks([0,5,10])
axes.set_xticklabels(["zero","five","ten"])
axes.set_xlabel("horizontal coordinates")
axes.set_title("horizontal and vertial point show")
plt.show()
```

代码中又加入了 set_xlabel() 方法，用于设置 x 轴的标记意义，set_title() 方法对画出的图像意义进行说明，代码运行的结果如图 4.9 所示。

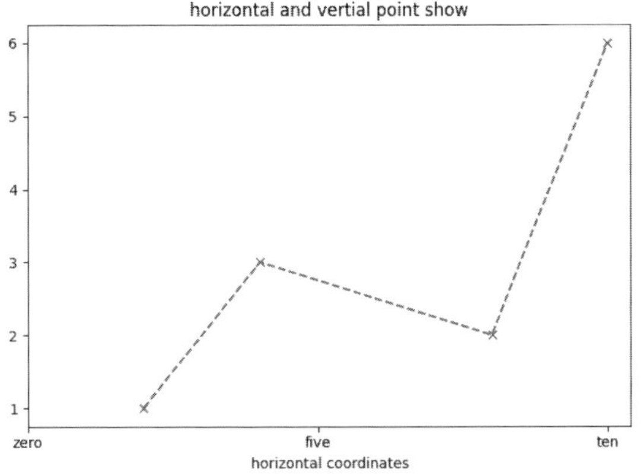

图4.9 Matplotlib模块为x轴设置名称运行结果

从结果上看，在 x 轴下方有一个“horizontal coordinates”的说明，在图像上方有一个“horizontal and vertial point show”的说明，只不过显示的是英文。Matplotlib 如果要显示中文，需要设置相关的字体。在 Matplotlib 中有一个 font_manager 模块，这里调用 font_manager 模块的 FontProperties 类，代码如下。

【程序代码清单 4.10】Matplotlib 模块为 x 轴设置中文名称

```
import Matplotlib.pyplot as plt
from Matplotlib import font_manager
fig,axes=plt.subplots(1,1)
my_font=font_manager.FontProperties(fname=" 华康俪金黑 W8.TTF")
axes.plot([2.0,4.0,8.0,10.0],[1.0,3.0,2.0,6.0],color="red",linestyle="--",marker="x")
axes.set_xticks([0,5,10])
axes.set_xticklabels([" 零 "," 伍 "," 拾 "],FontProperties=my_font)
axes.set_xlabel(" 横向坐标的显示 ",FontProperties=my_font)
axes.set_title(" 横纵坐标点的显示 ",FontProperties=my_font)
plt.show()
```

代码中首先定义字体 my_font=font_manager.FontProperties(fname=" 华康俪金黑 W8.TTF")，这句代码中 FontProperties 表示字体属性，把 fname 参数传进去。这个参数就是字体的名称，在后面的方法 set_xticklabels()、set_xlabel()、set_title() 调用时指定 FontProperties 的名称即可，代码运行的结果如图 4.10 所示。

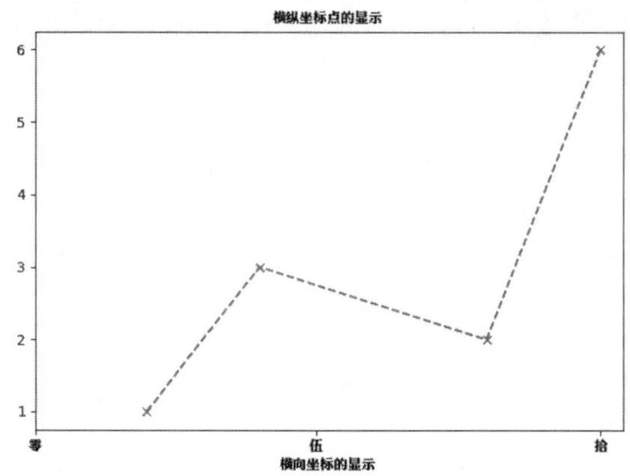

图4.10 Matplotlib模块为x轴设置中文名称运行结果

从结果上看，可以看到 x 轴上的点以中文显示，x 轴的标注以中文显示，标题也采用了中文显示。

· 4.1.4 添加图例

图例（legend）是另一种用于标识图表元素的重要工具。添加图例的操作有两步。首先是在添加 subplot 的时候传入 label 参数，再调用 axes.legend() 或 plt.legend() 来创建图例。可以携带 loc 参数告诉 Matplotlib 要将图例放在哪里，参数的“best”值是不错的选择，因为它会选择“最不碍事”的位置，代码如下。

【程序代码清单 4.11】Matplotlib 模块添加图例

```
import Matplotlib.pyplot as plt
from Matplotlib import font_manager
fig,axes=plt.subplots(1,1)
my_font=font_manager.FontProperties(fname=" 华康俪金黑 W8.TTF")
axes.plot([2.0,4.0,8.0,10.0],[1.0,3.0,2.0,6.0],color="red",linestyle="--",marker="x",label="
第一条线 ")
axes.plot([1.0,8.0,3.0,7.0],[5.0,2.0,8.0,5.0],color="blue",linestyle="-.",marker="v",label=" 第
二条线 ")
axes.set_xticks([0,5,10])
axes.legend(prop=my_font,loc="best")
plt.show()
```

代码中也使用 font_manager 模块的 FontProperties 类来定义图例中的字体，plot() 画线方法传入一个 label 参数，名为“第一条线”或“第二条线”，legend() 方法中用 prop 传参 my_font 代表的字体，loc="best" 表示将图例放在最合适的位置，代码运行的结果如图 4.11 所示。

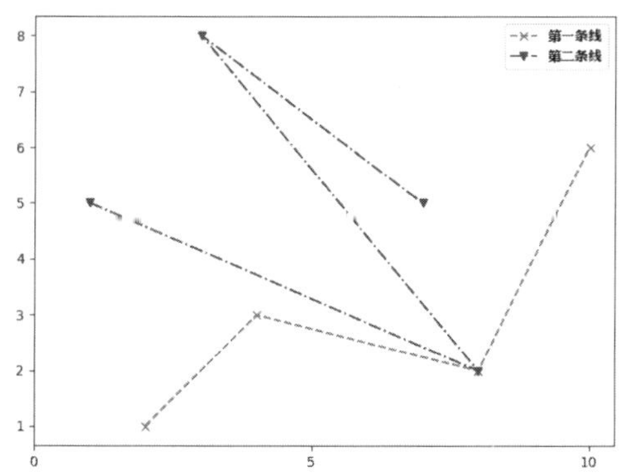

图4.11 Matplotlib模块添加图例运行结果

从结果上看，有一个标记了“第一条线”和“第二条线”的图例，图例中“第一条线”标明为红色且点的表示为叉号，“第二条线”标明为蓝色且点的表示为下三角形。

4.1.5 注解

在进行绘图时，有时是需要进行注解的。注解可以通过 text()、arrow() 和 annotate() 等方法进行添加。text() 可以将文本绘制在图表的指定坐标处，代码如下。

【程序代码清单 4.12】Matplotlib 注解 text() 的使用

```
import Matplotlib.pyplot as plt
```

```
from Matplotlib import font_manager
fig,axes=plt.subplots(1,1)
my_font=font_manager.FontProperties(fname=" 华康俪金黑 W8.TTF")
axes.plot([2.0,4.0,8.0,10.0],[1.0,3.0,2.0,6.0],color="red",linestyle="--",marker="x",label="
第一条线 ")
plt.text(0.9,1.02,"(2.0,1.0)",fontsize=10)
axes.set_xticks([0,5,10])
axes.legend(prop=my_font,loc="best")
plt.show()
```

代码中使用 text() 方法进行注解，其中传入的前两个参数就是注解显示的横坐标和纵坐标，第三个参数是注解应该显示的内容，这里设置显示的内容是坐标点 (2.0,1.0)，第三个参数用 fontsize 指明字体的大小。代码运行结果如图 4.12 所示。

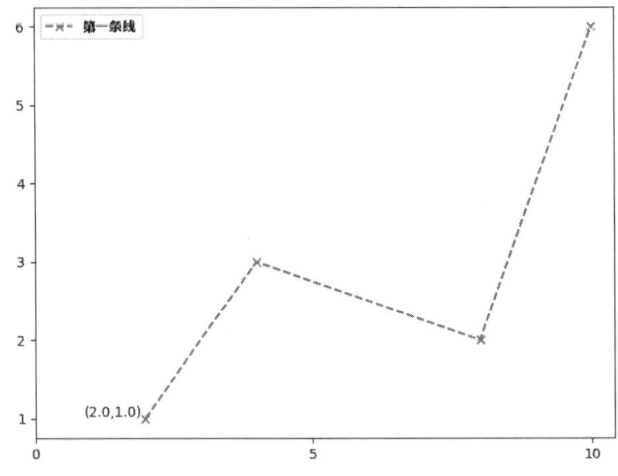

图4.12 Matplotlib注解text()的使用运行结果

从结果上看，点的坐标 (2.0,1.0) 在图中通过注解的方式被标注出来。

4.1.6 将图表保存到文件

利用 plt.savefig() 可以将当前图表保存到文件。该方法相当于 Figure 对象的实例方法 savefig()，传入的参数就是一个文件名。文件类型是通过文件扩展名推断出来的。如果使用“.pdf”作为扩展名，就会得到一个 PDF 文件。一般常用到两个重要的参数是 dpi 和 bbox_inches，其中 dpi 表示控制“每英寸点数”分辨率，bbox_inches 可以用于剪除当前图表周围的空白部分，代码如下。

【程序代码清单 4.13】Matplotlib 模块将图表保存到文件

```
import Matplotlib.pyplot as plt
from Matplotlib import font_manager
```

```
fig,axes=plt.subplots(1,1)
my_font=font_manager.FontProperties(fname=" 华康俪金黑 W8.TTF")
axes.plot([2.0,4.0,8.0,10.0],[1.0,3.0,2.0,6.0],color="red",linestyle="--",marker="x",label="
第一条线 ")
plt.text(0.9,1.02,"(2.0,1.0)",fontsize=10)
axes.set_xticks([0,5,10])
axes.legend(prop=my_font,loc="best")
plt.savefig("result.png",dpi=400,bbox_inches="tight")
```

代码中使用 savefig（文件名）把 Matplotlib 绘制的图表导出，形成文件。其中包含参数 dpi 和 bbox_inches，代码运行结果如图 4.13 所示。

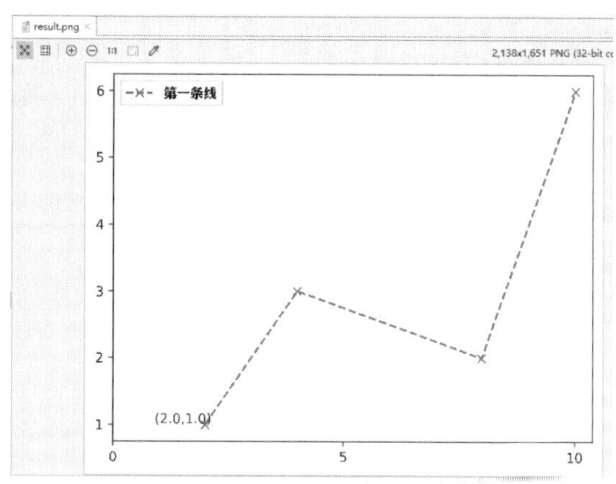

图4.13 Matplotlib模块将图表保存到文件运行结果

从结果上看，result.png 文件已经生成，同时图表的内容边缘也相对紧凑了一些，图像内容就是程序运行后 Matpltlib 的图表内容。

4.2 Matplotlib 的绘图方法

不难看出，Matplotlib 要制作一张图表，需要使用它的基础组件：数据展示（如图表类型，包括线型图、柱状图、盒形图、散布图、等值线图等）、图例、标题、刻度标签以及其他注解信息。根据数据制作一张完整图通常都需要用到多个对象，这样才能够表达多种含义。下面就介绍几种 Matplotlib 常用的绘图方法。

· 4.2.1 线型图

在使用 Matplotlib 绘制线性图时，其中最简单的是绘制线图。使用 Matplotlib 绘制简单的线型图的具体实现过程如下。

导入模块 pyplot，并给它指定别名 plt，以免反复输入 pyplot。在模块 pyplot 中包含很多用于生产图表的方法。

将要绘制的直线坐标传递给方法 plot()。

通过方法 plt.show() 打开 Matplotlib 查看器，显示绘制的图形，代码如下。

【程序代码清单 4.14】Matplotlib 模块绘制线型图

```
import Matplotlib.pyplot as plt
import numpy as np
x=np.linspace(0,10,100)
sin_y=np.sin(x)
plt.plot(x,sin_y)
cos_y=np.cos(x)
plt.plot(x,cos_y)
plt.show()
```

代码中直接使用 plot() 进行画线，只不过线型图的横轴坐标值 x 是用 NumPy 模块的 linspace() 方法生成的 0~100 差值为 10 的等差数列。y 值对应 sin()（正弦）方法和 cos()（余弦）方法。关于画线函数前面一直在提及，这里旨在说明 plot() 的画线功能，代码运行结果如图 4.14 所示。

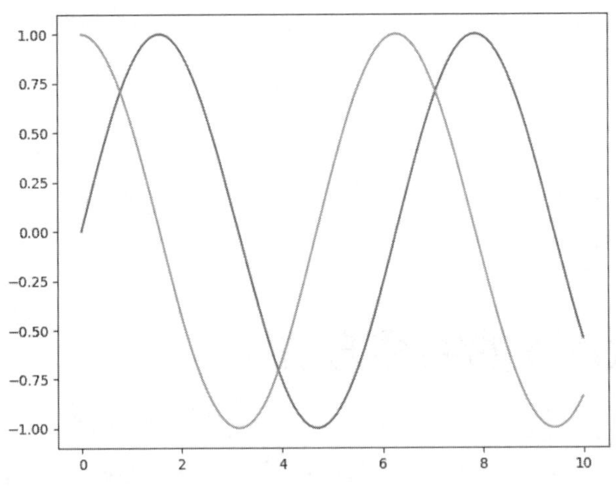

图4.14 Matplotlib模块绘制线型图运行结果

从结果上看，一条正弦曲线和一条余弦曲线被画出来了。

4.2.2 饼图

对数据的图形展示来说，饼图也是对维度低的数据进行展示的最有力工具，通过饼图中饼颜色范围的大小可直观判断某些数据的占比。Matplotlib 通过 pie() 方法，可以绘制饼图，代码如下。

【程序代码清单 4.15】Matplotlib 模块绘制饼图

```
from Matplotlib import pyplot as plt
plt.rcParams['font.sans-serif']=['SimHei']
explode = (0.02,0,0,0)
label = [' 宠物猫 ',' 宠物狗 ',' 宠物鼠 ',' 宠物鸟 ']
sizes = [20,16,5,6]
fig = plt.figure()
ax = fig.add_subplot()
ax.pie(sizes, explode=explode, labels=label, autopct='%1.2f%%')
ax.set_title(" 宠物商店宠物的占比 ")
plt.show()
```

代码中使用 plt.rcParams['font.sans-serif']=['SimHei'] 设置中文字体。这里定义了一个 label 列表，表示饼图中的每块饼的意义所在，sizes 对应于 label 中各种宠物的数量，explode 指的是饼图中每部分从圆中外移的偏移量。通过 pie() 方法可以绘制饼图，传入参数 explode 表示用来指定每部分从圆中外移的偏移量，labels 表示每个饼块的标记，autopct 表示自动标注百分比，并设置字符串格式，“%1.2f%%”表示格式化输出浮点数，小数点后 2 位。参数部分除了代码中的参数外，也可以使用 colors 绘制每个饼块的颜色，shadow 来决定是否添加阴影，radius 决定饼图的半径，这些参数有兴趣的读者可自行添加。代码最后使用 set_title() 设置图表的标题，代码运行的结果如图 4.15 所示。

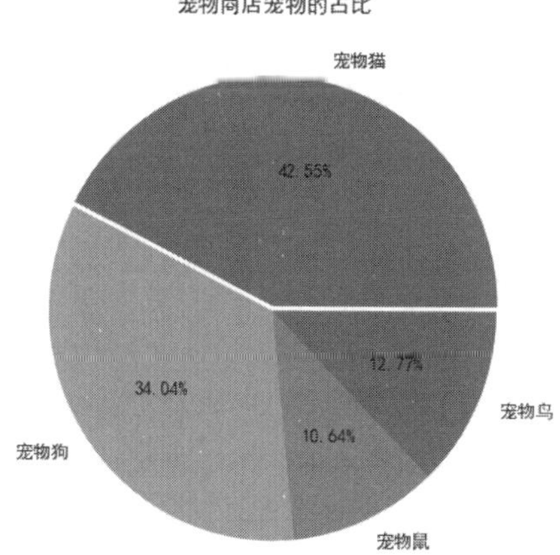

图4.15 Matplotlib模块绘制饼图运行结果

从结果上看，可以看到每个色块标志着宠物店里的宠物百分比，从总体上了解宠物店的情况。

4.2.3 直方图

谈到直方图，有时候需要区分清楚直方图和条形图。直方图一般用来描述等距数据，条形图一般用来描述名称（类别）数据或顺序数据。直观上，直方图各个条形是衔接在一起的，表示数据间的数学关系；

条形图各条形之间留有空隙，以区分不同的类。Matplotlib 用 hist() 来画直方图，代码如下。

【程序代码清单 4.16】Matplotlib 模块绘制直方图

```
from Matplotlib import pyplot as plt
plt.rcParams['font.sans-serif']=['SimHei']
data=[1450,300,2100,600,1800,1670]
fig = plt.figure()
ax = fig.add_subplot()
plt.hist(data, bins=6, facecolor="blue", edgecolor="black", alpha=0.7)
ax.set_title(" 商品销量对比 ")
plt.show()
```

代码中 hist() 表示的是绘制直方图，第一个参数 data 中保存的是绘图的数据，数据是产品的销售量；bins 表示直方图的条形数目，如果数目过多，显示条目可以少于数目；facecolor 表示直方图条形的颜色；edgecolor 表示直方图条形边缘的颜色；alpha 表示透明度。语句 plt.rcParams['font.sans-serif']=['SimHei'] 用于设置中文字体，代码运行的结果如图 4.16 所示。

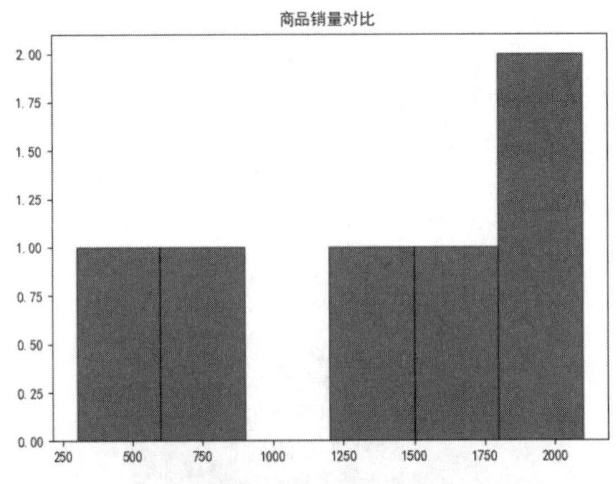

图4.16 Matplotlib模块绘制直方图运行结果

从结果上看，几个相近的直方图条形间是没有空隙的，这里数据比较少，但能看出数据的分布情况。1800～2100 的峰值比较高，可以看作这一带的数据占的比例是比较大的；900～1200 这一段是空白，说明这一带的数据是没有的；其他分段的数据分布直方图短一些，证明数据量少一些。

4.2.4 条形图

对直方图有所了解之后，再看一下条形图。Matplotlib 绘制条形图的方法是 bar()，参数包括条形图的数据和样式，代码如下。

【程序代码清单 4.17】Matplotlib 模块绘制条形图

```
from Matplotlib import pyplot as plt
import numpy as np
plt.rcParams['font.sans-serif']=['SimHei']
goods=[" 牛奶 "," 巧克力 "," 咖啡 "," 普洱 "," 铁观音 "]
dept_one=[100,200,50,300,290]
dept_two=[120,180,70,200,160]
fig = plt.figure()
ax = fig.add_subplot()
plt.bar(goods,dept_one,width=0.5,color="red",label=" 一部门 ")
plt.bar(goods,dept_two,width=0.4,color="green",label=" 二部门 ")
plt.legend()
plt.show()
```

代码中 bar() 表示的是绘制条形图，第一个参数 goods 中保存的是横坐标维度意义，dept_one 数据表示一部门的产品销量，dept_two 表示二部门的产品销量，width 表示条形图的宽度，color 表示颜色，label 表示做标注时的内容。这里的 bar 语句有两条，第一条画的是一部门的，第二条画的是二部门的，这两个部门的纵轴数据不一样。为了区分不同部门，条形图的宽度不一样，颜色不一样，标签的名字也不一样，代码运行的结果如图 4.17 所示。

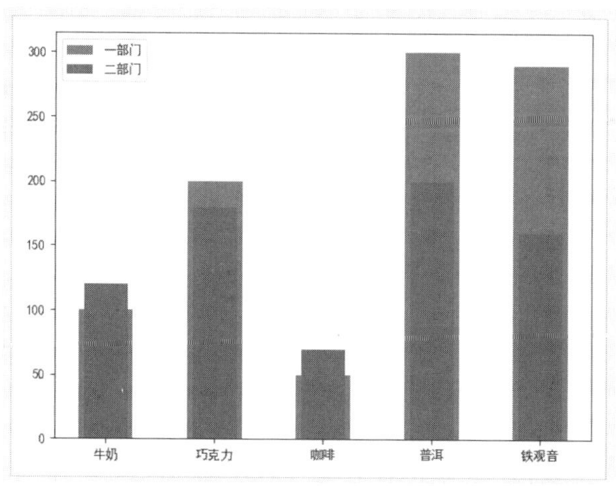

图4.17　Matplotlib模块绘制条形图运行结果

从结果上看，红色的条形表示一部门，绿色的条形表示二部门，条形图每条之间是有空隙的，横轴上的标签对应产品的名称，每个条形不同的高度表示的是每个部门具体的销量。

· 4.2.5 散点图

散点图是机器学习中常常遇到的图形，机器学习研究的问题往往跟点有着千丝万缕的联系。Matplotlib

使用 scatter() 来绘制散点图，代码如下。

【程序代码清单 4.18】Matplotlib 模块绘制散点图

```
from Matplotlib import pyplot as plt
import numpy as np
plt.rcParams['font.sans-serif']=['SimHei']
experiment_one_x=[10,9,8,20,18,25,15]
experiment_one_y=[19,10,7,17,20,23,18]
fig = plt.figure()
ax = fig.add_subplot()
plt.scatter(experiment_one_x,experiment_one_y,marker="v",color="purple")
plt.show()
```

代码中使用 scatter() 对实验数据进行散点图绘制，在 scatter() 方法中传入实验数据的 x 轴坐标列表 experiement_one_x，第二个参数是实验数据的 y 轴坐标列表 experiment_one_y，第三个参数 marker 定义散点图的样式，color 用于定义散点图的颜色，代码运行的结果如图 4.18 所示。

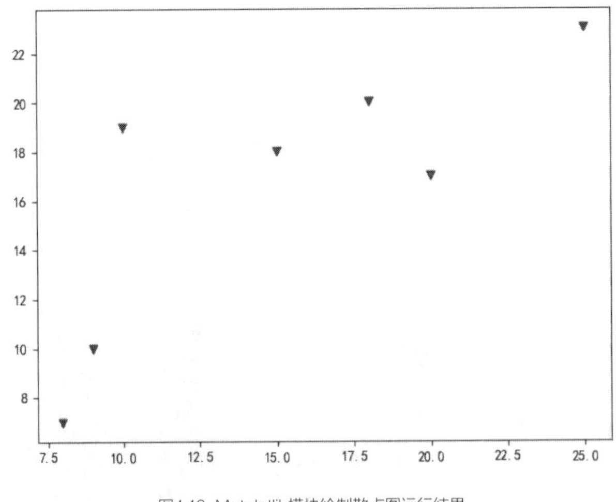

图4.18 Matplotlib模块绘制散点图运行结果

从结果上看，散点图被绘制出来，同时样式也是倒三角形。

4.3 小结

Matplotlib 是 Python 编程中非常重要的数据可视化的图形工具，也是机器学习中对数据进行分析和展示的工具。数据的图形化有助于读者更好地了解数据之间的特点和关系。Matplotlib 图形工具有简便、易用的特点。

第 III 篇

专业技能提升篇

第5章

机器学习算法之算法综述

本章从专业的角度对 KNN 算法进行阐述，KNN 算法是 k 近邻算法的简称。本章结合生活中的相关案例，对 KNN 算法的具体使用场合进行细化，也对 KNN 算法代码进行推导和介绍。在实战方面，本章会通过美颜程度、打分程序和经典的手写字识别程序对 KNN 算法进行应用上的介绍，将学习结果与实战很好地进行结合。

5.1 从算法巧断小说悬疑情节

在小说中，有很多的“悬疑破解”桥段非常精彩，笔者对《射雕英雄传》中黄蓉解释桃花岛巨变的推理记忆犹新，这里以第三人称进行阐述。

在当今武林，“东邪”“西毒”“南帝”“北丐”……这些人中，可以扭断“江南七怪”中全金发的秤杆的人没有几个。再则江南七怪中南希仁死的时候在地上写了个“十”字，“西毒”不是以“十”字开头，“东邪”的繁体字是以“十”字开头，但是还有裘千仞的“裘”字。裘千仞练的铁掌功也足以折断全金发的秤杆，符合功夫上的条件。不过江南七怪中南希仁临死之前的惨叫，继而又说不出话来，脸上还带着笑容，种种迹象表明南希仁是中毒而死的。裘千仞虽然用毒物来练掌，不过问题是其掌上并没有毒，自然就会想到“西毒”了。同时，江南七怪中妙手书生朱聪身上有一封信，是提醒大家防备，而且还写了一个字，只可惜这个字只写了三笔，一划、一直，再一划连钩，说是“东”字的起笔固然可以，说是“西”字也何尝不能？自然就会锁定到了“西毒”。“十”开头的字又指谁呢？迷迷糊糊地醒了又睡、睡了又醒，后来梦到穆念慈，梦见她在北京比武招亲，招亲时有一只“翡翠小鞋”是定情信物，江南七怪的朱聪死后仍是将之牢牢握住，其中必有缘故。这小鞋正面鞋底有个“比”字，反面有个“招”字，连词成句“比武招亲”，自然想到穆念慈招亲的杨康。江南七怪中的韩宝驹身中九阴白骨爪而亡，世上练这武功的原只有黑风双煞，可是这两人早已身故。旁人只知道黑风双煞的师父是东邪，但不知东邪从未练过《九阴真经》中的任何武功，而铜尸梅超风生前却还收过一位高足，正是杨康。这样，南希仁所写的那个小小“十”字，自然是“杨”字的起笔。

这是一个多么严谨的逻辑，其实黄蓉在无意间使用了 KNN 的思想。

（1）先从可能的江湖人物特点来入手，依据表格中的维度从左向右找到关联人，如表 5.1 所示。

表 5.1 “桃花岛巨变”可能江湖人物特点

江湖人物	十字起笔	是否用毒	是否一划、一直，再一划连钩	与“翡翠小鞋”的联系	“桃花岛巨变”参与者结论
东邪	是	否	是	无	无
裘千仞	是	否	无	无	无
杨康	是	否	无	有	是
西毒	否	是	是	无	是

（2）如果把对应的特点转化成数据来描述，如表 5.2 所示。

表 5.2 “桃花岛巨变”可能江湖人物特点数据描述

江湖人物	十字起笔	是否用毒	是否一划、一直，再一划连钩	与“翡翠小鞋”的联系	“桃花岛巨变”参与者结论
东邪	1	0	1	0	0

续表

江湖人物	十字起笔	是否用毒	是否一划、一直，再一划连钩	与“翡翠小鞋”的联系	“桃花岛巨变”参与者结论
裘千仞	1	0	0	0	0
杨康	1	0	0	1	1
西毒	0	1	1	0	1

（3）表 5.2 中提及的江湖人物只有 4 人，假如还有一个江湖高人“张三”，也需要在“十字起笔”“是否用毒”“是否一划、一直，再一划连钩”“与‘翡翠小鞋’的关系”这几个维度中数值化数据，用“0”或“1”代表其值，通过这些维度的距离去判断“‘桃花岛巨变’参与者结论”。

例如张三的数据是（0,0.8,0.8,0），数据中的 0.8 表示数据在这个维度的概率，数据个数与表 5.2 中数据维度相比少一个，这是因为最后一个维度属于结论的维度，也是最终“张三”这个江湖人士是否是“桃花岛巨变”参与者的结论。如果规定误差距离为 0.3，那么最接近的就是（0,1,1,0）组合，即归属到“西毒”这个人物对应的“桃花岛巨变”参与者结论，江湖人士“张三”也就成为“桃花岛巨变”参与者。

其实，上述对“张三”的分析的中心意思，在于查找目标特征值在一定的范围内与哪一类的特征值最接近，就断定目标属于哪一类。这种方法叫作 KNN。

5.2 KNN 算法概述

KNN 算法是通过计算不同特征值之间的距离来进行分类的算法。

其工作原理是这样的，存在一个样本数据的集合，这个样本数据的集合被称作训练样本集，样本集中每个数据的标签与这些数据之间有着一一对应的关系。输入没有标签的新数据后，会将新数据的每个特征与样本集中数据特征进行比较，然后利用相关的距离算法提取样本集中特征最相似数据的分类标签。一般会选择样本数据集中前 k 个最相似的数据，通常 k 的取值是不大于 20 的整数。最后，选择 k 个最相似数据中出现次数最多的分类，作为新数据的分类。

5.2.1 使用 KNN 算法分析生活日常事件

生活中这样的事情也很普遍，就像去某地有公交、地铁、自驾等各种方式，每个人都会选择比较近、比较方便的出行方式。这就是建立在出行方式上的 KNN 算法应用，如图 5.1 所示。

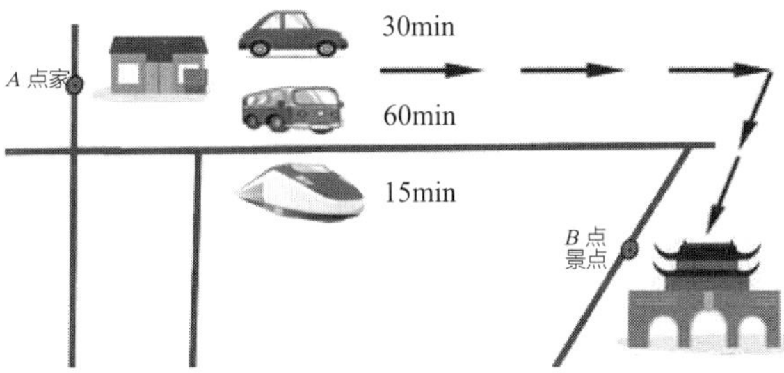

图5.1 出行方式上的KNN算法应用

除了出行方式上有一种明显的数据距离以外，还有一些生活常见的现象。

日常琐事就是一件件平平常常、“剪不断理还乱”的事情，但是现在对日常琐事有了不同的应对方法。不想做家务，可以通过家政平台去找保姆；不想做饭，可以通过点餐平台找到自己喜欢吃的特色菜；不想洗衣服，可以把衣服放到洗衣店，不但可以洗，还能进行特殊布料的护理；不懂照顾婴儿，可以请专业的月嫂；等等。日常琐事虽然零零碎碎，亲力亲为无法顾及时，请人来做也成为一种需求。在日常琐事的历史账单中，有些事件亲力亲为的多了，请人代做的就相对减少了；有些事件请人代做的多了，亲力亲为就相对减少了。把这些亲力亲为事件频次和请人代做事件频次作为历史的验证，如果某些人希望得到某些商机，可以参考当前发生的事件中亲力亲为了几次、请人代做了几次，然后用数据去寻找以前同类事件的相关距离，就可以得到这类事件是否适合于搭建一个平台，利用平台号召用户来请人代做。这种过程有时也称为经验，其实也是 KNN 算法的应用。

首先使用事件亲力亲为还是请人代做来讲解 KNN 算法的基本概念，遇到问题可以借鉴这里的处理手段。

比如下面是对某处流动人群调研某些事件亲力亲为次数和请人代做次数统计数据，图 5.2 显示了亲力亲为和请人代做事件对比。假如要判断对某个新的事件是否需要搭建平台，就可以使用 KNN 来做参考。

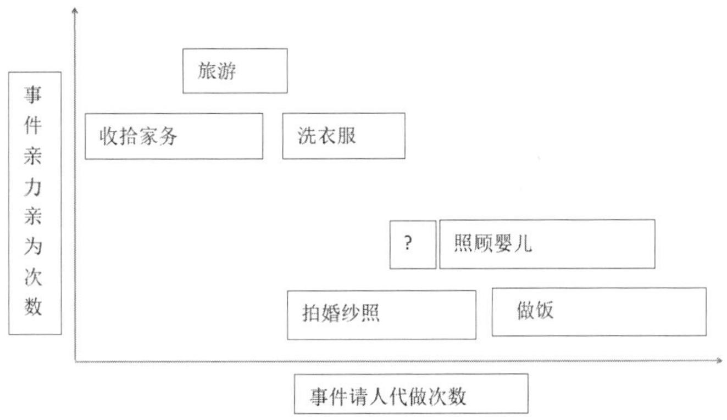

图5.2 亲力亲为和请人代做事件对比

首先需要知道特定时间内训练事件样本中亲力亲为和请人代做的次数对比，以及这个新的事件存在多少次亲力亲为和请人代做，图 5.2 中问号位置是该新的事件出现的亲力亲为和请人代做的图形化展示，具体数字参见表 5.3。

表 5.3 事件亲力亲为和请人代做以及评估

日常琐事事件	亲力亲为次数	请人代做次数	参考策略类型	参考解决策略
旅游	20	3	服务策略	以信息服务为主
洗衣服	15	5	服务策略	以硬件服务为主
收拾家务	18	1	服务策略	以硬件服务为主
照顾婴儿	5	17	平台策略	搭建护婴平台
拍婚纱照	2	15	平台策略	搭建婚纱平台
做饭	3	20	平台策略	搭建餐饮平台
?	4	17	未知	未知

虽然不知道新的事件会用什么样的方法解决，但可以通过某种方法计算出来一种相似事件的策略类型，借鉴相关方法。首先计算新的事件与样本集中其他事件的距离，如表 5.4 所示。此处暂时不要关心如何计算得到这些距离值，使用 Python 实现事件的分类应用时，会提供具体的计算方法。

表 5.4 生活事件与新的事件的距离计算

生活事件	与新的事件的距离
旅游	21.26
洗衣服	16.28
收拾家务	21.26
照顾婴儿	1
拍婚纱照	2.83
做饭	3.16

现在得到了样本集中所有训练事件与新的事件的距离，按照距离递增排序，可以找到 k 个距离最近的事件分类。假定 k=3，那么 3 个最靠近的事件依次是照顾婴儿、拍婚纱照和做饭。KNN 算法按照距离最近的 3 类事件的类型，决定新的事件的具体类型，而这 3 类事件全是请人代做次数比较高的，因此可以判定新的事件可以用平台策略。具体建立什么样的平台，可以实际问题实际分析。这就是生活中的问题，解决方法仅供理解和参考。

按照开发机器学习应用的通用步骤，我们使用 Python 开发 KNN 算法的简单应用，以检验算法使用的正确性。

KNN 算法的一般流程如图 5.3 所示。

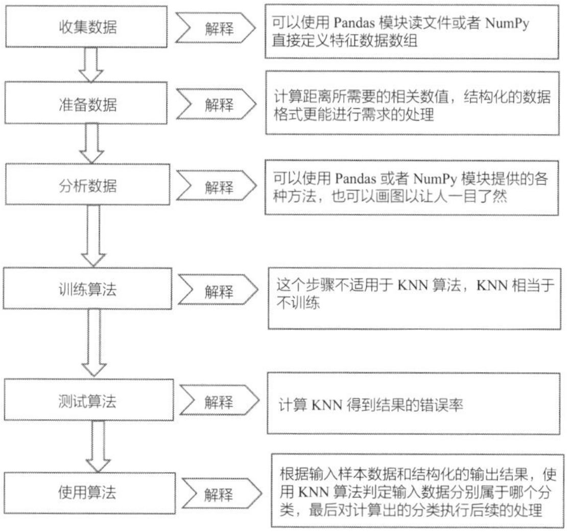

收集数据 解释 可以使用 Pandas 模块读文件或者 NumPy 直接定义特征数据数组

准备数据 解释 计算距离所需要的相关数值，结构化的数据格式更能进行需求的处理

分析数据 解释 可以使用 Pandas 或者 NumPy 模块提供的各种方法，也可以画图以让人一目了然

训练算法 解释 这个步骤不适用于 KNN 算法，KNN 相当于不训练

测试算法 解释 计算 KNN 得到结果的错误率

使用算法 解释 根据输入样本数据和结构化的输出结果，使用 KNN 算法判定输入数据分别属于哪个分类，最后对计算出的分类执行后续的处理

图5.3 KNN算法的一般流程

5.2.2 KNN 算法的数据准备：使用 Python 导入数据

在构造完整的 KNN 算法之前，需要编写构造数据集的函数，在 KNN.py 文件中增加下面的代码。

【程序代码清单 5.1】KNN 生活事件数据集创建

```
from numpy import *
def  createDataSet():
group=array( [[20,3 ],[15,5],[18,1],[5,17],[2,15],[3,20]])
labels = [" 服务策略 "," 服务策略 "," 服务策略 "," 平台策略 "," 平台策略 "," 平台策略 "]
return group, labels
```

createDataSet() 这个函数的功能是创建数据集和标签。可以通过 Matplotlib 模块对函数返回的数据集和标签进行绘制，展示其数据的特点，其主线程的代码如下。

【程序代码清单 5.2】KNN 生活事件数据集的绘制

```
if __name__=="__main__":
   group,labels=createDataSet()
   x=[item[0] for item in group[:3]]
   y=[item[1] for item in group[:3]]
   pyplot.scatter(x,y,s=30,c="r",marker="o")
   x=[item[0] for item in group[3:6]]
   y=[item[1] for item in group[3:6]]
   pyplot.scatter(x,y,s=100,c="b",marker="x")
   pyplot.show()
```

上述代码的运行结果如图 5.4 所示。

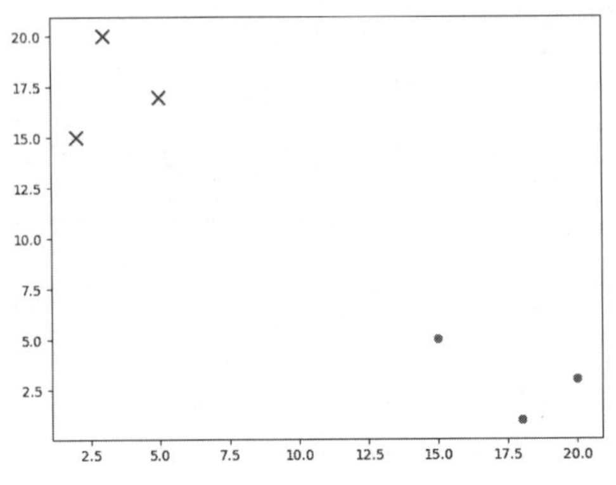

图5.4 KNN生活事件数据集的绘制结果

从图中显示的数据可视化可知，每个数据点使用了两个特征，亲力亲为次数和请人代做次数。将数据点 (20,3)、(15,5)、(18,1) 定义为“服务策略”，数据点 (5,17)、(2,15)、(3,20) 定义为“平台策略”，就构成了带有类标签信息的 6 个数据点。

接下来将完成分类任务的逻辑梳理。

运行 KNN 算法，为每组数据分类。这里首先给出 KNN 算法的伪代码和实际的 Python 代码，然后详细地解释每行代码的含义。该函数的功能是使用 KNN 算法将每组数据划分到某个类中，其代码的逻辑就是对未知属性的数据集中的每个点依次执行如图 5.5 所示的相关操作。

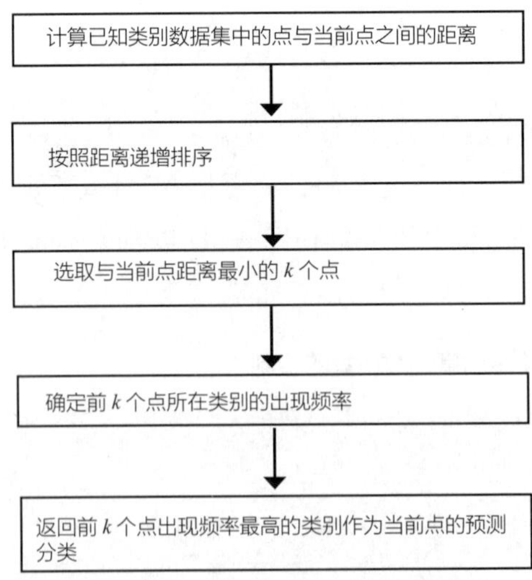

图5.5 KNN算法中对未知属性点的操作流程

Python 中对未知属性点的操作的函数 classify() 功能的具体实现代码如下。

【程序代码清单 5.3】未知属性点的距离计算分类函数

```
def classify(in_x,datas,labels,k):
    data_size=datas.shape[0]
    diff_mat=tile(in_x,(data_size,1))-datas
    sqrt_diff=diff_mat**2
    sub_distances=sqrt_diff.sum(axis=1)
    distances=sub_distances**0.5
    sorted_distances=distances.argsort()
    class_count={}
    for i in range(k):
        votel_label=labels[sorted_distances[i]]
        class_count[votel_label]=class_count.get(votel_label,0)+1
    sorted_class_count=sorted(class_count.itemitems(),key=operator.itemgetter(1),reverse=True)
    return sorted_class_count[0][0]
```

classify() 函数有 4 个输入参数：用于分类的输入向量是 in_x，输入的训练样本集为 datas，标签向量为 labels，最后的参数 k 表示用于选择最近邻居的数目，其中标签向量的元素数目和 datas 的行数相同。程序代码清单 5.3 使用欧氏距离公式，计算两个向量点 A_{xy} 和 B_{xy} 之间的距离为：

$$d=\sqrt{(A_x-B_x)^2+(A_y-B_y)^2}$$

如点 (20,3) 与 (4,17) 之间的距离为：

$$\sqrt{(20-4)^2+(3-17)^2}$$

如果数据集存在 4 个特征值，则点 (3,5,7,9) 与 (1,3,13,19) 之间的距离为：

$$\sqrt{(3-1)^2+(5-3)^2+(7-13)^2+(9-19)^2}$$

计算完所有点之间的距离后，可以对数据按照从小到大的次序排列。然后，确定前 k 个距离最小元素所在的主要分类，输入参数 k 总是正整数；最后，将 class_count 字典分解为元组列表，并使用程序第二行导入运算符模块的 itemgetter()，按照第二个元素的次序对元组进行排序。此处的排序为逆序，即按照从大到小的次序排列，返回发生频率最高的元素标签。

为了预测数据所在分类，可以在主线程中调用这个方法：

```
classify([4,17],group,labels,3)
```

输出结果应该是“平台策略”，也可以改变输入特征数据的其他值，测试程序的运行结果。

到现在为止，已经构造了第一个分类器，使用这个分类器可以完成很多分类任务。从这个实例出发，构造、使用分类算法将会更加容易。

5.2.3 如何测试分类器

综上所述，已经使用 KNN 算法构造了第一个分类器，也可以检验预期的答案是否符合分类器给出的选择答案。这个答案符不符合预期？这个分类器何种情况下会出错，或者答案一定正确吗？分类器并不会得到百分之百正确的结果。分类器的性能也会受到多种因素的影响，如分类器设置和数据集等。KNN 算法中，不同的 *k* 值，在不同数据集上的表现可能完全不同。

为了测试分类器的效果，可以使用已知答案的数据，检验分类器给出的结果是否是先前已知的答案，当然先前已知答案是不能告诉分类器的。通过大量的测试数据不断地参与，就可以得到分类器的错误率，这个错误率的计算方式就是用分类器给出错误结果的次数除以测试执行的总数。错误率是最常用的评估方法，评估分类器在某个特定数据集上的执行效果。“最完美”的分类器肯定错误率为 0 ，在这种情况下，分类器找到的全是正确答案 最差的分类器的错误率应该是 1.0，相当于分类器根本就无法找到一个正确答案。

5.3 KNN 实战示例：对美颜程度打分

在人像拍照的世界中，美颜功能可以提升人像的美感。但是很多人喜欢“素颜美”，究竟某张照片使用了多大程度的美颜效果呢？下面介绍利用机器学习的 KNN 算法预测照片美颜程度。这里用了 500 张不同程度的美颜照片做训练集，用 KNN 原理分析和预测，对 KNN 原理的应用方向是一个很好的扩展。经过一番总结，把这 500 张照片的美颜程度的等级分为 1~5。希望根据现有的美颜程度标准匹配新照片的美颜程度等级。如图 5.6 所示。

图5.6 美颜程度打分项目逻辑示意

由图中的项目逻辑，可以得出对应的程序实现步骤如图 5.7 所示。

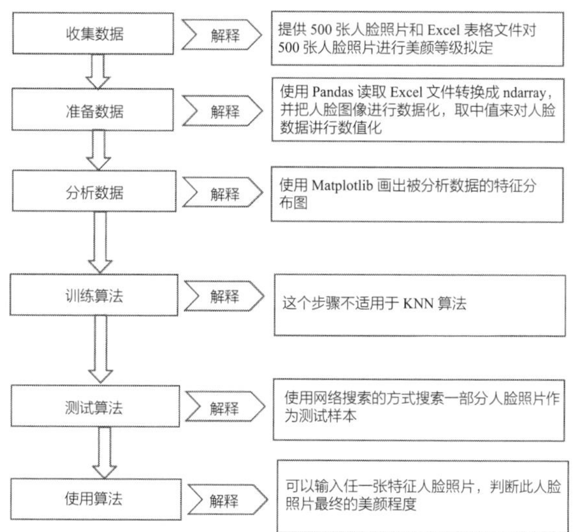

图5.7　美颜程度打分流程

在流程中需要注意，测试样本和非测试样本的区别在于：测试样本对数据的分类已经完成，如果预测出的分类结果与实际的分类结果有所不同，则标记为一个错误。

5.3.1　准备数据：从图像和美颜等级表格中解析数据

美颜等级的每个图像文件展示的是一幅幅图像，但计算机是不能够直接进行图像识别的。它不能像人类一样能够将图像分辨得很清楚，只能把图像转化成一个个数据，一般为 0 和 1 这种二进制的形式，计算机才能够认识。把图像转化成数据后，计算机图像的数据就变成了多维数组这种类型，也就是 ndarray。但是 KNN 算法并不能计算 ndarray 多维数组的距离，或者这种距离的算法对于刚接触机器学习的人还是比较难懂的。这里就需要转化，求出这个多维数组中数据的平均值，每幅图像对应的多维数组的平均值也可以说是一个脸部数据的平均值，即“平均脸”。美颜等级表格中会有图像名称对应的美颜等级，即对应每个图像平均脸数据的美颜等级标签。一共 500 张脸，就对应着 500 个美颜等级标签。

在将数据进行 KNN 算法分类之前，必须将待处理数据的格式改变为分类器可以接受的格式。

即图像文件要转化成 ndarray，美颜等级标签要从美颜等级表格中提取出来。美颜等级脚本文件 face_value.py 中的 createFace() 函数提供这两个功能。

也就是说，createFace() 在美颜程度打分项目中起到的作用，一个是将 500 幅图像转化成多维数组，另一个是将美颜等级表格中的分数标签提取出来。这两个功能相当于实现了 KNN 训练数据的特征和对应的标签。

具体代码实现如下。

【程序代码清单 5.4】美颜等级样本集的读取

```
def createFace():
    faces=pandas.read_excel("face.xlsx")
    labels=faces.iloc[:,1:]
    labels=labels[" 美颜等级 "].values
    files=os.listdir("./pic")
    arrs=[]
    for file in files:
        img1=Image.open("./pic/"+file)
        img_array=numpy.array(img1)
        arrs.append(round(img_array.mean(),2))
    arrs=numpy.array(arrs)
    return arrs,labels
```

在这段代码中，调用了 Pandas 和 Pillow 两个模块，代码中的 pandas.read_excel("face.xlsx") 读取美颜等级表格中数据，接着 labels=faces.iloc[:,1:] 这句代码的作用是提取美颜等级表格中的“美颜等级”这一列的数据，然后 labels=labels[" 美颜等级 "].values 这句代码就是将 labels 这个变量的 DataFrame 类型数据转化成为多维数组类型的数据。截止这里，就完成了 labels 美颜等级得分标签的提取。紧接着，要进行图像到数据的转换。先是利用 os 模块中的 listdir() 方法遍历对应文件夹下的所有文件，用 for 循环去遍历 listdir() 方法获取的每一个文件；然后利用 Pillow 模块的 Image 对象的 open() 方法去打开每一个遍历得到的图像文件，再用 numpy.array() 方法把获取的图像文件变成 ndarray；最后定义一个空列表，把 ndarray 对应的图像数据的平均值添加到空列表当中。添加数据的时候要注意平均值可以保留 2 位小数，当然精度也可以再加强一下，毕竟把这个多维数组的数据转化成一个值以后就不能精确地表达这个图像上的相关信息了。完成了空列表获取 500 张图像的平均值操作后，一定要注意把这个空列表转化成 ndarray。

这样，就成功构造了标签和图像训练数据，返回这两种数据就完成了 createFace() 方法的最终使命。

5.3.2 分析数据：使用 Matplotlib 创建散点图

为了更好地看清数据在分布上的特点，可以将上一步获取的标签和图像训练数据用 Matplotlib 画成散点图，具体代码如下。

【程序代码清单 5.5】美颜等级样本点的绘制

```
if __name__=="__main__":
    arrs,labels=createFace()
    x=arrs.tolist()
    y=labels.tolist()
```

```
pyplot.scatter(x,y,marker="x",s=30)
pyplot.show()
```

从代码上看，主线程中先将第一步产生的标签和图像训练数据获取，获取后将标签和图像训练数据转换成列表。然后通过 pyplot.scatter() 方法进行点的绘制，绘制点时，横坐标是图像训练数据的平均值，纵坐标是美颜等级标签值。最后调用 pyplot.show() 方法显示美颜等级的特点，如图 5.8 所示。

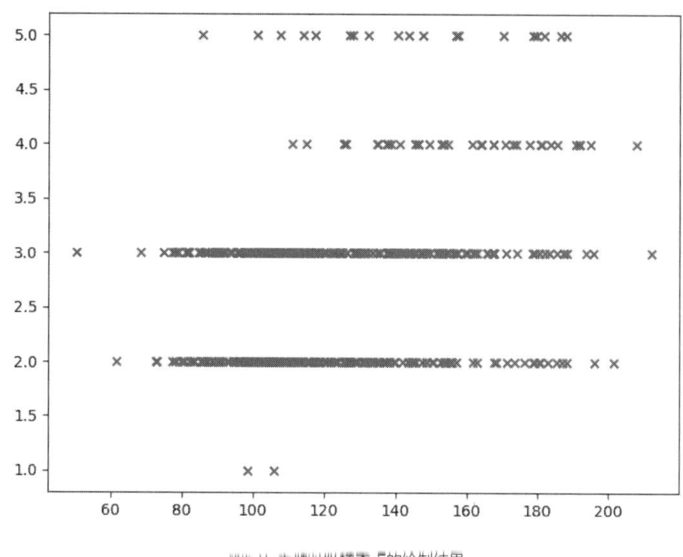

图5.8 美颜等级样本点的绘制结果

从图 5.8 中可以看出，训练集中美颜等级在 2.0 和 3.0 的居多。

5.3.3 测试算法：作为完整程序验证分类器

由于 KNN 的核心已经在日常琐事事件的亲力亲为和请人代做中探讨过了，直接可以把算法拿过来使用。现在要测试分类器的效果，如果分类器的正确率满足要求，就可以使用这个逻辑程序来处理人脸图像的美颜等级。评估算法的正确率是机器学习算法一个很重要的工作，一般情况下提供已有数据的 90% 作为训练样本来进行分类器的训练，使用其余 10% 的数据去完成测试，检测分类器的正确率。需要注意的是，10% 的测试数据最好是随机选择的。

检测分类器的性能可以使用错误率来处理。对分类器来说，错误率就是分类器预测出的错误结果次数除以测试数据的总数。完美分类器的错误率为 0 ，错误率为 1.0 的分类器不会给出任何正确的分类结果。我们定义一个计数器变量，每次分类器错误地分类数据，计数器就加 1，程序执行完成之后计数器的结果除以数据点总数即错误率。

为达到测试分类器的效果，在 face_value.py 文件中创建函数 faceRatingClassTest()，这样在主函数中直接调用该函数就可以进行分类器效果的测试。代码如下。

【程序代码清单 5.6】美颜等级的打分测试

```
def faceRatingClassTest():
    arrs,labels=createFace()
    testRate=0.1
    mlen=arrs.shape[0]
    numEntries=int(testRate*mlen)
    error_count=0
    for i in range(numEntries):
        classResult=classify(arrs[i],arrs[numEntries:mlen],labels[numEntries:mlen],3)
        if classResult!=labels[i]:
            error_count+=1
            print("the classify come back is :%d,the real answer is :%d"%(classResult,labels[i]))
    print("the total error rate is %f"%(error_count/float(numEntries)))
```

在主函数中执行 faceRatingClassTest() 的测试方法，得到的运行结果如图 5.9 所示。

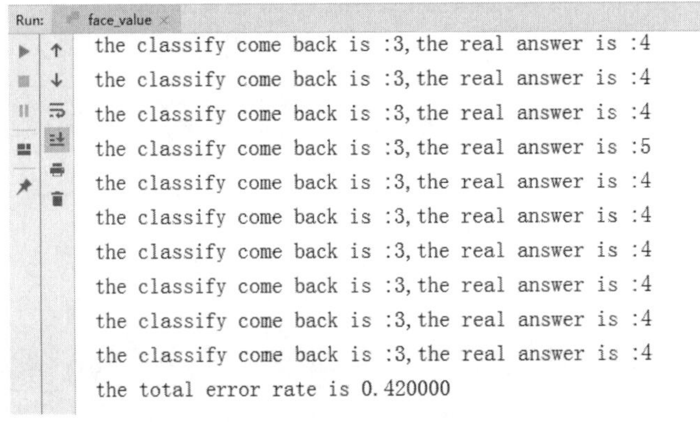

图5.9 美颜等级的打分测试运行结果

分类器处理数据集的错误率是 42%，这是并不是一个不错的结果。可以改变函数 faceRatingClassTest() 内变量 testRate 和 KNN 分类中 k 参数的值，这里传入的 k 参数为 3。修改成其他值，可以检测错误率是否随着变量值的变化而变化。分类器的输出结果可能也有很大的不同。

现在，找到某个人的图像并传入相应的参数，程序会根据 KNN 分类算法给出预测的美颜等级值，代码如下。

【程序代码清单 5.7】美颜等级打分主程序调用

```
if __name__=="__main__":
    arrs, labels = createFace()
```

```
meanimg = covert_img_to_mean("./pic/501.jpg")
result = classify(meanimg, arrs, labels, 3)
print(result)
```

目前为止，已经看到如何在数据上构建分类器。当然，这里的数据用的平均脸是比较容易得到的，但是问题能不能再深入一下：如何不破坏图像对应的数据还能使用分类器呢？

5.4 KNN 实战示例：手写字识别系统

在 KNN 算法案例中，较经典的是手写字识别，也是学习 KNN 算法需要掌握的内容。现在就一步步地介绍如何构造使用 KNN 分类器的手写字识别系统。最简单的手写字识别是识别数字 0 到 9，如图 5.10 所示。

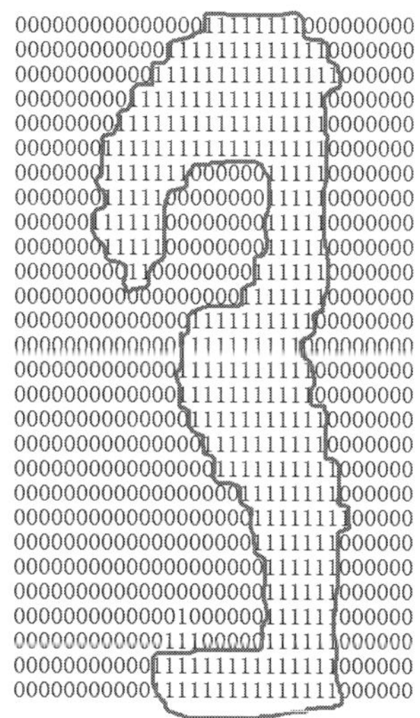

图5.10 手写字识别

图 5.10 中需要识别的数字是 3，而这个 3 是由 1 和 0 组成的二维数组，这个二维数组由 1 组成的数字边缘构成的就是 3。需要观察的是这个二维数组是由 32 个行、32 个列组成的，图像的尺寸就是 32×32。把 32×32 转换成 1×1024 的向量格式，最终需要的识别输出都希望是 0~9 中的数字。相当于每一个数据都对应一个输出的标签 0~9 中的任意一个数字，KNN 的原理就把这些转化后 1×1024 的数组与目标数组进行相减，再对每一行求和并开平方，如果数据的误差不超过 k 值，就认为这两个手写字是一个字，即完成了预测。

使用 KNN 构造手写字识别系统的流程如图 5.11 所示。

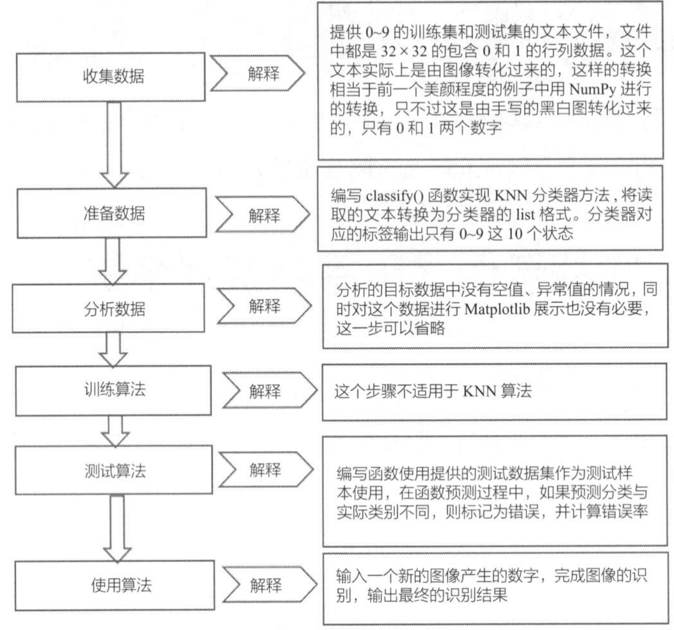

图5.11 KNN手写字识别流程

5.4.1 准备数据：将图像转换为测试向量

实际图像转化成的行列数据存储在源码的两个子目录内：使用目录trainingDigits中的数据作为训练集，使用目录testDigits中的数据作为测试集。目录trainingDigits中包含大约2000个例子，每个数字大约有200个训练样本；目录testDigits中包含大约900个测试数据。

这里，编写一段函数imgToVector()读取行列数据转化成测试向量。程序先创建1×1024的数组，然后打开每个行列数据的文件，双重循环读出文件的32行、32列的每一行和每一列的值，把读出的值存储在事先定义的数组中，最后返回该数组，代码如下。

【程序代码清单5.8】手写字识别文件读取

```
def imgToVector(file_name):
    vector=numpy.zeros((1,1024))
    fr=open(file_name,"r")
    for i in range(32):
        line=fr.readline()
        for j in range(32):
            vector[0,32*i+j]=int(line[j])
    return vector
```

5.4.2 测试算法：使用 KNN 算法识别手写数字

将数据处理成分类器可以识别的 ndarray 格式，将这些数据输入 KNN 分类器中，检测 KNN 分类器的执行效果如何。程序代码清单 5.9 所示的函数 handWritingTest() 是测试分类器的代码。在写入这些代码之前，必须注意 os 模块的导入，listdir() 是 os 模块的方法，可以列出给定目录的文件名，代码如下。

【程序代码清单 5.9】手写字识别分类

```
def handWritingTest():
    numLabels=[]
    trainingFiles=os.listdir("trainingDigits")
    mlen=len(trainingFiles)
    trainingVector=numpy.ones((mlen,1024))
    for i in range(mlen):
        fileName=trainingFiles[i]
        fileNameStr=fileName.split(".")[0]
        classNum=int(fileNameStr.split("_")[0])
        numLabels.append(classNum)
        trainingVector[i,:]=imgToVector("trainingDigits/%s"%fileName)
    testFiles=os.listdir("testDigits")
    errorCount=0.0
    test_len=len(testFiles)
    for i in range(test_len):
        fileName=testFiles[i]
        fileNameStr=fileName.split(".")[0]
        classNum=int(fileNameStr.split("_")[0])
        vectorTest=imgToVector("testDigits/%s"%fileNameStr)
        classify_result=classify(vectorTest,trainingVector,numLabels,3)
        print("the classifier come back with :%d,the real answer is :%d"%(classify_result,classNum))
        if classify_result!=classNum:
            errorCount+=1
    print("the total number of errors is :%d"%errorCount)
    print("the total error rate is :%f")%(errorCount/float(test_len))
```

在这段程序代码中，首先将 traningDigits 目录中的文件内容利用 os.listdir() 方法存储在列表中，然后可以得到目录中的文件总数，将文件总数的值存储在变量 mlen 中。接着，创建一个 mlen 行 1024 列的训练集。该训练集的矩阵中每一行就是一幅图像。然后可以从文件名中分离分类数字，这都得益于文件名是按照一定的规则命名的。如文件名 8_45.txt 表明分类是 8，这个文件是数字 8 的第 45 实例。把文件名分离得到的分类数字存储到 numLabels 列表变量中，使用前面准备数据步骤中完成的函数 imgToVector() 载入每一个图像的数据。下一步，对 testDigits 中的文件执行类似的操作，不同的是不是把测试目录下的文件载入，而是利用 classify() 方法测试该目录下的每个文件的分类情况。

5.5 KNN 算法面试题解答

1. KNN 算法的距离为什么采用欧氏距离而不用曼哈顿距离？

KNN 算法中的距离不用曼哈顿距离，因为曼哈顿距离只计算水平或垂直距离，有维度的限制。另一方面，欧氏距离可用于任何空间的距离计算问题。对于 KNN 算法中的数据点来说，其可以存在于任何空间，欧氏距离就是可行的选择。

2. 如果 KNN 样本分布不平衡，可能给 KNN 预测结果造成哪些问题，有什么样的解决方式?

如果 KNN 样本分布不平衡，可能大数量的样本占多数，如果这类样本不接近目标样本，则实际上可能是数量小的这类样本靠近目标样本。其实，KNN 不关心“谁靠近目标样本，谁远离目标样本”这个问题，它只关心哪类样本的数量最多，而不把距离远近考虑在内。

改进方法：和该样本距离近的邻居权值大，远的权值小，就是把距离远近因素也考虑在内，避免因一个样本过大而导致误判的情况。

5.6 KNN 算法自测题

1. KNN 算法的优点和缺点有哪些?
2. 简述 KNN 算法的原理。

5.7 小结

KNN 算法是分类数据最简单而有效的算法，本章通过两个例子讲述了如何使用 KNN 算法构造分类器。学习 KNN 算法应基于实例，使用算法时必须保证有接近实际数据的训练样本数据。KNN 算法必须保存全部数据集，如果训练集很大，必须使用大量的存储空间。此外，由于必须对数据集中的每个数据计算距离值，实际使用起来也是非常耗时的。

KNN 算法的另一个缺陷是它无法给出任何数据的基础结构信息，因此也无法知晓平均实例样本和典型实例样本具有什么特征。

第 6 章

机器学习算法之决策树

本章从专业的角度对决策树算法进行阐述。决策树是一种基本的分类算法，它会形成树形的结构模型。在分类问题上，决策树表示基于特征对实例进行分类的具体过程。本章将结合生活中的相关案例，对决策树算法的具体使用场合进行说明，也对决策树在代码上的实现进行推导和介绍。在实战方面，本章会通过老板发红包和海选歌手入围程序对决策树算法进行应用上的介绍，将学习结果与实战很好地进行结合。

6.1 巧断推理案引入决策树的妙用

常常听到这样的推理故事。

丐帮总坛发生一起特大盗窃案，“打狗棒”被盗了。根据案发现场留下的线索，拘捕了 4 个嫌疑人。

大脑壳说：“我看见打狗棒是老南瓜头偷的。”

老南瓜头说：“不是我！打狗棒是拐子七偷的。”

拐子七说：“老南瓜头在说谎，他陷害我！”

葫芦哥说：“打狗棒是谁偷的我不知道，反正不是我偷的。”

经过多方调查，这里只有一个人的供词是真话，其他 3 个人说的都是假话。

如何判断谁是那个偷走打狗棒的人呢?

其实这可以用逻辑推理的方法来进行判断，当然机器学习也是可以派上用场的。使用决策树的思维就可以很清晰地了解到推理过程。

先通过图示的方法对上面的故事情境进行推理，如图 6.1 所示。

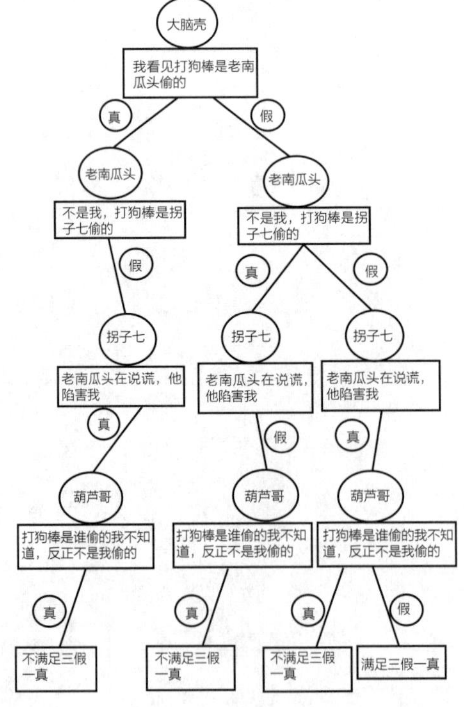

图6.1 故事情境推理

由图 6.1 可知具体的逻辑思路，在这个故事中，大脑壳、老南瓜头、拐子七、葫芦哥这 4 个人都有可能偷打狗棒，他们的概率是相等的，都是 50% 的机会。先以大脑壳的话为基准进行分析，他的话分为真或假，当他的话为真时，走图 6.1 中的左分支，得出老南瓜头的话只能为假。到了拐子七这里，拐子七的话也是真的了，因为大脑壳话为真，就证明是老南瓜头偷的。这样，左分支到葫芦哥这里，也是真话，不满足 3 句假话、一句真话的条件，所以左分支不成立，大脑壳说假话了。在大脑壳说假话的右分支中，老南瓜头的话可能为真，也可能为假。如果为真，老南瓜头也有了左分支，到了拐子七这里，拐子七就说了假话，老南瓜头的左分支到了葫芦哥这里，葫芦哥说的也成了真话，又不满足 3 句假话、1 句真话的条件了。这也就说明老南瓜头的左分支也不成立，老南瓜头也说假话了。在老南瓜头说假话的右分支中，到了拐子七这里，拐子七的话可以体会是真话。紧接着到了葫芦哥这里，葫芦哥的话没有陷害任何人，只能分为真话左分支和假话右分支，如果在葫芦哥这里走真话左分支，又不满足 3 句假话、1 句真话的条件了。只能把葫芦哥的话判断为假话。

根据真假的判断，得出大脑壳说假话、老南瓜头说假话，拐子七说真话、葫芦哥说假话的分支线。根据这个分支线上的每句话去判断，可以得出葫芦哥偷走了丐帮信物——打狗棒。

结论是出来了，这里的算法思路还是值得一提的。

第一，根据思路画出来的图形好像一棵树的结构，故事中的大脑壳就是树的根节点，其他的内容和人物就是树的子节点或者叶子节点。

第二，从根节点开始，就是从一层层的 if else 问题中进行不断的深入研究，最终得出相关的结论。

这种算法思路就是机器学习中的决策树思路。这种思路常常被用来处理分类问题，虽然 if-else 是一种没有毛病的策略，什么样的条件这样做、什么样的条件那样做，基本上是每个人思考的核心逻辑。但决策树算法也并非那么简单，需要思考的是将所有的判断进行最优化排序，让对结果影响大的决策优先进行判断。针对这个丐帮寻找打狗棒的逻辑思维图，本来每个人都会有真或假，这里直接通过上下文来判断下一个人的话是真的还是假的，就不会造成每个子节点都有真或假两条分支了。这其实就是对子节点分支的剪枝处理，只不过在生成逻辑思维图的时候潜移默化地做了这方面的思考，使整个图形没有完全按照 if-else 的逻辑开展下去，就是对所有的判断条件进行了一定程度的优化处理。

对决策树的研究最关键的还是决策树可以完成哪些任务？如何从一堆原始数据中构造决策树？

6.2 决策树算法概述

决策树，顾名思义，就是一种树形结构，类似于流程图。树的每一个节点代表的是一个维度上的特征，树的分支代表特征的每一个具体的结果，树的叶子节点代表一个类别，如图 6.2 所示就是一棵决策树。

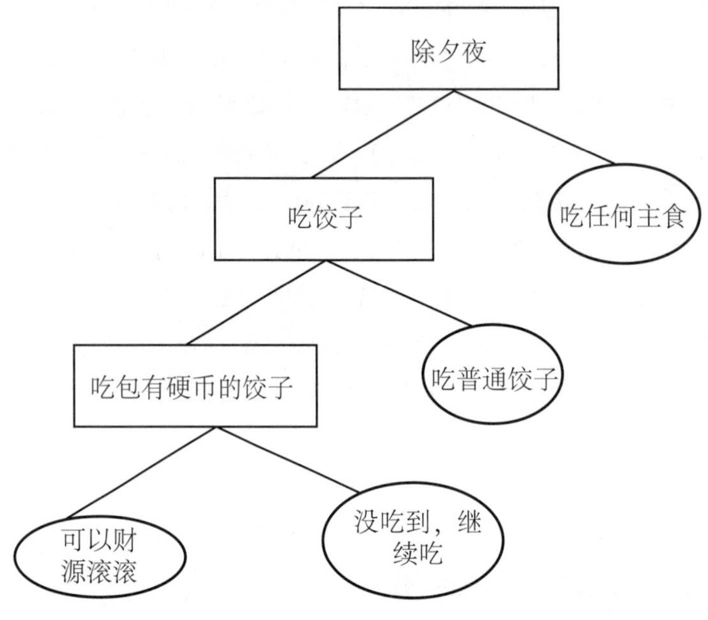

图6.2 除夕夜吃饺子决策树示例

· 6.2.1 决策树的构造

构造决策树，首先从决策树的具体表示法开始。

决策树包含根节点、决策节点、叶子节点，同时决策树还有分支。具体解释如下。

根节点：决策树最上面的节点，是整个决策树的开始。

决策节点：代表一个问题或者决策，通常对应待分类对象的属性。

分支：一般是一个新的决策节点或者是叶子节点。

叶子节点：决策树对这个分类问题的某一种可能的分类结果。

在由根节点、决策节点、叶子节点组成的决策树中，自上而下地进行遍历，遍历过程每个节点都有一个测试，对每个节点上问题的不同测试会导致有不同的分支，最后都会到达一个叶子节点，这个叶子节点就是决策树对决策问题的一种可能的分类结果。这一过程就是决策树进行分类的过程。这个过程就是利用了若干个属性变量来判断决策问题的类别，如图 6.3 所示。

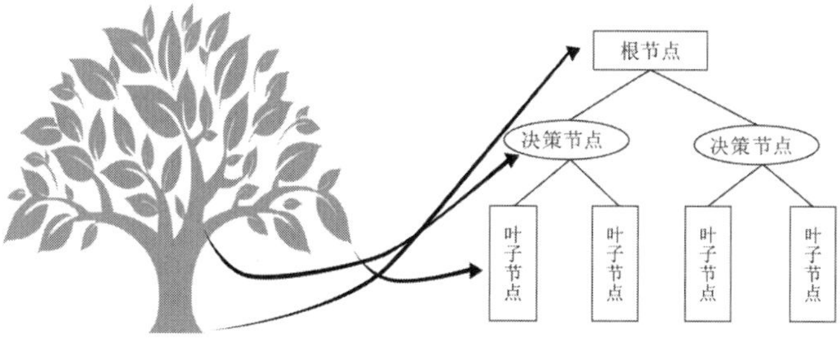

根节点
决策节点 决策节点
叶子节点 叶子节点 叶子节点 叶子节点

图6.3 决策树结构示意

6.2.2 决策树的信息熵

知道了决策树的表示和决策树的分类过程，就需要知道构造决策树的首要问题是什么，——那就是决策。何谓决策？划分的每一个属性数据就是一种决策，决策一定要包含很大的信息量，才能据之进行 if-else 的判断。信息量在统计学中是一个可以衡量信息多少的物理量。若概率很大，受信者事先已有所估计，则该消息的信息量很小；若概率很小，受信者感觉很突然，该消息的信息量就很大。

统计学中信息量大，就是可能性的事情多；信息量小，就是可能性的事情少，可能性的事情发生跟概率的大小也是有关系的，而概率的大小就决定了当前数据集上所有特征中哪个特征对数据分类的划分起决定性作用。

信息量的大小可以用公式定义如下。

若一个消息 x 出现的概率为 p，则这一消息所含的信息量为：

$i=-\log$ 其中对数 log 的底大于 1

抛一枚均匀的硬币，出现正面和反面的信息量的计算方法如下。

均匀的硬币，出现正面与反面的概率都是 0.5，它们的信息量是：

$i(\text{正})=-\log p(\text{正})=-\log 0.5$
$i(\text{反})=-\log p(\text{反})=-\log 0.5$

为了方便计算，这里把 log 取以 2 为底记作 1bit，这样上式变为：

$i(\text{正})=\text{lb}p(\text{正})=-1\text{b}0.5=1\text{bit}$
$i(\text{反})=\text{lb}p(\text{反})=-1\text{b}0.5=1\text{bit}$

这样所得的信息量就是 1bit。

如果硬币在交易的过程中，某一面被磕碰得坑坑洼洼，在质地上已经不均匀了，假定正、反面出现的概率为 1/4 和 3/4，此时它们的信息量如下。

$i\,(\text{正})=-\text{lb}p\,(\text{正})=-\text{lb}\frac{1}{4}=2\text{bit}$

i（反）$=-\mathrm{lb}p$（反）$=-\mathrm{lb}\frac{3}{4}=0.415\mathrm{bit}$

决策树分析的数据的维度特征一定是不均等的，就相当于某些维度特征上“写满岁月的沧桑，有痕有坑有缺陷”，造成了概率上面的不平均，也就是所有可能消息的平均不确定。美国数学家香农就把信源发出的所有平均不确定的信息量称为信息熵，也叫香农熵，是指每个符号所含信息量的统计平均值。

m 种符号的信息熵是：

$$H(X)=\sum_{i=1}^{m}p(x_i)I(x_i)=\sum_{i=1}^{m}p(x_i)\log p(x_i)$$

回过头来仍然用抛一枚均匀的硬币的案例来实现信息熵的计算，方法如下。

均匀硬币出现正面和反面的概率都为 0.5，根据公式去求解即可。

$$H(X)=-\sum_{i=1}^{q}p(x_i)\log p(x_i)$$
$$=-(0.5\log 0.5+0.5\log 0.5)$$
$$=1\mathrm{bit}$$

6.2.3 决策树的信息增益

谈到这里，还没有说到数据集如何划分属性。这里还有一些其他概念需要说明。是不是有种“西天取经”的感觉？西天取经时一路上都有妖怪想吃唐僧肉等，这里就拿妖怪对唐僧的看法来继续深入探讨熵和其他概念。

妖怪对唐僧的看法如表 6.1 所示。

表 6.1 妖怪对唐僧的看法

妖怪名称	性别	最终下场	对唐僧的看法
白骨精	女	被打死	吃
黄风怪	男	被神仙收回	吃
红孩儿	男	被神仙收回	吃
白鹿精	男	被神仙收回	入药
玉兔精	女	被神仙收回	结婚
金鼻白毛老鼠精	女	被神仙收回	结婚
蝎子精	女	被打死	结婚

从表 6.1 中数据可以看出来一些信息，在白骨精、黄风怪、红孩儿、白鹿精、玉兔精、金鼻白毛老鼠精、蝎子精中，有总体的信息，如对唐僧想吃的有 3 人，想结婚的有 3 人，想入药的 1 人。也有个别维度的一些信息，如性别为女的妖怪中有 1 人想吃唐僧，有 3 人想结婚；性别为男的妖怪中有 2 人想吃唐僧，有 1 人想入药。从这些数据展示的信息量来看，有所有不确定性的信息量反馈出来的对唐僧的态度，也有在性别条件下不确定性的信息量反馈出来的对唐僧的态度。这种在某个事件出现的条件下，随机事件发生的条件概率为 $p(x_i|y_i)$，它的条件自信息量定义条件概率对数的负值，也就会有条件熵。对于给定条件 Y（即各个 y_j），X 集

合的条件熵 $H(X/Y)$，可以得出公式如下。

$$H(X|Y)=\sum_j p(y_j\ H(X|y_j)$$

有了信息熵和条件熵，通过信息熵和条件熵的差值来判断数据集上的所有特征中哪个特征对数据分类的划分起决定性作用，就可以完成数据集的划分。因为信息熵减去条件熵，直接表明了信息熵和条件熵之间的差距，这是相应条件对于信息熵减少的程度。用这个程度可以完成对信息的判断，在不确定性上减少了多少，如数值大，减小的就越大，即表示这个条件熵对信息熵减少程度越大，也就是说，这个属性对信息的判断起到的作用越大。这种方法的实现也叫信息增益。信息增益就是在划分数据集前后信息发生的变化。知道信息增益的具体意义，就可以计算每个特征值划分数据集获得的信息增益，获得信息增益最高的特征就是最好的选择。信息增益计算公式如下。

信息增益 = 信息熵 – 条件熵

6.2.4 主播带货能力分析阐释熵及信息增益计算

下面结合某主播带货能力表格来具体说明信息熵、条件熵及信息增益的计算方法。具体主播带货能力数据如表 6.2 所示。

表 6.2 主播带货能力维度分析

用户名	性别	薪水	年龄段	带货能力（归类）
别来的太随便	男	高	青年	不买
天不从人愿	男	高	青年	买
排着队巴扎嘿	男	高	老年	买
春运路上钉子户	男	中	中年	不买
跳大神招大风	女	初	老年	不买
非洲土著小白脸	女	初	老年	不买
一包辣条跟我走不	女	初	中年	买
既差钱又伤感情	男	中	青年	不买
玩了命的美	女	初	老年	买
银河系里的苦	女	中	老年	买
帅得被狗追	女	中	青年	买
惹不起的狗尾巴草	男	中	中年	买
香烟调戏打火机	女	高	中年	买
王者不荣耀	男	中	老年	买
不失足也千古恨	男	中	老年	买

将表 6.2 的数据进行带货能力的决策树算法实现，必须确定哪个属性在决策树算法中起到了至关重要的作用，这就需要对每个属性的信息增益进行判断。根据信息增益的计算公式，需要提供信息熵和条件熵。

第一步就是计算决策属性的信息熵。最终分析的属性结果是带货能力，该属性分为两类：买 / 不买。根据表格数据得知以下信息。

带货能力训练样本中买的总人数：Carry1(买)=10

带货能力训练样本中不买的总人数：Carry1(不买)=5

带货能力训练样本的总人数：$\text{Carry} = \text{Carry1} + \text{Carry2} = 10 + 5 = 15$

带货能力训练样本中买的概率：$p(\text{Carry1}) = \frac{10}{15} = \frac{2}{3}$

带货能力训练样本中不买的概率：$p(\text{Carry2}) = \frac{5}{15} = \frac{1}{3}$

带货能力决策树的自然熵为：

$$
\begin{aligned}
& I(\text{Carry1}, \text{Carry2}) = -P(\text{Carry1})\text{lb}P(\text{Carry1}) - P(\text{Carry2})\text{lb}P(\text{Carry2}) \\
& = -(P(\text{Carry1})\text{lb}P(\text{Carry1}) + P(\text{Carry2})\text{lb}P(\text{Carry2})) \\
& = -(\frac{2}{3}\text{lb}\frac{2}{3} + \frac{1}{3}\text{lb}\frac{1}{3}) \\
& = 0.9182
\end{aligned}
$$

第二步是计算条件属性的熵，分别是性别、薪水、年龄段不同属性条件下的条件熵。

先计算性别属性为男的情况下的条件熵。

用户性别为男的情况下在表格中共有 8 人，买与不买的比率是 5 ： 3。

用户性别为男的条件下，带货能力训练样本中买的总人数：Man1(买)=5

用户性别为男的条件下，带货能力训练样本中不买的总人数：Man2(不买)=3

用户性别为男的条件下，带货能力训练样本总人数：

Man=Man1(买)+Man2(不买)=8

用户性别为男的条件下，带货能力训练样本中买的概率：$P(\text{Man1}) = \frac{5}{8}$

用户性别为男的条件下，带货能力训练样本中不买的概率：$P(\text{Man2}) = \frac{3}{8}$

用户性别为男的条件下，带货能力决策树的条件熵为：

$$
\begin{aligned}
& I(\text{Man1}, \text{Man2}) = I(5,3) = -P(\text{Man1})\text{lb}P(\text{Man1}) - p(\text{Man2})\text{lb}P(\text{Man2}) \\
& = -(P(\text{Man1})\text{lb}P(\text{Man1}) + P(\text{Man2})\text{lb}P(\text{Man2})) \\
& = -(\frac{5}{8}\text{lb}\frac{5}{8} + \frac{3}{8}\text{lb}\frac{3}{8}) \\
& = 0.9543
\end{aligned}
$$

再计算性别属性为女的情况下的条件熵。

用户性别为女的情况下在表格中共有 7 人，买与不买的比率是 5 ： 2。

用户性别为女的条件下，带货能力训练样本中买的总人数：Woman1(买)=5

用户性别为女的条件下，带货能力训练样本中不买的总人数：Woman2(不买)=2

用户性别为女的条件下，带货能力训练样本总人数：

Woman=Woman1(买)+Woman2(不买)=7

用户性别为女的条件下，带货能力训练样本中买的概率：$P(\text{Woman1})=\frac{5}{7}$

用户性别为女的条件下，带货能力训练样本中不买的概率：$P(\text{Woman2})=\frac{2}{7}$

用户性别为女的条件下，带货能力决策树的条件熵为：

$$\begin{aligned}
&I(\text{Woman1},\text{Woman2})=I(5,2)=-P(\text{Woman1})\text{lb}P(\text{Woman1})-P(\text{Woman2})\text{lb}P(\text{Woman2})\\
&=-(P(\text{Woman1})\text{lb}P(\text{Woman1})+P(\text{Woman2})\text{lb}P(\text{Woman2}))\\
&=-(\frac{5}{7}\text{lb}\frac{5}{7}+\frac{2}{7}\text{lb}\frac{2}{7})\\
&=0.8631
\end{aligned}$$

性别男占总性别人数的比率：8/15

性别女占总性别人数的比率：7/15

在性别这个属性下的条件熵：

$$E\,(\text{性别})=\frac{8}{15}\times 0.9543+\frac{7}{15}\times 0.8631=0.91174$$

紧接着道理是一样的，分别去计算薪水和年龄段的条件熵，步骤跟性别的计算方法一致。

薪水在初级的条件下，带货能力决策树的条件熵为：

$$\begin{aligned}
&I(\text{Low1},\text{Low2})=-P(\text{Low1})\text{lb}P(\text{Low1})-P(\text{Low2})\text{lb}P(\text{Low2})\\
&=-(P(\text{Low1})\text{lb}P(\text{Low1})+P(\text{Low2})\text{lb}P(\text{Low2}))\\
&=-(\frac{1}{2}\text{lb}\frac{1}{2}+\frac{1}{2}\text{lb}\frac{1}{2})\\
&=1
\end{aligned}$$

薪水在中级的条件下，带货能力决策树的条件熵为：

$$\begin{aligned}
&I(\text{Middle1},\text{Middle2})=-P(\text{Middle})\text{lb}P(\text{Middle})-P(\text{Middle2})\text{lb}P(\text{Middle2})\\
&=-\ P(\text{Middle1})\text{lb}P(\text{Middle1})+P(\text{Middle2})\text{lb}P(\text{Middle2}))\\
&=-(\frac{5}{7}\text{lb}\frac{5}{7}+\frac{2}{7}\text{lb}\frac{2}{7})\\
&=0.8631
\end{aligned}$$

薪水在高级的条件下，带货能力决策树的条件熵为：

$$\begin{aligned}
&I(\text{High1},\text{High2})=-P(\text{High1})\text{lb}P(\text{High1})-P(\text{High2})\text{lb}P(\text{High2})\\
&=-(P(\text{High1})\text{lb}P(\text{High1})+P(\text{High2})\text{lb}P(\text{High2}))\\
&=-(\frac{1}{4}\text{lb}\frac{1}{4}+\frac{3}{4}\text{lb}\frac{3}{4})\\
&=0.811
\end{aligned}$$

在薪水这个属性下的条件熵为：

$$E\,(\text{薪水})=\frac{4}{15}\times 1+\frac{7}{15}\times 0.8631+\frac{4}{15}\times 0.811=0.8857$$

年龄段在青年的条件下，带货能力决策树的条件熵为：

$$I(\text{Young1},\text{Young2})=-P(\text{Young1})\text{lb}P(\text{Young1})-P(\text{Young2})\text{lb}P(\text{Young2})$$
$$=-(P(\text{Young1})\text{lb}P(\text{Young1})+P(\text{Young2})\text{lb}P(\text{Young2}))$$
$$=-(\frac{1}{2}\text{lb}\frac{1}{2}+\frac{1}{2}\text{lb}\frac{1}{2})$$
$$=1$$

年龄段在中年的条件下，带货能力决策树的条件熵为：

$$I(\text{Mid1},\text{Mid2})=-P(\text{Mid1})\text{lb}P(\text{Mid1})-P(\text{Mid2})\text{lb}P(\text{Mid2})$$
$$=-(P(\text{Mid1})\text{lb}P(\text{Mid1})+P(\text{Mid2})\text{lb}P(\text{Mid2}))$$
$$=-(\frac{1}{4}\text{lb}\frac{1}{4}+\frac{3}{4}\text{lb}\frac{3}{4})$$
$$=0.811$$

年龄段在老年的条件下，带货能力决策树的条件熵为：

$$I(\text{Old1},\text{Old2})=-P(\text{Old1})\text{lb}P(\text{Old1})-P(\text{Old2})\text{lb}P(\text{Old2})$$
$$=-(P(\text{Old1})\text{lb}P(\text{Old1})+P(\text{Old2})\text{lb}P(\text{Old2}))$$
$$=-(\frac{2}{7}\text{lb}\frac{2}{7}+\frac{5}{7}\text{lb}\frac{5}{7})$$
$$=0.8631$$

在年龄段这个属性下的条件熵为：

$$E(\text{薪水})=\frac{4}{15}\times 1+\frac{4}{15}\times 0.811+\frac{7}{15}\times 0.88631=0.8857$$

第三步是计算性别、薪水、年龄段的信息增益，选择节点。

性别的信息增益 =0.9182−0.9117=0.0065

薪水的信息增益 =0.9182−0.8857=0.0325

年龄段的信息增益 =0.9182−0.8857=0.0325

第四步是选择信息增益比较大的维度特征，如薪水和年龄段都可以作为根节点，决策节点就可以选择薪水和年龄段中与根节点不同的项，性别可以看作另外的决策节点。

以上通过主播带货能力的案例介绍了计算信息熵、条件熵及信息增益，也介绍了根据信息增益的结果确定决策树的根节点和决策节点，完成决策树的创建。整个过程其实可以分解为 3 步。

第一步，求出维度条件下的条件熵和自然熵。

第二步，算出信息增益，求解最优特征值。

第三步，根据特征值的大小排序，创建决策树。

可见，创建决策树，最重要的是对最优特征值的大小进行排序，相当于对决策树中决策特征的确定，就要不断迭代实现寻找最优的、具有决定性的特征，这样才能划分出最好的结果。也就是说，完成一棵好的决策树就必须对数据集的每一个特征进行评估。完成测试之后，原始数据集就会被划分为几个数据的子集。这些数据的子集会分布在第一个被选定的决策点所有分支上。如果某个分支下的数据属于同一种类型，就不需要进一步对数据集进行分割。如果数据子集内的数据不属于同一类型，则需要进行重复划分数据子集的过程。划分数据子集的方法和划分原始数据集的方法相同，最后，直到所有具有相同类型的数据都被平均地放在了一个数据子集内。

根据不断迭代确定决策节点的思想，流程图如图 6.4 所示。

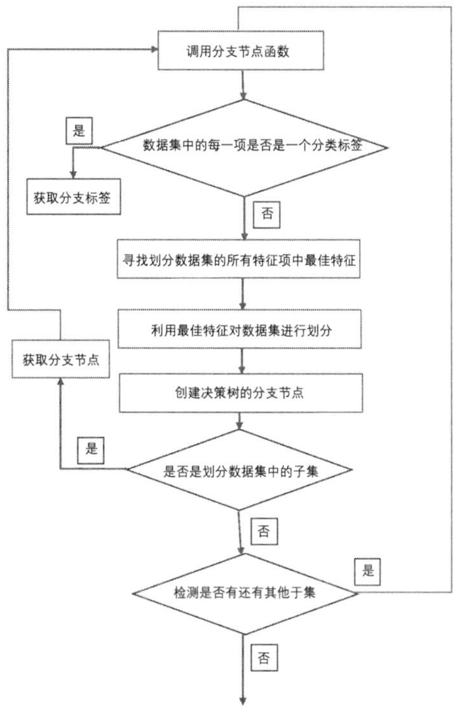

图6.4 决策树分支节点的获取流程

分支节点的获取函数是一个递归函数，当数据集中出现子集时，都会递归地调用了自己。在实战部分会把这个流程转化成实际的 Python 代码，可以让读者进一步深化这方面内容的了解。

6.3 决策树创建实战示例：公司老板发红包

对决策树建立过程有了分步骤的理解之后，就可以一步一步用 Python 来实现分析出来的推导过程。

6.3.1 公司老板发红包案例说明

为了让读者更好地理解代码，这里把维度降成二维，数据量也适当缩小，仅用 5 条数据。下面用对某公司老板发红包事件的调查案例来分析推导过程。

某公司老板发红包的调查数据如表 6.3 所示。

表 6.3 某公司老板发红包的调查数据

调查序号	是否属于某种节日	是否是该员工的生日	老板发红包
1	是	是	发
2	是	是	发
3	是	否	不发
4	否	是	不发
5	否	是	不发

为了分析数据的方便，表格中对于“是”或“否”用 0 和 1 来表达在处理的速度上来说是更快的。所以就把表格中关于老板发红包调查数据的表格做一次数据类型上的调整，把“是”都改成 1，把“否”都改成 0。注意，对结果的标签没有做数值更改，因为结果标签并不参与复杂的数据处理。表 6.3 就变成了如表 6.4 所示。

表 6.4 某公司老板发红包的数值化调查数据

调查序号	是否属于某种节日	是否是该员工的生日	老板发红包
1	1	1	发
2	1	1	发
3	1	0	不发
4	0	1	不发
5	0	1	不发

决策树分析问题的流程如图 6.5 所示。

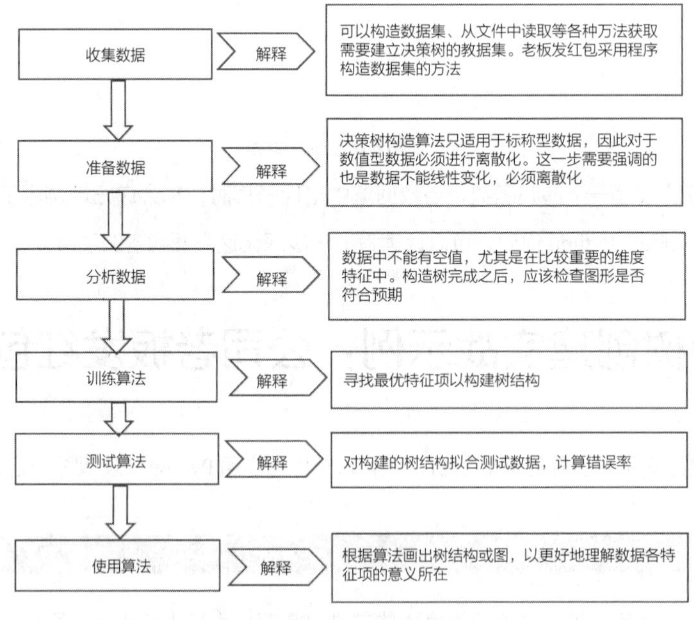

图6.5 决策树分析问题的流程

关于老板发红包的案例，前面已经对数据进行了介绍，现直接进行训练算法，分步把分析出来的推导过程实现。

6.3.2 熵值的计算算法实现

先从熵值的计算算法入手，利用前面的香农熵计算公式，直接可以实现熵值的计算逻辑，代码如下。

【程序代码清单 6.1】熵值计算函数

```
from math import log
    def calcEntroy(datas):
        datalen=len(datas)labels={}
        for feat in datas:
            current=feat[-1]
        if current not in labels.keys():
            labels[current]=0
            labels[current]+=1
        entroy=0.0
        for key in labels:
            prob=float(labels[key])/datalen
            entroy-=prob*log(prob,2)
        return entroy
```

在这段代码中，首先计算数据集中实例的总数。当然，也可以在需要的时候再计算这个值。由于代码中用到了这个值，为了提高代码效率，显式地声明一个变量把这个值保存起来。然后，创建一个数据字典，它的键值是数值 0。如果当前键值不在字典中，则把字典进行扩展，并将当前键值加入字典中。字典中的键从提供的数据中就可以看到，只有 1 和 0，每个键对应的值记录了当前类别出现的次数。float(labels[key])/datalen 语句实现了通过所有类标签的发生频率计算类别出现的概率。最后，再使用这个概率利用香农熵的计算公式，累加来统计所有类标签发生的次数。

熵值计算的函数功能已经实现，对于函数传参中的数据还没有函数提供。现在，就可以建立一个 createDatas() 函数构造需要求解熵值的数据集，代码如下。

【程序代码清单 6.2】建立老板发红包的数据集

```
def createDatas():
    datas=[[1,1," 发 "],
        [1,1," 发 "],
        [1,0," 不发 "],
        [0,1," 不发 "],
        [0,1," 不发 "]]
```

```
    labels=[" 是否属于某种节目 "," 是否是该员工的生日 "]
    return datas,labels
```

得到了熵，就可以计算信息增益，通过获取最大信息增益的方法划分数据集。

6.3.3 划分数据集算法实现

计算信息增益的目的就是找出最大信息增益的维度，用该维度划分数据集，最终的目的是划分数据集，并且决策树的构建是需要多个维度一起作用的，意味着很多次最大信息增益的维度的选择。选择一个维度，就要对数据集进行切分。这里先实现对数据集进行切分的代码。

【程序代码清单 6.3】按指定特征切分数据集

```
def splitDatas(datas,axis,value):
    returnDatas=[]
    for feat in datas:
        if feat[axis]==value:
            featcopy=feat[:axis]
            featcopy.extend(feat[axis+1:])
            returnDatas.append(featcopy)
    return returnDatas
```

这段代码中需要传入 3 个参数：需要划分的数据集、指定的特征、特征对应的返回值。数据集也必须在输入后才能进行切分。数据集对象在之前的函数编写中调用过，这里仍然在调用，后面的函数可能还需要调用。同一数据集在不同函数中被调用了多次，这就要求原始的数据集不能被修改。要实现这一目的，就需要创建一个新的列表对象。根据原始数据集是一个二维数组的特点，这个新建立的列表对象存放的数据也是一个列表。遍历原始数据集中的每个元素，一经发现有符合要求的值，则将其添加到新创建的列表中。if feat[axis]==value 这句代码的作用是将符合特征的数据抽取出来，使 featcopy 变量存储的是 feat 除了 axis 这一列以外的所有数据。

完成了切分数据集的代码，就需要实现信息增益计算的代码。在计算完信息增益后，根据信息增益变化比较大的维度去调用切分数据集的方法，代码如下。

【程序代码清单 6.4】提取信息增益比较大的维度

```
def chooseBest(datas):
    numFlag=len(datas[0])-1
    base=calcEntroy(datas)
    bestGain=0.0
    bestFlag=-1
```

```
    for i in range(numFlag):
        lists=[feat[i] for feat in datas]
        simpleVals=set(lists)
        entroy_new=0.0
        for value in simpleVals:
            subDatas=splitDatas(datas,i,value)
            prob=len(subDatas)/float(len(datas))
            entroy_new+=prob*calcEntroy(subDatas)
        gain=base-entroy_new
        if gain>bestGain:
            bestGai=gain
            bestFlag=i
    return bestFlag
```

这段代码的功能就是信息增益的计算和选取。首先用 len(datas[0]-1) 来获取数据集总的维度，接着计算整个数据集的原始香农熵，设置初始状态的最大信息增益值为 0.0，最优的特征是 -1 状态，即没有选出最优的特征进行切分数据集。然后，第一层 for 循环遍历数据集中的所有特征。使用列表推导式来产生一个新的列表，将数据集中所有可能存在的特征值取出来存放到其中。然后使用 Python 的 set 集合数据类型把该特征下的所有可能特征值去重，使集合类型中的每个值互不相同。紧接着，第二层 for 循环遍历当前特征中的所有唯一属性值，对每个特征进行一次数据集的划分，然后计算在这个不同属性值条件下数据集的新熵值，再对所有唯一特征值得到的熵求和。退出这层循环遍历唯一属性值的 for 循环后，将计算的当前特征的条件熵与原始香农熵做差值得出信息增益的结果。如果得出的信息增益结果值大于前面存放的信息增益结果值，就把当前特征存储到最优特征中，用当前信息增益结果替换前面存放过的信息增益结果。最后，将得到的最优特征返回。

6.3.4 递归创建决策树

原始数据集已经准备妥当，最好的属性也通过信息增益有了结果，现在划分数据集。老板发红包案例的特征值有 2 个，实际工作中存在的可能是大于 2 个分支的特征集划分。可以想象得到，第一次根据选取的特征划分之后，数据将继续向下传递到树分支的下一个节点，在传递到的这个节点上，再次对数据集进行划分。如果后面还有节点，还可以继续传递、继续划分，图 6.6 所示为递归完成最优特征后每一步的数据的变化情况。

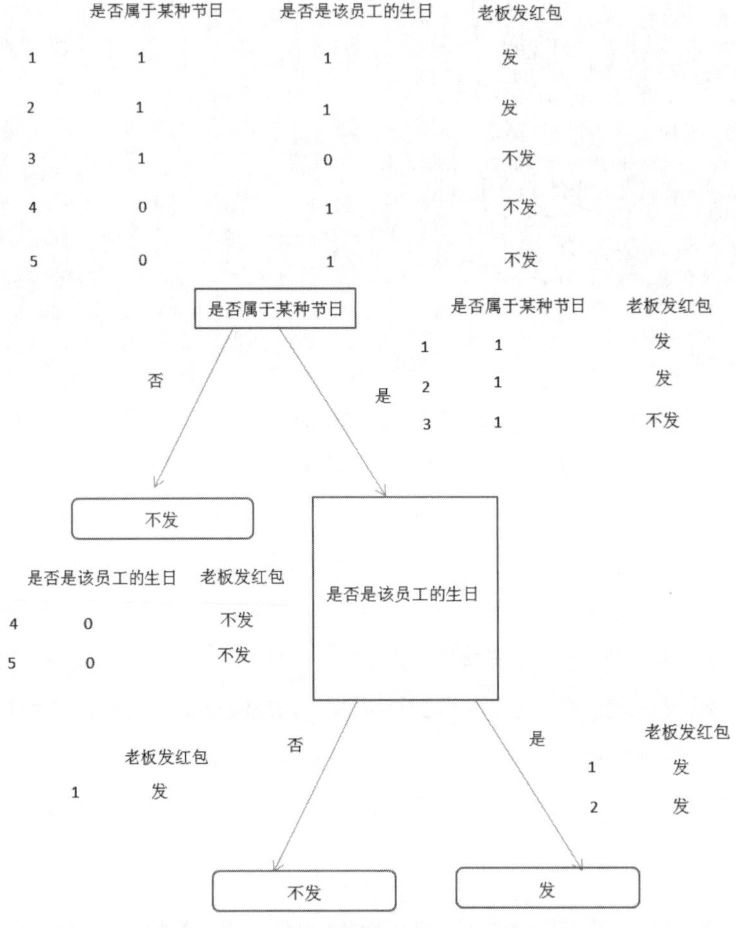

图6.6 每一步最优特征的选取对数据的影响

由图 6.6 也可以了解如何采用递归的原则处理数据集。

谈到递归，就不能无休止地递归，终究要有一个递归结束的条件。当程序遍历完所有划分数据集的属性，或者是每个分支下的所有实例都具有相同的分类，当所有的实例都具有了相同的分类时，就相当于得到了一个叶子节点或者终止块。

如果数据集已经处理了所有属性，但是类标签依然不是唯一的，比如之前遇到的主播带货能力就出现了薪水和年段的信息增益是相同的，此时就需要决定如何定义该叶子节点。这种情况下，一般会采用多数表决的方法决定此叶子节点的分类。

表决方法的函数实现，代码如下。

【程序代码清单 6.5】Python 对决策树最优特征表决函数的实现

```
import operator
def majorityNode(classes):
    class_num={}
    for cls in classes:
        if cls not in class_num.keys():
            class_num[cls]=0
        class_num[cls]+=1
    sorted_class_num=sorted(class_num.iteritems(),key=operator.itemgetter(1),reverse=True)
    return sorted_class_num[0][0]
```

这段代码中的函数接收一个传入的参数，即分类名称的列表，然后创建 class_num 字典，对传入的分类名称列表进行遍历。如果键没有存储在 class_num 字典中，就建立这个键的键值为 0。下个数据作为键如果存在于 class_num 中，就将键对应的这个键值进行加 1 处理。其实就是计算分类名称列表中名称的出现次数，最后利用 operator 操作键值来对字典进行排序，返回出现次数最多的分类名称。

对两个信息增益一样的值有了选举策略，就能够保证决策树被选举出来的特征是唯一的。根据特征选取的顺序，就可以进行创建树的函数功能实现，代码如下。

【程序代码清单 6.6】决策树结构的建立

```
def createTree(datas,labels):
    classes=[example[-1]
    for example in datas:
        if classes.count(classes[0])==len(classes):
            return classes[0]
        if len(datas[0])==1:
            return majorityNode(classes)
        bestFlag=chooseBest(datas)
        bestFlagLabel=labels[bestFlag]
        result_tree={bestFlagLabel:{}}
        del labels[bestFlag]
        flag_value=[example[bestFlag] for example in datas]
        unique_value=set(flag_value)
        for mValue in unique_value:
            sub_labels=labels[:]
          result_tree[bestFlagLabel][mValue]=createTree(splitDatas(datas,bestFlag,mValue),sub_labels)
    return result_tree
```

这段代码实现的函数接收了两个参数：数据集和标签列表。标签列表包含数据集中所有特征维度标签，其实算法的本身是不需要这个变量的，这只是为数据添加了一个明确的含义。此外，前面提到的对数据集的要求这里依然需要满足。函数开始把数据集里面的最后一列数据全部取出，最后一列就是对问题判定的最终结果数据。然后通过 if 来判断是不是类别完全相同的一组结果数据，判断条件 classes.count(classes[0])==len(classes):return classes[0] 可以理解成第一个元素的值就是整个列表的分类走向，统计出第一个元素的个数就相当于知道了这个列表的长度。当遍历完了所有特征值时，接着通过 if len(datas[0])==1:return majorityNode(classes) 语句来返回出现次数最多的一个。紧接着，调用最佳特征项选取方法选取最佳特征项，把最佳特征项的数据存储到相应的变量中。下一步程序开始创建树，这里使用 Python 数据类型的字典来存储树的信息。字典中的键就是选取的最佳特征项，对应的键值就是叶子节点，或者是子树建立的字典。注意，代码在这里要将字典中使用的标签删除，这个标签已经被当作树的根节点或者决策节点使用。再对当前特征下的所有值用列表表达式进行获取，并用 set 集合的方式进行去重。最后代码遍历当前选择特征包含的所有属性值，在每个数据集划分上递归调用函数 createTree ()，得到的返回值将被插入字典变量 result_tree 中，当函数终止执行时，字典中将会嵌套很多代表叶子节点信息的字典数据。再递归建立树结构的循环遍历第一行 subLabels = labels[:]，这行代码复制了类标签，并将其存储在新列表变量中。这样做的目的在于函数参数是列表类型时，不要忘记这种参数是按照引用方式传递的。为了保证每次调用函数 createTree() 时不改变原始列表的内容，使用新变量 subLabels 代替原始列表，起到了保护原始列表的作用。

完成了创建决策树的字典文件之后的输出结果如下。

```
{"是否属于某种节日": {0: "不发", 1: {"是否是该员工的生日": {0: "不发", 1: "发"}}}}
```

从结果上看，决策树字典中第一个关键字“是否属于某种节日”是第一个划分数据集的特征名称，这个关键字的值是另一个数据字典。第二个关键字是“是否是该员工的生日”，这些关键字的值就是“是否属于某种节日”节点的子节点。可以看出，这些值有的是另一个数据字典，有的是类标签“发”或“不发”。如果是类标签，则该节点是叶子节点；如果是另一个数据字典，则子节点就是一个判断节点。类似的格式结构不断地重复，就构建了用字典表示的决策树。接下来就是如何绘制这棵决策树。

6.4 决策树画法实战示例：公司老板发红包

决策树如果用图形表示出来，就会直观且易于理解。这也是决策树的优势所在。Matplotlib 是一直使用的图形库，这里就介绍以这个图形库达到绘决策树的目的。

6.4.1 注解的使用

Matplotlib 提供了一个注解工具 annotate，在画决策树方面大有用处。它可以在画出的数据图形添加文本注解，用于解释数据的内容，同时也支持箭头指向画线功能，这样可以在恰当的地方添加指向数据的位置，并在这个恰当的地方添加上描述的信息，进行数据意义方面的注解。

下面通过代码实现介绍 Matplotlib 的注解工具 annotate，定义一个点 (10,10)，通过 Matplotlib 的画点工具 scatter 将点画出来，然后添加注解，代码如下。

【程序代码清单 6.7】Matplotlib 的注解

```
from Matplotlib import pyplot
if __name__=="__main__":
    x=10
    y=10
    pyplot.scatter(x,y,marker="x",s=50)
    pyplot.annotate(" 数据点 ",(10,10),xycoords="data",xytext=(10.2,10.2),arrowprops=dict(arro
wstyle="->"),fontproperties="SimHei",bbox=dict(boxstyle="round4"))
pyplot.show()
```

这段代码中的 annotate 工具中，参数有很多，这里做一下解释。pyplot.annotate 语句中的第一个参数“数据点”是注解的具体内容，表明数据的具体意义是什么；第二个参数 (10,10) 是箭头的坐标位置，也是箭头的具体指向；第三个参数 xycoords="data" 是设置 xy 参数所使用的坐标系为注解对象的坐标系；第四个参数 xytext=(10.2,10.2) 是注解显示的位置；第五个参数 arrowprops=dict(arrowstyle="->") 指明了箭头端的形状如何，这里用“->”表明箭头是一个实心的黑色尖箭头；第六个参数表明了注解显示的字体设置，使用 fontproperties="SimHei"，这里显示的是中文“数据点”，需要设置具体的字体，如果显示英文可以不设置该项；第七个参数 bbox=dict(boxstyle="round4")) 表明了为注解设置的边框样式。

通过运行代码段，具体的运行结果如图 6.7 所示。

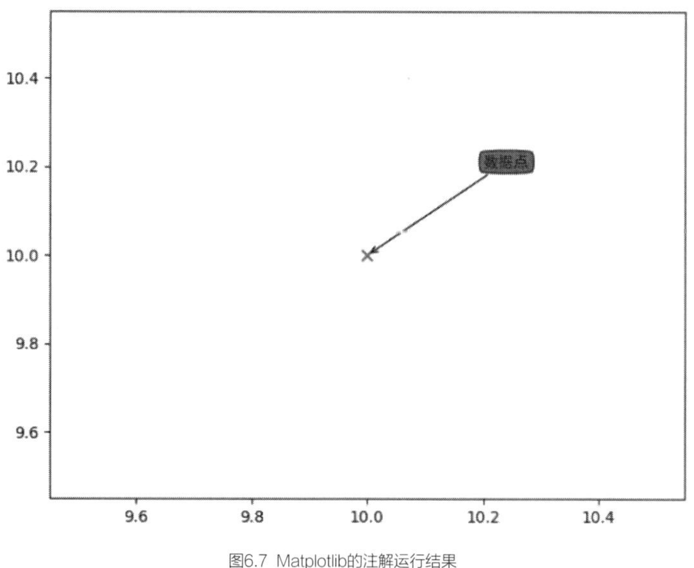

图6.7 Matplotlib的注解运行结果

从图形上看，就有了一个注解“数据点”，同时带有一个箭头指向到具体的数据点，这个“数据点”的注解也配备了蓝色背景、黑色边框的装饰。

6.4.2 构造注解树

要达到绘制决策树这样的目的，就一定要知道有多少个叶子节点，树的深度是多少，这是很显而易见的。这样就可以通过循环的方式去画每个数据点，画每个数据点的代码一定是大同小异的，不同在于坐标点的选取上。基于这个思路就需要编写两个函数，一个函数需要知道有多少个叶子节点，相当于 x 轴的长度选取，这个函数命名为 getLeafs；另一个函数需要知道树的深度有多少层，相当于 y 轴的长度选取，这个函数命名为 getDepth。

每个函数的具体的代码实现如下。

先看获取叶子节点数目的函数 getLeafs()。

【程序代码清单 6.8】Python 获取叶子节点数目

```
def getLeafs(mTree):
    nums=0
    first=mTree.keys()[0]
    second=mTree[first]
    for key in second.keys():
        if type(second[key]).__name__=="dict":
            nums+=getLeafs(second[key])
        else:
            nums+=1
    return nums
```

getLeafs() 函数事先不知道有多少个叶子节点，初始化叶子节点的个数 nums=0。接下来获取字典类型决策树的第一个根节点，变量 first 的取值就是字典类型决策树所有键值列表索引为 0 的第一个值，变量 second 的取值就是字典类型决策树根节点的键对应的值，是用 mTree[first] 这句代码来实现的。紧接着遍历变量 second 这个根节点里的所有键值，就是完成了其他决策节点的遍历。条件语句 if type(second[key]).__name__=="dict" 是用来判断当前遍历到的决策节点的类型是否还是字典类型。如果是字典类型，就仍然是一个决策节点，不是一个叶子节点，需要继续递归调用 getLeafs() 函数去寻找叶子节点。如果当前遍历的决策节点的类型不是字典类型，就可以判断它是一个叶子节点，并实现叶子节点的数目累加。当字典型决策树所有的键都遍历结束，意味着所有的节点都遍历结束，也就把叶子节点的数目累加值存储到了 nums 这个统计变量中。最后返回统计变量 nums，就实现了叶子节点的统计。

再看获取树的深度的函数 getDepth()。

【程序代码清单 6.9】Python 获取树的深度

```
def getDepth(mTree):
    maxDepth=0
```

```
    first=mTree.keys()[0]
    second=mTree[first]
    for key in second.keys():
        if type(second[key]).__name__=="dict":
            depth=1+getDepth(second[key])
        else:
            depth=1
        if depth>maxDepth:
            maxDepth=depth
    return maxDepth
```

getDepth() 函数也是事先不知道决策树的最大深度，初始化最大深度为 0，接下来的思路与 getLeafs() 的思路是大同小异的。获取字典类型决策树的第一个根节点，变量 first 的取值就是字典类型决策树所有键值列表索引为 0 的第一个值，变量 second 的取值就是字典类型决策树根节点的键对应的值，也是用 mTree[first] 这句代码来实现的。紧接着遍历变量 second 这个根节点里的所有键值，判断当前遍历到的决策节点的类型是否还是字典类型。如果是字典类型，就仍然是一个决策节点，不是一个叶子节点，需要继续递归调用 getDepth() 函数去寻找叶子节点，当前决策节点的深度也会不断从 1 进行递归式累加。这也是因为叶子节点才是分支的结束，所以其实深度也是跟叶子节点息息相关的。如果当前节点就是叶子节点，那就可以把当前深度设置为 1，不断地返回递归调用的函数以实现累加。每次遍历完当前决策节点分支的深度后，就比较最大深度的值是否大于这个决策点分支的深度。如果大于的情况出现，就说明最大深度的值应该是当前决策节点所在的分支，把当前决点节点分支的深度值存储到最大深度中。这样，所有的决策节点遍历结束后，最大深度的值就会被保存到变量 maxDepth 中，最后，将这个最大深度变量的值返回即可。

定制一个函数，将前面产生的决策树字典型表示方法存储在一个变量中，再把这个变量返回，代码如下。

【程序代码清单 6.10】获取树的深度

```
def dataTrees（i）:
    datas=[
{'是否属于某种节日': {0: '不发', 1: {'是否是该员工的生日': {0: '不发', 1: '发'}}}},
{'是否属于某种节日': {0: '不发', 1: {'是否是该员工的生日': {0: {'该员工绩效优秀': {0: '不发', 1: 发'}},
1: '不发'}}}}
]
return datas[i]
```

有了数据，后面可以根据获取的树的深度，和叶子的个数进行决策树的绘制。绘制时可以把某些功能封装成函数，这样代码显得比较有序。

绘制节点可以算作一个子功能的函数，注意节点可能是决策节点，也可能是叶子节点。要分清节点的类型，可以设置注解 annotate 的 bbox 的具体类型，决策节点可以定制 sawtooth 锯齿形，叶子节点可以定制 round4 圆角矩形。把这两个节点类型作为常量来处理，用大写字母表示，调用 annotate 注解的时候分别赋给

bbox 参数不同的常量值即可，对 annotate 注解中的箭头项 arrowprops 也可以这样处理。代码如下。

【程序代码清单 6.11】某个节点添加注解

```
DECISION_NODE= dict(boxstyle="sawtooth", fc="0.8")
LEAF_NODE = dict(boxstyle="round4", fc="0.8")
ARROW_ARGS = dict(arrowstyle="<-")
def plot_node(node_txt, pointxy, showxy, nodeType):
    createPlot.ax1.annotate(nodeTxt, xy=parentPt,  xycoords='axes fraction', xytext=centerPt,
textcoords='axes fraction', va="center", ha="center", bbox=nodeType,
arrowprops=ARROW_ARGS)
```

这段代码完成的功能就是绘制决策树中的节点。传入的 4 个参数意义分别是：第一个参数 node-txt 是节点的文件，第二个参数 pointxy 用于传入文字显示的坐标，第三个参数 showxy 用于显示箭头指向的位置，最后的参数 nodeType 显示的是箭头的形状类型参数。

对于决策树中分支线，也需要显示文字。可以定义一个子函数完成分支线上的文字显示，代码如下。

【程序代码清单 6.12】为某条连线添加注解

```
def  plotMidText(cntrPt, parentPt, txtString):
    xMid=(cntrPt[0]-parentPt[0])/2
    yMid=(cntrPt[0]-parentPt[0])/2
    #xMid = (parentPt[0] - cntrPt[0]) / 2 + cntrPt[0]
    #yMid = (parentPt[1] - cntrPt[1]) / 2 + cntrPt[1]
    createPlot.ax1.text(xMid, yMid, txtString, va="center", ha="center", rotation=30)
```

这段代码定义的函数是在两个节点的分支上显示决策标签。接收的 3 个参数：cntrPt 是当前节点的坐标值，parentPt 是当前节点父节点的坐标值，txtString 是分支处需要显示的内容。CreatePlot.ax1.text 就是在 createPlot.ax1 画布区域中显示文本，这里传入了 6 个参数，第一个参数是两个节点横坐标的中间位置，即两个节点画线的中间部位，可以用当前节点 cntrPt 与其父节点 parentPt 横坐标差值的一半来处理；第二个参数是两个节点纵坐标的中间位置，可以用当前节点 cntrPt 与其父节点 parentPt 纵坐标差值的一半来处理；后面的参数是显示的文字，va="center" 表示纵向居中，ha="center" 表示横向居中，rotation 实现的是文字的旋转度数。

有了分支上的标注功能可以调用，有了决策节点的画法功能可以调用，就可以实现画决策树的功能方法编写，代码如下。

【程序代码清单 6.13】绘制节点并为节点添加注解

```
def plotTree(myTree, parentPt, nodeTxt):
    numLeafs = getNumLeafs(myTree)
    cntrPt = (plotTree.xOff + (1 + numLeafs) / 2 / plotTree.totalW, plotTree.yOff)
    plotMidText(cntrPt, parentPt, nodeTxt)
```

```
firstStr = list(myTree.keys())[0]
plotNode(firstStr, cntrPt, parentPt, decisionNode)
secondDict = myTree[firstStr]
for key in secondDict.keys():
    if type(secondDict[key]) is dict:
        plotTree(secondDict[key], cntrPt, str(key))
    else:
        plotTree.xOff = plotTree.xOff + 1 / plotTree.totalW
        plotNode(secondDict[key], (plotTree.xOff, plotTree.yOff), cntrPt, leafNode)
        plotMidText((plotTree.xOff, plotTree.yOff), cntrPt, str(key))
plotTree.yOff = plotTree.yOff + 1 / plotTree.totalD
```

这段代码的实现过程中，接收了 3 个参数：myTree 是决策树节点字典型数据的具体内容，注意，这个参数第一次绘制决策树可以理解成整棵决策树的字典，后面不断地递归调用就是当前决策节点的字典数据；parentPt 是父节点需要显示的中心位置；nodeTxt 是当前节点需要显示的内容。接下来完成具体绘制决策树代码内容的逻辑，这里绘制出来的决策树，x 轴的总长度为 1、y 轴的总长度也为 1 是前提条件，numLeafs 变量接收决策节点的叶子节点数。注意，这里的叶子节点数，第一次是整棵树的叶子节点数，后面不断递归调用就是当前决策节点决定的子树的叶子节点数。不停地将决策树的分支拓展开，一直到叶子节点结束，叶子节点数和间距也决定了决策树的宽度。绘制整个决策树，就需要绘制决策树节点类型、分支及分支上显示的内容。

整个画布按叶子节点数和深度进行平分，且记 x 轴的总长度为 1，可以用图 6.8 表示。

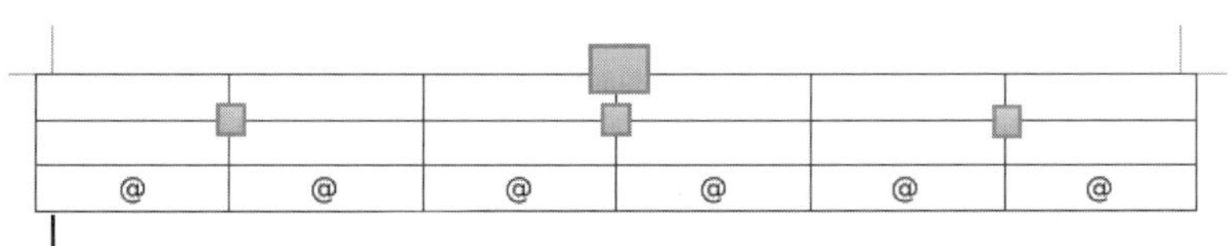

图6.8 画布按叶子节点数和深度平分

其中方形为非叶子节点的位置，@ 是叶子节点的位置，因此图 6.8 所示表格的宽度应该为 1/plotTree.totalW，则在开始的时候 plotTree.xOff 赋值为 -0.5/plotTree.totalW，意为开始位置为第一个表格左边的半个表格距离位置，这样做的好处为：在以后确定 @ 位置时可以直接加整数倍的 1，就是整数的半个表格的位置，依次累加即可。这个值存储在 plotTree.xOff，这个类似于对象的属性的做法在调用的时候比较方便。同理，plotTree.yOff 可以存储决策树绘制节点的纵向位置，不断地减去平分深度的单位长度（y 轴总长度为 1），即 plotTree.yOff - 1 / plotTree.totalD，就是节点的纵向位置。

第一步，要先绘制根节点或决策节点还是字典类型的节点，首先取得根节点或者决策节点还是字典类型的节点绘制的起始位置。这个起始位置主要是确定决策树横向中心的位置，决策树横向中心的位置基值存储在 plotTree.xOff，当前节点的叶子节点所占的总宽度就确定了，值为 float(numLeafs)/plotTree.totalW*1(因为总长度为 1)，当前节点的位置即其所有叶子节点所占宽度的中间即一半为 float(numLeafs)/2.0/plotTree.totalW*1，但是由于开始 plotTree.xOff 赋值并非从 0 开始，而是左移了半个表格，因此还需加上半个表格的宽度为 1/2/plotTree.totalW*1，则加起来便为 (1.0 + float(numLeafs))/2.0/plotTree.totalW*1。因此偏移量确定，则 x 位置变为 plotTree.xOff + (1.0 + float(numLeafs))/2.0/plotTree.totalW。紧接着调用 plotMidText() 函数绘制分支连线中间的文字内容，firstStr 变量负责保存当前决策树或决策子树字典类型的第一个键名，利用 plotNode() 函数绘制当前节点，DECISION_NODE 是这时的节点类型。

第二步，将当前的决策树或决策子树的所有子节点取出，节点的纵向坐标也可以进行换算，以便于后面在遍历节点时发现叶子节点直接进行绘制。

第三步，将当前节点的所有子节点进行遍历，利用 if type(secondDict[key]) is dict 条件语句判断当前节点的数据类型是否是字典类型，如果是字典类型继续调用 plotTree() 方法进行决策树的绘制工作。反之，不是字典类型，plotTree.xOff 直接加上单位长度 1/plotTree.totalW 进行叶子节点的绘制和在分支中心绘制相关内容。

最后关键的一步是绘制完成叶子节点后，不代表本层节点绘制完成，在绘制下一个节点时，可能要找的上一层没有绘制的叶子节点。所以循环结束后，需要重新恢复叶子节点上一层的深度。其意义在于继续递归调用 plotTree() 方法绘制节点的时候保证同一层的节点不会出现错位的情况。

绘制节点的逻辑方法成功后，就可以整合一些方法功能，实现决策树的绘制，其中包括参数的具体内容传输等，代码如下。

【程序代码清单 6.14】使用添加注解的方法为决策树添加注解

```
def createPlot(inTree):
    fig = plt.figure(1, facecolor='green')
    fig.clf()
    axprops = dict(xticks=[], yticks=[])
    createPlot.ax1 = plt.subplot(111, frameon=False, **axprops)
    plotTree.totalW = float(getNumLeafs(inTree))
    plotTree.totalD = float(getTreeDepth(inTree))
    plotTree.xOff = -0.5 / plotTree.totalW
    plotTree.yOff = 1.0
    plotTree(inTree, (0.5, 1.0), '')
    plt.show()
```

这段代码实现的就是调用功能函数进行绘制的整合。先定义 figure 图形实例，使用 plt.figure 语句实现，并定义了颜色为绿色。调用 clf() 方法清除所有坐标轴，但是打开窗口，这样可以重复使用。axprops 的意义是定义一个坐标轴的参数，实际上采用的都是默认的设置。紧接着设置绘图区，即表示创建一个 1 行 1 列的图，createPlot.ax1 为第 1 个子图，利用 plotTree.totalW 存储决策树的宽度，利用 plotTree.toalD 存储决策树的深度，利用 plotTree.xOff 存储决策树的绘制横向内容的初始化（为负值的原因前面提到过，是为了后面不断累加单位长度 1/plotTree.totalW，方便叶子节点的横向定位）。利用 plotTree.yOff 存储决策树的纵向内容的初始化，这个值给的是 1.0，相当于 y 轴最上面的长度。初始化的变量都设置完成后，开始调用 plotTree() 方法进行决策树的绘制，传入具体的决策树字典内容是第一个参数的作用，第二个参数传入 (0.5,1.0) 开始的根节点是不需要画线的，父节点和当前节点的位置需要重合，套用到公式 plotTree.xOff + (1.0 + float(numLeafs))/2.0/plotTree.totalW 中计算，就可以想到具体结果。

通过代码的整理，就可以画出对应的决策树。

传入列表中的第一个字典型数据：{' 是否属于某种节日 ':{0:' 不发 ',1:{' 是否是该员工的生日 ':{0:' 不发 ', 1:' 发 '}}}}，运行结果如图 6.9 所示。

传入列表中的第二个字典型数据：{' 是否属于某种节日 ':{0:' 不发 ', 1:{' 是否是该员工的生日 ':{0:{' 该员工绩效优秀 ':{0:' 不发 ',1: 发 '}},1:' 不发 '}}}}，运行结果如图 6.10 所示。

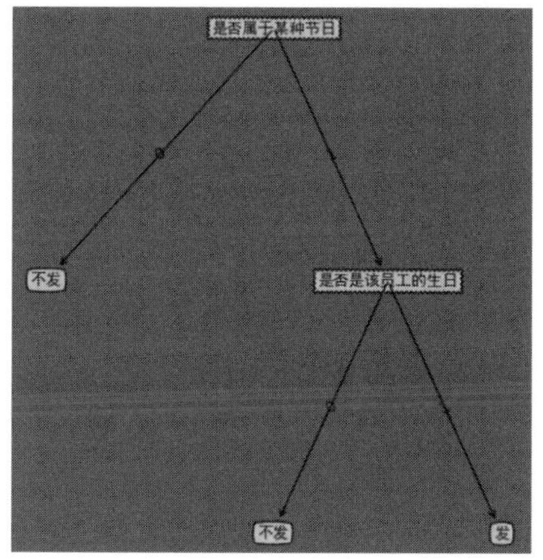

图6.9 Python传入第一个字典型数据为决策树添加注解运行结果

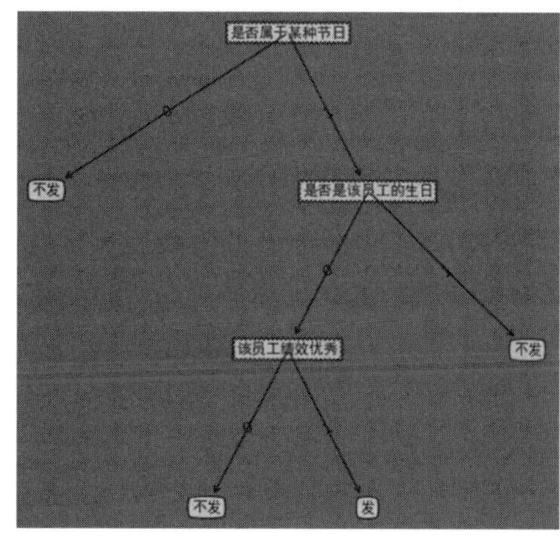

图6.10 Python传入第二个字典型数据为决策树添加注解运行结果

6.5 决策树测试存储实战示例：公司老板发红包

构造决策树分类器算法以后，其目的是将它用于实际数据的分类。在进行数据分类的过程中，决策树以及构造决策树的标签向量会被使用，程序比较的是测试数据与决策树上的数值，递归式执行程序，直到进入叶子节点。最后，将被测试的数据定义成叶子节点所属的类型。通俗一点讲，就是假如数据集中有两个维度特征和一个分类标签，然后现在有一个未知的样本数据，具备两个特征的属性值，用算法来预测该未知数据属于哪一个分类标签。

· 6.5.1 决策树测试算法

决策树构造成功后，就可以把它用在实际数据的分类上，用来验证算法预测未知数据分类标签的实际效果。

【程序代码清单 6.15】决策树算法分类测试

```
def classify(inputs,labels,tests):
    first=inputs.keys()[0]
    second=inputs[first]
    feat_index=labels.index(first)
    for key in second.keys():
        if tests[feat_index]==key:
            if type(second[key]).__name__=="dict":
                class_label=classify(second[key],labels,tests)
            else:
                class_label=second[key]
    return class_label
```

这段代码定义的函数也是一个递归函数。之所以这样处理，是因为存储带有特征的数据面临一个问题：程序无法确定特征项在数据集中的位置，比如发红包例子中的“是否属于某种节日”的这个属性，在实际数据集中存储在哪个位置？是第一个属性还是第二个属性？特征的标签列表协助程序处理这样的问题。从当前列表中使用 index() 方法查找第一个匹配 first 变量的元素，然后利用代码对整棵树进行遍历，比较 tests 变量和树节点中的值。如果到达了叶子节点，则返回当前节点的分类标签，代码如下。

【程序代码清单 6.16】决策树算法分类主程序调用

```
if __name__=="__main__":
    mydatas,mylabels=createDataSet()
    result1=classify(mydatas,mylabels,[1,1])
    print(result1)
    result2=classify(mydatas,mylabels,[1,0])
    print(result2)
```

以上代码的输出结果：

```
不发
发
```

· 6.5.2 决策树的存储

构造决策树是很耗时的任务，尤其是数据集很大的情况下。使用创建好的决策树解决分类问题，可以很快完成任务。为了节省时间，可使用 Python 模块 pickle 序列化对象。序列化对象可以在磁盘上保存，在需要的时候读取出来。任何对象都可以使用 pickle 进行序列化处理，字典也不例外。

使用 pickle 模块存储决策树，代码如下。

【程序代码清单 6.17】使用 pickle 模块存储决策树

```
def store_tree(inputs,filename):
    import pickle
    fw=open(filename,"w")
    pickle.dump(inputs,fw)
    fw.close()
```

使用 pickle 模块将存储的决策树读出，代码如下。

【程序代码清单 6.18】使用 pickle 模块读取决策树

```
def grab_tree(filename):
    import pickle
    fr=open(filename)
    return pickle.load(fr)
```

能够把分类器持久化到硬盘上，这也是决策树优点。KNN 算法就不能持久化分类器。这种不能持久化的算法可以预先提炼并存储数据集的知识信息，需要对事物进行分类的时候再使用这些知识。

6.6 决策树预测实战示例：预测海选歌手是否入围

下面将通过一个例子讲解如何使用决策树预测海选歌手是否入围。海选，即在茫茫人海中去做选择，找到合适的人选。好多娱乐节目都在进行海选，这也是一个比较时髦的话题。一个人是不是能在海选的项目中脱颖而出，取决于很多个维度。把每个维度综合考虑，找出合适的角色，也是海选的目的所在。根据决策树的工作原理，可以判断一个人是否能在某次海选中脱颖而出。当然，数据的维度越多，有可能分析得越准确，对海选被录取的选手情况知道得越多，预测得越精确，尽可能地去量化维度，得到的结果召回率就会越小。

6.6.1 海选歌手入围流程

使用决策树进行的海选歌手入围流程如图 6.11 所示。

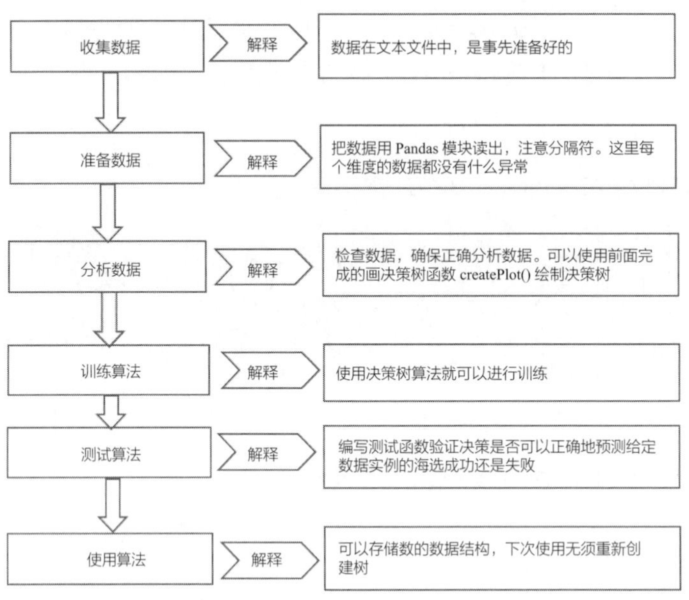

图6.11 海选歌手入围流程

6.6.2 准备数据、分析数据

数据从文本文件中读出来以后，具体内容如表 6.5 所示。

表 6.5 海选歌手入围与非入围数据

参选选手	报名方式	唱法	年龄	音准	气息	乐感	是否入围
1	专业团体	通俗	青年	清晰	充沛	默契	是
2	社会方式	通俗	少年	清晰	充沛	默契	是
3	社会方式	通俗	青年	清晰	充沛	默契	是
4	专业团体	通俗	少年	清晰	充沛	默契	是
5	组织推荐	通俗	青年	清晰	充沛	默契	是
6	专业团体	民族	青年	清晰	稳定	抢拍	是
7	社会方式	民族	青年	稍糊	稳定	抢拍	否
8	社会方式	民族	青年	清晰	稳定	默契	是
9	社会方式	民族	少年	稍糊	稳定	默契	是
10	专业团体	美声	老年	清晰	不足	抢拍	否
11	组织推荐	美声	老年	模糊	不足	默契	否
12	组织推荐	通俗	青年	模糊	不足	抢拍	否
13	专业团体	民族	青年	稍糊	充沛	默契	是
14	组织推荐	民族	少年	稍糊	充沛	默契	是
15	社会方式	民族	青年	清晰	稳定	抢拍	否
16	组织推荐	通俗	青年	模糊	不足	默契	否
17	专业团体	通俗	少年	稍糊	稳定	默契	是

根据以上的数据调用 createPlot() 绘制的决策树如图 6.12 所示。

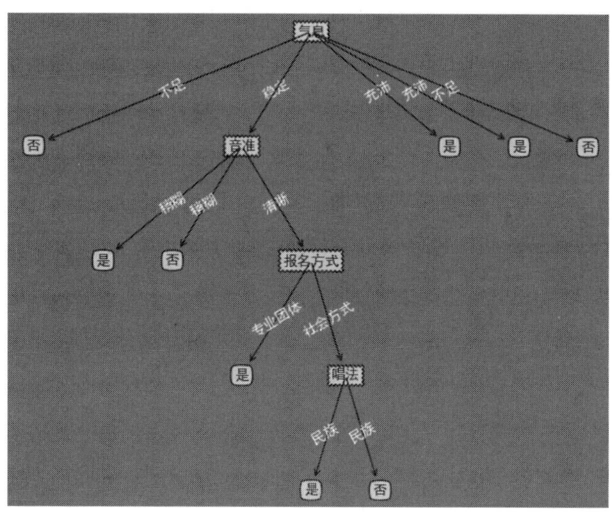

图6.12 海选歌手调用createPlot()方法绘制的决策树

从上面的结果中显示，得到的决策树没有把海选中的 6 个属性全部显示出来，证明在进行决策树创建的过程中有剪枝的操作。下面简单介绍剪枝。

6.7 决策树的剪枝

谈到剪枝（pruning），从词义上来说，就是修剪树枝。下面先从决策树的剪枝的概念说起。

6.7.1 剪枝的概念

剪枝是指将一棵子树的子节点全部删掉，根节点作为叶子节点，如图 6.13 所示。

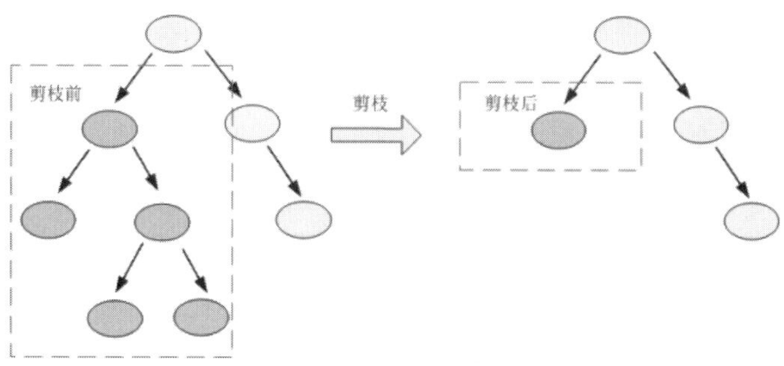

图6.13 决策树剪枝前后对比图

剪枝的根本目的是避免决策树模型的过拟合。如果按照决策树的维度，把所有的可能性及分支都画到决策树上，这棵决策树对训练集的拟合度就非常高，但是用这棵决策树去测试未知数据，就可能偏离精确值比较高。因为决策树算法在学习的过程中为了尽可能地正确分类训练样本，不停地对节点进行划分，因此这会导致整棵树的分支过多，也就导致了过拟合。

决策树的基本剪枝策略有两种：预剪枝（pre-pruning）和后剪枝（post-pruning）。

6.7.2 预剪枝

预剪枝就是在构造决策树的过程中，对每个节点在划分前先进行估计，如果当前节点的划分不能带来决策树模型泛化能力的提升，则不对当前节点进行划分并且将当前节点标记为叶子节点。

对于判断决策树的泛化能力是否提升，可以用留出法进行。具体表述如下。

当前节点不划分：计算当前验证集精度。

当前节点划分：计算划分后验证集精度。

若划分前不小于划分后，则选择不划分。

分析这样的问题，可把前面海选的 17 个数据分为训练集和测试集，具体的分配方法如表 6.6 所示。

表 6.6 海选歌手入围与非入围训练集及测试集分类

	参选选手	报名方式	唱法	年龄	音准	气息	乐感	是否入围
训练集	1	专业团体	通俗	青年	清晰	充沛	默契	是
	2	社会方式	通俗	少年	清晰	充沛	默契	是
	3	社会方式	通俗	青年	清晰	充沛	默契	是
	4	专业团体	通俗	少年	清晰	充沛	默契	是
	5	组织推荐	通俗	青年	清晰	充沛	默契	是
	6	专业团体	民族	青年	清晰	稳定	抢拍	是
	7	社会方式	民族	青年	稍糊	稳定	抢拍	否
	8	社会方式	民族	青年	清晰	稳定	默契	是
	9	社会方式	民族	少年	稍糊	稳定	默契	是
	10	专业团体	美声	老年	清晰	不足	抢拍	否
	11	组织推荐	美声	老年	模糊	不足	默契	否
	12	组织推荐	通俗	青年	模糊	不足	抢拍	否
测试集	13	专业团体	民族	青年	稍糊	充沛	默契	是
	14	组织推荐	民族	少年	稍糊	充沛	默契	是
	15	社会方式	民族	青年	清晰	稳定	抢拍	否
	16	组织推荐	通俗	青年	模糊	不足	默契	否
	17	专业团体	通俗	少年	稍糊	稳定	默契	是

使用预剪枝的方法，划分前，所有样例点都集中在根节点。若不进行划分，该节点被标记为叶子节点，其类别标记为训练样例数最多的类别。若将该节点标记为“入围”，用上表中的测试集对这个单节点决策树进行评估，样例 (13,14,17) 被正确分类，另外的 2 个样例 (15,16) 分类错误，可得验证集上的精度为 3/5=0.6。

若用属性“气息”划分之后，3 个节点分别包含训练样例 (1,2,3,4,5)、(6,7,8)、(10,11,12)，这 3 个节点分别被标记为叶节点“入围”“入围”“不入围”，如图 6.14 所示。

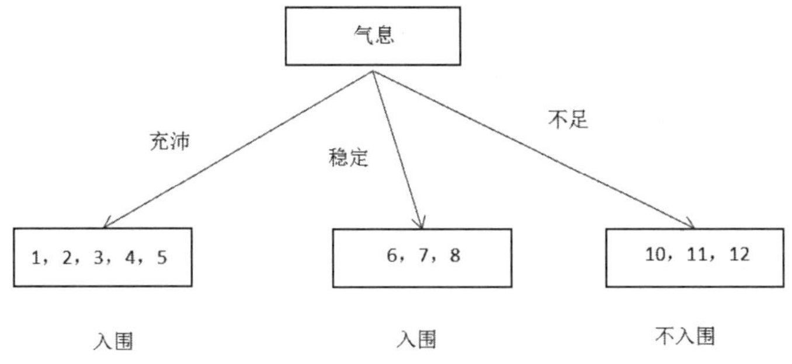

图6.14 海选歌手根据气息进行分类

此时验证集中的样例 (13,14,15,16) 被正确分类，验证集上的精度为 4/5=0.8，划分后大于划分前，应该用“气息”进行划分。

这就是预前枝的思路。预剪枝其实使决策树的很多分支没有继续展开，降低了过拟合的风险，同时在训练和预测的过程中也减少了决策树的训练时间开销和预测时间开销。但是事事无绝对，有些分支的当前划分虽然可能不能提升泛化性能，甚至可能导致泛化性能的暂时性下降，后续划分的泛化性能是上升还是下降就不得而知了，有可能后续的划分会带来性能的显著提升。所以，预剪枝也是有这样的弊端的。

预剪枝是一种“贪心”策略，这给预剪枝带来了欠拟合的风险。

6.7.3 后剪枝

后剪枝与预剪枝正好相反，后剪枝先生成一棵完整的树，然后从末端考察各个节点。若将相应节点去掉可以提高泛化性能，则剪去相应节点，否则继续保留。

分析方法和预剪枝的是类似的，只不过是先考察节点的泛化性能还是后考察节点的泛化性能的差别。

后剪枝决策树就不会像预剪枝决策树一样，没有欠拟合的风险，泛化性能方面也优于预剪枝决策树的。但是后剪枝决策树是在完全生成决策树之后进行的，并且自底向上地对树中所有非叶子节点进行逐一考察，训练时间比预剪枝决策树的长很多。

6.8 决策树面试题解答

1. 决策树出现过拟合的原因有什么？

对训练数据进行预测时准确度很高，但是对测试数据预测出现准确度不高的现象称为过拟合。

决策树出现过拟合的原因有以下几种：

在决策树构建的过程中，对决策树的生长没有进行合理的限制（剪枝）；

样本中有一些噪声数据，没有对噪声数据进行有效的剔除；

在构建决策树过程中使用了较多的输出变量，变量较多也容易产生过拟合。

2. 简单解释预剪枝和后剪枝，以及剪枝过程中可以参考的参数有哪些？

预剪枝：在决策树生成初期就已经设置了决策树的参数，在决策树构建过程中，满足参数条件就提前停止决策树的生成。

后剪枝：后剪枝是一种全局的优化方法，它是在决策树完全建立之后再返回去对决策树进行剪枝的。

参数：树的高度、叶子节点的数目、最大叶子节点数、限制不纯度。

6.9 决策树自测题

1. 谈谈自己对决策树的理解。
2. 谈谈自己对信息增益和信息增益率的理解。

6.10 小结

本章在分类的算法上对决策树进行了理论和代码上的阐释。决策树是一种贪心算法，所谓的贪心算法，指的是在对问题求解时，总是做出在当前看来是最好的选择，但并不从整体上考虑能否达到全局最优。对连续性的字段比较难预测，尤其有时间顺序的数据。需要很多预处理的工作，但还是比较容易理解和实现的。

决策树代表的是对象属性与对象值之间的一种映射关系，可以用于分析数据，同样也可以用来预测。在分析问题的过程中，可以通过选出最优特征，根据最优特征画图进行问题的分析和研究。

第7章

机器学习算法之朴素贝叶斯

前文对分类算法进行了各种深入介绍，这些算法最终解决的问题就是“某数据实例属于哪一类”。不过，对于分类器产生的错误结果需要提出不断优化的要求。针对其中的某一个特征，可能有若干种预测结果，根据猜测的概率去预测相关的值就变得尤为必要。

本章将从专业的角度谈到一个最简单的概率分类器，并给出一些假设。朴素贝叶斯的“朴素”二字，是指整个形式化过程只做较“原始”、 较简单的假设，充分利用 Python 的文本处理能力将文档切分成词向量，然后利用词向量对文档进行分类。在实战方面，本章会通过企业常见的商品评论和比较有“综艺效果”的金庸、古龙的小说风格来帮助读者更好地讲解朴素贝叶斯，将学习成果与实战很好地进行结合。

7.1 解决逃命问题引入朴素贝叶斯

算法往往是用来解决一些问题的。传说白驼山庄“癞蛤蟆洞”中有毒蛇 100 条，癞蛤蟆 50 只，放毒的机关 30 处，暗箭 10 处等，一个逃跑的女工靠什么样的智慧能够穿过山洞，走下白驼山呢？

机器学习就可以帮助这个女工去计算自己被伤害的概率，然后考虑在附近能不能备足疗伤的草药。这种视角有一种说法叫从大局出发，即了解事情的全貌再做判断。

现在已知山洞里有毒蛇、癞蛤蟆、放毒的机关、暗箭等危险品，但不清楚危险品的比例，也不清楚在山洞附近能找到多少草药去解决问题。草药少了，就“一命呜呼”了。传闻这个草药有个名字，叫“贝叶”，这个问题也就可以得名“贝叶思”。

“贝叶思”的问题其实就是面对山洞中的危险品的生存概率问题，也是逆向概率的问题。正向概率是知道了山洞中危险品的比例，现在是不知道，完全是逆向概率。

解决“贝叶思”问题，一般有两条思路。

第一条思路，根据对危险品特性的了解，带一部分草药，然后判断能不能留下一条命来穿过山洞。这是一种用经验判断事情的概率，专业词汇叫先验概率。

第二条思路，让毒蛇咬，让癞蛤蟆吓唬，任机关折磨，跟暗箭“死磕”。这样以身试险的目的是推测危险品的比例。这种在结果出现之后推测概率的方法叫后验概率。这种情况下，若不够活命时再出来采点儿“贝叶”。

其实这个问题的逻辑是英国数学家托马斯·贝叶斯（Thomas Bayes）提出的，“贝叶斯”问题实际上反映的是贝叶斯决策，只是用故事的形式加以形象化。贝叶斯决策建立在主观判断的基础上：在不了解所有客观事实的情况下，可以先估计一个值，然后根据实际结果不断进行修正。这相当于后验概率的问题。“斯”可同“思”，引出思考的空间。

7.2 对贝叶斯决策的理解

要研究贝叶斯决策，必须有一些储备的概念，条件概率就是其中之一。条件概率，顾名思义，就是在一定条件下的概率。下面就以生活中常见的公司团建的例子来说明条件概率。

· 7.2.1 条件概率解释案例：公司团建

公司举行团建，大家开怀畅饮。假设现在有 9 个人参加了本次团建，其中 4 个人喝酒了，5 个人没喝。如果从 9 个人中随机选出一个让公司派车送回家，那么此人喝酒的可能性是多少？由于公司团建有 9 个人，随机选择就有 9 种可能，其中 4 个人喝酒了，所以选出喝酒员工的概率为 $\frac{4}{9}$，选出没喝的人的概率就是 $\frac{5}{9}$。这里使用 $p(\text{drunkard})$ 来表示选到喝酒员工的概率，其概率值可以通过喝酒员工人数除以总的人数来得到。$p(\text{normal})$ 表示选到没有喝的人的概率，其概率值可以通过没有喝的人数除以总的人数来得到。

把上面的团建问题再用另一种思维分析一下。

如果这 9 个人按每个人对饮食的喜好分成了在两个酒店分别团建，就像有人喜欢川菜，有人喜欢湘菜，有人可能还喜欢其他，很难统一。这时，要计算 $p(\text{normal})$ 和 $p(\text{drunkard})$ 就需要分别考虑。

假定 A 酒店 5 个人，3 个人喝酒；B 酒店 4 个人，1 个人喝酒。从 B 酒店获得喝酒员工的概率，就是条件概率，这个概率记作 $p(\text{drunkard}|\text{wineB})$，可以这样理解：在已知团建人员来自 B 酒店的情况下，随机选到喝酒员工的概率。条件概率的计算公式如下：

$$p(\text{drunkard}|\text{winB})=\frac{p(\text{drunkard and winB})}{p(\text{winB})}$$

从公式上看，首先用 B 酒店喝酒员工的人数除以 A、B 酒店的人数，得到 $p(\text{drunkard and wineB})=\frac{1}{9}$；其次，由于 B 酒店有 4 个人，A、B 两酒店团建总人数为 9 个人，于是 $p(\text{wineB})$ 就等于 $\frac{4}{9}$。因此 $p(\text{drunkard}|\text{winB})=\frac{p(\text{drunkard and winB})}{p(\text{winB})}=\frac{\frac{1}{9}}{\frac{4}{9}}=\frac{1}{4}$，如图 7.1 所示。

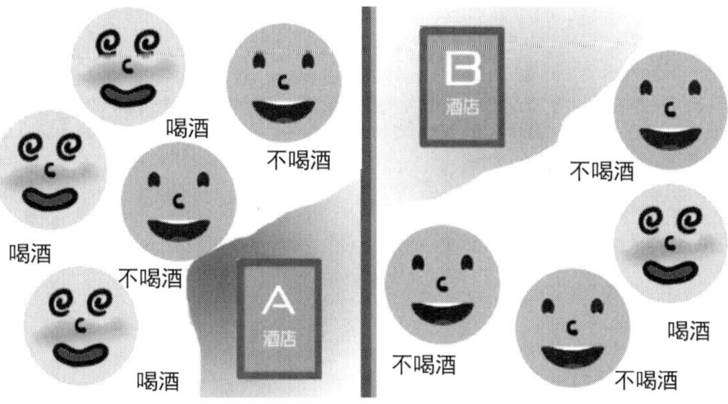

图7.1 公司团建两个酒店员工喝酒概率示意

另一种计算条件概率的方法就是贝叶斯定理。贝叶斯定理实现了交换条件概率中的条件和结果。已知 $p(x|c)$，求 $p(c|x)$，可以用下面的计算方法。

$$p(c|x)=\frac{p(x|c)\,p(c)}{p(x)}$$

通过喝酒后的表现来计算喝醉后唱歌跳舞的办公室人员因失恋喝酒的概率有多大，如表 7.1 所示。

表 7.1 员工喝酒后的表现

表现	职业	喝酒的原因
独自郁郁寡欢	办公室人员	失恋
诉说心中苦闷	技术工程师	升职加薪失败
诉说心中苦闷	技术工程师	失恋
诉说心中苦闷	办公室人员	失恋
唱歌跳舞	办公室人员	失恋
唱歌跳舞	办公室人员	谈成生意惊喜

（特别说明：仅代表个例，请勿对号入座）

根据贝叶斯定理的计算方法：

$p(c|x)=\frac{p(x|c)\,p(c)}{p(x)}$，可以得到如下的计算方法。

$$p(\text{失恋}\,|\,\text{唱歌跳舞}\times\text{办公室人员})=\frac{p(\text{唱歌跳舞}\times\text{办公室人员}\,|\,\text{失恋})\times p(\text{失恋})}{p(\text{唱歌跳舞}\times\text{办公室人员})}$$

假定表现和职业是互相独立的特征，这种互相独立的特征，就是朴素贝叶斯，后面会提到。上式就可以变成如下。

$$p(\text{失恋}\,|\,\text{唱歌跳舞}\times\text{办公室人员})=\frac{p(\text{唱歌跳舞}\,|\,\text{失恋})\times p(\text{办公室人员}\,|\,\text{失恋})\times p(\text{失恋})}{p(\text{唱歌跳舞})\times p(\text{办公室人员})}\approx\frac{0.25\times0.75\times0.66}{0.33\times0.66}\approx0.5658$$

根据结果，得出结论：这个喝酒后唱歌跳舞的办公室人员因失恋喝酒的条件概率为 0.5658。

7.2.2 使用条件概率进行分类

求条件概率的目的是贝叶斯需要计算两个概率，$p_1(x,y)$ 和 $p_2(x,y)$。但是，最终是要解决一个分类的问题。如果这两个概率分别有这样的对应关系，$p_1(x,y)$ 对应于类别标签 1 的概率，$p_2(x,y)$ 对应于类别标签 2 的概率，那么这两个条件概率值就有这样的关系。

如果 $p_1(x,y)$ 大于 $p_2(x,y)$，那么属于类别标签 1。

如果 $p_1(x,y)$ 小于 $p_2(x,y)$，那么属于类别标签 2。

$p_1(x,y)$ 和 $p_2(x,y)$ 实际上就是 $p(c_1|x,y)$ 和 $p(c_2|x,y)$。

这些符号所代表的具体意义就是给定某个由 x 和 y 组成的数据点，数据点 x 和 y 来自 c_1 的概率是多少，

数据点 x 和 y 来自 c_2 的概率是多少。使用贝叶斯定理可以交换概率中的条件和结果。具体的贝叶斯公式如下。

$$p(c_i|x,y)=\frac{p(x,y|c_i)\,p(c_i)}{p(x,y)}$$

使用这个定理，可以定义贝叶斯定理准则如下。

如果 $p(c_1|x,y)$ 大于 $p(c_2|x,y)$，那么属于类别 c_1。

如果 $p(c_1|x,y)$ 小于 $p(c_2|x,y)$，那么属于类别 c_2。

利用贝叶斯定理，通过已知的 3 个概率值来计算未知的概率值，即概率值 $p(x,y)$、$p(x,y|c_i)$ 和 $p(c_i)$，然后根据计算的概率完成对数据的分类。

生活中常会通过条件概率来进行贝叶斯定理的体现，像一般人们买牙膏的时候都会再买牙刷来搭配。但事情也不是绝对的，这里就通过买牙膏时是否买牙刷的例子展示贝叶斯定理，如图 7.2 所示。

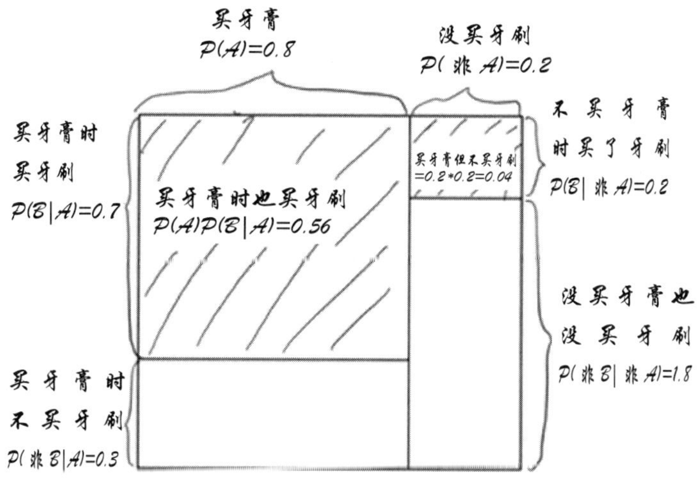

图7.2 买牙膏时是否买牙刷

7.2.3 基于贝叶斯决策理论对分类方法的认识

基于上面的讨论，朴素贝叶斯决策理论是处理分类问题的，KNN 和决策树也是处理分类问题的。这里通过二分类数据集来说明它们之间的区别。二分类数据集对应的图像如图 7.3 所示。

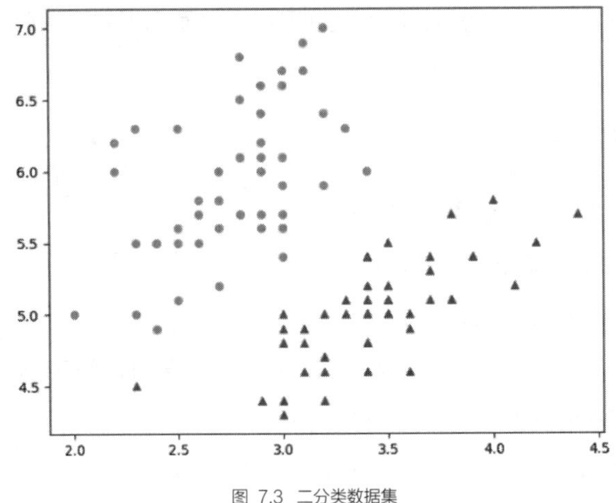

图 7.3　二分类数据集

对于这样的数据集，如果能够进行正确的分类，并把前文介绍过的方法进行对比，有这样的结果。

（1）使用 KNN 算法，可能要进行多次的距离计算，点越多，计算的次数越多，如果有 1000 个点或者 10000 个点，就需要 1000 次或者 10000 次的距离计算。

（2）使用决策树，要使数据沿 x 轴、y 轴分布。根据区间得出来的条件分支，构成的树形结构不足以明显地说明图中点的分布情况。

计算数据点属于每一个类别的概率，并进行比较。用 $p_1(x,y)$ 表示数据点 (x,y) 属于类别 1(圆点) 的概率，用 $p_2(x,y)$ 表示数据点 (x,y) 属于类别 2(三角形点) 的概率。那么对于新的数据点，可以这样判断。

如果 $p_1(x,y)$ 大于 $p_2(x,y)$，就属于类别 1。

如果 $p_1(x,y)$ 小于 $p_2(x,y)$，就属于类别 2。

这就是贝叶斯决策理论的思想，选举出具有最高概率的决策。

提示　由贝叶斯到朴素贝叶斯

朴素贝叶斯算法在贝叶斯算法的基础上进行了简化处理，即假设给定目标值的各属性之间的条件是相互独立的。所谓独立（independence），指的是统计意义上的独立，即一个特征出现的可能性与其他相邻的特征没有关系。也就是说，没有哪个属性变量对决策结果有比较大的影响，也没有哪个属性变量对决策结果有较小的影响，所有属性对决策结果的影响都是等值的。这种简化方式在一定程度上降低了贝叶斯分类算法的分类效果，但是在实际的应用场景中，极大地简化了贝叶斯算法的复杂性。

7.3 使用朴素贝叶斯进行商品的情感分析

7.3.1 使用朴素贝叶斯进行商品的情感分析概述

机器学习的一个重要应用就是情感分析。

情感分析，就是对带有情感色彩的主观性文本进行分析、处理、归纳和推理的过程。如“这个东西我喜欢”“这个东西我非常讨厌”等，就是对某件物品的最普通的情感描述。情感分析就是根据提供的文本归纳出这段文本所表达的褒贬之意。在大部分的情感分析中，商品的情感分析是经常遇到的。购买商品的时候，对商品所发表的评论（如好评或者差评）就是这个情感分析的文本，而评论中的某些元素则构成特征。虽然商品的评论是一种会不断变化的文本，但同样可以对文本中表达思想的关键词进行分类。可以观察评论中出现的每个词，并把每个词的出现或者不出现作为一个特征，这样得到的特征数目就会跟词汇表中的词目一样多。

朴素贝叶斯作为贝叶斯的一个扩展，是用于情感分析的常用算法。

朴素贝叶斯的分类过程如图 7.4 所示。

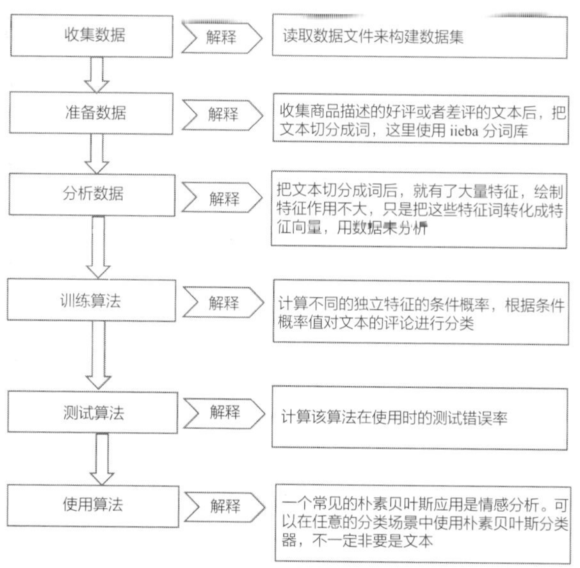

图7.4 朴素贝叶斯的分类过程

要从文本中获取特征，需要先拆分文本。拆分后文本的特征就是文本的词条，一个词条是字符的任意组合。可以把词条想象为中文词组，也可以使用中文词组，或 URL、IP 地址、英文单词等。然后将每一个文本片段表示为一个词向量，其中值为 1 表示词条表达的是对商品的差评，值为 0 表示词条表达的是对商品的好评。

接下来首先将文本转换为数字向量，然后基于这些向量来计算条件概率，并在此基础上构建朴素贝叶斯分类器，最后通过朴素贝叶斯过程来解决需要解决的问题。

7.3.2 读取商品评论并切分成文本

将商品评论的文本切分成词条，这里用的是 jieba 分词库，也叫结巴分词库。jieba 分词库是一款非常流行的中文开源分词库，具有高性能、高准确率、可扩展等特点，目前主要支持 Python 语言。它的主要功能是进行分词，还可以进行关键词抽取。

下面先介绍 jieba 分词的使用。

jieba 分词的模式包括以下几种。

（1）精确模式，该模式为默认模式。句子可以被精确地切开，每个字符只会出现在一个词中，适合于文本分析。下面的程序实现了精确模式的分词，代码如下。

【程序代码清单 7.1】jieba 分词的精确模式

```
import jieba
print("/".join(jieba.cut(" 不忘初心就是脚踏实地地做好自己 ")))
```

上述代码的运行结果如图 7.5 所示。

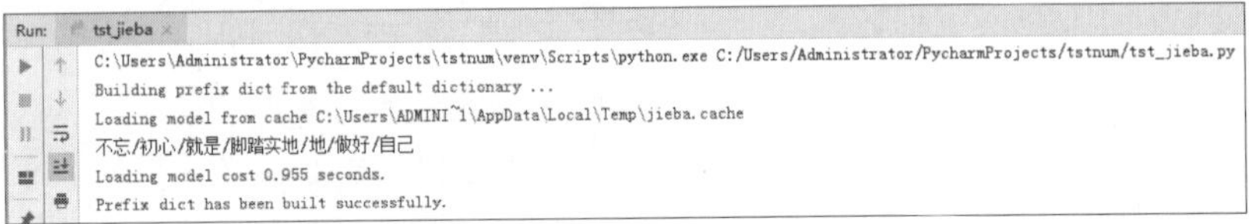

图7.5 jieba分词的精确模式的代码运行结果

（2）全模式。该模式把句子中的所有词都扫描出来，速度非常快，有可能一个字同时出现在多个词中。下面的程序实现了全模式的分词，代码如下。

【程序代码清单 7.2】jieba 分词的全模式

```
import jieba
print("/".join(jieba.cut(" 不忘初心就是脚踏实地地做好自己 ",cut_all=True)))
```

上述代码的运行结果如图 7.6 所示。

Run: tst_jieba
C:\Users\Administrator\PycharmProjects\tstnum\venv\Scripts\python.exe C:/Users/Administrator/PycharmProjects/tstnum/tst_jieba.py
Building prefix dict from the default dictionary ...
Loading model from cache C:\Users\ADMINI~1\AppData\Local\Temp\jieba.cache
不/忘/初心/就是/脚踏/脚踏实地/踏实/实地/地/做好/自己
Loading model cost 0.849 seconds.
Prefix dict has been built successfully.
Process finished with exit code 0

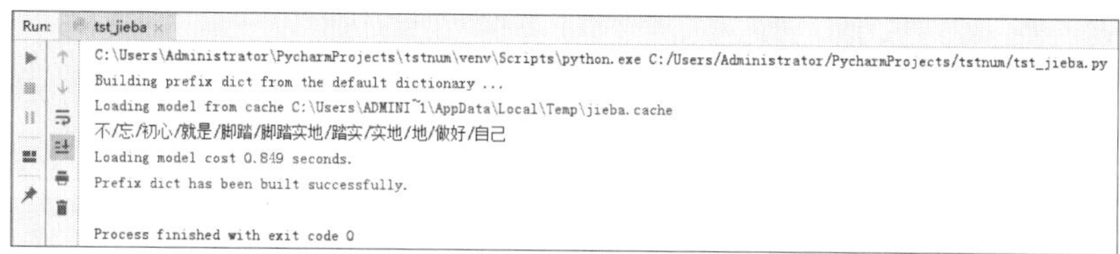

图7.6 jieba分词的全模式的代码运行结果

（3）搜索引擎模式。在精确模式的基础上，该模式对长度大于 2 的词再次切分，召回其中长度为 2 或者 3 的词，从而提高召回率，常用于搜索引擎。下面的程序实现了搜索引擎模式的分词，代码如下。

【程序代码清单 7.3】jieba 分词的搜索引擎模式

```
import jieba
print("/".join(jieba.cut_for_search(" 不忘初心就是脚踏实地地做好自己 ")))
```

上述代码的运行结果如图 7.7 所示。

Run: tst_jieba
C:\Users\Administrator\PycharmProjects\tstnum\venv\Scripts\python.exe C:/Users/Administrator/PycharmProjects/tstnum/tst_jieba.py
Building prefix dict from the default dictionary ...
Loading model from cache C:\Users\ADMINI~1\AppData\Local\Temp\jieba.cache
不忘/初心/就是/脚踏/踏实/实地/脚踏实地/地/做好/自己
Loading model cost 0.864 seconds.
Prefix dict has been built successfully.
Process finished with exit code 0

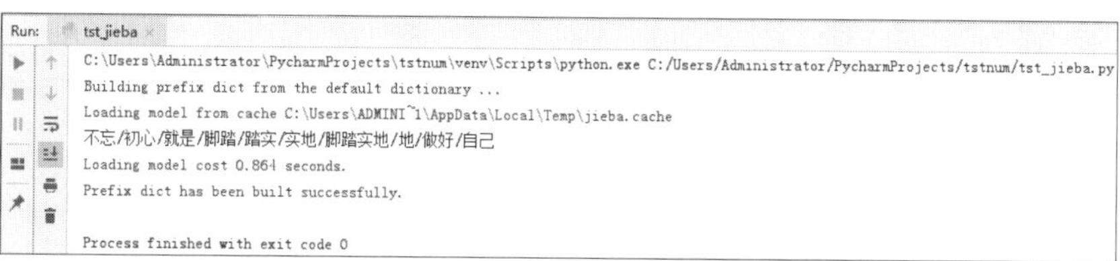

图7.7 jieba分词的搜索引擎模式的代码运行结果

（4）词性分析。它只支持精确模式，同时给出词的词性。下面的程序实现了词性分析，代码如下。

【程序代码清单 7.4】jieba 分词的词性分析

```
from jieba import posseg
for w,f in posseg.cut(" 不忘初心就是脚踏实地地做好自己 "):
print("{}_{}.format(w,f)
```

上述代码的运行结果如图 7.8 所示。

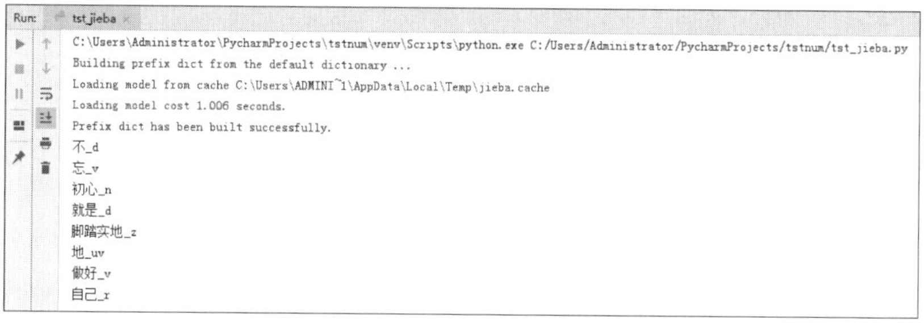

Run: tst_jieba
C:\Users\Administrator\PycharmProjects\tstnum\venv\Scripts\python.exe C:/Users/Administrator/PycharmProjects/tstnum/tst_jieba.py
Building prefix dict from the default dictionary ...
Loading model from cache C:\Users\ADMINI~1\AppData\Local\Temp\jieba.cache
Loading model cost 1.006 seconds.
Prefix dict has been built successfully.
不_d
忘_v
初心_n
就是_d
脚踏实地_z
地_uv
做好_v
自己_r

图7.8 jieba分词的词性分析的代码运行结果

（5）新词识别。jieba 分词默认会对连续的单个字符使用 HMM（Hidden Markov Model，隐马尔可夫模型）进行新词识别。下面的程序实现了新词识别的功能，代码如下。

【程序代码清单 7.5】jieba 分词的新词识别

```
import jieba
print("/".join(jieba.cut(" 不忘初心就是脚踏实地地做好自己 ",HMM=False)))
```

上述代码的运行结果如图 7.9 所示。

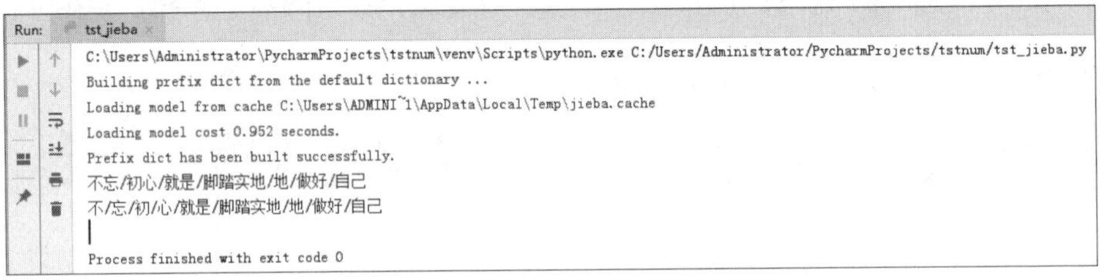

```
Run:  tst_jieba
C:\Users\Administrator\PycharmProjects\tstnum\venv\Scripts\python.exe C:/Users/Administrator/PycharmProjects/tstnum/tst_jieba.py
Building prefix dict from the default dictionary ...
Loading model from cache C:\Users\ADMINI~1\AppData\Local\Temp\jieba.cache
Loading model cost 0.952 seconds.
Prefix dict has been built successfully.
不忘/初心/就是/脚踏实地/地/做好/自己
不/忘/初/心/就是/脚踏实地/地/做好/自己

Process finished with exit code 0
```

图7.9　jieba分词的新词识别运行结果

上面我们分析了 jieba 分词的具体使用方法，就商品评论这个问题而言，可以用精确模式对商品的评论数据进行切分词条的处理。

但是要注意，有一个停用词的问题。什么是停用词（stop word）？在搜索引擎优化操作中，为节省存储空间和提高搜索效率，搜索引擎在索引页面或处理搜索请求时会自动忽略某些字或词，这些字或词被称为停用词。说得通俗一点儿，就是不好确定褒贬的中性词，如“是”“啊”“吧”等词到底表示好还是表示坏，无法确定。同理，“！”这个符号是好是坏也不确定。停用词一定程度上相当于过滤词（filter word），不过过滤词的范围更大一些，包含黄色、政治等敏感信息的关键词都会被视作过滤词并加以处理，停用词本身则没有这个限制。通常意义上，停用词大致可分为如下两类。

（1）一类是使用十分广泛，甚至是过于频繁的一些单词。比如英文的“i”“is”“what”以及中文的“我”“就”之类的词几乎在每个文档上均会出现，查询这样的词搜索引擎就无法保证能够给出真正相关的搜索结果，很难达到缩小搜索范围以提高搜索结果准确性的目的，同时还会降低搜索效率。因此，在真正的工作中，谷歌和百度等搜索引擎会忽略特定的常用词。在搜索的时候，如果使用了太多的停用词，也同样有可能无法得到非常精确的结果，甚至可能得到大量毫不相关的搜索结果。

（2）另一类是文本中出现频率很高，但实际意义又不大的词。这一类主要包括语气助词、副词、介词、连词等，通常其自身并无明确意义，只有将其放入一个完整的句子中才有一定作用，如常见的“的”“在”“和”“接着”之类。比如“SEO 研究院是原创的 SEO 博客”这句话中的“是”“的”就是两个停用词。文档中如果大量使用停用词容易对页面中的有效信息造成干扰，所以搜索引擎在运算之前都要对所索引的信息进行消除干扰的处理。对停用词了解了以后，这里需要对 jieba 分词后的数据进行停用词过滤，然后形成最终切分出来的词条列表，代码如下。

【程序代码清单 7.6】切分文本成词

```
def create_vocab_list(data_set):
    items=[]
    stopwords=[line.strip() for line in open("stopwords.txt","r",encoding="utf8").readlines()]
    for item in data_set:
        jieba_item= " ".join(jieba.cut(item))
        data_items=jieba_item.split(" ")
        result=[]
        for data_item in data_items:
            if data_item not in stopwords:
                result.append(data_item)
                items.append(result)
        vocab_set = set()  # create empty set
        for item in data_set:
# 求两个集合的并集
            vocab_set = vocab_set | set(item)
    return list(vocab_set)
```

这里定义了一个切分词条的函数 create_vocab_list()，函数接收商品评论的列表 data_set。首先定义一个词条列表 items，初始为空，作用是在程序执行过程中添加商品评论的每条语句的词条。接着读取停用词文件，把停用词文件中的数据按行读取，去掉每行数据两头的空格，形成一个停用词列表。然后遍历商品评论列表中的每一句评论，用 jieba 分词的精确模式进行分词的切分，再将切分的分词用 split() 方法形成列表，遍历该分词列表中的每个词是否在停用词列表中。如果不在停用词列表中，就将该句评论中的词条添加到该句的子词条列表。执行完一句商品评论语句的词条分解，就把子词条列表添加到词条列表中。遍历完所有的商品评论语句后，就意味着把所有的子词条列表添加到了词条列表中。词条列表中保存的就是所有的商品评论语句切分出来的词条列表。

切分词条列表的功能实现的是对商品评论数据的切分，商品评论数据通过创建商品评论数据集合的方式来实现，将每条评论最终对应的好评或差评的标签作为分类列表来处理，代码如下。

【程序代码清单 7.7】创建商品评论数据集

```
def load_data_set():
    rating_list = [
    " 好大一箱。品种多，味道好，麻辣鲜香，非常适合爱啃肉肉的小伙伴！物流也快，包装完好，日
期都是 5 月以后的，里面都是小包装，方便食用。必须五星！！！ ",
    " 这家卖的全是假货，骗人的 ",
    " 短袖收到了，这个价格太实在啦。选了两件自己喜欢的颜色，都特别的百搭，很好搭配裤子。",
    " 穿上以后大家都说像大妈，根本没有商品图像上的那个女的好 ",
    " 都说这个药效果很好，就买了一个疗程的试一试，没想到效果真的好 ",
```

```
        "货到的时候，我的痔疮已经好掉了"]
    class_vec = [0, 1, 0, 1, 0, 1]  # 1 表示差评 , 0 表示好评
return posting_list, class_vec
```

从这段代码中就可以看到，rating_list 就是一个商品评论数据的列表，class_vec 就是 rating_list 评论列表中好评和差评对应的标签列表。在标签列表中，数字 1 表示差评，数字 0 表示好评。

7.3.3 构建词向量

获得切分的词汇表以后，必须将词汇表都映射到特征词汇集上，构成由 0 和 1 表示的向量。实现手段是：可以遍历词汇表，对于特征集中的每一个词，若出现在商品的评论词汇表中，将该词出现的位置标为 1，否则置为 0。这样就形成了一个词向量，代码如下。

【程序代码清单 7.8】构造词向量

```
def set_of_words2vec(vocab_list, input_set):
    # 创建一个和词汇表等长的向量，并将其元素都设置为 0
    result = [0] * len(vocab_list)
    # 遍历文档中的所有词，如果出现了词汇表中的词，则将输出的文档向量中的对应值设为 1
    for word in input_set:
        if word in vocab_list:
            result[vocab_list.index(word)] = 1
        else:
            # 这个后面应该注释掉，因为对你没什么用，这只是辅助调试的
            print('the word: {} is not in my vocabulary'.format(word))
    return result
```

这段代码中的函数 set_of_words2vec() 实现的就是把商品评论词汇表中的词条转化成向量。该函数的输入参数为词汇表，输出的是文档向量，向量的每一个元素为 1 或 0，分别表示词汇表中的词在输入文档中是否出现。

7.3.4 用词向量计算概率

有了词汇表的向量，接下来使用这些数字的向量来计算概率。现在已经知道一个词是否出现在某一句的商品评论中，也知道这一句的商品评论所属的情感结果，即是好评还是差评。还记得 7.2 节提到的贝叶斯决策吗？现在来编写贝叶斯决策，将之前公式中的 x 和 y 替换为 $\boldsymbol{w}$。$\boldsymbol{w}$ 表示向量，它由多个数值组成。在这个例子中，数值个数与评论词汇表中的词个数相同。

$$p(c_i|\boldsymbol{w})=\frac{p(\boldsymbol{w}|c_i)p(c_i)}{p(\boldsymbol{w})}$$

使用上述公式，对每个类计算概率值，然后比较这两个概率值的大小。首先可以通过类别 i（好评或

者差评）中文档数除以总的文档数来计算概率 $p(c_i)$。接下来计算 $p(\boldsymbol{w}|c_i)$。朴素贝叶斯算法将 $\boldsymbol{w}$ 展开为每一个独立的特征，就可以将上述概率写作 $p(w_0,w_1,w_2,\ldots,w_n|c_i)$。假设所有词都互相独立，也称作条件独立性假设，它意味着可以使用 $p(w_0|c_i),p(w_1|c_i),p(w_2|c_i),\ldots,p(w_n|c_i)$ 来计算上述概率，这就把计算过程简化了。代码如下。

【程序代码清单 7.9】朴素贝叶斯训练方法

```
def  train_naive_bayes(train_mat, train_category):
    train_doc_num = len(train_mat)
    words_num = len(train_mat[0])
    # 因为差评被标记为 1， 所以只要把它们相加就可以得到差评有多少
    # 差评的出现概率，即 train_category 中所有的 1 的个数
    # 代表的就是多少个差评，与评论的总数相除就得到了差评的出现概率
    pos_abusive = np.sum(train_category) / train_doc_num
    # 词语出现的次数
    # 原版
    p0num = np.zeros(words_num)
    p1num = np.zeros(words_num)
    # 整个数据集词语出现的次数
    p0num_all = 0
    p1num_all = 0
    for i in range(train_doc_num):
        # 遍历所有的评论，如果是差评，就计算此差评中出现的贬义词语的个数
        if train_category[i] == 1:
        p1num += train_mat[i]
        p1num_all += np.sum(train_mat[i])
    else:
        p0num += train_mat[i]
        p0num_all += np.sum(train_mat[i])
        # 后面需要改成取 log 函数
p1vec = p1num / p1num_all
p0vec = p0num / p0num_all
return p0vec, p1vec, pos_abusive
```

这段代码中实现的函数 train_naive_bayes()，其中输入参数为词汇表向量 train_mat，以及由每篇文档类别标签所构成的向量 train_category。首先，计算评论属于差评的评论（class=1）的概率，即 $p(1)$。好评和差评问题是一个二分类问题，所以可以通过 $1-p(1)$ 得到 $p(0)$。

计算 $p(w_i|c_1)$ 和 $p(w_i|c_0)$。需要初始化程序中的分子变量和分母变量。由于 $\boldsymbol{w}$ 参数中元素比较多，因此可以使用 NumPy 数组计算方法快速计算这些值。$p(w_i|c_1)$ 和 $p(w_i|c_0)$ 中的分母变量是词汇表大小的 NumPy 数组长度。把词汇表向量用 for 循环的方式遍历。一旦某个词语（好评或差评）在某一文档中出现，则该词对应的个数就加 1，变量 p1num 对应着差评的个数统计变量，变量 p0num 对应着好评的个数统计变量。在所有的文档中，该文档的总词数也相应做加 1 处理。对两个类别都要进行同样的计算处理。

最后，对每个元素除以该类别中的总词数。利用 NumPy 可以很好地实现，用一个数组除以浮点数即可。函数也需要返回两个向量和一个概率。

· 7.3.5 对算法的改进

在前面写出的算法中，初始化的时候，分子完成的初始化 p0num 和 p1num，具体语句是通过 p0num = np.zeros(words_num) 和 p1num = np.zeros(words_num) 来实现的，意味着分子初始化为 0。利用贝叶斯分类器对评论进行情感分类时，要计算多个概率的乘积以获得该评论属于某个类别的概率，就是计算 $p(w_0|c_i),p(w_1|c_i),p(w_2|c_i),\cdots$，$p(w_n|c_i)$，其中一个概率为 0，则结果就为 0。这种影响是需要降低的，可以将分子中所有词出现的次数初始化为 1，即分子的语句修改为 p0num = np.ones(words_num) 和 p1num=np.ones(words_num)。因为这是二分类问题，分母原来初始化时两条语句是 p0num_all = 0 和 p1num_all = 0，可以改成初始化赋值为 2，即 p0num_all = 2 和 p1num_all = 2。修改后的代码如下。

【程序代码清单 7.10】修改后的朴素贝叶斯训练方法

```
def train_naive_bayes(train_mat, train_category):
    train_doc_num = len(train_mat)
    words_num = len(train_mat[0])
    # 因为差评被标记为 1， 所以只要把它们相加就可以得到差评有多少
    # 差评的出现概率，即 train_category 中所有的 1 的个数
    # 代表的就是多少个差评，与评论的总数相除就得到了差评的出现概率
    pos_abusive = np.sum(train_category) / train_doc_num
    # 词语出现的次数
    # 原版，变成 ones 是修改版，这是为了防止数字过小而溢出
    # p0num = np.zeros(words_num)
    # p1num = np.zeros(words_num)
    p0num = np.ones(words_num)
    p1num = np.ones(words_num)
    # 整个数据集词语出现的次数（原来是 0，后面改成 2 了）
    p0num_all = 2.0
    p1num_all = 2.0
    for i in range(train_doc_num):
        # 遍历所有的评论，如果是差评，就计算此差评中出现的贬义词语的个数
        if train_category[i] == 1:
            p1num += train_mat[i]
            p1num_all += np.sum(train_mat[i])
        else:
            p0num += train_mat[i]
            p0num_all += np.sum(train_mat[i])
    # 后面改成取 log 函数
    p1vec = np.log(p1num / p1num_all)
    p0vec = np.log(p0num / p0num_all)
    return p0vec, p1vec, pos_abusive
```

另一个遇到的问题是下溢出，这是由很多 0 和 1 之间很小的数相乘造成的。当计算 $p(w_0|c_i),p(w_1|c_i),p(w_2|c_i),\cdots,p(w_n|c_i)$ 的乘积时，由于大部分因子都是 0 和 1 之间的非常小的数，所以程序会四舍五入，取值为 0 而出现下溢出或者得到不正确的答案。解决办法是将乘积取自然对数，自然对数有这样的公式：$\ln(a\times b)=\ln(a)+\ln(b)$。通过取自然对数可以避免下溢出或者浮点数舍入导致的错误，采用取自然对数处理也不会有任何损失。可以通过 $f(x)$ 和 $\ln(x)$ 曲线的对比来看。

图 7.10 所示为 $f(x)$ 的曲线图。

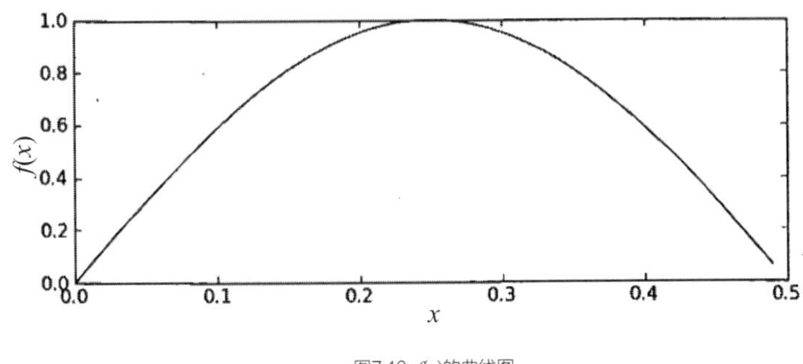

图7.10 $f(x)$的曲线图

图 7.11 所示为 $\ln(x)$ 的曲线图。

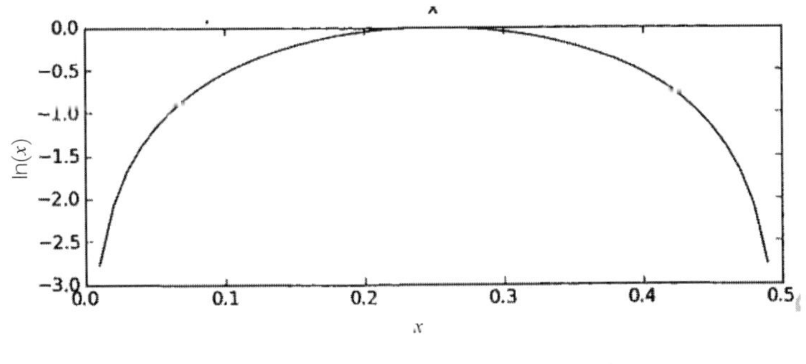

图7.11 $\ln(x)$的曲线图

7.3.6 利用概率值进行分类

获得了两个向量和一个概率值以后，将其传入分类函数中，使用 NumPy 的数组来计算两个向量相乘的结果。相乘是指对应元素相乘，即先将两个向量中的第一个元素相乘，然后将第二个元素相乘，以此类推。接下来将词汇表中所有词的对应值相加，然后将结果加到类别的对数概率上。最后比较类别的概率，根据比较结果返回大概率对应的类别标签，代码如下。

【程序代码清单 7.11】利用概率值进行分类

```
def classify_naive_bayes(vec2classify, p0vec, p1vec, p_class1):
    # 计算公式  log(P(F1|C))+log(P(F2|C))+…+log(P(Fn|C))+log(P(C))
    # 使用 NumPy 数组来计算两个向量相乘的结果，这里的相乘是指对应元素相乘，即先将两个向量中的第一个元素相乘，然后将第二个元素相乘，以此类推
    # 这里的 vec2classify * p1vec 的意思就是将每个词与其对应的概率关联起来
    # 可以理解为词语在词汇表中的条件下，文件是 good 类别的概率，也可以理解为在整个空间下，文件既在词汇表中又是 good 类别的概率
    p1 = np.sum(vec2classify * p1vec) + np.log(p_class1)
    p0 = np.sum(vec2classify * p0vec) + np.log(1 - p_class1)
    if p1 > p0:
        return 1
    else:
        return 0
```

7.3.7 测试算法

具体的逻辑和算法代码编写成功后，可进行测试，代码如下。

【程序代码清单 7.12】测试朴素贝叶斯算法

```
def testing_naive_bayes():
    # 加载数据集
    list_post, list_classes = load_data_set()
    # 创建词语集合
    vocab_list = create_vocab_list(list_post)
    # 计算词语是否出现并创建数据矩阵
    train_mat = []
    for post_in in list_post:
        train_mat.append(
            # 返回 m*len(vocab_list) 的矩阵， 记录的都是 0、1
            # 其实就是句子向量（即 data_set 里面的每一行）
            set_of_words2vec(vocab_list, post_in)
        )
        # 训练数据
        p0v, p1v, p_abusive = train_naive_bayes(np.array(train_mat), np.array(list_classes))
        # 测试数据
        test_one = set_of_sentence("用了一个疗程了，痔疮就是没有好，太骗人")
        test_one_doc = np.array(set_of_words2vec(vocab_list, test_one))
        print('"用了一个疗程了，痔疮就是没有好，太骗人，这条评论的最终分类结果：{}'.format("差评" if classify_naive_bayes(test_one_doc, p0v, p1v, p_abusive) else "好评"))
        test_two =set_of_sentence("物流快，包装好，都是自己喜欢的颜色")
        test_two_doc = np.array(set_of_words2vec(vocab_list, test_two))
        print('物流快，包装好，都是自己喜欢的颜色，这条评论的最终分类结果：{}'.format("差评" if classify_naive_bayes(test_two_doc, p0v, p1v, p_abusive)else "好评"))
```

这段代码中，首先实现的是加载数据集，获取到商品评论列表和评论的标签集合（好评或差评）。然

后将商品评论列表中的词语进行词条切分，计算词语是否出现并进行创建数据矩阵向量化等操作。接着训练数据，获得好评分类标签的概率和差评分类标签的概率及总概率。对分类函数传入第一个测试评论：“用了一个疗程了，痔疮就是没有好，太骗人”。通过结果展示第一句的结果是否正确。同样的道理，再传入分类函数的第二个测试评论“物流快，包装好，都是自己喜欢的颜色”，展示最终分类的结果是好评还是差评。上述代码的运行结果如图 7.12 所示。

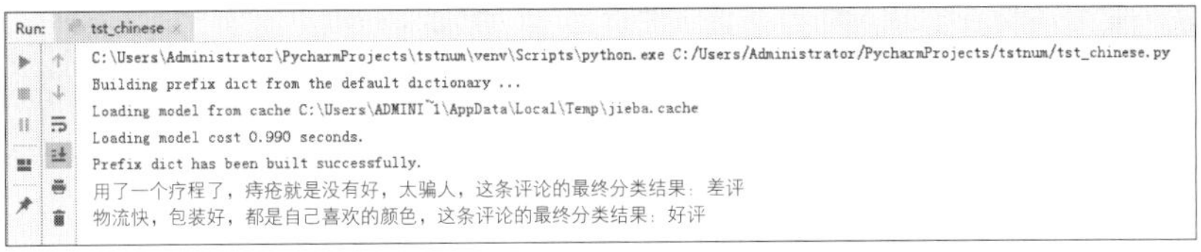

```
Run: tst_chinese
C:\Users\Administrator\PycharmProjects\tstnum\venv\Scripts\python.exe C:/Users/Administrator/PycharmProjects/tstnum/tst_chinese.py
Building prefix dict from the default dictionary ...
Loading model from cache C:\Users\ADMINI~1\AppData\Local\Temp\jieba.cache
Loading model cost 0.990 seconds.
Prefix dict has been built successfully.
用了一个疗程了，痔疮就是没有好，太骗人，这条评论的最终分类结果：差评
物流快，包装好，都是自己喜欢的颜色，这条评论的最终分类结果：好评
```

图7.12　测试朴素贝叶斯算法的代码运行结果

7.4 实战示例：金庸和古龙小说风格判别

利用朴素贝叶斯理论还可以处理其他很多分类问题。小说按内容来划分有很多种，单纯来看武侠小说，也会有很多种风格。网络上面曾有以金庸和古龙的写作风格描写搓澡的案例，内容是这样的。

金庸版内容如下。

搓澡工的双掌夹带着劲风拍在了浴客的后背上，浴客顿觉背上一股内力绵绵不断地攻入体内，心中不禁暗道一句：“好身手！”，暗自运功抵抗。无奈那双掌如同长眼一般，紧紧贴住浴客身体，上下翻飞，一掌快似一掌，一搓紧似一搓，令其难有喘息之机。浴客不由暗暗叫苦，脸上豆大的汗珠淌下来，身上的泥土四处飞溅。终于，浴客面如死灰，脱口喊道：“师父，你能轻点吗？皮都快掉了！”

古龙版内容如下。

四月十四，正午。

大众浴池。

无风，烟雾缭绕。

谁能忍受两年不洗澡？

他能！

但他现在正扒在搓澡的床上。

搓澡工出手了。

没人能看清他出手的动作和速度。

但是浴客没有躲闪，他知道一切都是徒劳。况且这次是他自愿的。

浴客的喉头有些发咸，胃也翻滚起来。一种液体仿佛要涌出体外。

一切又静了下来。

床还是那张搓澡床。

人已不见。

地上除了一些泥，还有几块皮，人皮……

空旷的澡堂子里回荡着浴客的惨叫……

这两种截然不同的风格也造就了金庸和古龙小说的很多经典语句。

比如，金庸的“孩儿，你长大了以后，要防备女人骗你，越是好看的女人越会骗人。”古龙的“最美丽的女人并不一定就是最可爱的，最快的马也不一定最强壮——美女往往缺少温柔，快马往往缺少持久力。”现在，就用朴素贝叶斯的方法来训练一些金庸武侠小说的经典句子和古龙武侠小说的经典句子，然后可以输入一些经典句子，看看是出自古龙的武侠世界，还是出自金庸的武侠世界。

提供的数据文件并不是金庸或者古龙武侠小说的全文，只是借用了几句朗朗上口的经典语录，旨在向金庸和古龙这样的大师级人物致敬，希望金庸或古龙的武侠江湖能够源远流长。具体程序的逻辑如图 7.13 所示。

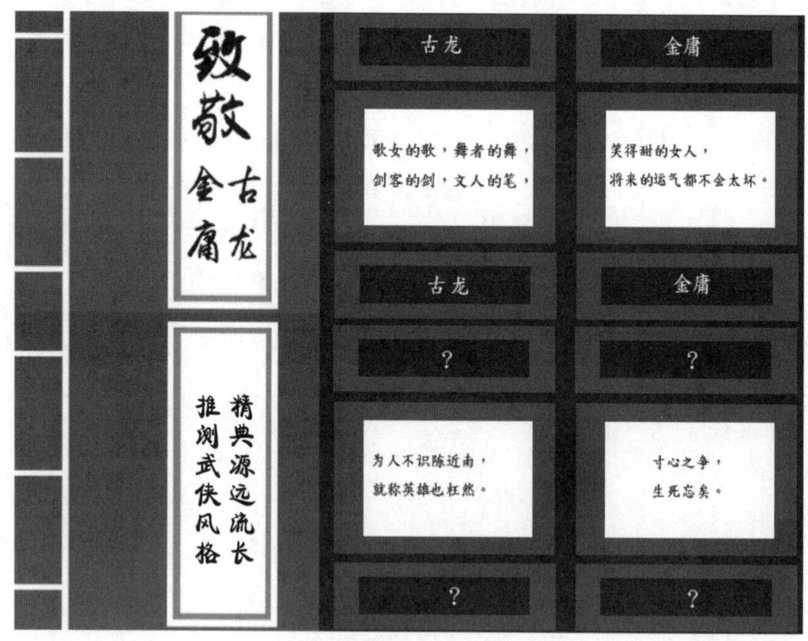

图7.13 金庸和古龙的武侠风格判断逻辑

收集数据。从命名 jinyong 的文件夹中读取金庸小说中的经典句子，从命名 gulong 的文件夹中读取古龙小说中的经典句子。

准备数据。将读取的经典句子用 jieba 分词切分成词条，根据金庸和古龙小说中的经典句子形成金庸和古龙的词条列表，并与金庸和古龙的标签列表一一对应。这里将金庸式经典句子的标签以 1 来表示，将古龙式经典句子的标签以 0 来表示。这也是一个二分类的问题。

分析数据。词条列表需要转化成向量列表才能更好地进行朴素贝叶斯的分析，这里用 TF-IDF（词频 - 逆词频）的方式来进行向量的转化。这也是普遍使用的方法，与商品评论的情感分析案例中的向量转化有一些不同。

训练算法。仍然使用前面商品评论的情感分析案例中的训练算法函数，其计算方法符合朴素贝叶斯决策。

测试算法。观察错误率，确保分类器可用。通过传递不同风格的经典语句，判断其最终是属于金庸的风格，还是属于古龙的风格。

使用算法。可以构建完整的程序，封装所有的内容。

7.4.1 收集数据

金庸的经典语录收集在 jinyong 的文件夹中，古龙的经典语录收集在 gulong 的文件夹中，可以利用 Python 读取文件的功能，分别读取 jinyong 和 gulong 文件夹中的文件，这两个文件夹中的文件都有 9 个。这里用循环来产生文件名并逐个读取文件，形成金庸或古龙经典语录列表的同时建立与金庸或古龙一一对应的标签列表，代码如下。

【程序代码清单 7.13】读取金庸和古龙经典语录文件

```
def load_data_set():
    posting_list=[]
    class_vec=[]
    for i in range(1,10,1):
        fr_jinyong=open("./jinyong/"+str(i)+".txt","r",encoding="utf8")
        fr_gulong=open("./gulong/"+str(i)+".txt","r",encoding="utf8")
        posting_list.append(fr_jinyong.readlines())
        class_vec.append(1)
        posting_list.append(fr_gulong.readlines())
        class_vec.append(0)
    return posting_list, class_vec
```

这段代码实现了数据集的收集。首先定义两个空列表 posting_list 和 class_vec，其中 posting_list 存储的是金庸或古龙的经典语录列表，class_vec 存储的是金庸或古龙的标签列表，两个列表之间的数据是一一对应的。posting_list 中的任一句经典语录一定对应了 class_vec 中的金庸或古龙的标签。接着进行循环遍历，产生 jingyong 和 gulong 文件夹中的 9 个文件名，用 open() 方法的读模式来读取 jinyong 和 gulong 文件夹下的文件。使用方法 readlines() 读取出相应的文件内容后添加到 posting_list 中，并同时将标签列表添加相应的标签数据。读取金庸目录下经典语句的时候，添加数值 1；读取古龙目录下经典语句的时候，添加数值 0。

· 7.4.2 准备数据

把从文件中读取的经典语句进行分词的切分处理变成词条，再把词条中的停用词去掉，这样就构成了文本分析中的词条列表。分词库采用 jieba 分词，这部分内容在商品评论的情感分析案例中已提到过。停用词文件仍然采用商品评论的情感分析案例中的停用词文件。注意，从收集数据中读取的内容形成的金庸或古龙的经典语录列表是一个二维数组。对每一句经典句子进行 jieba 分词模式分词的时候，需要引用的是二维数组的第二维度列表的第一个元素，代码如下。

【程序代码清单 7.14】建立金庸和古龙的分词列表

```
def create_list(data_set):
    items = []
    stopwords = [line.strip() for line in open("stopwords.txt", "r", encoding="utf8").readlines()]
    for item in data_set:
        jieba_item = " ".join(jieba.cut(item[0]))
        data_items = jieba_item.split(" ")
        result = []
        for data_item in data_items:
            if data_item not in stopwords:
                result.append(data_item)
            items.append(result)
    return items
```

这段代码与商品评论的情感分析案例中的方法是类似的，不同之处如下。

（1）对经典语句进行 jieba 分词的时候，用的是 " ".join(jieba.cut(item[0]))，这里使用 item[0] 的原因前面提到过，对金庸和古龙的经典语句进行数据收集以后，返回的经典语句列表是一个二维列表，第一层遍历以后，得到的第二层是含有一个字符串元素的列表，item[0] 才能访问到该元素。

（2）商品评论的情感分析案例是对切分后的词条列表用集合的方式进行了去重，这里不需要去重的原因是后面的算法会采用 TF-IDF 的方式进行向量的转化。

· 7.4.3 分析数据

在分析数据环节，也就是把词条列表转换成向量列表的环节，使用 TF-IDF 的方式。

TF-IDF 是信息检索（IR）中最常用的一种文本表示法，其思想是统计每个词出现的词频（TF），然后为其附上一个权值参数（IDF）。

举个例子来说明。要统计一篇文档中的前 10 个关键词，首先想到的是统计在整个文档中每个词出现的频率，词频越高，这个词就越重要。注意，统计停用词是没有意义的，因为它不能正确反映整个文档传达的意思。因此，统计的时候是要把停用词去掉的。但是往往去掉了停用词，留下一些有实际意义的词，也会遇到一些问题。比如《世界奶业发展报告》中出现比较多的词可能是“世界”“奶业”“发展”，但对于《世界奶业发展报告》来说，“世界”和“发展”相对于“奶业”来讲是比较常见的。比较常见的词和不常见到的词的重要程度显然应该是不一样的。这样才可能反映出这篇文章的特性，这正是所需要的关键词。统计学上会把较常见到的词给予较小的权重，不常见到的词给予较大的权重。也可以这样理解，停用词是一个能够置为 0 的权重，其他的一些关键词根据常见或不常见会有自己对应的权重值。“权重”这个词就是 IDF。知道了“词频”（TF）和“逆文档频率”（IDF）以后，将这两个值相乘，就得到了一个词的 TF-IDF 值。某个词对文章的重要性越高，它的 TF-IDF 值就越大。下面再来看看公式。

关于词频的计算方法如下。

$$词频(TF)=\frac{某个词在文章中的出现次数}{文章的总词数}$$

或者用下面的公式来计算。

$$词频(TF)=\frac{某个词在文章中的出现次数}{该文出现次数最多的词的出现次数}$$

关于逆词频的计算方法需要一个语料库，用来模拟语言的使用环境。具体公式如下。

$$逆文档频率(IDF)=\log(\frac{语料库的文档总数}{包含该词的文档数+1})$$

从公式上看，如果这个词常见，那么分母就较大，反文档频率越小分母越接近于 0。分母之所以加上 1，也是为了避免分母为 0。log 表示对得到的值取对数。

最后计算 TF-IDF 的结果。

TF-IDF=1111(TF)×111111111(IDF)

可以看到，TF-IDF 与一个词在文档中的出现次数成正比，与该词在整个文档中的出现次数成反比。所以，自动提取关键词的算法就很清楚了，就是计算出文档的每个词的 TF-IDF 值，然后降序排列，取排在最前面的几个词。

现在，根据具体的公式来实现 TF-IDF 算法，代码如下。

【程序代码清单 7.15】TF-IDF 算法的实现

```
def feature_select(list_words):
    # 总词频统计
    doc_frequency={}
    for word_list in list_words:
        for i in word_list:
            if i not in doc_frequency.keys():
                doc_frequency[i]=0
            doc_frequency[i]+=1
```

```
    # 计算每个词的 TF 值
    word_tf={} # 存储每个词的 TF 值
    for i in doc_frequency:
        word_tf[i]=doc_frequency[i]/sum(doc_frequency.values())
    # 计算每个词的 IDF 值
    doc_num=len(list_words)
    word_idf={} # 存储每个词的 IDF 值
    word_doc={} # 存储包含该词的文档数
    for i in doc_frequency:
        for j in list_words:
            if i in j:
                if i not in word_doc.keys():
                    word_doc[i]=0
                word_doc[i]+=1
        for i in doc_frequency:
            word_idf[i]=math.log(doc_num/(word_doc[i]+1)
    # 计算每个词的 TF × IDF 的值
    word_tf_idf={}
    for i in doc_frequency:
        word_tf_idf[i]=word_tf[i] × word_idf[i]
    # 对字典按值由大到小排序
    dict_feature_select=sorted(word_tf_idf.items(),key=operator.itemgetter(1),reverse=True)
    return dict_feature_select
```

这段代码中定义了函数 feature_select()，其具体功能就是计算 TF-IDF。接收了二维列表中金庸或古龙小说的经典语句，首先需要统计每个词语出现的总词频，定义一个空的字典型数据来存放词频的统计数据，构造形如 {" 大侠 ":3," 英雄 ":4} 这样的数据，字典中的键就是出现的词条，字典中的值就是该词条在训练集中出现的总次数。紧接着对传入的二维经典语句列表进行遍历，第一层 for 循环遍历的是二维经典语句列表中的每一个被训练的语句，第二层 for 循环遍历的是每一个被训练的语句切分后的每一个词条。如果当前被遍历到的词条没有出现在事先定义的统计词频的字典中，就把这个词条当作键存储在字典中，词条键对应的值是 1，即当前词条在训练集文档中出现了 1 次。在后续遍历过程中，如果字典中存在此词条，则把键对应的值进行累加。这样统计词频的字典中就存放了词条与词条在文档中出现次数的对应关系。

统计词频的字典生成以后，就可以进行 TF 值的计算了。利用公式需要把统计词频字典中该词条的值与统计词频字典中所有词条对应的值相除，最终结果就是每个词在该训练集中的词频。程序通过遍历的方法将统计词频字典中的所有条目取出，doc_frequency.values() 结合 sum() 方法求得文章的总词频数。再用 doc_frequency[i] 去除这个总词频数就是词频字典中每个词频对应的 TF 值。把得出来的所有词频的 TF 值添加到事先定义好的字典变量 word_tf 中。

每个词条的 TF 值确定了之后，就可以计算 IDF 值。根据 IDF 值的公式要求，需要计算语料库的总的文档数。把训练集中金庸或古龙小说经典语句列表的长度获取到，就可以确定语料库中总的文档数，即由

len(list_words) 语句实现。接着定义接收每个词条 IDF 值的空字典和包含该词文档数的空字典。对事先统计好词频的字典进行遍历，再对训练集二维经典语句列表的第一层进行遍历。当统计词频字典中的词条出现在二维经典语句列表中第一维的每一个元素中时，就证明当前的经典语句中是有这个词条的，如果这个词条没有在 IDF 值的字典中，就把词条作为键存储到 IDF 值的字典中，并把该词条在这条经典语句中的出现次数加上 1。因为整个循环是以统计词频字典来作为第一重循环，不同的经典语句作为第二重循环，就会出现如果多条经典语句出现这个词，就会把次数进行累加 1 操作，也就得到了包含该词的文档数。有了语料库的总文档数和包含每个词条文档数的字典这两个数据，就以统计词频的字典为循环依据，对每一个字典中的词条利用公式求出每个词条的 IDF 值，即将语料库的总文档数除以字典中每个词条对应文档数的统计值，结果取对数。

每个词条的 TF 和 IDF 都算出结果以后，可以把每个词条的 TF 和 IDF 进行相乘操作，再将获得的 TF-IDF 字典数据进行排序。这样就完成了每个词条的 TF-IDF 值的计算。

7.4.4 测试算法

在金庸和古龙小说风格判别案例中，朴素贝叶斯的概率计算及分类算法与商品评论的情感分析案例中的方法是一致的。直接调用函数进行分类金庸和古龙小说风格的测试工作，代码如下。

【程序代码清单 7.16】金庸和古龙小说风格的测试

```
def testing_naive_bayes():
    # 加载数据集
    list_post, list_classes = load_data_set()
    vocab_list = create_list(list_post)
    # 创建词语集合
    features=feature_select(vocab_list)
    features=set_of_stop(features)
    # 计算词语是否出现并创建数据矩阵
    train_mat = []
    for post_in in vocab_list:
        train_mat.append(
            # 返回 m*len(vocab_list) 的矩阵， 记录的都是 0、1
            # 其实就是句子向量 ( 就是 data_set 里面的每一行 )
                set_of_words2vec(features, post_in)
)
    # 训练数据
    p0v, p1v, p_abusive = train_naive_bayes(np.array(train_mat), np.array(list_classes))
    # 测试数据
    test_one = set_of_setence(" 人在江湖走，谁能不挨刀。")
    test_one_doc = np.array(set_of_words2vec(features, test_one))
    print(' 人在江湖走，谁能不挨刀。这句经典语录出自 : {}'.format(" 金庸 " if classify_naive_
bayes(test_one_doc, p0v, p1v, p_abusive) else " 古龙 " ))
```

```
    test_two =set_of_setence(" 武林至尊，宝刀屠龙。号令天下，莫敢不从。倚天不出，谁与争锋。")
    test_two_doc = np.array(set_of_words2vec(features, test_two))
    print(' 武林至尊，宝刀屠龙。号令天下，莫敢不从。倚天不出，谁与争锋。这句经典语录出自：{}'
.format(" 金庸 " if classify_naive_bayes(test_two_doc, p0v, p1v, p_abusive)else " 古龙 "))
```

这段代码中，首先通过 load_data_set() 方法来获取数据集经典语句列表和标签列表，经典语句列表需要调用 create_list(list_post) 进行词条的切分。紧接着通过 feature_select(vocab_list) 函数计算词条切分后每个词条的 TF-IDF 的值，再从获取的 TF-IDF 结果集中将停用词去掉。然后构造数据矩阵，对数据进行训练。这与商品评论的情感分析案例的调用方法是一致的。最后测试两句话“人在江湖走，谁能不挨刀。”和“武林至尊，宝刀屠龙。号令天下，莫敢不从。倚天不出，谁与争锋。”测试是出自金庸还是古龙哪一位大师的手。上述代码的运行结果如图 7.14 所示。

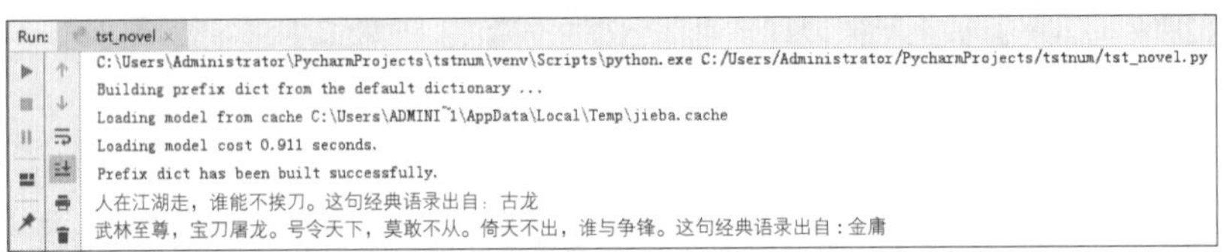

图7.14　金庸和古龙小说风格的测试的代码运行结果

从运行结果中可以看出，“人在江湖走，谁能不挨刀。”出自古龙，“武林至尊，宝刀屠龙。号令天下，莫敢不从。倚天不出，谁与争锋。”出自金庸。

这个案例的训练集文本不多，如果增加文本的测试量，或者将古龙或金庸的整个原著作为训练集，就可以大大增加整个案例的预测准确度。

7.5 朴素贝叶斯面试题解答

1. 朴素贝叶斯中“朴素”的含义是什么?

指它假定所有的特征在数据集中的作用是同样重要和独立的。正如我们所知，这个假设在现实世界中是很不真实的，因此，说朴素贝叶斯真的很“朴素”。用贝叶斯公式表达如下。

$$p(Y|X_1,X_2)=\frac{p(X_1|Y)p(X_2|Y)p(Y)}{p(X_1)p(X_2)}$$

而在很多情况下，变量不可能满足两两之间的条件。

朴素贝叶斯模型（Naive Bayesian Model）中朴素的含义是“很简单、很天真”地假设样本特征彼此独立。这个假设在现实中基本上不成立，但特征相关性很小的实际情况还是很多的，所以这个模型仍然能够工作得很好。

2. 当数据的属性是连续型变量时，朴素贝叶斯算法如何处理？

当朴素贝叶斯算法数据的属性为连续型变量时，有两种方法可以计算属性的类条件概率。

第一种方法：把一个连续的属性离散化，然后用相应的离散区间替换连续属性值。但这种方法不好控制离散区间划分的粒度。如果粒度太细，就会因为每个区间内训练记录太少而不能对 $P(X|Y)$ 做出可靠的估计；如果粒度太粗，那么有些区间就会有来自不同类的记录，因此失去了正确的决策边界。

第二种方法：假设连续变量服从某种概率分布，然后使用训练数据估计分布的参数，例如可以使用高斯分布来表示连续属性的类条件概率分布。

高斯分布有两个参数，均值 μ 和方差 σ_2，对于每个类 y_i，属性 X_i 的类条件概率等于：

$$p(X_i=x_i|Y=y_j)=\frac{1}{\sqrt{2\pi}\sigma_{ij}^2}\mathrm{e}^{\frac{(x_i-\mu_{ij})^2}{2\sigma_i^2}}$$

μ_{ij}：类 y_j 的所有训练记录关于 x_i 的样本均值估计。

σ_{ij}^2：类 y_j 的所有训练记录关于 x_i 的样本方差。

通过高斯分布估计出类条件概率。

3. 朴素贝叶斯有什么优缺点？

（1）优点如下。

对数据的训练快，分类也快。

对缺失数据不太敏感，算法也比较简单。

对小规模的数据表现很好，能处理多分类任务，适合增量式训练，尤其是数据量较大时，可以一批批地去增量训练。

（2）缺点如下。

对输入数据的表达形式很敏感。

由于朴素贝叶斯具有“朴素”的特点，所以会带来一些准确率上的损失。

需要计算先验概率，分类决策存在错误率。

7.6 朴素贝叶斯自测题

1. 朴素贝叶斯算法对缺失值敏感吗?
2. 朴素贝叶斯算法的前提假设是什么?

7.7 小结

本章对分类的算法的介绍更加深入，使用概率解决问题也是经常遇到的，贝叶斯概率及贝叶斯决策提供了一种利用已知值来估计未知概率的有效方法。

可以通过特征之间的条件独立性假设，降低对数据量的需求。独立性假设是指一个词的出现概率并不依赖于文档中的其他词。尽管条件独立性假设并不一定正确，但是朴素贝叶斯仍然是一种有效的分类器。如果在处理中出现下溢出的问题， 可以通过对概率取对数来解决。有时，还可以有一些其他方面的改进，比如说移除停用词，当然也可以花大量时间对切分器进行优化。

第 8 章

机器学习算法之逻辑回归

本章将从专业的角度对逻辑回归进行阐述。逻辑回归虽然被称作为回归，但其实际上是分类模型，并且常用于二分类。本章将结合生活中的相关案例，对逻辑回归算法的具体使用场合进行细化，也对逻辑回归的代码进行学习和原理上的推导。在实战方面，本章会通过鸢尾花分类和商铺扣点方式进行应用上的介绍，帮助读者将学习成果与实战很好地进行结合。

8.1 巧析力道学引入逻辑回归

有一首很“古老”的流行歌曲《穿过你的黑发的我的手》，乍听这首歌，我就在想，如果这是梅超风的手呢，那这个头就成了九阴白骨爪的试验田了。这里有个故事，就跟梅超风的九阴白骨爪有关，也跟算法有关。

牛家村附近，说高不算高的一个小山上，每天都会出现一些骷髅。这些骷髅的头骨上都留下了5个窟窿眼，说大不大，说小不小。有点儿江湖阅历的人，基本上都会明白，这是九阴白骨爪的“杰作”。

郭靖大侠把每个骷髅都摸了摸，记下了这些数据：“力道3.6，力道3.8，力道8.7，力道3.9，力道9.0，力道4.1……”这些力道的数字，有点儿像体育比赛中的难度系数。这些数据不是连续的值，但不难发现，经郭靖大侠摸过后的力道分为小数字和大数字，比如3.8、3.9等可以算小数字，8.9、9.0等可以算大数字。在做了这样的力道记录之后，郭靖道：“这是两个人作案，从江湖的路数上来说，力道轻的应该是初练九阴白骨爪的杨康，力道重的应该是有九阴白骨爪实战经验的梅超风。”

这里将要提到的逻辑回归的分类方法恰好就跟郭靖大侠的思维逻辑是类似的。

8.2 逻辑回归概述

在现实生活中会遇到很多线性问题，也就是数值不是零散的，而是连续的。如某个商品的价格、从某一地到某一地的距离、每个人的工资收益等，都是连续的值，它们都可能近似地用一条直线来拟合，这种规律就叫线性。拟合的过程就是回归。如果把这些线性的问题分成高、低、长、短几种分类，找出线性问题的分界线，根据现有数据对分类边界线建立回归公式，这就是逻辑回归的思想。例如把工资的连续数值问题分为低工资段和高工资段，就是把线性问题归结到了一个分类的问题。

基于训练好的回归系数就可以对这些数值进行简单的回归计算，判定它们属于哪个类别。

8.2.1 逻辑回归的 sigmoid 函数

逻辑回归需要的函数应可以接收所有的输入，然后能够预测出分类情况。如果只有分类，输出0和1是最好的选择。这种性质的函数被称为赫维赛德函数，函数对应的图像如图8.1所示。

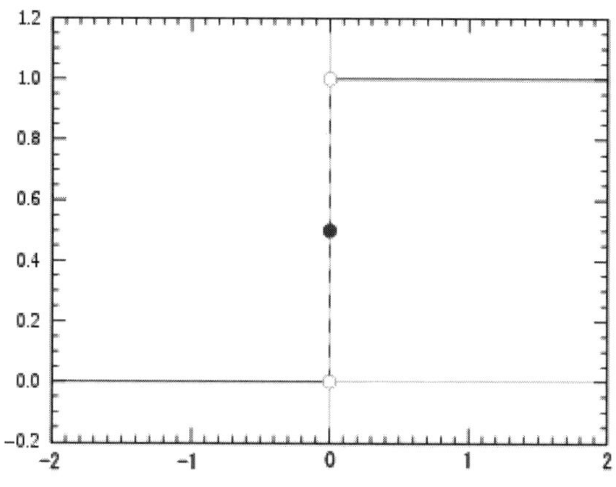

图8.1 赫维赛德函数图像

图像中的这种函数的问题在于从 0 跳跃到 1 的过程非常难处理，可能在某种条件下需要求导才能最终解决问题。sigmoid 函数是一个在生物学中常见的函数，也称为 S 型函数。sigmoid 函数具体的计算公式如下。

$$\delta(z)=\frac{1}{1+\mathrm{e}^{-z}}$$

函数在图像上的具体表现是，当 x 为 0 时，sigmoid 函数值为 0.5。随着 x 的增大，对应的 sigmoid 值将逼近于 1；而随着 x 的减小，sigmoid 值将逼近于 0。sigmoid 函数图像如图 8.2 所示。

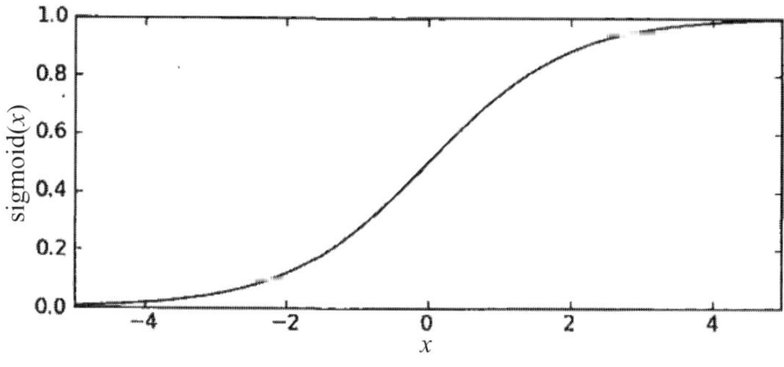

图8.2 sigmoid函数图像

此时，如果横坐标的刻度足够大，sigmoid 函数图像看起来就像是一个阶跃函数。阶跃函数就是指一种特殊的连续时间函数，反映在图像上是一个从 0 跳变到 1 的过程，属于奇异函数。sigmoid 函数常用于电路分析。

逻辑回归分类器要解决的是分类问题。之所以回归，是因为输出的数据是呈线性关系的，可以用类似于 $y=ax+b$ 这种公式来拟合这种线性关系，即在输入的每个特征上都乘一个回归系数，然后把所有得到的结果值相加，将这个总和代入 sigmoid 函数中，进而得到一个范围在 0~1 的数值。任何大于 0.5 的数据被归为 1 类，小于 0.5 则被归为 0 类。逻辑回归也可以被看作一种概率估计，如图 8.3 所示。

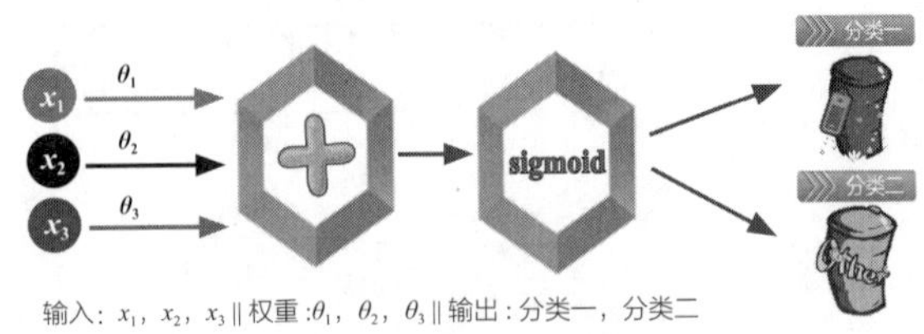

图8.3 逻辑回归解决分类问题的原理

图 8.3 中的分类结果用垃圾筒表示，现在比较流行垃圾分类，而逻辑回归也比较特别。也可以这样理解，垃圾根据不同的权重是要放到不同分类的垃圾筒中的，而每个不同的权重都对应了很多的内容，这些内容可以理解成线性关系。这样就容易记忆逻辑回归，戏称“垃圾回归”。

用这种逻辑来分析任何与线性有关的内容，都是可以行得通的。比如生活中的消费品物价调整了，调整的值是线性的，调高、调低都会影响到消费者的心情好坏；生活中每个消费者的工资调整了，调整的值也是线性的，调高、调低也会影响到消费者的心情好坏；把消费者物价调整和工资调整做一个比重分配，利用逻辑回归来得出物价调整和工资调整后消费者总体心情好坏的分类情况。通过这个分类情况就可以了解物价调整的幅度和工资调整的幅度是否满足消费者的平均消费承受能力，如图 8.4 所示。

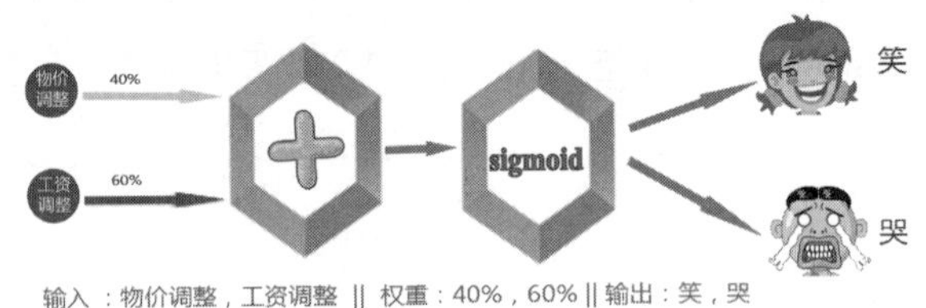

图8.4 逻辑回归举例说明分类问题的原理

确定了分类器的函数，现在问题的关键就是，如果定义权重，图 8.4 中的 40% 和 60% 是一个模拟，而是不是最佳权重，还需要研究和探讨。这个最佳权重在逻辑回归中称为最佳回归系数。如何确定回归系数的大小，就成了逻辑回归主要讨论的问题。

8.2.2 基于最优化方法的最佳回归系数确定

sigmoid 的输入是由下面的公式决定的。

$$z = w_0x_0 + w_1x_1 + w_2x_2 + \cdots + w_nx_n$$

将上面的式子采用向量的形式，可以表示成 $z = \boldsymbol{w}^{\mathrm{T}}\boldsymbol{x}$，表示两个数值向量对应元相乘，然后全部加起来即得到 z 值。向量 $\boldsymbol{x}$ 是分类器的输入数据，向量 $\boldsymbol{w}$ 是需要找到的最佳系数，从而使分类器尽可能准确。公式 $z = \boldsymbol{w}^{\mathrm{T}}\boldsymbol{x}$ 也可以这样表示。

$$z=[x_0\ x_1\ \cdots\ x_n]\begin{bmatrix}w_0\\w_1\\\vdots\\w_n\end{bmatrix}=w_0x_0+w_1x_1+\cdots+w_nx_n$$
$$=\boldsymbol{w}^{\mathrm{T}}\boldsymbol{x}$$

再将 z 进行 sigmoid 函数变换，得到的式子如下。

$$h_w(X)=\delta(\boldsymbol{w}^{\mathrm{T}}X)=\frac{1}{1+\mathrm{e}^{-\boldsymbol{w}^{\mathrm{T}}X}}$$

对一个二分类问题而言，给定任何一个输入，函数最终的输出只能有两类——0 或者 1，所以用式子可以实现对其分类。

$$P(y=1\mid X)=\frac{1}{1+\mathrm{e}^{-\boldsymbol{w}^{\mathrm{T}}X}}=h_w(X)$$
$$P(y=0\mid X)=\frac{\mathrm{e}^{-\boldsymbol{w}^{\mathrm{T}}X}}{1+\mathrm{e}^{-\boldsymbol{w}^{\mathrm{T}}X}}=1-h_w(X)$$

为了便于运算，将上述式子整合为一个公式。

$$L(w)=\prod_{i=1}^{n}P(y_i\mid X_i)=\prod_{i=1}^{n}h_w(X_i)^{y_i}(1-h_w(X_i))^{1-y_i}$$

由于乘法计算量过大，所以可以将乘法变加法，对上式求对数，公式如下。

$$J(w)=\log L(w)=\sum_{i=1}^{n}(y_i\log h_w(X_i)+(1-y_i)\log(1-h_w(X_i)))$$

可以看出当 y=1 时，加号后面式子的值为 0；当 y=0 时，加号前面式子的值为 0。这与上文分类式子达到的效果是一样的。$L(w)$ 称为似然函数，$J(w)$ 称为对数似然函数。

在寻找最佳回归系数 w 时，最常用的算法就是梯度上升算法和梯度下降算法。下面分别介绍梯度上升算法和梯度下降算法。

8.2.3 梯度上升算法

海拔比较高的景点一般都会有缆车，如图 8.5 所示。

图8.5 缆车上坡

缆绳一般都是有一定的弧度的，在缆车上坡的时候，缆车上面的平衡杆相当于缆绳这条弧线的切线，切线的斜率是一直在变化的，这说明在这个方向上有梯度变化。梯田也是随着山坡坡度变化的田地，这也在山坡的变化方向上形成了梯度，如图 8.6 所示。

图8.6 梯田的梯度变化

梯度一般记为∇，则函数 $f(x,y)$ 的梯度可表示如下。

$$\nabla f(x,y)=\begin{pmatrix}\dfrac{\partial f(x,y)}{\partial x}\\ \dfrac{\partial f(x,y)}{\partial y}\end{pmatrix}$$

通俗点儿说，即对多元函数的参数求偏导，并把求得的各个参数的偏导数以向量的形式写出来。物体要沿着 x 轴方向移动$\dfrac{\partial f(x,y)}{\partial x}$，沿 y 轴方向移动$\dfrac{\partial f(x,y)}{\partial y}$。

因为在变化的方向上形成了梯度，梯度上升算法在物体到达每一个点之后都会重新评估下一步将要移动的方向。从 x_0 开始，在计算完该点的梯度后，函数就会移动到下一个点 x_1。在 x_1 点，会重新计算梯度，继而物体移动到 x_2 点。循环迭代此过程，直到满足停止条件，每次迭代都是为了找出当前能选取到的最佳移动方向，如图 8.7 所示。

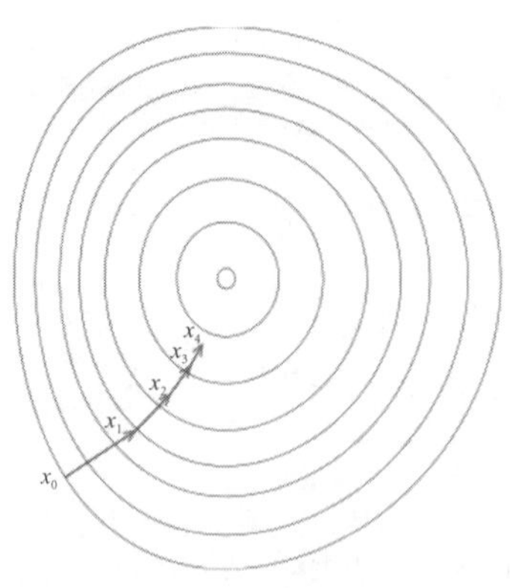

图8.7 梯度上升算法迭代寻找最佳移动方向

前面讨论了方向的变化，其实也存在着量的变化。缆车每运行一步距离就产生变化的量，梯田的每一级田地之间的间距也形成了量的变化。量值称为步长，如果把步长记作 α，那么可以得出梯度上升算法的迭代公式。

$$w_{j+1} = w_j + \alpha \nabla_w f(w) = w_j + \alpha \frac{\partial f(w)}{w_j}$$

这个公式是比较难理解的，下面先直观地了解一下梯度上升算法。

假使现在有两个样本数据，用两个样本数据分析问题比较简单，如表 8.1 所示。

表 8.1　两个样本数据类别的坐标点

样本	X_1	X_2	类别
1	-3.6	7.4	1
2	-5.8	10.2	0

最终需要找一个函数，给定一个数据两个维度的值，这个函数就能够预测其属于类别 1 的概率。概率是由 sigmoid 函数计算得出的，方程是 $y = w_0 + w_1X_1 + w_2X_2$ 这样的形式，这里的 w_0、w_1、w_2 指的是权重系数。可以把样本 1 和样本 2 的数据代进去，看看这个函数的预测效果如何，假设样本 1 的预测值是 $p_1 = 0.9$，样本 2 的预测值是 $p_2 = 0.3$。

函数在样本 1 上犯错误的概率（简称错误率）为 e_1=（1−0.9）=0.1，在样本 2 上的错误率为 e_2=（0−0.3）= −0.3，总错误率 E 为 0.1−0.3=−0.2，也就是说 e_1+e_2=−0.2。具体数据如表 8.2 所示。

表 8.2　两个样本数据类别的坐标点预测值及错误率

样本	X_1	X_2	预测值	错误率	类别
1	3.6	7.4	0.9	0.1	1
2	-5.8	10.2	0.3	-0.3	0

现在我们要改进 w_t 的值，使得函数在样本 1 和样本 2 上的错误率 E 减小。

对于样本 1:

```
X1e1=(-3.6)×0.1= -0.36
```

−0.36 意味着样本 1 的 X_1 和 e_1 是异号的，减小 w_1 的值，能够减小函数在样本 1 上的错误率。原因在于 w_1 减小，则 X_1w_1 增大（因为样本 1 的 X_1 是负的），对函数 $y = w_0 + w_1X_1 + w_2X_2$ 的影响是值也会增大，又由于 sigmoid 函数是单调递增的，则概率就会增大。当前的预测值是 0.9，增大就是逐渐在向 1 靠近，也就是减小了在样本 1 上的错误率。

对于样本 2:

X_1e_2=(−5.8)×(−0.3)= 1.74，结果说明样本 2 的 X_1 和 e_2 是同号的，增大 w_1 的值，能够减小函数在样本 2 上的错误率。随着 w_1 的增大，X_1w_1 则减小，进而使得 $y = w_0 + w_1X_1 + w_2X_2$ 减小，又由于 sigmoid 函数是单调递增的，则概率会减小。当前的预测值是 0.3，减小就是在向 0 靠近，也就是减小了在样本 2 上的错误率。

现在的问题就是这样的，在样本 1 中，要减小 w_1 的值，这样函数对结果的判断就更准确了；在样本 2 中，要增大 w_1 的值，这样函数对结果的判断就更准确了。

显然，样本 1 和样本 2 都只是从自己的角度出发得出的结果，只能综合它们的意见，以决定是增大 w_1 还是减小 w_1，计算如下。

```
-0.36+1.74 = 1.38
```

最后的结果 1.38 是正的，说明增大 w_1 对函数的结果判断更有利。也就是说，增大 w_1 后，虽然在样本 1 上的错误率会稍稍增大，但在样本 2 上的错误率会大大减小，一个是稍稍增大，另一个是大大减小，为了函数总体表现，肯定是增大 w_1 的值啦！

那么具体增加多少呢？需要用一个专门的参数来控制，也就是步长，如图 8.8 所示。

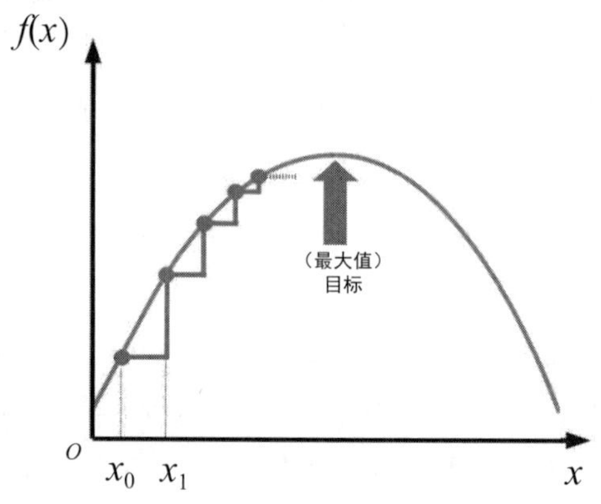

图8.8 梯度上升算法步长参数控制

在最开始时梯度较大，步长可以比较大，但梯度是呈现逐渐增大的趋势的，这时离最优值也越来越近，步长要随之减小。如果上升速率很大，在接近最优点时，梯度乘了一个数值比较大的步长，就会出现图 8.9 所示的这类情况。

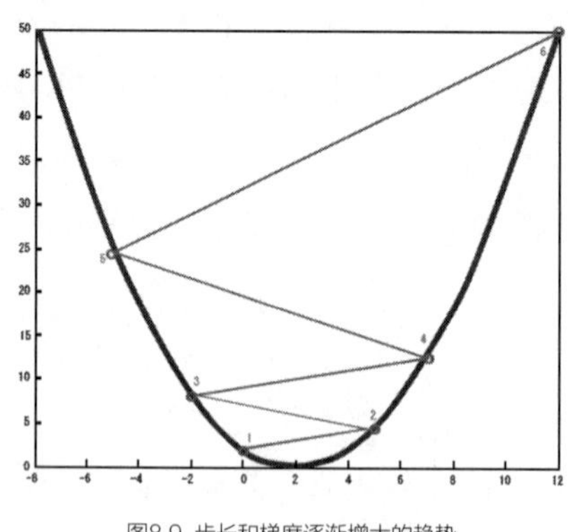

图8.9 步长和梯度逐渐增大的趋势

从图 8.9 中可以得到，点 1 直接跳到了点 2，开始振荡，上述迭代次数与回归系数关系图中产生了较大的振荡，而对步长的优化即可避免这类情况。

8.3 逻辑回归实战示例：鸢尾花分类实现逻辑回归

用逻辑回归分析回归问题分类的一般流程如图 8.10 所示。

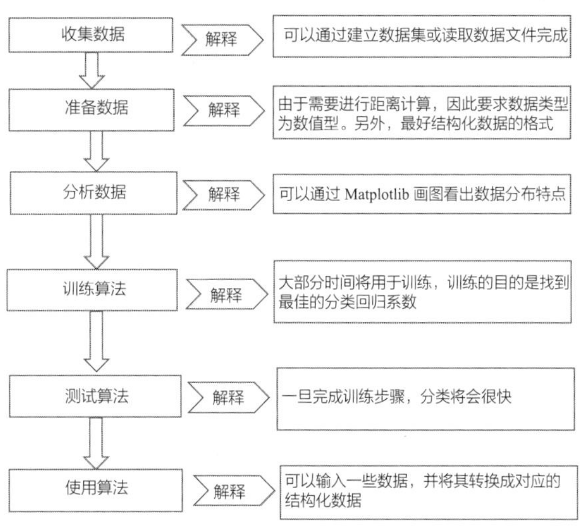

图8.10 逻辑回归分析鸢尾花分类的流程

8.3.1 鸢尾花分类数据集的准备处理

下面通过分类数据集来说明逻辑回归算法的具体实现，数据集中有两个特征值 x1 和 x2。先定义读取数据的函数 Load_data_set()，数据文件的意义是根据鸢尾花的花萼长度和花萼宽度来判断鸢尾花的分类是属于山鸢尾花还是杂色鸢尾花。其具体功能实现步骤是打开文本文件 flower_de_luce.txt 并逐行读取。每行的前两个值分别代表鸢尾花的花萼长度 x1 和花萼宽度 x2，第三个值就是鸢尾花数据对应的分类标签，标出是山鸢尾花还是杂色鸢尾花，如图 8.11 所示。

图8.11 鸢尾花数据分类示意

最后将读取的数据返回。这里为了便于计算，将函数中的输入 x0 的值设为 1.0，具体代码实现如下。

【程序代码清单 8.1】鸢尾花分类数据集的读取处理

```
def load_data_set():
    data_arr = []
    label_arr = []
    f = open('flower_de_luce.txt', 'r')
    for line in f.readlines():
        line_arr = line.strip().split(",")
        data_arr.append([1.0, np.float(line_arr[0]), np.float(line_arr[1])])
        label_arr.append(int(line_arr[2]))
    return data_arr, label_arr
```

8.3.2 鸢尾花分类逻辑回归 sigmoid 函数的实现

接下来就是实现 sigmoid 函数。直接使用 sigmoid 函数的公式返回具体的值即可，代码如下。

【程序代码清单 8.2】鸢尾花分类逻辑回归 sigmoid 函数的实现

```
def sigmoid(x):
    return 1.0 / (1 + np.exp(-x))
```

上述代码比较简单，就是 sigmoid 公式的代码实现。

8.3.3 鸢尾花分类逻辑回归梯度上升函数的实现

通过梯度上升算法找到最佳回归系数，也可以拟合出逻辑回归模型的最佳参数。梯度上升算法的具体流程如图 8.12 所示。

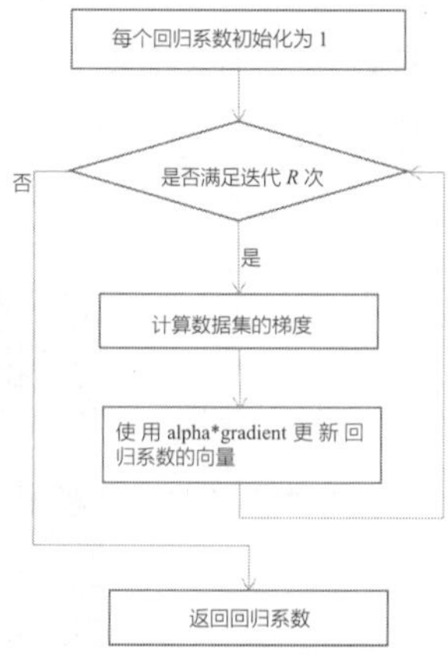

图8.12 梯度上升算法的具体流程

具体代码实现如下。

【程序代码清单 8.3】鸢尾花分类逻辑回归梯度上升函数

```
def grad_ascent(data_arr, class_labels):
    data_mat = np.mat(data_arr)
    label_mat = np.mat(class_labels).transpose()
    m, n = np.shape(data_mat)
    alpha = 0.001
    max_cycles = 500
    weights = np.ones((n, 1))
    for k in range(max_cycles):
        h = sigmoid(data_mat * weights)
        error = label_mat - h
        weights = weights + alpha * data_mat.transpose() * error
    return weights
```

代码中梯度上升是由 grad_ascent() 函数完成的。函数接收两个参数。第一个参数是 data_arr，是一个二维的 NumPy 数组，数组中的每列代表鸢尾花的花萼长度或花萼宽度不同的特征值，每行代表每一个鸢尾花训练样本。这里采用了 100 个训练样本，注意，每个样本除特征值花萼长度 x1 和花萼宽度 x2，还包括自定义的 x0，data_arr 就是一个 100×3 的矩阵。第二个参数是类别标签，是一个 1×100 的行向量。为了便于矩阵和矩阵之间的运算，需要将行向量转换为列向量，就是把原来的类别标签行向量进行转置，再将它赋给变量 label_mat。然后用 shape() 方法得到矩阵的大小，再设置梯度上升算法的参数，包括步长 alpha，迭代次数 max_cycles，最佳回归系数的初值 weights。紧接着 for 循环根据迭代次数进行迭代，并根据逻辑回归的特点，输入 data_arr 样本矩阵和对应权重系数的乘积再通过 sigmoid 函数求得变量 h 值，用 label_mat-h 来计算错误率 error，最后通过现有权重加上步长乘 label_mat 的转置乘错误率，来算出最新的权重值，更新权重值。迭代达到 max_cycles 之后，返回最佳权重系数。

8.3.4 鸢尾花分类逻辑回归画出决策边界

其实，通过上面的算法可以求解出一组回归系数，确定不同类别数据之间的分隔线。可以通过代码画出该分隔线，代码如下。

【程序代码清单 8.4】鸢尾花分类逻辑回归画出决策边界

```
import Matplotlib.pyplot as plt
    data_mat, label_mat = load_data_set()
    data_arr = np.array(data_mat)
    n = np.shape(data_mat)[0]
    x_cord1 = []
    y_cord1 = []
    x_cord2 = []
```

```
y_cord2 = []
for i in range(n):
    if int(label_mat[i]) == 1:
        x_cord1.append(data_arr[i, 1])
        y_cord1.append(data_arr[i, 2])
    else:
        x_cord2.append(data_arr[i, 1])
        y_cord2.append(data_arr[i, 2])
fig = plt.figure()
ax = fig.add_subplot(111)
ax.scatter(x_cord1, y_cord1, s=30, color='k', marker='^')
ax.scatter(x_cord2, y_cord2, s=30, color='red', marker='s')
x = np.arange(2,5, 1)
y = (-weights[0] - weights[1] * x) / weights[2]
ax.plot(x, y)
plt.xlabel('x1')
plt.ylabel('y1')
plt.show()
```

这段代码首先获取数据训练集，将数据训练集中的特征值部分转成 numpy.array 数组，计算特征值数组的大小；然后初始化山鸢尾花分类的花萼长度 x_cord1 和花萼宽度 y_cord1，再初始化杂色鸢尾花分类的花萼长度 x_cord2 和花萼宽度 y_cord2；紧接着 for 循环迭代每一行样本鸢尾花样本数据，根据鸢尾花分类标签来进行山鸢尾花或者杂色鸢尾花对应的花萼长度 x_cord1、x_cord2 和花萼宽度 y_cord1、y_cord2 的收集。最后应用 Matplotlib 模块的画图方法，用 subplot() 指定子图，用 scatter 参数的花萼长度和花萼宽度确定画山鸢尾花的点和杂色鸢尾花的点，将两类鸢尾花的点画完以后，就可以把横轴从 2 到 5 以 0.1 为单位长度，2 到 5 是按鸢尾花长度来确定的范围值，纵轴的值由公式 $w_0 \times x_0 + w_1 \times x_1 + w_2 \times x_2 = f(x)$ 而来，这里 x_0 用的是 1，x_1 就是画图时的 x 值，x_2 就是画图时需要确定的 y 值，而 $f(x)$ 被磨合误差算到 w_0、w_1、w_2 身上去了。所以 $w_0 \times x_0 + w_1 \times x_1 + w_2 \times x_2 = 0$，$y$ 值使用公式 $y = -(w_0 - w_1 \times x) / w_2$ 求得。有了 x 和 y 值，直接调用画线函数 plot(x, y) 画线、pyplot.show() 显示线和点即可。

通过调用该函数，执行主线程，就可以得到结果，代码如下。

【程序代码清单 8.5】鸢尾花分类逻辑回归画出决策边界主函数的调用

```
if __name__=="__main__":
    data_arr, class_labels = load_data_set()
    weights = grad_ascent(data_arr, class_labels).getA()
    plot_best_fit(weights)
```

注意，这里的 grad_ascent() 返回的是一个矩阵， 所以要使用 getA() 方法将之变成数组类型。

上述代码的运行结果如图 8.13 所示。

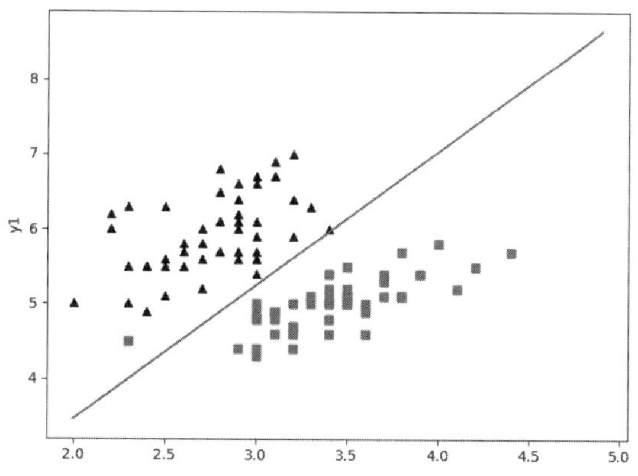

图8.13　鸢尾花分类逻辑回归画出决策边界的代码运行结果

8.3.5　鸢尾花分类逻辑回归梯度上升算法的改进

前面完成的梯度上升算法都是在每次更新回归系数时遍历整个数据集，处理小型数据集如 100 条数据左右的数据集尚可，如果处理数十亿的样本或特征，这种方法的计算复杂度就非常高了。对算法进行改进的策略就是一次只有一个样本点来更新回归系数，这种方法称为随机梯度上升算法。这种算法可以在新样本到来时对分类器进行增量式的更新，也是一个在线学习算法。其实与在线学习相对应的算法，就是一次性处理所有数据。这种一次性处理所有数据的算法称为“批处理”，代码如下。

【程序代码清单 8.6】鸢尾花分类逻辑回归梯度上升算法的改进

```
def stoc_grad_ascent1(data_mat, class_labels, num_iter=200):
    m, n = np.shape(data_mat)
    weights = np.ones(n)
    for j in range(num_iter):
        data_index = list(range(m))
        for i in range(m):
            alpha = 4 / (1.0 + j + i) + 0.01
            rand_index = int(np.random.uniform(0, len(data_index)))
            h = sigmoid(np.sum(data_mat[data_index[rand_index]] * weights))
            error = class_labels[data_index[rand_index]] - h
            weights = weights + alpha * error * data_mat[data_index[rand_index]]
            del(data_index[rand_index])
    return weights
```

随机梯度上升算法与梯度上升算法的代码类似，也有一些区别：第一，后者的变量 h 和错误率 error 都是向量，而前者则全是数值；第二，前者没有矩阵的转换过程，所有变量的数据类型都是 NumPy 数组。

alpha（步长）的值也会随着迭代次数的增多不断减小，关于 alpha 的函数，一般最开始的 alpha 比较大，后面 alpha 会越来越小。如在 $\frac{7}{1+j+i}$ 中，j 是迭代次数，i 是样本点的索引。alpha 的值最开始可以是 $\frac{7}{1}$，当然，这个 alpha 的常数 7 也可以自定义，画出来拟合的分界线能够理想地进行分类点的划分即可。随着迭代次数的增加，j 和 i 不断增加，alpha 的值也在不断地减小，常数项 0.01 保证 alpha 永远不会减少到 0。为了保证多次迭代后新数据仍然有一定的影响，可以适当增大常数项，来确保新值获得更大的回归系数。

算法中还增加了一个迭代次数作为第三个参数。如果该参数没有给定，算法默认迭代 150 次；如果给定，算法就按照给定参数值进行迭代。

除了 alpha 有所改变，每次还要从 100 个样本数据中随机选取一个，del(data_index[rand_index]) 语句保证了选择样本数据的不重复，具体过程如下。

假设 m=6。每轮循环，一开始，data_index 就是 [0,1,2,3,4,5]，data_index 列表的长度就是 len(data_index)=5，假使第一次 rand_index 随机选择的是 3，选了 [0,1,2,3,4,5] 中的 3 这个元素。于是使用 dataMatrix[3] 这个样本，然后从 data_index 里删除 [3] 这个元素，即 3。现在 data_index 就变成了 [0,1,2,4,5]，对应 len(data_index)=5。

第二次 rand_index 将在 [0,1,2,4,5] 中选择一项。假如就是那么凑巧，又是 3，其对应的值是 4，于是使用 dataMatrix[4] 这个样本，就会从 data_index 中删除 [3] 这个元素，即 4。现在 data_index 变成 [0,1,2,5]，对应 len(data_index)=4。

从类推中可以得到，列表长度在逐渐减小，dataMatrix[rand_index] 的值在不断变化，这样 del(data_index[rand_index]) 就造成了选择样本数据的不重复。

接着用 plot_best_fit() 画出其最佳拟合曲线图，如图 8.14 所示。

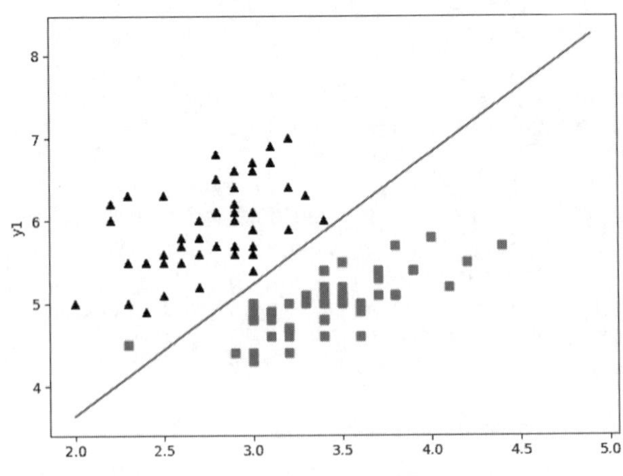

图8.14 随机梯度上升算法改进后的分类图绘制的代码运行结果

8.4 逻辑回归实战示例：商铺扣点方式

随着时代的发展，大型商场比比皆是，楼层多，商铺也多。在商场中的商户，之所以能够在商场中经营，在于其支付过商铺的租金。商户向商场支付租金的方式，也称为扣点方式。一种扣点方式是纯保底；另一种扣点方式是保底和流水中两者取高。具体采用哪一种方式也可以通过商铺的特征数据获得建议，比如平均租金、销售额、商铺面积、合同期限等相关特征数据。由于平均租金、销售额、商铺面积、合同期限等数据本身就是一些线性的数值，通过数值的特征数据来建议商户采用纯保底还是保底和流水取高的两分类标签结果就可以使用逻辑回归算法。通过对训练集中商铺扣点方式的逻辑回归算法，找到最佳的回归系数，通过线性变换再通过 sigmoid 求出概率值，大于 0.5 的值可以选择保底和流水取高的扣点方式，小于 0.5 就可以选择纯保底的扣点方式。训练集的数据越充分，对测试的结果来说越有保证。可以用图 8.15 所示的流程去分析。

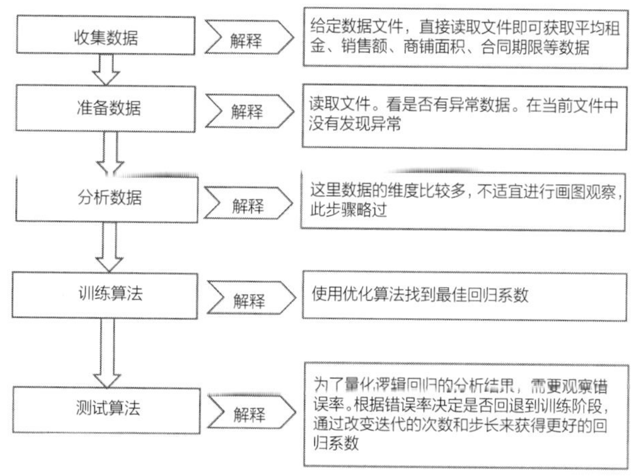

图8.15 商铺扣点方式选取逻辑回归流程

8.4.1 商铺扣点方式的数据读取和处理

该案例读取数据的方法跟之前读取鸢尾花数据的方法类似，不过鸢尾花只有两个维度，而商铺扣点方式的数据维度有 4 个，选取训练集的时候需要增加训练集的维度，代码如下。

【程序代码清单 8.7】商铺扣点方式的数据读取和处理

```
def load_data_set():
```

```
    data_arr = []
    label_arr = []
    f = open('shops.csv', 'r')
    for line in f.readlines():
        line_arr = line.strip().split(",")
        len_line=len(line_arr)-1
        data_arr.append([float(line_arr[i]) for i in range(2,len_line,1)])
        label_arr.append(int(line_arr[-1]))
    return data_arr, label_arr
```

从代码上看，函数 load_data_set() 较鸢尾花读数据的函数做了一些改动。

data_arr.append([float(line_arr[i]) for i in range(2,len_line,1)]) 就是在 data_arr 中添加数据特征训练集，这里使用生成器的方式产生了读入数据的第三列到倒数第二列。数据文件中第一列为序号，第二列为商铺编号，最后一列为商铺扣点方式的标志位。

label_arr.append(int(line_arr[-1])) 语句实现了将最后一位添加到标签列表中。

最后代码返回数据特征训练集（简称特征集）及标签集，如图 8.16 所示。

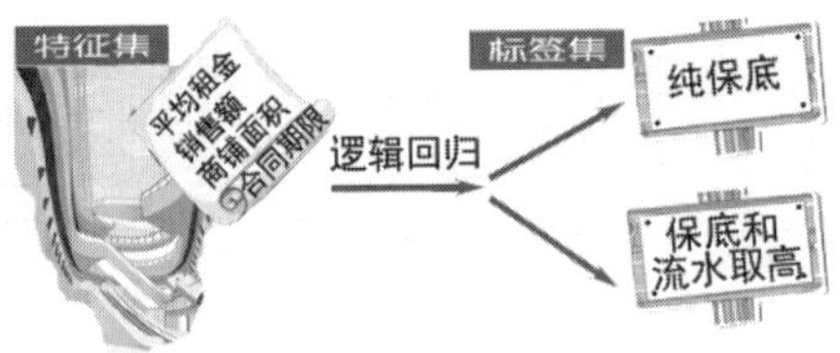

图8.16 选取特征集和标签集

8.4.2 商铺扣点方式的逻辑回归分类实现

利用逻辑回归进行分类的测试，只需要把测试集上的每个特征量乘用最优化方法得来的回归系数，再将该乘积结果求和，最后输入 sigmoid 函数中即可。如果对应的 sigmoid 值大于 0.5 就预测类别标签为 1，否则为 0，代码如下。

【程序代码清单 8.8】商铺扣点方式的逻辑回归分类实现

```
def classify_vector(in_x, weights):
    prob = sigmoid(numpy.sum(in_x * weights))
    if prob > 0.5:
        return 1.0
    return 0.0
```

8.4.3 商铺扣点方式的逻辑回归分类算法的测试

接下来，就可以用逻辑回归分类算法对商铺扣点方式进行测试。首先读取训练集的数据，利用前面讲过的随机梯度下降函数来实现最佳回归系数的计算。再读取测试集的数据，即遍历文件的每一行，将数据文件中的第三列到倒数第二列的数据作为测试的数据集，最后一列作为验证结果的标签。调用 classify_vector() 逻辑回归分类函数，如果得出来的分类和从数据文件中取出的分类标签一致，则认为逻辑回归的测试成功，否则测试不成功，代码如下。

【程序代码清单 8.9】商铺扣点方式的逻辑回归分类算法的测试

```
def test():
    data_arr, class_labels = load_data_set()
    weights = stoc_grad_ascent1(numpy.array(data_arr), class_labels)
    test_data_arr = []
    f = open('models_test.csv', 'r')
    error_count=0
    num_test=0
    for line in f.readlines():
        num_test+=1
        line_arr = line.strip().split(",")
        len_line = len(line_arr) - 1
        test_data_arr.append([float(line_arr[i]) for i in range(2, len_line,1)])
        classifyVector=int(classify_vector(numpy.array(test_data_arr),weights))
        if  classifyVector!=int(line_arr[-1]):
            print("the classify result is %d,the real result is %d"%(classifyVector,int(line_arr[-1])))
            error_count+=1
        error_rate=error_count/num_test
        print("the error rate is %f"%error_rate)
```

最后，在主线程中调用 test() 函数，代码如下。

【程序代码清单 8.10】商铺扣点方式的逻辑回归分类算法的主程序调用

```
if __name__=="__main__":
    test()
```

上述代码的运行结果如图 8.17 所示。

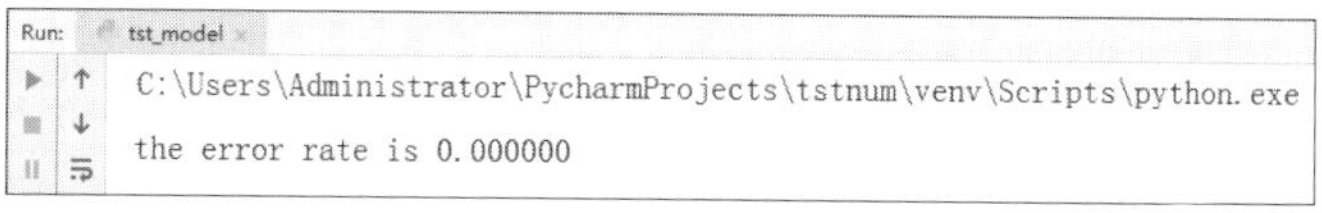

```
Run: tst_model
C:\Users\Administrator\PycharmProjects\tstnum\venv\Scripts\python.exe
the error rate is 0.000000
```

图8.17 商铺扣点方式的逻辑回归分类算法测试的代码运行结果

注意，多次运行会有不同的错误率结果。再次运行的结果如图 8.18 所示。

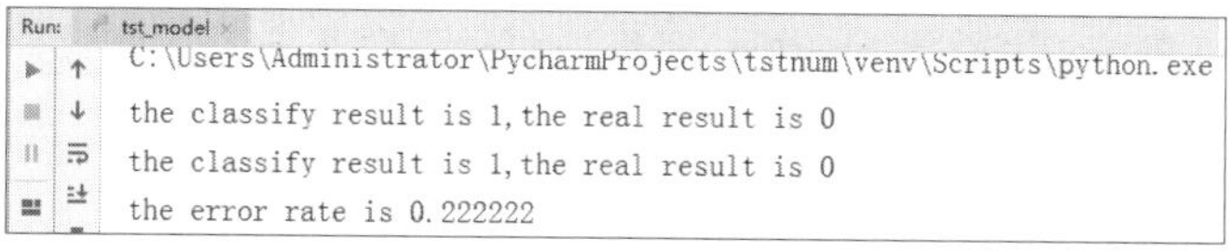

```
Run: tst_model
C:\Users\Administrator\PycharmProjects\tstnum\venv\Scripts\python.exe
the classify result is 1,the real result is 0
the classify result is 1,the real result is 0
the error rate is 0.222222
```

图8.18 商铺扣点方式的逻辑回归分类算法测试的代码再次运行的结果

8.5 逻辑回归算法面试题解答

1. 逻辑回归是线性模型吗？

逻辑回归是一种广义线性模型，它引入了 sigmoid 函数，是非线性模型，但本质上还是一种线性回归模型，因为除去 sigmoid 函数映射关系，其他的算法原理、步骤都是线性回归的。

逻辑回归和线性回归首先都是广义的线性回归，在本质上没多大区别，区别在于逻辑回归多了 sigmoid 函数，使样本映射到 [0,1]，从而来处理分类问题。

2. 逻辑回归是如何分类的？

在逻辑回归中，对于每个 x，其条件概率 y 的确是一个连续的变量。而逻辑回归中可以设定一个阈值，y 值大于这个阈值的是一类，y 值小于这个阈值的是另外一类。至于阈值，通常是根据实际情况来选定的，一般情况下选取 0.5 作为阈值来分类。

8.6 逻辑回归算法自测题

1. 逻辑回归损失函数是什么？
2. 概述逻辑回归的优缺点。

8.7 小结

逻辑回归虽然名字中有“回归”两字，但其属于分类算法的一种，常用于二分类问题。逻辑回归用一句话可以概括为：逻辑回归假设数据服从伯努利分布，通过极大似然函数的方法，运用梯度下降来求解参数，以达到二分类的目的。这里的伯努利分布指的是一个事件只有发生和不发生两种情况，如日常生活中的男女比例、抛硬币等都属于伯努利分布。本章通过两个例子讲述了如何使用逻辑回归算法实现分类器。逻辑回归也因其形式简单、模型的可解释性非常好、资源（尤其是内存）占用少等优势，在工业界中应用比较广泛。

第 9 章

机器学习算法之支持向量机

本章将从专业的角度对支持向量机的算法进行阐释。向量，顾名思义就是有方向的纯量（标量）。纯量可以理解成只有大小的量，比如单纯的 5，只有大小，是一个纯量。比如有一辆车以 10 m/s 的速度朝你行驶过来，和以 10m/s 的速度远离你，这辆车的速度虽然一样，但是造成的结果却是大相径庭（驶向你或者远离你），这就是向量，有方向的纯量。

支持向量机英文全称为 Support Vector Machine，简称 SVM。SVM 学习的基本想法是求解能够正确划分训练集并且几何间隔最大的分离超平面。本章将结合生活中的相关案例，对 SVM 的具体使用场合进行阐述，在实战方面，本章会通过电视台黄金时段节目满意度将学习成果与实战很好地进行结合。

9.1 巧分落花引入支持向量机

其实，机器学习涉及的每种算法就是一种解题方案。

曾经遇到过这样的问题。桃花岛上桃花开，桃花开后桃花落。掉落的桃花中有白的、粉的、红的，有没有一种功夫能把异色桃花自然分开呢？用机器学习的思维，桃花掉落在地上，如果白的、粉的、红的掺在一起，很难分开。如果在桃花漫天飞舞的时候，在白花、红花、粉花之间挥出一道隔离带，白花形成自己的空间，红花形成自己的一簇，粉花独占自己的领域，互不干扰，在空中就形成了白、红、粉三大团桃花簇。

这种空间分平面的方法就是 SVM，SVM 技术就是在空间将数据进行分类，而在某个平面上来观察，有可能像曲线。我们把这些桃花叫作数据 (data)，隔离展示的分隔线叫作分类器 (classifier)，隔离带最大间隙 (trick) 叫作优化器 (optimization)，把空间划出的隔离带叫作超平面 (hyperplane)。

9.2 SVM 算法概念

SVM 是一种监督学习数学模型，由 n 个变量组成的数据项都可以抽象成 n 维空间内的点，点的各个维度坐标值为各个变量。如果一堆数据项可以分为 m 个类，那么可以构建 m-1 个 n 维超平面将不同种类的数据项的点尽量分隔开，则这些超平面为支持向量面，这个分类数学模型为 SVM 分类模型。

要认识 SVM 分类模型，可以从线性可分谈起。

9.2.1 线性可分

将一个事物的某些属性数字化，再映射为特征空间中的点，其目的是对其进行计算。如果这些点在特征空间中就能够对应预期的二分类结果 (分为两个部分)，这就是最理想的情况。比如特征向量是二维的，图 9.1 中的红、白两色的花都是样本的特征向量，白色的花对应的是正类，红色的花对应的是负类，如图 9.1 所示。

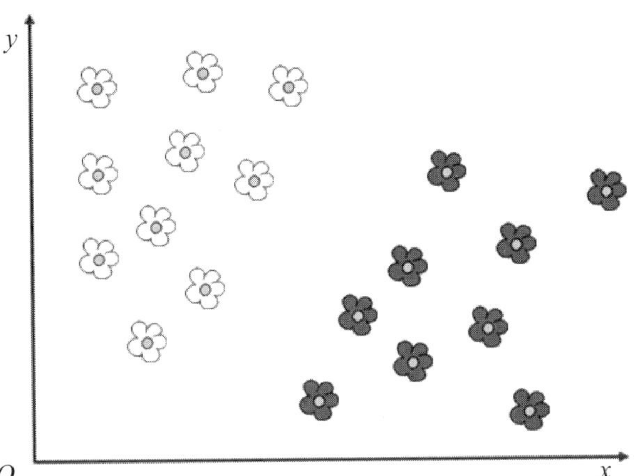

图9.1 红、白两色的花构成的特征向量

在当前的特征空间（上面的二维坐标系）中，正、负两类样本各自和自己的“伙伴”在一个阵营里，而这两个阵营之间则已经有了一条可以看出来的“楚河汉界”。这里可以把“楚河汉界”画出来，如图 9.2 所示。

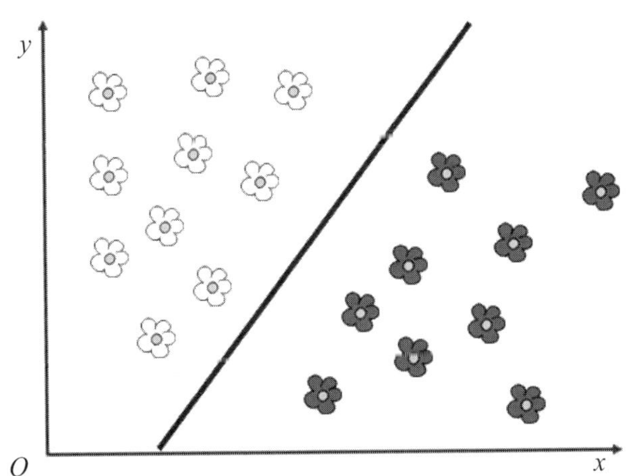

图9.2 “楚河汉界”分离红、白两色的花

如图 9.2 所示，两类样本被“完美”地分隔开。这就说明两类样本在其特征空间里是线性可分的。

关于线性可分的严格定义具体如下。

$\boldsymbol{D}_0$ 和 $\boldsymbol{D}_1$ 是 n 维欧氏空间中的两个点集（点的集合）。如果存在 n 维向量 $\boldsymbol{w}$ 和实数 b，使得所有属于 $\boldsymbol{D}_0$ 的点 x_i 都有 $\boldsymbol{w}x_i+b>0$，而对于所有属于 $\boldsymbol{D}_1$ 的点 x_j 则有 $\boldsymbol{w}x_j+b<0$，称 $\boldsymbol{D}_0$ 和 $\boldsymbol{D}_1$ 线性可分。

9.2.2 超平面

将 n 维欧氏空间中的两个点集 $\boldsymbol{D}_0$ 和 $\boldsymbol{D}_1$ 完全正确地划分开的 $\boldsymbol{w}x+b=0$ 的图像，就是超平面。

n 维欧氏空间中的超平面维度等于 $n-1$。例如 1 维欧氏空间（直线）中的超平面为 0 维（点），2 维欧氏空间中的超平面为 1 维（直线）；3 维欧氏空间中的超平面为 2 维（平面）；以此类推。

在数学意义上，将线性可分的样本用超平面分隔开的分类模型，叫作线性分类模型，或线性分类器。

在一个样本特征向量线性可分的特征空间里，可能有许多超平面可以把两类样本分开。在这种情况下，就需要找到最佳超平面。

什么样的超平面是最佳超平面呢？一个被普遍认可的观点是以最大间隔把两类样本分开的超平面，是最佳超平面！

两类样本被分别分隔在该超平面的两侧，两侧距离超平面最近的样本点到超平面的距离被最大化了。这样的超平面又叫作最大间隔超平面。

9.2.3 SVM

距离分离超平面最近的那些点称为支持向量。接下来要试着最大化支持向量到分离超平面的距离，需要找到此问题的优化求解方法。

SVM 就是一种二分类模型，它是定义在特征空间上间隔最大的线性分类器，间隔最大使它有别于感知机。感知机模型对应超平面 $\boldsymbol{w}x+b=0$，这个超平面的参数是 $(\boldsymbol{w},b)$，$\boldsymbol{w}$ 是超平面的法向量，b 是超平面的截距。感知机可以理解成一个人工神经网络，关于人工神经网络的问题在后面再进行探讨。SVM 实质上是一个非线性的分类器。SVM 的学习策略是间隔最大化。

SVM 学习的基本想法是求解能够正确划分训练集并且几何间隔最大的分离超平面，$\boldsymbol{w}x+b=0$ 即分离超平面。对于线性可分的数据集来说，这样的超平面有无穷多个（即感知机），但是几何间隔最大的分离超平面却是唯一的。

怎么能找到最大间隔的分离超平面（以下简称超平面），这是需要研究的问题。

间隔是两侧样本到超平面的距离之和，即 margin = d_1+d_2，多个样本就有多个间隔值，那是不是每个间隔对超平面的贡献都一样呢？答案是否定的，离超平面越近的样本越容易划分错误，因此离超平面越近的样本对超平面的影响越大。所以为了找到最大间隔超平面，首先要找到两侧离超平面最近的样本点，求出其到超平面的距离之和，即 margin = $\min(d_1+d_2)$。然后因为不同超平面 margin 不同，为了找到最佳超平面，我们需要最大化 margin，可以理解为找到泛化能力最强的那个超平面，即 max margin，如图 9.3 所示。

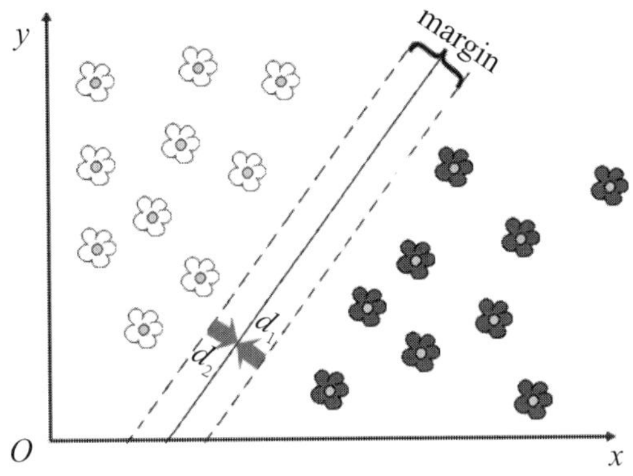

图9.3 红、蓝两色点的花超平面分隔

转为数学表达，即 max margin = max min(d_1+d_2)。

样本点到直线的距离 d 与点 $\boldsymbol{W}(X_w,Y_w)$ 到直线 $AX+BY+C=0$ 的距离相等，即

$$d=\frac{|AX_w+BY_w+C|}{\sqrt{A^2+B^2}}$$

现在假设在样本集中，存在一个超平面 $\boldsymbol{W}^{\mathrm{T}}X+b=0$，使得样本集线性可分，那么样本到超平面的距离 d 为:

$$d=\frac{|\boldsymbol{W}^{\mathrm{T}}X+b|}{\|\boldsymbol{W}\|}，其中\ \|\boldsymbol{W}\|=\sqrt{w_0^2+w_1^2+\cdots+w_n^2}$$

所以 $\max \text{margin} = \max\min(2\frac{|\boldsymbol{W}^{\mathrm{T}}X_i+b|}{\|\boldsymbol{W}\|})$

因为 $\frac{|\boldsymbol{W}^{\mathrm{T}}x_i+b|}{\|\boldsymbol{W}\|}>0$，即 $|\boldsymbol{W}^{\mathrm{T}}x_i+b|>0$，所以一定存在一个 $k>0$, 使得 $|\boldsymbol{W}^{\mathrm{T}}x_i+b|=k$，这个 k 值是否对超平面的 $\boldsymbol{W}$ 有影响呢？如图 9.4 所示。

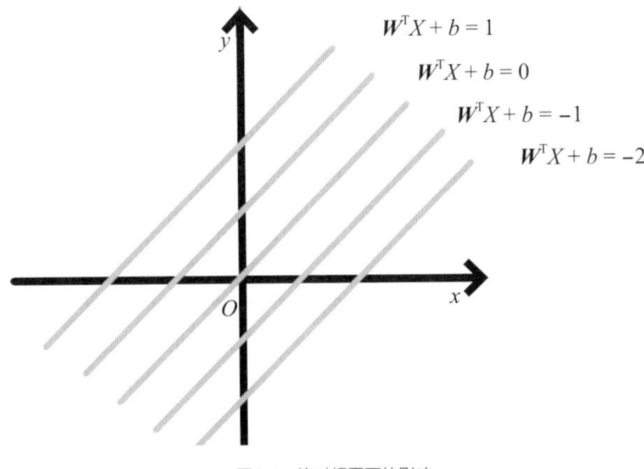

图9.4 k值对超平面的影响

答案是否定的，因为无论 k 值取多少，都是将 $\boldsymbol{W}^{\mathrm{T}}+b=0$ 平移 k 个单位。因此为了方便后面的计算，使 $|\boldsymbol{W}^{\mathrm{T}}x_i+b|=1$ ，那么

$$\begin{cases}\boldsymbol{W}^{\mathrm{T}}X_i+b\leqslant -1, y_i=-1\\ \boldsymbol{W}^{\mathrm{T}}X_i+b\geqslant 1, y_i=1\end{cases}\Rightarrow y_i(\boldsymbol{W}^{\mathrm{T}}X_i+b)\geqslant 1$$

就这样，将寻找最大间隔超平面的问题转化为数学优化问题。但这里有一个前提，就是这个超平面能把样本正确分类，这个前提的数学表达式为：

$$\begin{cases}\boldsymbol{W}^{\mathrm{T}}X_i+b\leqslant -1, y_i=-1\\ \boldsymbol{W}^{\mathrm{T}}X_i+b\geqslant 1, y_i=1\end{cases}\Rightarrow y_i(\boldsymbol{W}^{\mathrm{T}}X_i+b)\geqslant 1$$

另外求优化问题时，我们更喜欢转为凸优化，因为 $\max\frac{1}{\|\boldsymbol{W}\|}\Leftrightarrow\min\|\boldsymbol{W}\|$，且 $\|\boldsymbol{W}\|$ 是带根号的值。为了方便运算，将 $\|\boldsymbol{W}\|$ 等同于 $\|\boldsymbol{W}\|^2$，且乘上系数 $\frac{1}{2}$ 方便求导，因此最终优化问题表达式为：

$\min\boldsymbol{W},b\frac{1}{2}\|\boldsymbol{W}\|^2$, 约束条件为 $y_i(\boldsymbol{W}^{\mathrm{T}}x_i+b)\geqslant 1$

综上所述，用来训练线性可分 SVM 的样本记作：

$T=\{(\boldsymbol{x}_1,y_1),(\boldsymbol{x}_2,y_2),\cdots,(\boldsymbol{x}_m,y_m)\}$

其中，$\boldsymbol{x}_i$ 为 n 维实向量，而 y_i 的取值要么是 1、要么是 −1， $i=1,2,\cdots,m$。y_i 为 $\boldsymbol{x}_i$ 的标签，当 $y_i=1$ 时，$\boldsymbol{x}_i$ 为正例；当 $y_i=-1$ 时， x_i 为负例。

我们要找到将上面 m 个样本完整、正确地分隔为正、负两类的最大间隔超平面 $\boldsymbol{wx}+b=0$。

这个超平面由其法向量 $\boldsymbol{w}$ 和截距 b 确定，可用 $(\boldsymbol{w},b)$ 表示，如图 9.5 所示。

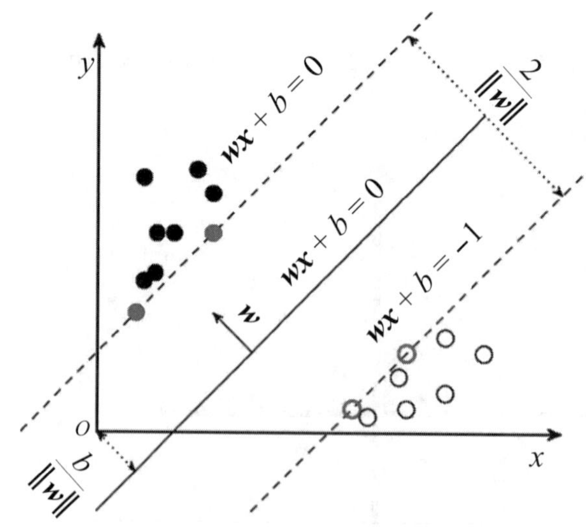

图9.5 超平面的法向量与截距的关系

由图 9.5 可知，SVM 的代价函数要求最大间隔超平面，就是通过样本计算出最优解 $\boldsymbol{w},b$。这种做法严重依赖数据的维度，这里引入对偶问题，对偶问题就是将 SVM 从依赖多个维度转变为依赖 N 个数据点。

9.3 SVM 算法实战示例：电视台黄金时段节目满意度

下面通过电视台黄金时段节目满意度来对 SVM 算法进行阐述。

9.3.1 电视台黄金时段节目满意度数据的读取

案例分析第一个步骤一般都是对数据的收集，电视台黄金时段节目满意度的数据存储在文件中，只需要读取数据文件，就可以完成数据矩阵和类标签的提取。数据文件中共有 3 列：第一列代表电视台黄金时段广告费的提升情况；第二列代表电视台黄金时段收视率的上升或下降情况，正值表示收视率的上升，负值表示收视率的下降；最后一列是类标签，体现了观众对该时段节目的认可度，1 表示认可，–1 表示不认可，代码如下。

【程序代码清单 9.1】电视台黄金时段节目满意度数据的读取

```
def loadDataSet(fileName):
    dataMat = []
    labelMat = []
    fr = open(fileName)
        for line in fr.readlines():
        lineArr = line.strip().split('\t')
        dataMat.append([float(lineArr[0]), float(lineArr[1])])
        labelMat.append(float(lineArr[2]))
    return dataMat, labelMat
```

这段代码定义函数 loadDataSet()，该函数首先初始化数据矩阵 dataMat 和类标签列表 labelMat，紧接着利用 open() 方法读取数据文件，利用 readlines() 方法读取数据文件的每一行。然后通过 for 循环遍历读取每一行数据，以“\t”为分隔符将每一行数据切分成列表，列表中的前两列就是数据矩阵中的数据，最后一列就是类标签列表中的数据。最后返回数据矩阵和类标签列表。

9.3.2 选取两个不同 Alpha 值的辅助函数

SVM 最简单的算法 SMO 需要选取两个不同的 Alpha 值，这种操作可以使用辅助函数来实现，代码如下。

【程序代码清单 9.2】SMO 算法中选取两个不同的 Alpha 值

```
def selectJrand(i, m):
    j = i
    while j == i:
        j = int(random.uniform(0, m))
    return j
```

这段代码定义函数 selectJrand()。返回与输入的 Alpha 索引不同的值，函数接收了初始的 Alpha 值的索引，首先让需要计算的新的索引与输入的 Alpha 值的索引一致。函数中的参数 m 表示所有的 Alpha 的数目，只要计算的新的索引 j 与接收的参数 i 的值相等，就可以一直循环下去。循环体中计算的是 Alpha 数目中的某一个随机值，并把这个随机值赋给新的索引 j，直到新的索引 j 不等于接收的参数 i，就返回这个算得的新的索引 j。

在 Alpha 的选择上，为什么要选择两个 Alpha，即 Alpha[i] 和 Alpha[j] 呢?

根据得到的约束条件：

$$\sum_{i=1}^{m}\alpha_i y_i = 0$$

提出假设 Alpha1，就会得到：

$$\alpha_1 y_1 = -\sum_{i=2}^{m}\alpha_i y_i$$

如果我们固定除了 Alpha1 以外的参数，那么，Alpha1 也变成了常数。

因此，我们需要选取两个 Alpha。

$$\alpha_1 y_1 + \alpha_2 y_2 = -\sum_{i=3}^{m}\alpha_i y_i$$

到这里发现固定除了 Alpha1、Alpha2 的其他 Alpha，Alpha1、Alpha2 变成了相互影响的二维变量。最终的目的就是通过优化符合区间的 Alpha 从而计算出 b，最后得到最优分割平面方程。

9.3.3 Alpha 值不允许超过边界范围的辅助函数

SMO 算法决定了 Alpha 值每次循环都要做优化处理，其中 Alpha 值不能超过允许的边界范围。这里也需要编写不允许 Alpha 值超过边界范围的辅助函数，代码如下。

【程序代码清单 9.3】Alpha 值超过边界范围的限制

```
def clipAlpha(aj, H, L):
    if aj > H:
        aj = H
    if L < aj:
        aj = L
    return aj
```

这段代码中定义的函数 clipAlpha() 完成了 Alpha 边界值的设定。传入了 3 个参数，其中 aj 是传入的目标值，H 是传入限定区域的最大值，L 是传入限定区域的最小值。代码的逻辑是判断当前传入的目标值是否大于限定区域的最大值，如果大于，传入的目标值就等于限定区域的最大值；再判断当前传入的目标值是否小于限定区域的最小值，如果小于，传入的目标值就等于限定区域的最小值。最后把做过限定区域比较的目标值返回，这样目标值就会在限定的边界范围内活动了。

9.3.4 SMO 算法原理的实现

根据 SMO 算法原理，实现的代码如下。

【程序代码清单 9.4】SMO 算法原理

```
def smoSimple(dataMatIn, classLabels, C, toler, maxIter):
    dataMatrix = mat(dataMatIn)
    labelMat = mat(classLabels).transpose()
    m, n = shape(dataMatrix)
    b = 0
    alphas = mat(zeros((m, 1)))
    iter = 0
    while (iter < maxIter):
        alphaPairsChanged = 0
        for i in range(m):
        fXi = float(multiply(alphas, labelMat).T*(dataMatrix*dataMatrix[i, :].T)) + b
        ei = fXi - float(labelMat[i])
        if ((labelMat[i]*Ei < -toler) and (alphas[i] < C)) or ((labelMat[i]*Ei > toler) and (alphas[i] > 0)):
            j = selectJrand(i, m)
            fXj = float(multiply(alphas, labelMat).T*(dataMatrix*dataMatrix[j, :].T))+ b
            ej = fXj - float(labelMat[j])
            alphaIold = alphas[i].copy()
            alphaJold = alphas[j].copy()
            if (labelMat[i] != labelMat[j]):
                    L = max(0, alphas[j] - alphas[i])
                    H = min(C, C + alphas[j] - alphas[i])
            else:
                    L = max(0, alphas[j] + alphas[i] - C)
```

```
                H = min(C, alphas[j] + alphas[i])
            if L == H:
                print("L==H")
                continue
            eta = 2.0 * dataMatrix[i, :]*dataMatrix[j, :].T -     dataMatrix[i, :]*dataMatrix[i, :].T - dataMatrix[j,
:]*dataMatrix[j, :].T
            if eta >= 0:
                print("eta>=0")
                continue
            alphas[j] -= labelMat[j]*(Ei - Ej)/eta
            alphas[j] = clipAlpha(alphas[j], H, L)
          if (abs(alphas[j] - alphaJold) < 0.00001):
            print("j not moving enough")
            continue
         alphas[i] += labelMat[j]*labelMat[i]*(alphaJold - alphas[j])
          b1 = b - Ei-labelMat[i]*(alphas[i]-alphaIold)*dataMatrix[i, :]*dataMatrix[i, :].T -
       labelMat[j]*(alphas[j]-alphaJold)*dataMatrix[i, :]*dataMatrix[j, :].T
          b2 = b - Ej-labelMat[i]*(alphas[i]-alphaIold)*dataMatrix[i, :]*dataMatrix[j, :].T -
       labelMat[j]*(alphas[j]-alphaJold)*dataMatrix[j, :]*dataMatrix[j, :].T
          if (0 < alphas[i]) and (C > alphas[i]):
              b = b1
          elif (0 < alphas[j]) and (C > alphas[j]):
              b = b2
          else:
              b = (b1 + b2)/2.0
          alphaPairsChanged += 1
          print("iter: %d i:%d, pairs changed %d" % (iter, i, alphaPairsChanged))
      if (alphaPairsChanged == 0):
          iter += 1
      else:
          iter = 0
          print("iteration number: %d" % iter)
    return b, alpha
```

这段代码实现了最简单的 SMO 算法函数。该函数接收 5 个参数，分别是数据集、类别标签、常数 C、容错率和取消前最大的循环次数。函数首先把数据集转换成矩阵，并把类别标签也转化成矩阵，同时进行转置，这样转置后类别标签变成了列向量而不是一个列表。类别标签列向量的每一个元素与数据集中的每一行相对应。变量 m、n 存储数据矩阵通过 shape() 方法得到对应维度，紧接着初始化 b 值为 0，并构建一个初始化的 Alpha 列矩阵。矩阵中元素初始化为 0，随之建立一个 iter 变量，这个变量存储的是在没有任何 Alpha 值改变的情况下遍历数据集的次数。当该变量的值达到最大值 maxIter 时，函数结束运行，把 b 值和 Alpha 值返回。

每次条件允许的循环体内，首先把表征 Alpha 值是否已经优化的变量 alphaPairsChanged 设为 0，对整个数据集行数进行循环顺序遍历，先根据预测值的计算公式 $y = \boldsymbol{w}\text{^}\boldsymbol{T}_{x[i]}+b$（其中 $\boldsymbol{w} =\Sigma(1\sim n)\ a[n]\times \text{lable}[n]\times x[n]$）

计算出当前 i 点的预测值，再计算误差 E_i，如果误差较大，就可以对数据实例对应的 Alpha 值进行优化。在 if 语句中，不管是正间隔还是负间隔都会被测试。

并且在该 if 语句中，也要检查 Alpha 值，以保证其不能等于 0 或 C。由于后面小于 0 或者大于 C 时 Alpha 值将被整为 0 或 C，所以一旦在 if 语句中它们等于这两个值，那么它们就已经在“边界”上了，因而不再能够减小或增大，也就不值得再对它们进行优化了。预测值 × 误差值小于容错值的负值，并且 alpha 值 < 常数 C 是一个条件，这里的常数 C，是允许有些数据点可以处于分隔面的错误一侧，控制间隔最大化和保证大部分的函数间隔小于 1.0 这两个目标的权重。这样可以通过调节该参数得到不同的结果。另外一个条件就是预测值 × 误差值大于容错值的正值并且 Alpha 值大于 0。这两个条件就是满足 Alpha 值优化的条件，就需要随机选取非 i 的一个点，进行优化比较。selectJrand() 辅助函数完成非 i 的另一个点的选取。同样，也需要通过前面计算 i 的预测值的公式计算出预测值，再对这个点的误差进行计算，因为稍后要将新的 Alpha 值与旧的 Alpha 值进行比较。而 Python 这时会通过引用的方式传递所有列表，所以必须明确地告知 Python 为 alphaIold 和 alphaJold 分配新的内存，否则在对新值和旧值进行比较时，就看不到新旧值的变化了。之后根据 labelMat[i] 和 labelMat[j] 处理二分类问题，如果相同就为同侧，最大值 H 与最小值 L 都跟 alpha[i] 和 alpha[j] 的相加值有关；如果不同则为异侧，最大值 H 与最小值 L 都跟 alpha[i] 和 alpha[j] 的相减值有关，如果L 和H计算结果相等，就不做任何改变，直接执行 continue 语句，结束本次循环并继续运行下一次循环。

eta 是 alphas[j] 的最优修改量，如果 eta 为 0，退出 for 循环的当前迭代过程。然后，计算出一个新的 alphas[j] 值，利用语句 alphas[j] -= labelMat[j]*(E_i − E_j)/eta 完成，再次使用 Alpha 区间的辅助函数 clipAlpha(alphas[j], H, L) 对其 L 值和 H 值进行调整。接着检查 alpha[j] 是否有轻微的改变。如果有，退出 for 循环。然后，alpha[i] 和 alpha[j] 同样进行改变，虽然改变的大小一样，但是改变的方向正好相反。在对 alpha[i] 和 alpha[j] 进行优化之后，给这两个 Alpha 值设置一个常数 b。

由 $\boldsymbol{w}=\sum_{i}[1\sim n]a_i\times y_i\times x_i$ 可以推导出 $b=y_j-\sum[1\sim n]a_i\times y_i(x_i\times x_j)$，所以：

$b_1-b=(y_1-y)-\sum[1\sim n]y_i\times(a_1-a)(x_i\times x_1)$

这里为什么减两遍？因为是减去 $\sum[1\sim n]$，正好是两个变量 i 和 j，所以减两遍。

计算出 b_1 和 b_2 后，根据 alpha[i] 和 alpha[j] 的值的不同区段，设置常数项 b 的值。最后，在优化过程结束的同时，必须确保在合适的时机结束循环。如果程序执行到 for 循环的最后一行都不执行 continue 语句，就成功地改变了一对 Alpha，同时可以增加 alphaPairsChanged 值。在 for 循环之外需要检查 Alpha 值是否更新。如果更新，则将 iter 设为 0 后继续运行程序。只有在所有数据集上遍历 maxIter 次，不再发生任何 Alpha 修改之后，程序才会停止并退出 while 循环。

9.3.5 计算不同的回归系数

如果定义不同的参数 Alpha 值，最终可以计算出不同的回归系数，也就会画出不同的分界线来，代码如下。

【程序代码清单 9.5】计算不同的回归系数

```
def calcWs(alphas, dataArr, classLabels):
    X = mat(dataArr)
    labelMat = mat(classLabels).transpose()
    m, n = shape(X)
    w = zeros((n, 1))
    for i in range(m):
        w += multiply(alphas[i] * labelMat[i], X[i, :].T)
    return w
```

这段代码定义的是计算回归系数的函数 calcWs()。该函数输入了 3 个参数：Alpha 值、数据集、分类标签。其功能是根据不同的 Alpha 值计算出不同的回归系数。函数中将数据集转成矩阵，将分类标签转化成矩阵并转置，将标签行数据与数据集中的行一一对应。先通过 shape() 函数获取数据集矩阵的维度，初始化回归系数矩阵 0；再通过 for 循环对数据集各行进行顺序遍历，利用回归系数的计算公式进行回归系数的计算叠加；最后函数返回计算后的回归系数矩阵。

9.3.6 SVM 分界线的绘制

通过读取数据，调用最简单的 SVM 算法，输入不同的 Alpha 值，计算出不同的回归系数矩阵，最终绘制 SMV 分界线的代码如下。

【程序代码清单 9.6】SVM 分界线的绘制

```
dataArr, labelArr = loadDataSet('testsvm.txt')
b, alphas = smoSimple(dataArr, labelArr, 0.6, 0.001, 40)
for i in range(100):
if alphas[i] > 0:
    print(dataArr[i], labelArr[i])
ws = calcWs(alphas, dataArr, labelArr)
plotfig_SVM(dataArr, labelArr, ws, b, alphas)
```

上述代码的运行结果如图 9.6 所示。

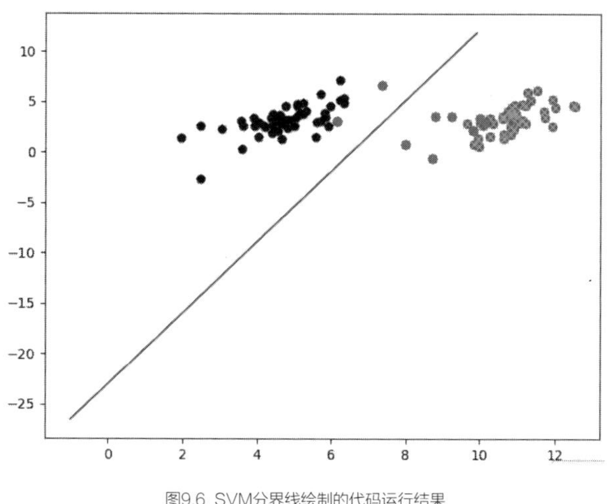

图9.6 SVM分界线绘制的代码运行结果

9.4 SVM 算法面试题解答

1. SVM 为什么采用间隔最大化?

当训练数据线性可分时,存在无穷个分离超平面可以将两类数据正确分开。感知机利用误分类最小策略,求得分离超平面,不过此时的解有无穷多个。线性可分 SVM 利用间隔最大化求得最优分离超平面,这时解是唯一的。另外,此时的分离超平面所产生的分类结果是最具稳健性的,对未知实例的泛化能力最强。

2. 为什么 SVM 对缺失数据敏感?

这里说的缺失数据是指缺失某些特征数据,向量数据不完整。SVM 没有处理缺失数据的策略,而 SVM 希望样本在特征空间中线性可分,所以特征空间的好坏对于 SVM 的性能很重要。缺失特征数据将影响训练结果的好坏。

3. SVM 核函数之间的区别是什么?

一般选择线性核和高斯核(又称 RBF 核)。线性核主要用于线性可分的情形,参数少,速度快,对于一般数据,其分类效果已经很理想了。高斯核主要用于线性不可分的情形,参数多,其分类结果非常依赖于参数。有很多人通过训练数据的交叉验证来寻找合适的参数,不过这个过程比较耗时。如果特征的数量多跟样本数量差不多,这时候选用线性核的 SVM。如果特征的数量比较少,样本数量不算多也不算少,选用高斯核的 SVM。

9.5 SVM 算法自测题

1. 试阐述 SVM 的原理。
2. 为什么 SVM 要引入核函数?

9.6 小结

SVM 是一种二分类模型。它的基本模型是在特征空间中寻找间隔最大化的分离超平面的线性分类器。SVM 算法中，只有关键的样本点（支持向量）对模型结果有影响，不像逻辑回归。虽然逻辑回归也是一种二分类模型，但每一个样本点都对模型有影响。SVM 可通过核函数灵活地将非线性分类问题转化为线性分类问题。但对于海量数据，SVM 的效率较低。

第 10 章

机器学习算法之 AdaBoost

本章将从专业的角度对 AdaBoost 算法进行阐述，AdaBoost 算法相当于做一项重大决定的时候，不断汲取多位专家的意见而不只是接收一个人的意见，这样的解决方法也使 AdaBoost 算法成为一种集成算法。这种集成可以是不同算法的集成，也可以是同一算法在不同设置下的集成，还可以是将数据集不同部分分配给不同分类器之后的集成。AdaBoost 是一种较流行的元算法。在实战方面本章将通过之前的鸢尾花数据集，将算法与实战进行良好的结合。

10.1 巧析北斗阵法引入 AdaBoost

在学习算法的过程中，好像是一个一个来学习的，但用起来可不可以打“组合拳”呢？就如射雕英雄传中的全真七子，他们每个人单打独斗的能力只能算是准一流水准，祖师爷却研究一套阵法——天罡北斗阵。别看全真七子一个人的能力有限，但七人的天罡北斗阵威力还是相当可观的，跟无数个高手过招不落下风。

机器学习的“江湖”中也是如此。

10.2 AdaBoost 算法概述

AdaBoost 算法是一种集成算法，将多个弱分类器进行合理的结合，使之成为一个强分类器。其原因在于无论哪一种单独的分类或者聚类的算法，准确度都可能离最后的预测结果相差甚远。如果把不同的分类或聚类算法的弱分类器组合在一起，就可能得到很好的分类结果。

10.2.1 AdaBoost 算法的具体思想

这里谈一下 AdaBoost 算法的具体思想。

AdaBoost 采用迭代的思想，每次迭代只训练一个弱分类器，训练好的弱分类器将参与下一次迭代。也就是说，在第 N 次迭代中，一共有 N 个弱分类器，其中 $N-1$ 个是以前训练好的，其各种参数都不再改变，本次训练第 N 个分类器。其中弱分类器的关系是第 N 个弱分类器更可能分对前 $N-1$ 个弱分类器没分对的数据，最终分类输出要看这 N 个分类器的综合效果。

AdaBoost 算法的基本原理如图 10.1 所示。

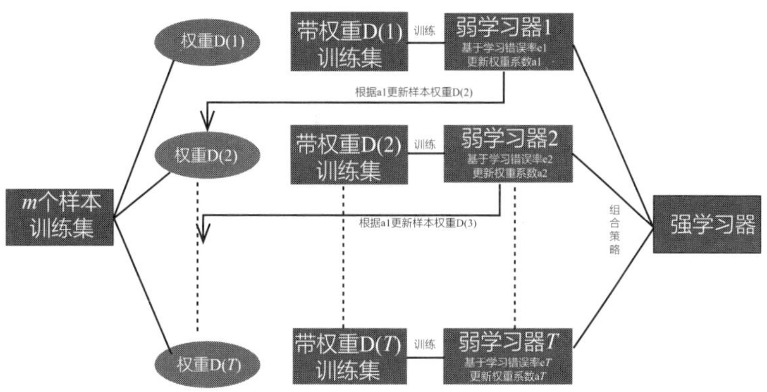

图10.1 AdaBoost算法的基本原理

从图 10.1 中可以看出，AdaBoost 算法的工作机制是首先从训练集用初始权重训练出一个弱学习器 1，根据弱学习的学习错误率表现来更新训练样本的权重系数，使得之前弱学习器 1 学习错误率高的训练样本点的权重变高，这些错误率高的点在后面的弱学习器 2 中得到更多的重视。然后基于调整权重后的训练集来训练弱学习器 2，如此重复进行迭代，直到弱学习器数达到事先指定的数目 T，将这 T 个弱学习器通过集合策略进行整合，得到最终的强学习器。

每一次迭代要做这么几件事。

（1）新增弱分类器 WeakClassifier(i) 与弱分类器权重 Alpha(i)。

（2）通过数据集 data 与数据权重 W(i) 训练弱分类器 WeakClassifier(i)，并得出其分类错误率，以此计算其弱分类器权重 Alpha(i)。

（3）通过加权投票表决的方法，让所有弱分类器得到最终预测输出，计算最终分类错误率，如果最终错误率低于设定阈值（比如 5%），那么迭代结束；如果最终错误率高于设定阈值，那么更新数据权重得到 $W(i+1)$。

AdaBoost 算法中有两种权重：一种是数据的权重；另一种是弱分类器的权重。其中，数据的权重主要用于弱分类器寻找其分类误差最小的决策点，找到之后用这个最小误差计算出该弱分类器的权重（发言权）。分类器权重越大，说明该弱分类器在最终决策时拥有更大的发言权。

10.2.2 AdaBoost 的弱分类器是单层决策树

AdaBoost 一般使用单层决策树作为弱分类器。单层决策树是决策树的极简化版本，只有一个决策点。也就是说，如果训练数据有多维特征，单层决策树也只能选择其中一维特征来做决策，并且还有一个关键点——决策的阈值也需要考虑，如图 10.2 所示。

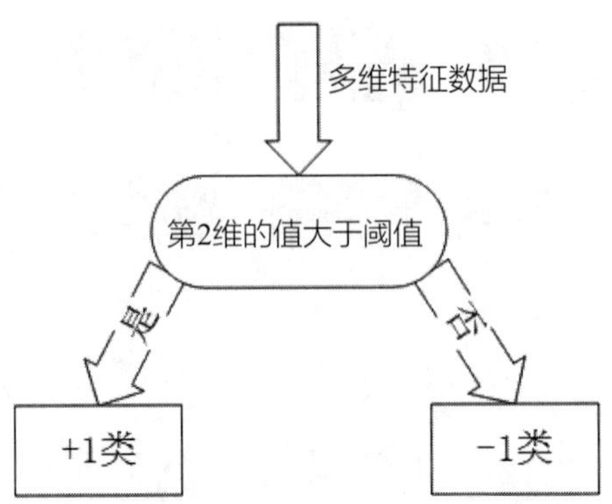

图10.2 多维特征的单层决策树

关于单层决策树的决策点，来看几个例子。比如特征只有一个维度时，可以以小于 7 的分为一类，标记为 +1，大于或等于 7 的分为另一类，标记为 -1。当然也可以以 13 作为决策点，决策方向是大于 13 的标记为 +1，小于或等于 13 的标记为 -1。在单层决策树中，只有一个决策点，所以如图 10.3 所示的两个决策点不能同时选取。

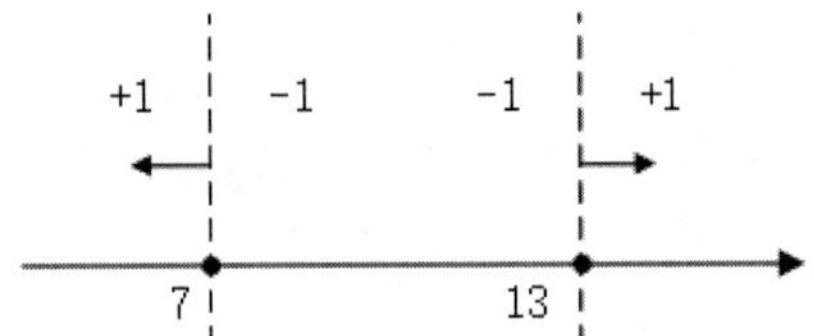

图10.3 只有一个特征的单层决策树的两个决策点不能同时选取

同样的道理，当特征有两个维度时，可以以 7 作为决策点，决策方向是小于 7 的标记为 +1，大于或等于 7 的为 -1。当然还可以以 13 作为决策点，决策方向是大于 13 的标记为 +1，小于 13 的标记为 -1。在单层决策树中，只有一个决策点，所以图 10.4 所示的两个决策点不能同时选取，如图 10.4 所示。

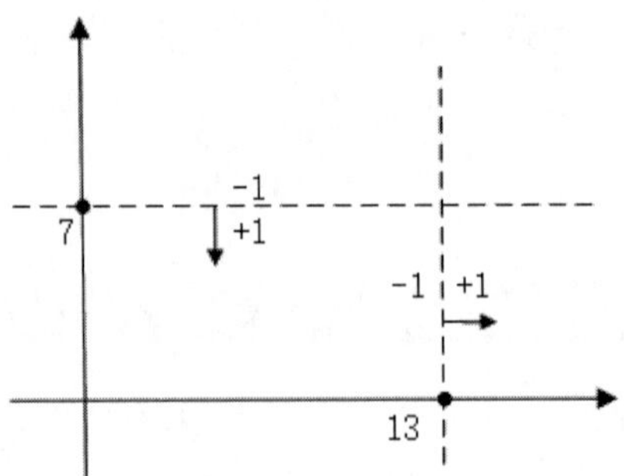

图10.4 有两个特征的单层决策树的两个决策点不能同时选取

扩展到三维、四维、*N* 维都是一样，在单层决策树中，只有一个决策点，所以只能在其中一个维度中选择一个合适的决策阈值作为决策点。

这里有一个问题，如果训练数据保持不变，那么在数据的某个特定维度上，单层决策树找到的最佳决策点每一次必然都是一样的。为什么呢？因为单层决策树是把所有可能的决策点都找了一遍，然后选择最好的决策点，如果训练数据不变，那么每次找到的最好的决策点都是同一个点。

· 10.2.3 AdaBoost 的数据权重

基于单层决策树的一些问题，这里 AdaBoost 数据权重就派上用场了，所谓“数据的权重主要用于弱分类器寻找其分类误差最小的点”。其实，在单层决策树计算误差时，AdaBoost 要求其乘上权重，即计算带权重的误差。

举个例子，在以前没有权重时（其实是平局权重时），一共 10 个点，对应每个点的权重都是 0.1，分错 1 个，错误率就加 0.1；分错 3 个，错误率就是 0.3。现在，每个点的权重不一样了，还是 10 个点，权重依次是 [0.01,0.01,0.01,0.01,0.01,0.01, 0.01,0.01,0.01,0.91]。如果分错了第 1 一个点，那么错误率是 0.01；如果分错了第 3 个点，那么错误率是 0.01；要是分错了最后一个点，那么错误率就是 0.91。这样，在选择决策点的时候自然是要尽量把权重大的点（本例中是最后一个点）分对才能降低错误率。由此可见，权重分布影响着单层决策树决策点的选择，权重大的点得到较多的关注，权重小的点得到较少的关注。

在 AdaBoost 算法中，每训练完一个弱分类器都就会调整权重，上一轮训练中被误分类的点的权重会增加。在本轮训练中，由于权重影响，本轮的弱分类器将更有可能把上一轮的误分类点分对；如果还是没有分对，那么分错的点的权重将继续增加，下一个弱分类器将更加关注这个点，尽量将其分对。

这样，达到“你分不对的我来分”，下一个分类器主要关注上一个分类器没分对的点，每个分类器都各有侧重。

· 10.2.4 AdaBoost 的投票表决

关于最终的加权投票表决，举个例子来解释。

比如在一维特征时，经过 3 次迭代，并且知道每次迭代后的弱分类器的决策点与发言权，如图 10.5 所示。

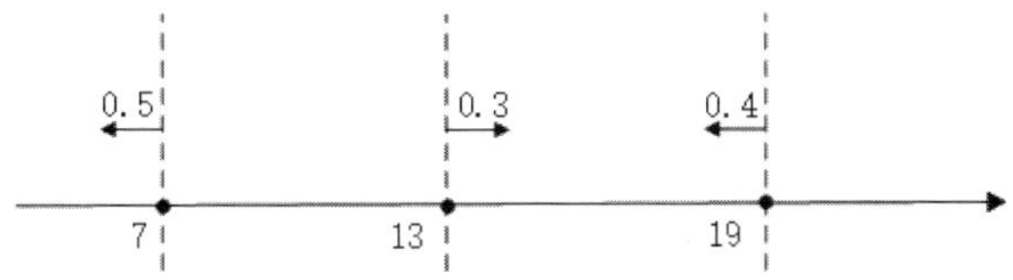

图10.5 一维特征3次迭代后的决策点和发言权

3 次迭代后得到了 3 个决策点，最左边的决策点是小于或等于 7 的标记为 +1，大于 7 的标记为 −1，且分类器的权重为 0.5；中间的决策点是大于或等于 13 的标记为 +1，小于 13 的标记为 −1，分类器的权重为 0.3；

最右边的决策点是小于或等于 19 的标记为 +1，大于 19 的标记为 –1，分类器的权重为 0.4。对于最左边的弱分类器，它的投票表示，小于或等于 7 的区域得 0.5，大与 7 的得 –0.5。同理，对于中间的分类器，它的投票表示大于等于 13 的标记为 0.3，小于 13 的标记为 –0.3。最右边的投票结果为小于或等于 19 的标记为 0.4，大于 19 的标记为 –0.4。一维特征 3 次迭代的决策点和发言权的投票结果如图 10.6 所示。

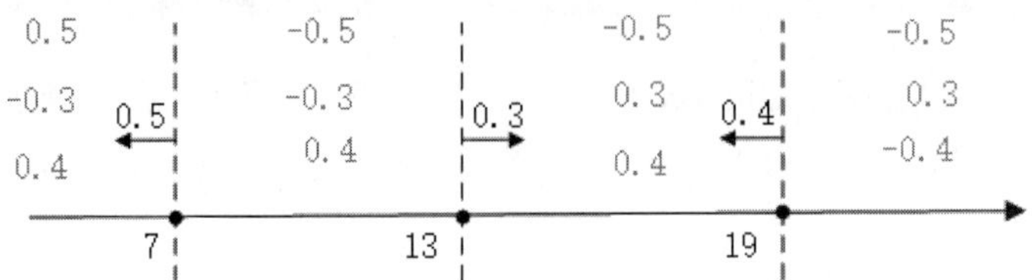

图10.6 一维特征3次迭代的决策点和发言权的投票结果

求和可得到的结果如图 10.7 所示。

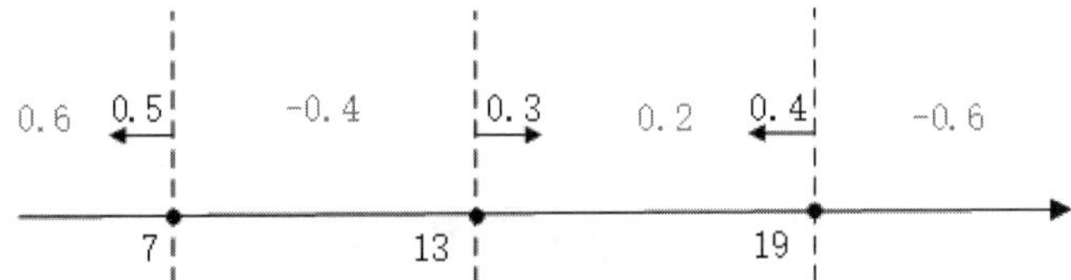

图10.7 一维特征3次迭代的决策点投票结果的求和

最后进行符号函数转化即可得到最终分类结果，如图 10.8 所示。

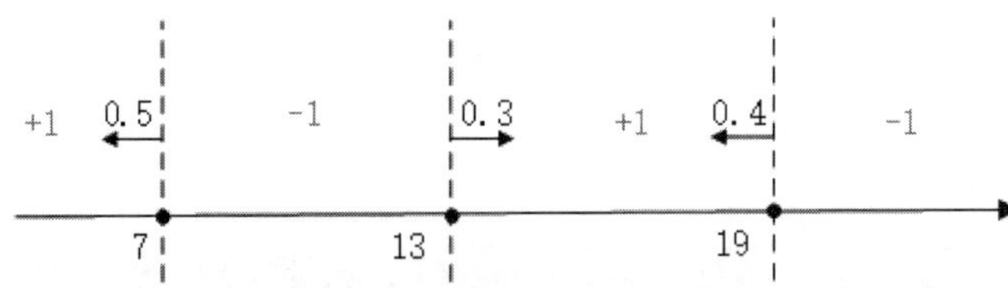

图10.8 一维特征3次迭代的决策点的最终分类结果

10.2.5 AdaBoost 强分类过程

给定训练样本，弱分类器采用平行于坐标轴的直线，用 AdaBoost 算法实现强分类，具体数据如表 10.1 所示。

表 10.1 AdaBoost 算法强分类过程样本数据

样本序号	1	2	3	4	5	6	7	8	9	10
样本点坐标(x)	(2,4)	(3,5)	(3,2)	(5,7)	(4,9)	(5,3)	(6,8)	(7,9)	(9,5)	(9,3)
样本点分类 Y	1	1	−1	1	−1	−1	−1	−1	1	1

将上表中 10 个样本作为训练数据，根据 X 和 Y 的对应关系，可把这 10 个数据分为两类，图中用

“●”表示类别 1，用“×”表示类别 -1。这里使用水平或者垂直的直线作为分类器，根据这些点可以得出 5 个弱分类器，如图 10.9 所示。

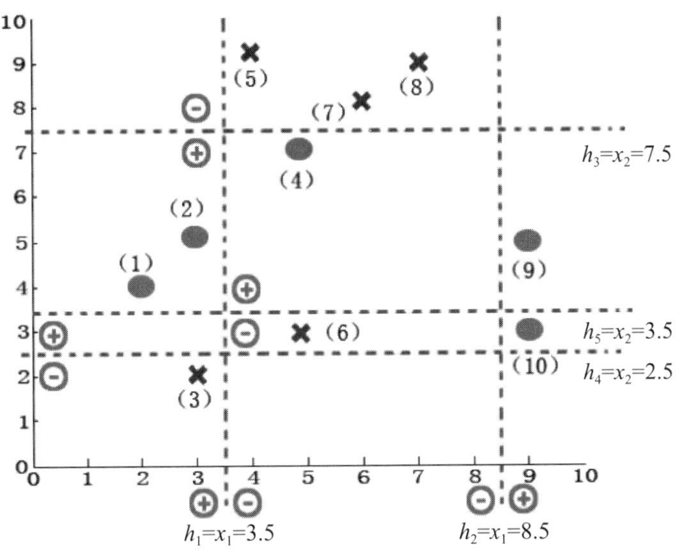

图10.9 AdaBoost算法强分类过程的样本数据点及分类器显示

由图 10.9 可知这 5 个分类器是：

$$h_1=\begin{cases}1,x_1<3.5\\-1,x_1>3.5\end{cases},\quad h_2=\begin{cases}1,x_1>8.5\\-1,x_1<8.5\end{cases},\quad h_3=\begin{cases}1,x_2<7.5\\-1,x_2>7.5\end{cases},\quad h_4=\begin{cases}1,x_2>2.5\\-1,x_2<2.5\end{cases},\quad h_5=\begin{cases}1,x_2>3.5\\-1,x_2<3.5\end{cases}。$$

知道了 5 个分类器后，首先需要初始化训练样本数据的权值分布，每一个训练样本最开始时都被赋予相同的权值 $w_i=\frac{1}{n}$，这样训练样本集的初始权值分布 D1(i)。令每个权值 $w_i=\frac{1}{n}=0.1$，其中，n= 10，i= 1,2,⋯, 10，然后分别对 t= 1,2,3,⋯值进行迭代（t 表示迭代次数），表 10.2 给出训练样本的权值分布情况。

表 10.2 AdaBoost 算法强分类过程样本数据初始化权值分布

样本序号	1	2	3	4	5	6	7	8	9	10
样本点坐标(x)	(2,4)	(3,5)	(3,2)	(5,7)	(4,9)	(5,3)	(6,8)	(7,9)	(9,5)	(9,3)
样本点分类 Y	1	1	−1	1	−1	−1	−1	−1	1	1
权值分布 D_i	0.1	0.1	0.1	0.1	0.1	0.1	0.1	0.1	0.1	0.1

把上表的数据进行第 1 次迭代，即迭代次数 t=1，初始的权值为 $\frac{1}{10}$（10 个数据，每个数据的权值皆初始化为 0.1），D1=[0.1, 0.1, 0.1, 0.1, 0.1, 0.1,0.1, 0.1, 0.1, 0.1]。在权值分布 D1 的情况下，取已知的 5 个分类器 h_1、h_2、h_3、h_4 和 h_5 中错误率最小的分类器作为第 1 个基本分类器 $H_1(X)$，先把 5 个分类器的错误率计算

出来，如 h_1 分类器有 4 个分错，错误率为 0.25；h_2 分类器有 3 个分错，错误率为 0.3；h_3 分类器有 2 个分错，错误率为 0.20；h_4 分类器有 4 个分错，错误率为 0.25；h_5 分类器有 4 个分错，错误率为 0.25。对比 h_1、h_2、h_3、h_4、h_5 这 5 个分类器的错误率得出 h_3 的分类器错误率最低，那么以 h_3 分类器作为第一个基本分类器 $H_1(X)$，这个分类器记作

$$H_1(X)=\{\begin{matrix}1, X_2<7.5\\-1, X_2>7.5\end{matrix}$$

在分类器 $H_1(X)=h_3$ 情况下，样本点“6,3”被错分，因此基本分类器 $H_1(X)$ 的错误率为 0.2，如图 10.10 所示。

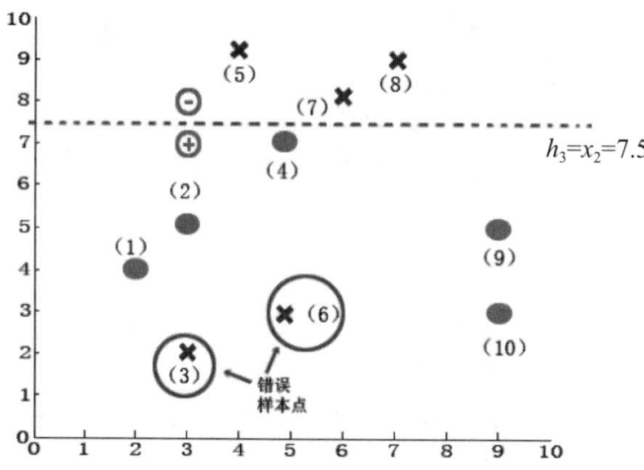

图10.10 AdaBoost第一次迭代分类器的选择与错误率情况

然后，更新训练样本数据的权值分布，用于下一次迭代，对于正确分类的训练样本“1,2,4,5,7,8,9,10”（共 8 个）的权值更新为：

$$D_2=\frac{D_1}{2(1-e_1)}=\frac{1}{10}\times\frac{1}{2(1-0.2)}=\frac{1}{16}$$

可见，正确分布的样本权值由原来的 $\frac{1}{10}$ 减小到 $\frac{1}{16}$。对于所有错误分类的训练样本“3,6”（共 2 个）的权值更新为：

$$D_2(i)=\frac{D_1(i)}{2e_1}=\frac{1}{10}\times\frac{1}{2\times0.2}=\frac{1}{4}$$

可见，错误分类的样本权值由原来的 $\frac{1}{10}$ 增大到 $\frac{1}{4}$。

这样，第一次迭代后，最后得到样本数据新的权值分布。

D2=[1/16,1/16,1/4,1/16,1/16,1/4,1/16,1/16,1/16,1/16]

由于样本数据“3,6”被 $H_1(X)$ 分错了，所以它们的权值由之前的 0.1 增大到 1/4；其他数据皆被分正确，所以它们的权值由之前的 0.1 减小到 1/16，表 10.3 给出了权值分布的变换情况。

表 10.3 AdaBoost 算法强分类过程样本数据第一次迭代权值分布

样本序号	1	2	3	4	5	6	7	8	9	10
样本点坐标（x）	(2,4)	(3,5)	(3,2)	(5,7)	(4,9)	(5,3)	(6,8)	(7,9)	(9,5)	(9,3)
样本点分类 Y	1	1	−1	1	−1	−1	−1	−1	1	1
权值分布 D_1	0.1	0.1	0.1	0.1	0.1	0.1	0.1	0.1	0.1	0.1
权值分布 D_2	$\frac{1}{16}$	$\frac{1}{16}$	$\frac{1}{4}$	$\frac{1}{16}$	$\frac{1}{16}$	$\frac{1}{4}$	$\frac{1}{16}$	$\frac{1}{16}$	$\frac{1}{16}$	$\frac{1}{16}$
$\text{sign}(f_1(X))$	1	1	1	1	−1	1	−1	−1	1	1

表格中底纹标记成浅灰色的是分错的样本点，没有浅灰色底纹的样本点就是被分对的样本点。

通过错误率去计算 H_1 的权重，通过式子 $\alpha_1=\frac{1}{2}\ln(\frac{1-e_1}{e_1})=\frac{1}{2}\ln(\frac{1-0.2}{0.2})=0.6931$。可得分类函数 $f_1(X)=\alpha_1 H_1(X)=0.6931H_1(X)$。此时，组合一个基本分类器 $\text{sign}(f_1(X))$ 作为符号函数，$f_1(X)$ 的值大于 0 为 1，小于 0 为 −1，就得出 $\text{sign}(f_1(X))$ 强分类器在训练集上有 2 个误分类点（即 3 和 6），此时强分类器的训练错误率为 0.2。

完成了第一次的迭代，接下来进行第二次迭代 t=2。

在权值分布 D2 的情况下，再取 5 个弱分类器 h_1、h_2、h_3、h_4 和 h_5 中错误率最小的分类器作为第 2 个基本分类器 $H_2(X)$。

当取弱分类器 h_1=X_1=3.5 时，此时被错分的样本点为“3，4，9，10”，错误率 $e=\frac{1}{4}+\frac{1}{16}+\frac{1}{16}+\frac{1}{16}=\frac{7}{16}$。

当取弱分类器 h_2=X_1=8.5 时，此时被错分的样本点为“1,2,4”，错误率 $e=\frac{1}{16}+\frac{1}{16}+\frac{1}{16}=\frac{3}{16}$。

当取弱分类器 h_3=X_2=7.5 时，此时被错分的样本点为“3,6”，错误率 $e=\frac{1}{4}+\frac{1}{4}=\frac{1}{2}$。

当取弱分类器 h_4=X_2=2.5 时，此时被错分的样本点为“5,6,7,8”，错误率 $e=\frac{1}{16}+\frac{1}{4}+\frac{1}{16}+\frac{1}{16}=\frac{7}{16}$。

当取弱分类器 h_5=X_2=3.5 时，此时被错分的样本点为“10,5,7,8”，错误率 $e=\frac{1}{16}+\frac{1}{4}+\frac{1}{16}+\frac{1}{16}=\frac{7}{16}$。

对比 h_1、h_2、h_3、h_4、h_5 等分类器的错误率，最小值是 h_2=X_2=8.5 时，错误率只有 $\frac{3}{16}$。

结果如图 10.11 所示。

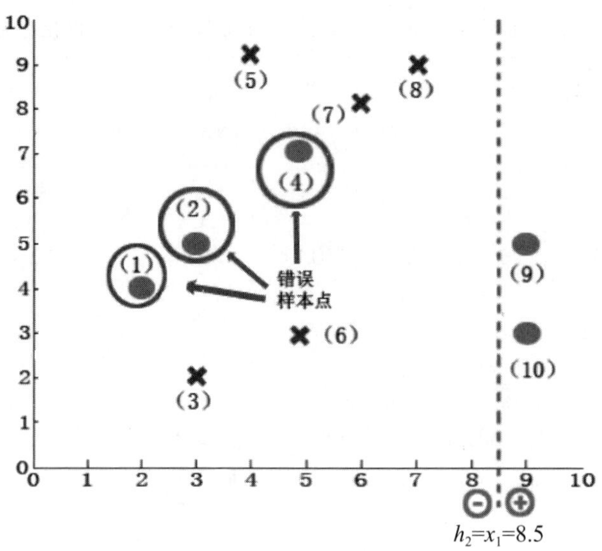

图10.11 AdaBoost第二次迭代分类器的选择与错误率情况

因此，取当前最小的分类器 h_2 作为第 2 个基本分类器 $H_2(X)$。

$$H_2(X)=\{\begin{matrix}-1, X_1<8.5\\ 1, X_1>8.5\end{matrix}$$

显然，$H_2(X)$ 把样本“1,2,4”分错了，根据 D_2 可知它们的权重值为 $D_2(1)=\frac{1}{16}$，$D_2(2)=\frac{1}{16}$，$D_2(4)=\frac{1}{16}$。所以 $H_2(X)$ 在训练集上的错误率：

$$e_2=P(H_2(x_i))\neq y_i=3\times\frac{1}{16}=\frac{3}{16}\ \text{（权重值之和）}$$

再根据误差计算 H_2 的权重值：

$$\alpha_2=\frac{1}{2}\ln(\frac{1-e_2}{e_2})=0.7332$$

更新训练样本数据的权重值分布，对于正确分类的权重值更新为：

$$D_3(i)=\frac{D_2(i)}{2(1-e_2)}=\frac{8}{13}D_2(i)$$

对于错误分类的权重值更新为：

$$D_3(i)=\frac{D_2(i)}{2e_2}=\frac{8}{3}D_2(i)$$

这样，第 2 次迭代后，最后得到各个样本数据新的权重值分布：

D3=[1/6,1/6,2/13,1/6,1/26,2/13,1/26,1/26,1/26,1/26]

通过计算的权重值可得强分类函数 $f_2(X)=0.6931H_1(X)+0.7332H_2(X)$。通过分类函数计算

$\text{sign}(f_2(X))$，可以看第一个点的分类器 $H_1(X)$ 和 $H_2(X)$，结合图像会更加快捷，如图 10.12 所示。

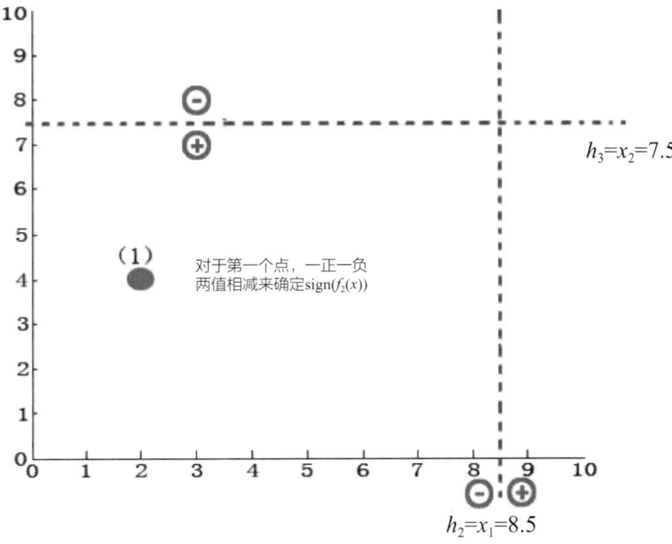

图10.12　通过强分类函数计算第一个分类点的符号分类

由图 10.12 中就可以看出，第一个点的坐标是（2,4），对于 $H_1(X)$ 是正值，对于 $H_2(X)$ 是负值，看哪一个系数前的数值大，就可以决定当前坐标点的 sign 符号值。

由此，表 10.4 给出了权值分布的变换情况。

表 10.4　AdaBoost 算法强分类过程样本数据第二次迭代权值分布

样本序号	1	2	3	4	5	6	7	8	9	10
样本点坐标（x）	(2,4)	(3,5)	(3,2)	(5,7)	(4,9)	(5,3)	(6,8)	(7,9)	(9,5)	(9,3)
样本点分类 Y	1	1	−1	1	−1	−1	−1	−1	1	1
权值分布 D_1	0.1	0.1	0.1	0.1	0.1	0.1	0.1	0.1	0.1	0.1
权值分布 D_2	$\frac{1}{16}$	$\frac{1}{16}$	$\frac{1}{4}$	$\frac{1}{16}$	$\frac{1}{16}$	$\frac{1}{4}$	$\frac{1}{16}$	$\frac{1}{16}$	$\frac{1}{16}$	$\frac{1}{16}$
$\text{sign}(f_1(X))$	1	1	1	1	−1	1	−1	−1	1	1
权值分布 D_3	1/6	1/6	2/13	1/6	1/26	2/13	1/26	1/26	1/26	1/26
$\text{sign}(f_2(X))$	−1	−1	−1	−1	−1	−1	−1	−1	1	1

由表 10.4 中可以看出，组合两个基本分类器 $\text{sign}(f_2(X))$ 作为强分类器在训练集上有 3 个误分类点（即 1、2、4），此时强分类器的训练错误率为 0.3。

没有达到全部的正确率，因此需要第三次迭代 $t=3$。

在权值分布 D_3 的情况下，再取弱分类器 h_1、h_2、h_3、h_4 和 h_5 中错误率最小的分类器作为第 3 个基本分类器$H_3(X)$。

当取弱分类器h_1=X_1=3.5时，此时被错分的样本点为“3,4,9,10”，错误率$e=\frac{2}{13}+\frac{1}{6}+\frac{1}{26}+\frac{1}{26}=\frac{62}{156}$。

当取弱分类器h_2=X_1=8.5时，此时被错分的样本点为“1,2,4”，错误率$e=\frac{1}{6}+\frac{1}{6}+\frac{1}{6}=\frac{1}{2}$。

当取弱分类器h_3=X_2=7.5时，此时被错分的样本点为“3,6”，错误率$e=\frac{2}{13}+\frac{2}{13}=\frac{4}{13}$。

当取弱分类器h_4=X_2=2.5时，此时被错分的样本点为“5,6,7,8”，错误率$e=\frac{1}{26}+\frac{2}{13}+\frac{1}{26}+\frac{1}{26}=\frac{7}{26}$。

当取弱分类器h_5=X_2=3.5时，此时被错分的样本点为“10,5,7,8”，错误率$e=\frac{1}{26}+\frac{1}{26}+\frac{1}{26}+\frac{1}{26}=\frac{4}{26}$。

对比h_1、h_2、h_3、h_4、h_5等分类器的错误率，最小值是h_5=X_2=3.5时，错误率只有$\frac{4}{16}$。

结果如图10.13所示。

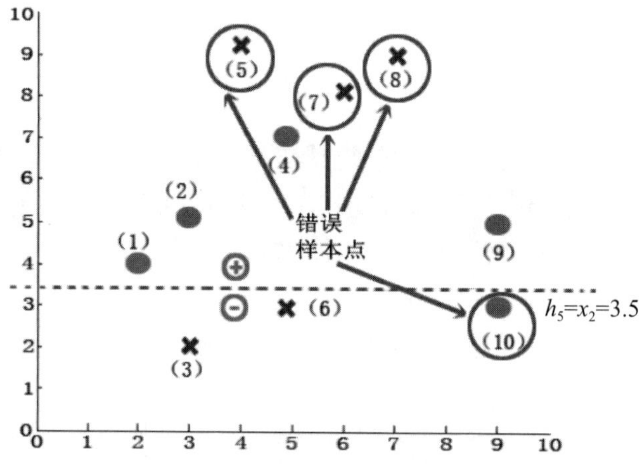

图10.13 AdaBoost第三次迭代分类器的选择与错误率情况

因此，取当前最小的分类器h_3作为第3个基本分类器$H_3(X)$：

$$H_3(X)=\{\begin{matrix}1, X_2<3.5\\ -1, X_2>3.5\end{matrix}$$

此时被$H_3(X)$误分类的样本有“5,7,8,10”，根据D_3可知它们的权重值分别是

$D_3(5)=\frac{1}{26}$，$D_3(7)=\frac{1}{26}$，$D_3(8)=\frac{1}{26}$，$D_3(10)=\frac{1}{26}$。这样$H_3(X)$在训练数据上的错误率：

$$e_3=P(H_3(x_i)\neq y_i)=\frac{1}{26}+\frac{1}{26}+\frac{1}{26}+\frac{1}{26}=\frac{2}{13}$$

根据错误率计算$H_3(X)$的权重值：

$$\alpha_3=\frac{1}{2}\ln(\frac{1-e_3}{e_3})=0.8524$$

更新训练样本数据的权重值分布，对于正确分类的权重值更新为：

$$D_4(i)=\frac{D_3(i)}{2(1-e_3)}=\frac{13}{22}D_3(i)$$

对于错误分类的权重值更新为：

$$D_4(i)=\frac{D_3(i)}{2e_3}=\frac{13}{4}D_3(i)$$

这样，第三次迭代后，得到各个样本数据新的权重值分布为 5,7,8,10。

*D*4=[13/132,13/132,1/11,13/132,1/8,1/11,1/8,1/8,1/44,1/44]

这样，第三次迭代后，表 10.5 给出了权重值分布的变换情况。

表 10.5 AdaBoost 算法强分类过程样本数据第三次迭代权值分布

样本序号	1	2	3	4	5	6	7	8	9	10
样本点坐标（x）	(2,4)	(3,5)	(3,2)	(5,7)	(4,9)	(5,3)	(6,8)	(7,9)	(9,5)	(9,3)
样本点分类 Y	1	1	−1	1	−1	−1	−1	−1	1	1
权值分布 D_1	0.1	0.1	0.1	0.1	0.1	0.1	0.1	0.1	0.1	0.1
权值分布 D_2	$\frac{1}{16}$	$\frac{1}{16}$	$\frac{1}{4}$	$\frac{1}{16}$	$\frac{1}{16}$	$\frac{1}{4}$	$\frac{1}{16}$	$\frac{1}{16}$	$\frac{1}{16}$	$\frac{1}{16}$
$\text{sign}(f_1(X))$	1	1	1	1	−1	1	−1	−1	1	1
权值分布 D_3	1/6	1/6	2/13	1/6	1/26	2/13	1/26	1/26	1/26	1/26
$\text{sign}(f_2(X))$	−1	−1	−1	−1	−1	−1	−1	−1	1	1
权值分布 D_4	$\frac{13}{132}$	$\frac{13}{132}$	$\frac{1}{11}$	$\frac{13}{132}$	$\frac{1}{8}$	$\frac{1}{11}$	$\frac{1}{8}$	$\frac{1}{8}$	$\frac{1}{44}$	$\frac{1}{44}$
$\text{sign}(f_3(X))$	1	1	−1	1	−1	−1	−1	−1	1	1

可得分类函数：$f_3(X)=0.6931H_1(X)+0.7332H_2(X)+0.8524H_3(X)$。此时，组合 3 个基本分类器 $\text{sign}(f_4(x))$ 作为强分类器，在训练集上有 0 个误分类点。至此，整个训练过程结束。

整合所有分类器，可得最终的强分类器为：

$$H_{\text{final}}=\text{sign}\left(\sum_{t=1}^{T}\alpha_t H_t(X)\right)=\text{sign}(0.6931H_1(X)+0.7332H_2(X)+0.8524H_3(X))$$

所得到的强分类器 H_{final} 的训练样本的错误率为 0。

10.3 AdaBoost 算法实现

通过前面的学习，读者应已经了解到 AdaBoost 算法是将弱分类器进行集成，常见的弱分类器是决策树结构。

10.3.1 决策树数据根据阈值进行分类算法的实现

决策树结构一般包含节点、左孩子和右孩子。针对某个数据点，根据阈值进行分类是首要的步骤，代码如下。

【程序代码清单 10.1】决策树数据根据阈值进行分类算法

```
def stump_classify(data_mat, dimen, thresh_val, thresh_ineq):
ret_array = np.ones((np.shape(data_mat)[0], 1))
if thresh_ineq == 'lt':
ret_array[data_mat[:, dimen] <= thresh_val] = -1.0
else:
ret_array[data_mat[:, dimen] > thresh_val] = -1.0
return ret_array
```

上述代码定义的函数 stump_classify() 是通过阈值来对数据进行分类的。函数接收了 4 个参数，分别是 matrix 数据集、特征值所在的列、特征值要比较的值、限定条件。关于限定条件需要说明的是，当限定条件为“lt”表示修改左边的值，当限定条件为“gt”表示修改右边的值。函数首先把返回结果数组中所有的元素默认为 1，当限定的条件是“lt”，即修改左边的值，将特征值所在的列满足小于等于特征比较值的数据置为 -1；当限定条件“gt”，即修改右边的值，就将特征值所在列满足大于等于特征比较值的数据返回为 1。

10.3.2 单层决策树算法的实现

完成数据根据阈值进行分类后，通过 build_stamp() 建立单层决策树，代码如下。

【程序代码清单 10.2】单层决策树算法

```
def build_stump(data_arr, class_labels, D):
data_mat = np.mat(data_arr)
label_mat = np.mat(class_labels).T
m, n = np.shape(data_mat)
num_steps = 10.0
best_stump = {}
best_class_est = np.mat(np.zeros((m, 1)))
min_err = np.inf
for i in range(n):
range_min = data_mat[:, i].min()
range_max = data_mat[:, i].max()
step_size = (range_max - range_min) / num_steps
for j in range(-1, int(num_steps) + 1):
```

```
for inequal in ['lt', 'gt']:
thresh_val = (range_min + float(j) * step_size)
predicted_vals = stump_classify(data_mat, i, thresh_val, inequal)
err_arr = np.mat(np.ones((m, 1)))
err_arr[predicted_vals == label_mat] = 0
weighted_err = D.T * err_arr
if weighted_err < min_err:
min_err = weighted_err
best_class_est = predicted_vals.copy()
best_stump['dim'] = i
best_stump['thresh'] = thresh_val
best_stump['ineq'] = inequal
return best_stump, min_err, best_class_est
```

这段代码定义的函数 build_stamp() 遍历 stamp_classify() 返回的数组中所有可能的输入值，并找到数据集上的最佳单层决策树。这里的最佳也是针对权重向量参数来定义的。函数接收 3 个参数：特征标签集合、分类标签集合和最初的特征权重值。

函数首先实现特征标签集合的矩阵转换，以及分类标签集合的矩阵转换和转置，这是特征标签集合和分类标签集合处理中常用的操作，可以使特征标签集合中的每一行数据与分类标签集合中的每一行进行对应。然后需要获取特征标签集合的维度 m 和 n，同时设定了特征所有可能值的选取次数，该选取次数存储在 num_steps，也构建了 best_stump 字典，这个字典用于存储给定权重向量时所得到的最佳单层决策树相关信息。初始化预测的最优结果集中每个数据为 1，初始化的最小错误率为无穷大 inf。

接下来，对数据集的列索引进行遍历。在循环体中，先得到该特征列的最大值和最小值，根据 num_steps 的取值数目利用公式“（最大值 – 最小值）/ 取值次数”得出每次数据叠加的步长值，第二层循环遍历 num_steps 的每一个取值，第三层循环则是在“gt”和“lt”之间切换不等式。利用 (range_min + float(j) * step_size) 计算每一个取值的步长的阈值，调用 stump_classify() 对这一段数据中计算出来的阈值进行分类，得到预测的分类值。初始化错误率矩阵的每一行数据为 1，如果每一行预测出来的值与实际的分类标签集合的中相等，把对应的错误率矩阵的数据位置置为 0；如果每一行预测出来的值与实际的分类标签集合中的不相等，则把对应的错误率矩阵的数据位置置为 1。利用权重矩阵的转置与错误率矩阵的点乘结果算出总错误率。将得出的总错误率与最小错误率进行比对，如果总错误率小于最小错误率，就将当前的总错误率赋值给最小错误率，并把当前的预测分类结果复制后赋值给最佳分类结果。最佳单层决策树 best_dump 字典中用 dim 键保存特征列索引值，用 thresh 保存当前步长范围内计算的阈值，用 ineq 保存切换不等式的状态是“lt”还是“gt”。

10.3.3 AdaBoost 算法的实现

通过单层决策树的算法，就可以迭代得出 AdaBoost 算法，代码如下。

■【程序代码清单 10.3】AdaBoost 算法

```
def ada_boost_train_ds(data_arr, class_labels, num_it=40):
weak_class_arr = []
m = np.shape(data_arr)[0]
D = np.mat(np.ones((m, 1)) / m)
agg_class_est = np.mat(np.zeros((m, 1)))
for i in range(num_it):
best_stump, error, class_est = build_stump(data_arr, class_labels, D)
alpha = float(0.5 * np.log((1.0 - error) / max(error, 1e-16)))
best_stump['alpha'] = alpha
weak_class_arr.append(best_stump)
expon = np.multiply(-1 * alpha * np.mat(class_labels).T, class_est)
D = np.multiply(D, np.exp(expon))
D = D / D.sum()
agg_class_est += alpha * class_est
agg_errors = np.multiply(np.sign(agg_class_est) !=     np.mat(class_labels).T,np.ones((m, 1)))
error_rate = agg_errors.sum() / m
if error_rate == 0.0:
break
return weak_class_arr, agg_class_est
```

这段代码定义的函数 ada_boost_train_ds() 实现了 AdaBoost 算法，返回弱分类器集合，预测分类结果值。AdaBoost 算法的输入参数包括数据集、类别标签以及迭代次数，其中迭代次数是在整个 AdaBoost 算法中唯一需要用户指定的参数。

这里假定迭代次数为 8，一旦某次迭代之后错误率为 0.0，那么会退出迭代。如果没有发生错误率为 0.0 的情况，此时就需要执行所有的 8 次迭代。每次迭代的中间结果都会通过 print 语句进行输出，也可以把 print 输出语句注释掉，现在可以通过中间结果来了解 AdaBoost 算法的内部运行过程。

函数最开始定义了一个弱分类器列表，这个列表在程序中会动态添加弱分类器，初始化弱分类器列表为空。再则需要获取特征标签矩阵的行数。

函数名称 D 代表的是单层决策树 ，它是 AdaBoost 较流行的弱分类器，当然并非唯一可用的弱分类器。上述函数确实是建立于单层决策树之上的，但是也可以很容易对此进行修改以引入其他基分类器。实际上，任意分类器都可以作为基分类器，任何一个分类的算法都行。上述算法会输出一个单层决策树的数组，因此首先需要建立一个新的 Python 表来对其进行存储。然后，得到数据集中的数据点的数目 m，并建立一个列向量 $\boldsymbol{D}$。

向量 $\boldsymbol{D}$ 非常重要，它包含每个数据点的权重。一开始，这些权重都赋予了相同的值。在后续的迭代中，AdaBoost 会在增加错分数据的权重的同时，降低正确分类数据的权重。$\boldsymbol{D}$ 是一个概率分布向量，因此其所有的元素之和为 1.0。为了满足此要求，一开始的所有元素都会被初始化成 $1/m$。同时，程序还会建立另一个列向量 agg_class_est ，记录每个数据点的类别估计累计值。初始矩阵每个值置 1。

AdaBoost 算法的核心在于 for 循环，该循环运行 num_it 次或者直到训练错误率是 0 为止。循环中的第一件事就是利用 build_stump() 函数建立一个单层决策树。该函数的输入为权重向量 ***D***，返回的则是利用 ***D*** 而得到的具有最小错误率的单层决策树，同时返回的还有最小的错误率以及估计的类别向量。

接下来，需要计算的则是 Alpha 值。该值会告诉总分类器本次单层决策树输出结果的权重。其中的语句 max(error, 1e-16) 用于确保在没有错误时不会发生除零溢出。而后，Alpha 值被加入 best_dump 字典，该字典又被添加到弱分类器列表中。该字典包括分类所需要的所有信息。

接下来计算新权重向量 ***D***。判断正确的，就乘 -1，否则就乘 1。权重向量通过 np.multiply(-1*alpha*np.mat(class_labels).T, class_est)，即类别标签矩阵和每个分类器的 Alpha 权重值乘积去和类别预测结果 class_est 的向量积。所得的结果存在 expon 变量中，随之计算 e 的 expon 次方，然后得到一个综合概率的值。利用这样的 ***D*** 值与 ***D***.sum() 值相比，求得最终的 ***D*** 值。

预测的分类结果值，在上一轮结果的基础上，进行累加和操作。sign 判断这样的预测分类结果值，正为 1，0 为 0，负为 -1，通过最终累加和的权重值判断符号。错误的样本标签集合，因为 np.sign(agg_class_est) != np.mat(class_labels).T 这句代码中是“!=”，那么结果为 0 时是正值，结果为 1 时是负值。

接下来我们观察中间的运行结果。还记得吗，数据的类别标签为 [1.0,1.0,-1.0,-1.0,1.0]。在第一次迭代中，***D*** 中的所有值都相等。于是，只有第一个数据点被错分了。因此在第二次迭代中，***D*** 向量给第一个数据点 0.5 的权重。这就可以通过变量 agg_class_est 的符号来了解总的类别。 第二次迭代之后，就会发现第一个数据点已经正确分类，但此时最后一个数据点却错分。***D*** 向量中的最后一个元素变成 0.5，而 ***D*** 向量中的其他值都变得非常小。最后，第三次迭代之后 agg_class_est 所有值的符号和真实类别标签都完全吻合，那么训练错误率为 0，程序就此退出。

10.4 AdaBoost 算法实战示例：商品购买预测

在商业活动过程中，常常遇到的问题是商品购买预测。商品购买预测是指从用户购买倾向的一些维度中探究商品购买预测的结果。其实商品购买中用户的维度可能包括用户购买的频率、用户购买的订单数量、用户购买的数额、用户经常性购买产品的类别等方面，本案例中使用用户购买倾向中的部分维度来说明 AdaBoost 算法的代码实现。

10.4.1 商品购买预测的数据读取实现

商品购买预测中的数据分为验证集和测试集两部分，这两部分的数据维度包括会员年龄、浏览商品的数量、性别、学历、级别、活跃度等。读取的 CSV 文件中数据对应关系就是这几个维度的实际意义，文件中每行数据间用“,”进行分隔，在文件读取时需要指明分隔符。具体代码如下。

【程序代码清单 10.4】商品购买预测的数据读取

```
def load_data_set(file_name):
num_feat = len(open(file_name).readline().split(','))
data_arr = []
label_arr = []
fr = open(file_name)
for line in fr.readlines():
line_arr = []
cur_line = line.strip().split(',')
for i in range(num_feat - 1):
line_arr.append(float(cur_line[i]))
data_arr.append(line_arr)
label_arr.append(float(cur_line[-1]))
return np.matrix(data_arr), label_arr
```

这段代码定义的函数 load_data_set() 实现了商品购买预测的数据读取，程序首先使用 open() 后，使用 readline() 方法读取文件的一行，把这一行用 split() 方法切分，切分的标志是“,”，调用 len() 方法返回这一行切分后列表的长度，也就是商品购买预测中的维度数。接下来定义数据列表和标签列表，继续打开文件，用 readlines() 方法读出文件的其他行。在循环遍历中，初始化每一行数据列表为空，然后就把每一行按“,”标志调用 split() 方法进行切分。在形成的数据列表中，最后一位放在标签列表，前几位都放到每一行的数据列表，再把每一行的数据列表添加到总的数据列表。最后返回数据列表和标签列表。

10.4.2 商品购买预测的测试函数实现

读取数据后就可以使用 AdaBoost 算法进行模型训练，这部分代码在 AdaBoost 的算法实现中已经完成。接下来就需要编码商品购买预测的测试部分，具体看商品购买预测的最终预测结果，代码如下。

【程序代码清单 10.5】商品购买预测的结果预测

```
def ada_classify(data_to_class, classifier_arr):
data_mat = np.mat(data_to_class)
m = np.shape(data_mat)[0]
agg_class_est = np.mat(np.zeros((m, 1)))
for i in range(len(classifier_arr)):
class_est = stump_classify(
data_mat, classifier_arr[i]['dim'],
classifier_arr[i]['thresh'],
classifier_arr[i]['ineq']
)
agg_class_est += classifier_arr[i]['alpha'] * class_est
```

```
return np.sign(agg_class_est)
```

这段代码定义的函数 ada_classify() 实现了商品购买预测的结果预测，输入的参数是数据集及弱分类器列表。程序首先把输入的数据集转成数组，取数组的第一层维度值，初始化分类结果数组的每个值为 1。遍历弱分类器列表中的每个分类器，调用之前的数据并根据阈值进行分类的算法将之分类到数组。结果数组数据不断累加每个分类器与权重的乘积，最后返回结果数组的 np.sign，np.sign() 是实现 NumPy 取数字符号（即数字前的正、负号）的函数。

10.4.3 商品购买预测的程序整合

每个分步函数的功能实现后，就可以整合整个程序，也就是读取商品购买预测的数据，然后调用 AdaBoost 算法，最终通过预测结果与正确结果之间的差异来查看商品购买预测的正确率，代码如下。

【程序代码清单 10.6】商品购买预测的程序整合

```
def test():
data_mat, class_labels = load_data_set('adaboost_data.csv')
weak_class_arr, agg_class_est = ada_boost_train_ds(data_mat, class_labels, 40)
data_arr_test, label_arr_test = load_data_set("adaboost_data_test.csv")
m = np.shape(data_arr_test)[0]
predicting10 = ada_classify(data_arr_test, weak_class_arr)
err_arr = np.mat(np.ones((m, 1)))
print(" 样本数 :"+str(m),
" 错误数 :"+str(err_arr[predicting10 != np.mat(label_arr_test).T].sum()),
" 错误率 :"+str(err_arr[predicting10 != np.mat(label_arr_test).T].sum() / m)
)
if __name__ == '__main__':
test()
```

这段代码整合了 AdaBoost 算法实现商品购买预测，函数 test() 首先读取训练集数据，用 AdaBoost 算法训练数据；再读取测试集数据，调用 ada_classify() 测试商品购买预测的最后结果标签，将结果标签与正确标签进行对比，不相等的时候错误的预测结果和值就是错误率；最终输出测试集的样本数、错误数及错误率。在主函数中调用 test() 函数，也就完成了 AdaBoost 算法预测商品购买的逻辑。

代码的最终运行结果如图 10.14 所示。

```
Run: adaboost
C:\Users\Administrator\AppData\Local\Programs
样本数:50 错误数:13.0 错误率:0.26

Process finished with exit code 0
```

图10.14 AdaBoost算法实现商品购买的预测

10.5 AdaBoost 算法面试题解答

1. AdaBoost 为什么能快速收敛?

因为在每轮训练后，都会增大上一轮训练错误样本的权重，下一轮的分类器为了达到较低的分类误差，会把权重高的样本分类正确。这样的结果是虽然每个弱分类器都有可能分错，但是能保证权重大的样本分类正确。

2. AdaBoost 的优缺点?

AdaBoost 的优点表现在不易过拟合，能够将相当弱的弱分类器组合成强分类器。

AdaBoost 的缺点是对异常样本比较敏感，异常样本会得到较高的权重，影响最终的性能。

10.6 AdaBoost 算法自测题

1. 简述 AdaBoost 权值的更新方法。
2. 谈一谈对集成算法的看法。

10.7 小结

AdaBoost 是一个集成型的算法，理论上任何学习器都可以用于 AdaBoost。但一般来说，使用最广泛的 AdaBoost 弱学习器是决策树和神经网络。

AdaBoost 作为分类器进行机器学习时，分类精度很高。在 AdaBoost 的框架下，可以使用各种回归分类模型来构建弱学习器，非常灵活，不容易发生过拟合。尤其是作为简单的二元分类器时，其构造简单，结果可理解。当然，AdaBoost 对异常样本很敏感，异常样本在迭代中可能会获得较高的权重，影响最终的强学习器的预测准确性。这样，利用 AdaBoost 进行机器学习模型分类时，数据的清洗环节就尤为重要。

第 11 章

机器学习算法之线性回归

本章将从专业的角度对线性回归算法进行阐述。回归分析是一种应用很广的数据分析方法，用于分析事物间的统计关系，侧重数量关系变化。回归分析在数据分析中占有比较重要的位置。线性回归可以说是机器学习中最基本的问题类型。本章将结合生活中的相关案例，对线性回归算法的具体使用场合进行说明。在实战方面，本章会通过钓鱼久坐与鱼重量的关系和减肥的具体花销对回归算法上进行应用上的介绍，将实战与理论进行很好的结合。

11.1 解决论剑问题引入线性回归

经常搞算法的人，一般会对逻辑很感兴趣，有时候“脑洞大开”，突发奇想。

又是一年一度“华山论剑”的日子，过去的“华山论剑”论的是舞枪弄棒，功夫至上。现在的“华山论剑”论的是经营之道，头脑功夫。东邪利用桃花岛的天然优势生产桃系列饮品和食品。西毒利用癞蛤蟆和蛇毒的药用价值置办起了药材生意。南帝带领 4 个徒弟沉迷医辽行业，设立了医院治病救人。北丐办起了餐饮。他们在华山论剑，既要论经营之道，又要引领民间人士入股，大大的背景板上写着开盘价等，希望更多的人士购买股票，如图 11.1 所示。

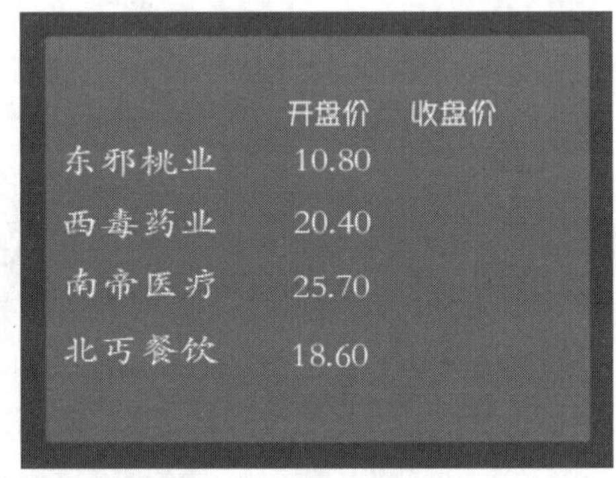

	开盘价	收盘价
东邪桃业	10.80	
西毒药业	20.40	
南帝医疗	25.70	
北丐餐饮	18.60	

图11.1 “华山论剑”开盘

随着“华山论剑”中民间入股的“白热化”，背景板上的信息也在不断变化。如果在机器学习的江湖，可能通过以往东邪、西毒、南帝、北丐的胜率，辅以合适的算法就可以给这些人一些参考。

华山论剑的戏说成分的最后是只会有一个人是华山论剑中是笑到最后的英雄。如果能够找到一条理想的直线能够近似地表达收益和开盘价的关系，就构成了线性关系。

11.2 线性回归算法概述

线性回归，从字义上来说，你找根线，拉一下，这就是线性。统计学中的线性并不是像手中拉的绳一样，但至少应该是差不多呈一条直线的关系。所谓线性回归，就是指具备一定的“线性”才能用到的回归。如果自变量和因变量之间的关系不是“线性”关系，就谈不上“线性”回归。

当结局变量是连续变量，需要观察某个或某些自变量对结局变量的影响时，通常会采用线性回归。

11.2.1 线性回归模型

线性回归模型用于描述一个特定变量 y 与其他一些变量 $x_1,\cdots,x_p$ 之间的关系。对于平面中的点，如果能够找到一条理想的直线能够近似地表达这种关系，那就是线性关系，如图 11.2 所示。

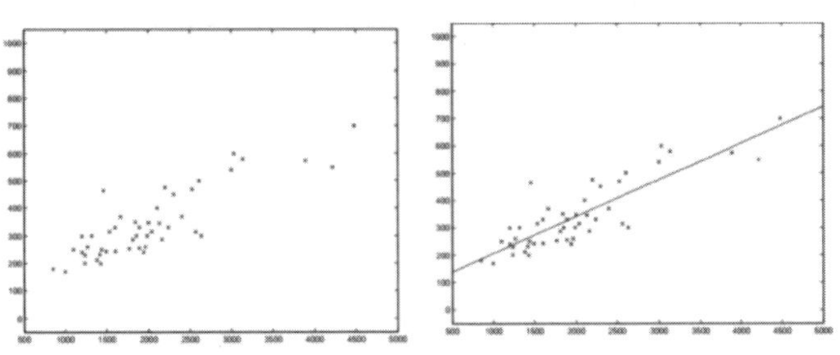

图11.2 平面中的点用一条直线表达线性关系

图 11.2 中所示的点不管表达什么样的含义，可以是票房，可以是物价的变化，可以是某个主播的粉丝变化量等，这些不需要知道和了解。重要的是数学家、专业名词数学家们，很聪明，能够找到一条直线来描述这些点的趋势或者分布。假设数据是 x，结果是 y，那模拟出直线的式子其实就类似于一个方程，这里叫它模型，如图 11.3 所示。

图11.3 线性回归模型示意

由图 11.3 可知，模型就是数据和数据之间的关系，也就是建立的数学方程模型，得到的结果就是解决了问题。这就是线性回归。

线性回归可用于解决下式中的问题。

$$h_\theta(x)=\sum_{i=0}^{n}\theta_i x_i=\theta^{\mathrm{T}}x$$
$$=\theta_0x_0+\theta_1x_1+\theta_2x_2+\cdots+\theta_nx_n$$

上式中如果 i=0，就是一元一次方程。

但是这个方程不能从完全意义上去拟合所有的输入数据，可能存在着一定的误差，这里的目标只能使预测值与真实值越接近越好。如果用 ε 来表示误差，对于每一个样本可得出如下的式子。

$$y^{(i)}=\boldsymbol{\theta}^{\mathrm{T}}x^{(i)}+\varepsilon^{(i)}$$

对于误差，可以这样定义，误差是独立并且具有相同的分布，并且服从均值为 0、方差为 θ^2 的高斯分布。如何理解这个概念呢？比如天气预报中气温预测是线性回归，如图 11.4 所示。

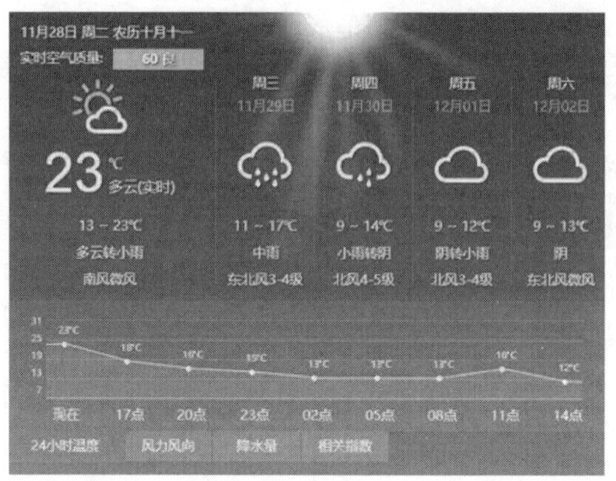

图11.4 天气预报中气温预测

图 11.4 中有未来 4 天的气温预测结果，都是用历史数据去推测周四或者周五的气温，不论是推测周四的气温还是周五的气温，都是独立的去分析一个问题，这是误差概念中所提到的独立。同分布指的是周四和周五的预测结果都是由历史数据产生的，相当于同一片天空下的结果，是同一个城市的结果，可能某一天温度高一点，可能某一天温度低一点，但在绝大多数情况下浮动不会太大。像春天穿长衫，夏天穿短袖，秋天穿秋衣，冬天穿棉袄，季节的气温也是慢慢变化的，偶尔可能出现浮动太大的情况，也是极少的。正常情况下数据呈现的就是高斯分布。这是对误差的一个理解。

现实生活中除了天气预报中的气温预测呈线性回归的关系，类似台风行径预测、工厂生产环境污染的预测等也是线性回归问题的反映。

· 11.2.2 线性回归的最小二乘法

误差是符合高斯分布的，高斯分布的数学公式如下：

$$p(\varepsilon^{(i)})=\frac{1}{\sqrt{2\pi}\sigma}\exp(-\frac{(\varepsilon^{(i)})^2}{2\sigma^2})$$

把上面误差的式子代入预测值与误差之间的关系式中。就得出了下面的结果。

$$p(y^{(i)}\mid x^{(i)};\theta)=\frac{1}{\sqrt{2\pi}\sigma}\exp(-\frac{(y^{(i)}-\theta^{\mathrm{T}}x^{(i)})^2}{2\sigma^2})$$

把上面的式子展开，放在气温预测这个问题上，这个式子的意思就是预测某一天的气温，在这两组参数的控制下得到的气温情况恰好等于真实情况下气温的概率。概率越大越接近真实情况。这样，研究的问题就在于解决使用什么样的参数与气温预测中给定的数据结合后，得出来的值恰好是真实值。这里就引入了似然函数，似然函数的式子就是把所有可能的概率值相乘。数学式子如下。

$$L(\theta)=\prod_{i=1}^{m}p(y^{(i)}\mid x^{(i)};\theta)=\prod_{i=1}^{m}\frac{1}{\sqrt{2\pi}\sigma}\exp(-\frac{(y^{(i)}-\theta^{\mathrm{T}}x^{(i)})^2}{2\sigma^2})$$

如何理解这样的一个式子呢？这里就从看一部电影说起，生活中常常依据一部电影的某某平台打分来判断这部电影是否值得一看。当然，你也可以在影院门口蹲着，出来一个人你就问一下，这部电影是否好看。如果连续出来 10 个人都反响还不错，那么你可以认为这部电影值得一看。某某平台上的打分可能也是每个看过这部电影的人对这部电影评价的反映。其实这就是在表达要利用样本数据去估计你的参数应该是什么，使得估计出来的参数尽可能地满足（拟合）你的样本。

上式主要完成的是乘法运算，乘法运算是比较复杂的，运用对数运算可以将乘法转化为加法。这样计算起来就比较容易，式子如下。

$$\log L(\theta)=\log\prod_{i=1}^{m}\frac{1}{\sqrt{2\pi}\sigma}\exp(-\frac{(y^{(i)}-\theta^{\mathrm{T}}x^{(i)})^2}{2\sigma^2})$$

将上式展开如下。

$$\sum_{i=1}^{m}\log\frac{1}{\sqrt{2\pi}\sigma}\exp(-\frac{(y^{(i)}-\theta^{\mathrm{T}}x^{(i)})^2}{2\sigma^2})$$

$$=m\log\frac{1}{\sqrt{2\pi}\sigma}-\frac{1}{\sigma^2}\cdot\frac{1}{2}\sum_{i=1}^{m}(y^{(i)}-\theta^{\mathrm{T}}x^{(i)})^2$$

目标是希望这个对数似然函数的值越大越好。在式子中可以看到，减号前面是一个常数，也就意味着减号后面的值越小越好。这就是最小二乘法。式子如下。

$$J(\theta)=\frac{1}{2}\sum_{i=1}^{m}(y^{(i)}-\theta^{\mathrm{T}}x^{(i)})^2$$

最小二乘法就是要让预测值和真实值之间的差异越小越好。

通常可以通过求偏导搞定，因为极值点通常都是在偏导处取得的，对目标函数求偏导，并且让其等于 0，这样就能找到最终参数的解应该是什么。

目标函数.

$$J(\theta)=\frac{1}{2}\sum_{i=1}^{m}(h_\theta(x^{(i)})-y^{(i)})^2=\frac{1}{2}(X\theta-y)^{\mathrm{T}}(X\theta-y)$$

求偏导:

$$\nabla_\theta J(\theta)=\nabla_\theta(\frac{1}{2}(X\theta-y)^{\mathrm{T}}\ \ X\theta-y))=\nabla_\theta(\frac{1}{2}(\theta^{\mathrm{T}}X^{\mathrm{T}}-y^{\mathrm{T}})(X\theta-y))$$

$$=\nabla_\theta(\frac{1}{2}(\theta^{\mathrm{T}}X^{\mathrm{T}}X\theta-\theta^{\mathrm{T}}X^{\mathrm{T}}y-y^{\mathrm{T}}X\theta+y^{\mathrm{T}}y))$$

$$=\frac{1}{2}(2X^{\mathrm{T}}X\theta-X^{\mathrm{T}}y-(y^{\mathrm{T}}X)^{\mathrm{T}})=X^{\mathrm{T}}X\theta-X^{\mathrm{T}}y$$

偏导数等于 0:

$$\theta=\ X^{\mathrm{T}}X\ ^{-1}X^{\mathrm{T}}y$$

至此，通过了一系列的推导得出了线性回归的最终解法。

11.3 线性回归实战示例：钓鱼久坐与鱼重量关系

下面结合钓鱼的久坐时间和钓得鱼的重量来用代码解决线性回归的问题。

· 11.3.1 钓鱼久坐与鱼重量关系研究的数据读取

首先实现钓鱼问题相关数据的读取，代码如下。

【程序代码清单 11.1】钓鱼久坐与鱼重量关系研究的数据读取

```
def loadDataSet(fileName):
    numFeat = len(open(fileName).readline().split(',')) - 1
    dataMat = []
    labelMat = []
    fr = open(fileName)
    for line in fr.readlines():
        lineArr = []
        curLine = line.strip().split(',')
        for i in range(numFeat):
            lineArr.append(float(curLine[i]))
            dataMat.append(lineArr)
            labelMat.append(float(curLine[-1]))
        return dataMat, labelMat
```

这段代码定义了一个函数 loadDataSet()，函数打开了一个用“,”隔开数据的 CSV 文件，这个文件中数据的最后一个值仍然是目标值。初始定义了数据集和目标值的集合为空，然后调用文件打开的 open() 方法，用 readlines() 方法读取文件中的每一行，再以“,”分隔每一行中的每一个数据，将除掉最后一列的数据外，其他数据经过 float 转化成浮点型数据后用 append() 方法添加到初始化的数据集中，最后一列数据也经过 float 转化成浮点型数据后用 append() 方法添加到初始化的目标值集合中。函数最后返回的是数据集和目标值集合。

· 11.3.2 钓鱼久坐与鱼重量关系研究的最佳拟合直线

接下来实现线性回归的最佳拟合直线的函数逻辑，代码如下。

【程序代码清单 11.2】钓鱼久坐与鱼重量关系的最佳拟合直线函数实现

```
def standRegres(xArr, yArr):
    xMat = mat(xArr)
```

```
    yMat = mat(yArr).T
    xTx = xMat.T * xMat
    if linalg.det(xTx) == 0.0:
        print("This matrix is singular, cannot do inverse")
        return
    ws = xTx.I * (xMat.T * yMat)
    return ws
```

这段代码定义的函数 standRegres() 就实现了最佳拟合直线的函数逻辑。函数首先读入 x 和 y 的值，并把它们保存在矩阵中。然后利用保存 x 矩阵的转置与 x 相乘，计算保存 x 矩阵的行列式是否为 0，linalg.det 就是 NumPy 中计算行列式的方法。如是为 0，就证明这个矩阵是不可逆的，无法进行接下来的直线拟合的运算，输出报错信息后返回。根据前面的推导公式，最优解就是 xTx 的逆矩阵乘 xMat 转置矩阵和 yMat 矩阵的乘积结果。

11.3.3 钓鱼久坐与鱼重量关系研究的最佳拟合直线的绘制

利用求出的最佳拟合直线就可以判断钓鱼问题中久坐时间和钓鱼量的直线关系。通过画图可以将点和拟合直线表示出来，代码如下。

【程序代码清单 11.3】钓鱼久坐与鱼重量关系的最佳拟合直线的绘制

```
def regression1():
    xArr, yArr = loadDataSet("huigui.csv")
    xMat = mat(xArr)
    yMat = mat(yArr)
    ws = standRegres(xArr, yArr)
    fig = plt.figure()
    ax = fig.add_subplot(111)
    ax.scatter([xMat[:, 1].flatten()], [yMat.T[:, 0].flatten().A[0]])
    xCopy = xMat.copy()
    xCopy.sort(0)
    yHat = xCopy * ws
    ax.plot(xCopy[:, 1], yHat)
    plt.show()
```

这段代码定义了一个画图的函数，函数中调用了 loadDataSet() 方法读取 huigui.csv 文件，返回了数据集和目标值集合。通过 mat() 方法将数据集 xArr 和目标值集合 yArr 转换成矩阵，接下来调用最佳拟合直线函数 standRegres() 返回拟合直线的最佳系数。利用 Matplotlib 模块 pyplot 的 scatter() 方法画出数据集中的点，利用公式 yHat=xCopy*ws 求出每一个对应的 x 值对应的拟合直接的 y 值，利用 x 值和拟合直线后的 y 值参数去绘制一条直线。最后显示画出的图形，运行结果如图 11.5 所示。

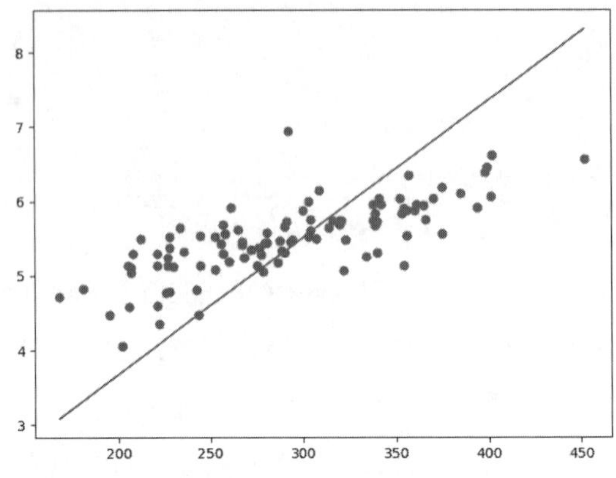

图11.5 钓鱼久坐与鱼重量关系的最佳拟合直线的绘制运行结果

11.4 线性回归中的过拟合和欠拟合

在线性回归模型中，拟合函数和训练集之间存在着过拟合和欠拟合两种情况。当然，过拟合和欠拟合问题也是机器学习中经常遇到的。

11.4.1 线性回归中的过拟合

所谓过拟合（overfitting）其实就是所建的模型如深度学习模型在训练样本中表现得过于优越，导致在验证集以及测试集中表现不佳，如图 11.6 所示。

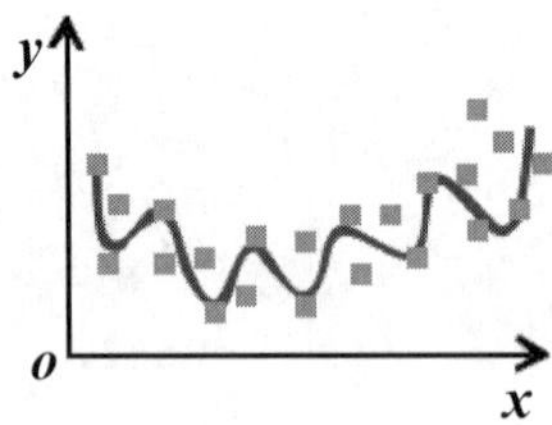

图11.6 线性回归中的过拟合

过拟合表现为训练的时候效果很好，但是在测试样本上的效果就很差（有的特征完全没用，完全就是为了降低损失而得出来的特征）。举个例子：一个男人有鼻子、耳朵和眼睛，这里如果把有鼻子、耳朵和眼睛作为区分男人、女人的特征，这就会导致过拟合，遇到了新样本这些特征就没有什么用了。至于为什么会产生过拟合呢？一般都是因为参数过多，使预测结果太接近个体，或者样本过少。总之就是参数与样本的比值太大。

11.4.2 线性回归中的欠拟合

所谓欠拟合（underfitting），相对过拟合还是比较容易理解的。可能训练样本被提取的特征比较少，导致训练出来的模型不能很好地匹配，表现得很差，甚至对样本本身都无法高效地识别，如图 11.7 所示。

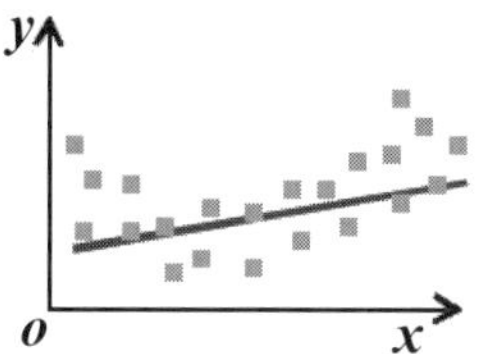

图11.7 线性回归中的欠拟合

综合欠拟合和过拟合的特点，对于两幅图中显示的点，较好的拟合曲线如图 11.8 所示。

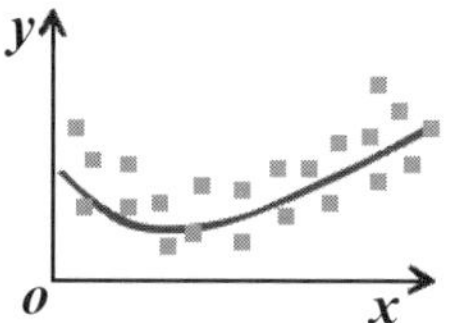

图11.8 较好的拟合曲线

11.5 局部加权线性回归

线性回归的一个问题是有可能出现欠拟合现象，在计算所有点的时候都是无偏差的计算误差并通过优化方法优化误差，因为求的是具有最小均方误差的无偏估计。显而易见，如果模型出现了欠拟合，将不会取得最好的预测效果。如果针对不同的点能够对误差进行调整，便可以一定程度上避免标准线性回归带来的欠拟合现象，所以允许在估计中引入一些偏差，从而降低预测结果的均方误差。局部加权线性回归就是其中的一种解决方法。

11.5.1 局部加权线性回归的解释

局部加权线性回归的英文名称是 Locally Weighted Linear Regression，简写是 LWLR。该算法实际上就是给预测点附近的每一个点加一定的权重系数，在这个子集基于最小均方差来进行普通的回归，这种算法每次预测均需要事先选取出对应的数据子集。该算法回归系数形式如下。

$$\hat{w}=(\boldsymbol{X}^{\mathrm{T}}\boldsymbol{W}\boldsymbol{X})^{-1}\boldsymbol{X}^{\mathrm{T}}\boldsymbol{W}y$$

通过上面的公式，对于任意给定的未知数据可以计算出对应的回归系数，并得到相应的预测值，其中 $\boldsymbol{W}$ 是一个对角矩阵，对角线上的元素对应样本点的权重值。

LRLW 使用“核”来对附近的点赋予更高的权重。核的类型可以自由选择，最常用的核是高斯核。高斯核对应的权重如下。

$$w(i,i)=\exp(\frac{|x^{(i)}-x|}{-2k^2})$$

通过公式可以看到如果 $x^{(i)}$ 与 x 的距离越小，$w(i,i)$ 就会越大，其中参数 k 决定了权重的大小。k 越大权重的差距就越小，k 越小权重的差距就越大，仅有局部的点参与回归系数的求取，其他距离较远的权重都趋近于零。如果 k 趋近于无穷大，所有的权重都趋近于 1，$w(i,i)$ 也就近似等于单位矩阵，局部加权线性回归变成标准的无偏差线性回归，会造成欠拟合的现象；当 k 很小的时候，距离较远的样本点无法参与回归参数的求取，会造成过拟合的现象。

11.5.2 局部加权线性回归的代码实现

局部加权线性回归的具体实现，代码如下。

【程序代码清单 11.4】局部加权线性回归的实现

```
def lwlr(testPoint, xArr, yArr, k=1.0):
    xMat = mat(xArr)
    yMat = mat(yArr).T
    m = shape(xMat)[0]
    weights = mat(eye((m)))
    for j in range(m):
    diffMat = testPoint - xMat[j, :]
    weights[j, j] = exp(diffMat * diffMat.T / (-2.0 * k ** 2))
    xTx = xMat.T * (weights * xMat)
    if linalg.det(xTx) == 0.0:
        return
    ws = xTx.I * (xMat.T * (weights * yMat))
return testPoint * ws
```

这段代码定义的函数 lwlr() 实现了局部加权线性回归，就给定的点获取相应权重矩阵并返回回归系数。首先定义了数据集和结果集的矩阵 xMat 和 yMat，初始化对角权限矩阵 weights 并通过 eyes() 来实现。对角权限矩阵是一个方阵，阶数等于样本点的个数。接着，遍历数据集中的每一个样本点，计算被测点与每一个样本点的距离，利用高斯核对应的权重公式 exp(diffMat*diffMat.T/(-2.0*k**2))，这里的衰减速度控制值 k 默认值为 1.0。随着样本点与被测点距离递增，权重也将以指数级衰减。继续利用数据集 xMat 矩阵的转置与数据集 xMat 及计算出来的权重 weights 相乘，计算 xMat 矩阵的行列式是否为 0，也是利用 linalg.det() 计算行列式的方法。如果判定 xMat 行列式为 0，就证明这个矩阵是不可逆的，无法进行接下来的直线拟合的运算，输出报错信息后返回。最后实现回归系数的估计，实现 xTx 的逆矩阵乘 xMat 矩阵转置和 yMat 矩阵及计算的权重 weights 的乘积结果，返回这个回归系数。

11.5.3 局部加权线性回归的测试

实现了局部加权线性回归的算法后，可以返回数据集中每个值的估计值，代码如下。

【程序代码清单 11.5】局部加权线性回归的算法测试

```
def lwlrTest(testArr, xArr, yArr, k=1.0):
    m = shape(testArr)[0]
    yHat = zeros(m)
    for i in range(m):
        yHat[i] = lwlr(testArr[i], xArr, yArr, k)
    return yHat
```

这段代码定义了函数 lwlrTest()。函数首先取出被测试数据的个数，构建一个初始值为 0 的 1*m 估计值矩阵。接着遍历测试数据中的每一个值，结合函数传入的参数数据集和结果集计算估计值。最后返回估计值。

11.6 线性回归实战示例：结合年龄和 BMI 拟合减肥花销

下面结合年龄和 BMI 来拟合减肥的具体花销。BMI 的专业名称为身体质量指数，是目前国际上常用的衡量人体胖瘦程度以及是否健康的一个标准。计算公式为 BMI= 体重（kg）÷ 身高 ^{2}（m）。

11.6.1 结合年龄和 BMI 拟合减肥花销的数据读取

通过 open() 方法读取减肥花销的文件，在这个文件中，第一列是年龄的维度，第二列是 BMI，最后一列是具体的减肥花销。读取文件获取数据的具体代码如下。

【程序代码清单 11.6】结合年龄和 BMI 拟合减肥花销的数据读取

```
def loadDataSet(fileName):
    numFeat = len(open(fileName).readline().split(',')) - 1
    dataMat = []
```

```
    labelMat = []
    fr = open(fileName)
    for line in fr.readlines():
        lineArr = []
        curLine = line.strip().split(',')
        for i in range(numFeat):
            lineArr.append(float(curLine[i]))
            dataMat.append(lineArr)
            labelMat.append(float(curLine[-1]))
    return dataMat, labelMat
```

这段代码定义了函数 loadDataSet()。函数首先通过 len(open(fileName).readline().split(',')) - 1 语句实现数据集维度的获取，通过读取的文件中的一行并以“,”分隔数据，求出分隔后的列表长度 len，再将长度 len-1 就获取了数据集的维度。初始化数据集和结果集的列表为空，接着读取文件，遍历读取文件中的其他每一行，初始化每一行的数据集为空，对读取文件的每一行以“,”进行分隔，将“,”分隔后的列表除最后一列以外，其他各列的数据遍历获取并转化成浮点型数据后，添加到每一行的数据集中，再将每一行的数据添加到数据集列表中，将最后一列的数据经过 float 转化后添加到结果集列表中。最后返回数据集和结果集。

11.6.2 结合年龄和 BMI 拟合减肥花销直线的函数实现

通过局部加权线性回归的测试函数来完成数据集的估计值计算，然后画图完成具体的拟合直线，代码如下。

【程序代码清单 11.7】结合年龄和 BMI 拟合减肥花销直线的函数实现

```
def regression1():
    xArr, yArr = loadDataSet("healthy.csv")
    xMat = mat(xArr)
    yMat = mat(yArr)
    fig = plt.figure()
    ax = fig.add_subplot(111)
    ax.scatter([xMat[:, 1].flatten()], [yMat.T[:, 0].flatten().A[0]])
    xCopy = xMat.copy()
    xCopy.sort(0)
    yHat = lwlrTest(xMat,xMat,yMat)
    ax.plot(xCopy[:, 1], yHat,color="red")
    plt.show()
```

这段代码的函数 regression1() 实现的是画出原始数据集和结果集的点，并通过局部加权线性回归的算法用原始数据集计算出估计值的拟合线。画出原始数据集和结果集的点是利用 scatter() 函数实现的。lwlrTest(xMat,xMat,yMat) 是将原始数据集中的所有数据集传入写好的局部加权线性回归的算法中以算出每个数据的估计值，再通过 plot 来拟合数据。plt.show() 显示画出来的红色线和蓝色点，运行结果如图 11.9 所示。

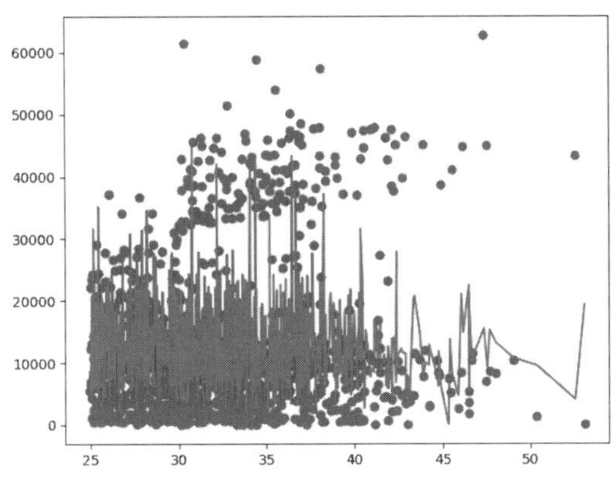

图11.9　结合年龄和BMI拟合减肥花销直线的函数运行结果

11.7 线性回归提高：岭回归和套索回归

在线性回归模型中，其参数估计公式为 $\beta=\left(\boldsymbol{X}^{\mathrm{T}}\boldsymbol{X}\right)^{-1}\boldsymbol{X}^{\mathrm{T}}y$。当 $\boldsymbol{X}^{\mathrm{T}}\boldsymbol{X}$ 不可逆时无法求出 β，另外如果 $|\boldsymbol{X}^{\mathrm{T}}\boldsymbol{X}|$ 趋近于 0，会使得回归系数趋近于无穷大，此时得到的回归系数是无意义的。解决这类问题可以使用岭回归和套索回归，主要针对自变量之间存在多重共线性。

11.7.1 岭回归

当自变量间存在多重共线性时，回归系数估计的方差就很大，估计值就很不稳定。可以用一个例子来说明这一点。

假如已知 x_1、x_2 与 y 的关系服从线性回归模型。

$J(\beta)=\sum(y-X\beta)^2$

给定 x_1、x_2 的 10 个值，如表 11.1 所示。

表 11.1　线性回归模型中各数据坐标点

序号	1	2	3	4	5	6	7	8	9	10
x_1	1.1	1.4	1.7	1.7	1.8	1.8	1.9	2.0	2.3	2.4
x_2	1.1	1.5	1.8	1.7	1.9	1.8	1.8	1.8	2.1	2.5
ε	0.8	−0.5	0.4	−0.5	0.2	1.9	1.9	0.6	−1.5	−1.5
y	16.3	16.8	19.2	18.0	19.5	20.9	21.1	20.9	20.3	22.0

现在假设回归系数与误差项是未知的，用普通最小二乘法求回归系数估计值得：

β_0=11.292，β_2=11.307，β_3=−6.591

而原模型的参数如下：

β_0=10，β_2=2，β_3=3

从结果上看，相差很大，计算 x_1，x_2 的样本相关系数是 r_{12}=0.986，表明 x_1 与 x_2 之间高度相关。

岭回归，英文名称为 Ridge Regression，简称 RR。当方程变量中存在共线性时，一个变量的变化也会导致其他变量改变。岭回归就是在原方程的基础上加入了一个会产生偏差，但可以保证回归系数稳定的正常数矩阵 KI。虽然这会导致信息丢失，但可以换来回归模型的合理估计。

线性回归模型的目标函数：

$$J(\beta)=\sum(y-X\beta)^2$$

为了保证回归系数 β 可求，岭回归模型在目标函数上加了一个 L2 范数惩罚项。

$$J(\beta)=\sum(y-X\beta)^2+\lambda\|\beta\|_2^2$$
$$=\sum(y-X\beta)^2+\sum\lambda\beta^2$$

其中 λ 为非负数，λ 越大，则为了使 $j(\beta)$ 最小，回归系数 β 就越小。

推导过程：

$$J(\beta)=(\boldsymbol{y}-\boldsymbol{X}\boldsymbol{\beta})^{\mathrm{T}}(\boldsymbol{y}-\boldsymbol{X}\boldsymbol{\beta})+\lambda\boldsymbol{\beta}^{\mathrm{T}}\boldsymbol{\beta}$$
$$=\boldsymbol{y}^{\mathrm{T}}\boldsymbol{y}-\boldsymbol{y}^{\mathrm{T}}\boldsymbol{X}\boldsymbol{\beta}-\boldsymbol{\beta}^{\mathrm{T}}\boldsymbol{X}^{\mathrm{T}}\boldsymbol{y}+\boldsymbol{\beta}^{\mathrm{T}}\boldsymbol{X}^{\mathrm{T}}\boldsymbol{X}\boldsymbol{\beta}+\lambda\boldsymbol{\beta}^{\mathrm{T}}\boldsymbol{\beta}$$
$$令\ \frac{\partial J(\boldsymbol{\beta})}{\partial\boldsymbol{\beta}}=0$$
$$\Rightarrow 0-\boldsymbol{X}^{\mathrm{T}}\boldsymbol{y}-\boldsymbol{X}^{\mathrm{T}}\boldsymbol{y}+2\boldsymbol{X}^{\mathrm{T}}\boldsymbol{X}\boldsymbol{\beta}+2\lambda\boldsymbol{\beta}=0$$
$$\Rightarrow \boldsymbol{\beta}=(\boldsymbol{X}^{\mathrm{T}}\boldsymbol{X}+\lambda I)^{-1}\boldsymbol{X}^{\mathrm{T}}\boldsymbol{y}$$

L2 范数惩罚项的加入使得 $(\boldsymbol{X}^{\mathrm{T}}\boldsymbol{X}+\lambda\boldsymbol{I})$ 满秩，保证了可逆，但是也由于惩罚项的加入，使得回归系数 β 的估计不再是无偏估计。所以岭回归是以放弃无偏性、降低精度为代价来解决病态矩阵问题的回归方法。

单位矩阵 $\boldsymbol{I}$ 的对角线上全是 1，像一条山岭一样，这也是岭回归名称的由来。

岭回归的具体算法代码如下。

【程序代码清单 11.8】岭回归代码的实现

```
def redgeRegress(xMat,yMat,lamda=0.2):
    xTx=xMat.T*xMat
    denom=xTx+eye(shape(xMat)[1])*lamda
    if linalg.det(denom)==0.0:
        print("this matrix is singular,cannot do inverse")
        return
    ws=denom.I*(xMat.T*yMat)
    return ws
```

11.7.2 套索回归

套索回归与岭回归非常相似，它们的差别在于使用了不同的正则化项，但最终都实现了约束参数从而防止过拟合。但是套索回归之所以重要，还有另一个原因是：套索回归能够将一些作用比较小的特征的参数训练为 0，从而获得稀疏解。也就是说用这种方法，在训练模型的过程中实现了降维（特征筛选）的目的。

套索回归约束条件使用绝对值取代了平方和，对应的约束条件如下：

$$\sum_{k=1}^{n}|w_k|\leqslant\lambda$$

11.8 岭回归实战示例：分析抖音视频点击率和收藏

现在很多人都在刷抖音或者，录抖音视频。编者也每年都在录制抖音视频，在这些上传的视频中，有哪些是被点击的（先不谈点击率），有哪些是被别人收藏的呢？

11.8.1 岭回归分析抖音视频点击率和收藏的数据读取

这里通过 open() 方法读取抖音活动的相关数据文件。在这个文件中，第一列是某月抖音被上传的视频数，第二列是被点赞的视频数，第三列是视频中被收藏的比例，最后一列是自己的打分情况。这几个维度都有不断增长的趋势，互相之间有一定的线性相关性，是需要使用岭回归进行线性拟合的。获取数据的具体代码如下。

【程序代码清单 11.9】岭回归分析抖音视频点击率和收藏的数据读取

```
def loadDataSet(fileName):
    numFeat = len(open(fileName).readline().split(',')) - 1
    dataMat = []
    labelMat = []
    fr = open(fileName)
    for line in fr.readlines():
        lineArr = []
        curLine = line.strip().split(',')
        for i in range(numFeat):
            lineArr.append(float(curLine[i]))
            dataMat.append(lineArr)
            labelMat.append(float(curLine[-1]))
    return dataMat, labelMat
```

这段代码的函数与前面的读取数据的函数逻辑是一致的，这里就不赘述。

11.8.2 岭回归算法逻辑的实现

前面已经对岭回归算法做了解释，代码实现如下。

【程序代码清单 11.10】岭回归分析抖音视频点击率和收藏的数据读取

```
def ridgeRegres(xMat, yMat, lam=0.2):
    xTx = xMat.T * xMat
    denom = xTx + eye(shape(xMat)[1]) * lam
    if linalg.det(denom) == 0.0:
        print("This matrix is singular, cannot do inverse")
        return
    ws = denom.I * (xMat.T * yMat)
    return ws
```

这段代码定义了岭回归实现函数 ridgeRegres()，在用户给定的 lam 下求解。如果数据的特征比样本点还多，就不能再使用上面介绍的线性回归和局部线性回归了，因为计算会出现错误。如果特征比样本点还多，也就是说，输入数据的矩阵不是满秩矩阵。而非满秩矩阵在求逆时会出现问题。为了解决这个问题，这里使用了岭回归。岭回归就是在矩阵 xTx 上加一个 λI 从而使得矩阵非奇异，进而能对 $xTx+\lambda I$ 求逆运算，检查行列式是否为 0，即矩阵是否可逆。行列式为 0 就是不可逆。不为 0 就是可逆。最后返回公式 denom.I * (xMat.T * yMat) 决定的回归系数。

11.8.3 岭回归算法系数的测试

利用岭回归算法来计算回归系数的逻辑，具体去测试数据集中的每一个数据对应的回归系数，代码如下。

【程序代码清单 11.11】岭回归算法系数的测试

```
def ridgeTest(xArr, yArr):
    xMat = mat(xArr)
    yMat = mat(yArr).T
    yMean = mean(yMat, 0)
    yMat = yMat - yMean
    xMeans = mean(xMat, 0)
    xVar = var(xMat, 0)
    xMat = (xMat - xMeans) / xVar
    numTestPts = 30
    wMat = zeros((numTestPts, shape(xMat)[1]))
    for i in range(numTestPts):
        ws = ridgeRegres(xMat, yMat, exp(i - 10))
        wMat[i, :] = ws.T
```

```
    return wMat
```

这段代码实现的函数 ridgeTest()，其功能为在一组不同的 λ 上测试结果。首先定义了数据集和结果集的两个矩阵 xMat 和 yMat，Y 的所有的特征减去均值可以看到 y 的偏移值。对于 xMat 则算出其均值和方差，再算出其比值作为变异系数。用这样的 xMat 和 yMat 辅以不同的 λ 值并用岭回归算法求得不同的回归系数列表，最后将回归系数列表返回。

11.8.4 不同 λ 值的岭回归算法的最佳拟合直线

用前面不同的 λ 值的岭回归算法求得的回归系数来对数据集进行不同的预测，代码如下。

【程序代码清单 11.12】不同的 λ 值岭回归算法对最佳拟合直线函数的实现

```
def regression1():
    xArr, yArr = loadDataSet("douyin.csv")
    xMat = mat(xArr)
    yMat = mat(yArr)
    ws = ridgeTest(xMat, yMat)
    fig = plt.figure()
    ax = fig.add_subplot(111)
    ax.scatter([xMat[:, 0].flatten()], [yMat.T[:, 0].flatten().A[0]])
    xCopy = xMat.copy()
    m=ws.shape[0]
    for i in range(m):
        ax.plot(xCopy[:, 0],xCopy[:,0]*ws[i,:])
    plt.show()
```

这段代码实现的就是不同 λ 值的岭回归算法对最佳拟合直线函数的画法，通过 ridgeTest() 函数去获取不同的 λ 值的岭回归算法求得的最佳回归系数，然后对得到的不同的回归系数进行遍历，利用 xMat 数据集求得不同的估算值。再用 scatter() 函数画出原来的数据点。上述代码的运行结果如图 11.10 所示。

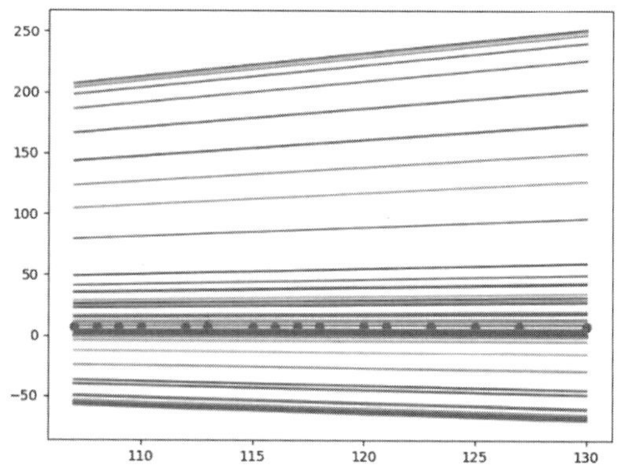

图11.10　不同的λ值岭回归算法对最佳拟合直线函数的实现运行结果

11.9 线性回归算法面试题解答

1. L1 和 L2 正则化的区别是什么?

L1 是模型各个参数的绝对值之和，L2 为各个参数平方和的开方值。L1 更趋向于产生少量的特征，其他特征为 0，最优的参数值很大概率出现在坐标轴上，从而产生稀疏的权重矩阵。而 L2 会选择更多的矩阵，但是这些矩阵趋向于 0。

2. 线性回归的表达式和损失函数各是什么？

线性回归 $y=wx+b$，w 和 x 可能是多维。线性回归的损失函数为平方损失函数。

损失函数如下:

$$J(\theta)=\frac{1}{2}\sum_{i=1}^{m}(h_\theta(x_i)-y_i)^2$$

$$\frac{\min}{\theta}J(\theta)$$

11.10 线性回归算法自测题

1. 如何判断数据是否符合高斯分布？将数据转化成符合高斯分布的方法有哪些?

2. 简单说明一下线性回归。

11.11 小结

线性回归是利用数理统计中的回归分析，来确定两种或两种以上变量间相互依赖的定量关系的一种统计分析方法，应用十分广泛。回归的主要目的是预测数值类型的目标值，最简单的办法就是构建一个关于自变量和因变量的关系式，当自变量为 1 个时，是一元线性回归，又称简单线性回归；自变量为 2 个及以上时，称为多元线性回归。对许多统计建模和预测分析项目来说，拟合的重要性是不言而喻的。将线性模型拟合到一个相当大的数据集，并评估每个特征在过程、结果中的重要性是很多数据工作者的使命。

第 12 章

机器学习算法之 k-means

本章将从专业的角度对 k 均值算法进行阐述的，k 均值算法即 k-means 算法。这是一种聚类的算法，本章将结合具体的计算过程，对 k-means 算法进行推导和计算。在实战方面，本章会通过幼儿园亲子活动和图像分割技术对 k-means 算法进行应用方面的介绍，将算法与实战进行良好的结合。

12.1 “巧施反间计”引入 k-means 聚类

在算法的研究中，其实也有一些“计谋型”的算法。比如黄蓉在立鲁有脚为丐帮帮主前，也曾故意疏远鲁有脚。一些好事之人，看到鲁有脚失宠，就决计陷害他。这些都不重要。关键是黄蓉事先并不知道反对鲁有脚那些人的“标签”，也就是前面探讨的算法都是在有标签的前提下。过去使用“反间记”，现在使用 k-means。k-means 算法的特别之处在于可以在无标签的前提下进行分类，专业名称叫聚类（clustering），这种算法叫 k-means。means 也是均值的意思，这样，k-means 算法也叫 k 均值聚类算法。

12.2 k-means 算法概述

k-means 算法的大致体现的就是“物以类聚，人以群分”。所谓聚类问题，就是给定一个元素集合 D，其中每个元素具有 n 个可观察属性，使用某种算法将 D 划分成 k 个子集，要求每个子集内部的元素之间相异度尽可能低，而不同子集的元素相异度尽可能高。其中每个子集叫作一个簇。

聚类与分类不同。分类是示例式学习，要求分类前明确各个类别，并断言每个元素映射到一个类别；而聚类是观察式学习，在聚类前可以不知道类别甚至不给定类别数量，是无监督学习的一种。

k-means 算法是一种基于划分的聚类算法，它以 k 为参数，把 n 个数据对象分成 k 个簇，使簇内具有较高的相似度，而簇间的相似度较低。其原理如下。

（1）首先输入 k 的值，即通过聚类得到指定的 k 个分组，也可以通俗地理解成 k 个门派。

（2）从数据集中，通俗理解成门派中的弟子，门派不是一开始就存在的，是某个人通过努力创立的。具体哪个弟子属于哪个门派、创始掌门人掌管哪个弟子也是挑选出来的。现在开始创立门派选弟子，随机选取 k 个数据点作为初始掌门人，专业名词叫质心，通俗地理解成 k 个门派分别都随机指派了一个初始掌门人。

（3）对集合中的每一个弟子，计算其与每一个初始掌门人的距离，离哪个初始掌门人近，就跟定哪个初始掌门人去学习武艺。通俗地理解成“近朱者赤，近墨者黑”。离哪个初始掌门人近一点儿就是哪个门派的人。

（4）每一个掌门人手下都聚集了大量弟子，这时候需要重新选举老大，每一堆分好的数据选出新的掌门人。专业一点儿说，就是通过算法选出新的质心。通俗理解，各个门派聚集重新商议掌门人的策略。

（5）如果新掌门人和旧掌门人之间的距离小于某一个设置的阈值，专业一点儿说就是重新计算的质心的位置变化不大，趋于稳定，或者说收敛，可以认为进行的聚类已经达到期望的结果，算法终止。通俗一点儿讲，就是各个门派的内部达成统一意见了，k 个门派的掌门人不做变动了。“k 国演义”的分类就结束了。

图 12.1 所示为 k-means 对掌门人及弟子的聚类示意。

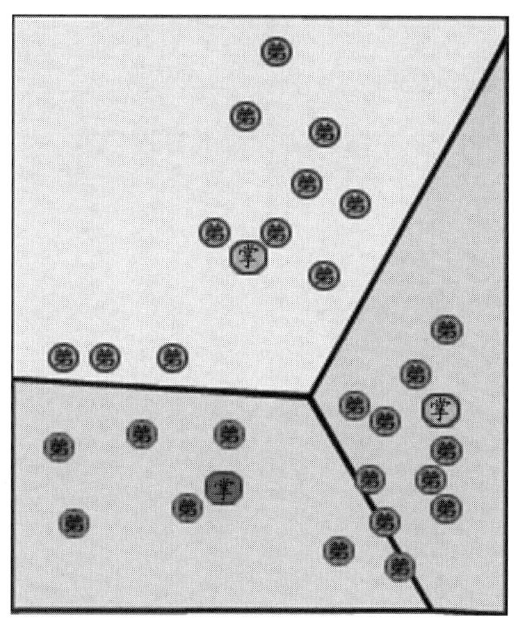

图12.1 k-means对掌门人和弟子的聚类示意

如果在数据集中，通俗地说帮派中，新掌门人和旧掌门人距离变化很大，那就存在着意见，就需要继续重复步骤（3）~（5）。

上面的描述也可以表达为如下。

算法过程如下。

（1）从 n 个文档随机选取 k 个文档作为质心。

（2）对剩余的每个文档测量其到每个质心的距离，并把它归到最近的质心的类。

（3）重新计算已经得到的各个类的质心。

（4）重复步骤（2）~（3）直至新的质心与原质心相等或小于指定阈值，算法结束。

把这个过程形象化一点儿说明如下。

有 4 个数据点，可以分成两堆，前二个数据点为一堆，后二个数据点为另一堆。把 k-means 计算过程演示一下，检验是不是和预期一致。数据如表 12.1 所示。

表 12.1 k-means 数据点坐标描述

点	x 坐标	y 坐标
$p1$	1	1
$p2$	2	3
$p3$	8	6
$p4$	10	7

表 12.1 中对应的点的图形如图 12.2 所示。

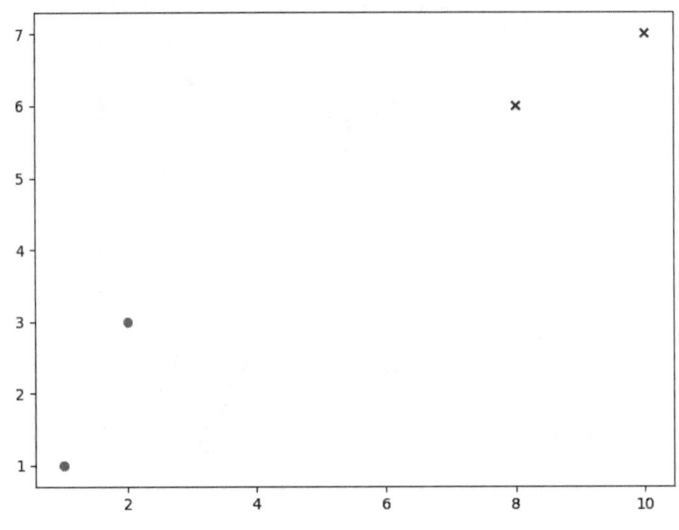

表12.2 k-means数据点的图形

针对图 12.3 中的数据点，运用 k-means 的原理进行详细分析。

（1）现在设定这个 k 值为 2，选择初始的质心，比如就选择 $p1$ 和 $p2$。计算其他点与质心之间的距离，表 12.2 所示为其他数据点与质心间的第一次距离计算。

表 12.2 k-means 中数据点与质心间的第一次距离计算

点	与 $p1$ 的距离	与 $p2$ 的距离
$p3$	8.60	6.71
$p4$	10.82	8.94

从表 12.2 中可以看出，$p3$ 和 $p4$ 都离 $p2$ 比较近。

（2）进行新的质心的选择。

以 $p1$ 为质心的组没什么好选的，只有一个点。

以 $p2$ 为质心的组有 3 个点 $p2$、$p3$、$p4$，重新选择质心。选质心的方法是将每个点的 x 坐标的平均值和 y

坐标的平均值，组成了新的点，作为新的质心，这个新的质心可能是虚拟的点。新点的坐标为$x=\frac{2+8+10}{3}$，$y=\frac{3+6+7}{3}$，约为(6.67,5.33)。

再次计算质心到每个点的距离，表12.3表示数据点与质心间的第二次距离计算。

表12.3 k-means中数据点与质心间的第二次距离计算

点	与 $p1$ 的距离	与新质心 (6.67,5.33) 的距离
$p2$	2.23	5.74
$p3$	8.60	1.49
$p4$	10.82	3.73

从表12.3中可以看出，$p3$和$p4$都离新的质心比较近，$p2$离$p1$比较近。这样$p1$和$p2$分为一组，$p3$和$p4$分为一组。

（3）再进行新的质心的选择。

$p1$和$p2$质心组，求x和y的均值，组成新的质心新$p0$，坐标为$x=\frac{1+2}{2}$，$y=\frac{1+3}{2}$，即(1.5,2)。

$p3$和$p4$质心组，求x和y的均值，组成新的质心新$p1$，坐标为$x=\frac{8+10}{2}$，$y=\frac{6+7}{2}$，即(9,6.5)。

再次计算两组中新的质心到其他点的距离，表12.4所示为数据点与质心间的再次距离计算。

表12.4 k-means中数据点与质心间的再次距离计算

点	与新 $p0$ 的距离 (1.5，2)	与新 $p1$ 的距离 (9，6.5)
$p1$	1.12	9.70
$p2$	1.12	7.83
$p3$	7.63	1.12
$p4$	9.86	1.12

从表12.4中可以得出，$p1$和$p2$分为一组，$p3$和$p4$分为一组。与上轮的分组情况没有任何变化，说明已收敛，聚类结束。

聚类的结果和最初图像中看到预想的结果是一致的。

这里可以用图12.3所示的流程图来说明上面的分析过程。

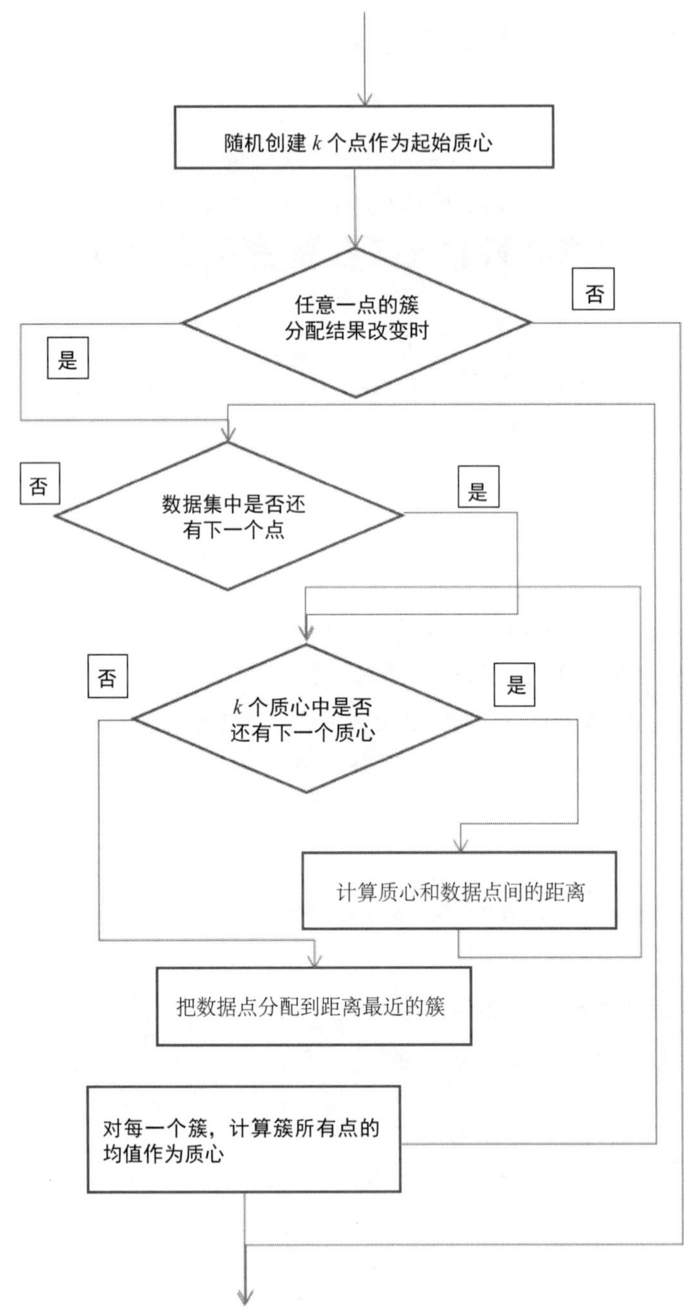

图12.3 k-means核心算法的流程图

有了 k-means 算法，就可以使用 k-means 算法进行数据的聚类分析。

用 k-means 算法进行数据挖掘、分析的一般流程如图 12.4 所示。

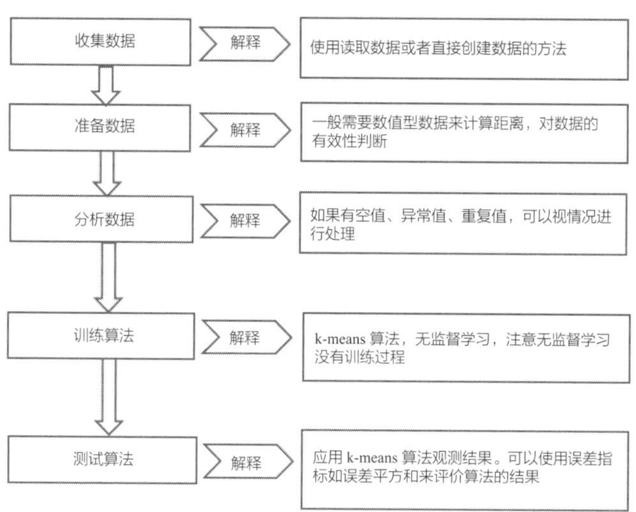

图12.4 k-means流程分析

12.3 k-means 幼儿园亲子活动

某幼儿园在某个周末举办亲子活动，父母要协助孩子完成两幅作品（自制画或自制手工艺品均可）。作品完成以后，父母、孩子均需要参与进来，对自制的作品进行评定，笑脸表示喜欢，哭脸表示不喜欢。现在这种活动也比较流行。根据具体完成的情况，会有不同的奖励或惩罚。奖励以笑脸为主，一张笑脸为 0.1 分；惩罚以哭脸为准，一张哭脸为 -0.1 分，不能只发笑脸不发哭脸，这是活动的游戏规则。这样的活动也生成了对应的作品评分数据，如图 12.5 所示为幼儿园亲子活动的逻辑。

图12.5 幼儿园亲子活动的逻辑

· 12.3.1 收集数据

通过案例介绍可知，每个家庭对应两幅作品，这两幅作品的评分存储在一个文本文件中。可以直接用 open() 方法读取这个文本文件，案例描述中是有 2 个维度的，需要分解这 2 个维度的数据，在文本文件中这 2 个维度是以空格隔开的。可以调用 split() 方法后用 map() 方法将每一个评分数据转换成浮点类型，然后添加到数据集合中，最后返回该数据集合，代码如下。

【程序代码清单 12.1】k-means 幼儿园亲子活动数据读取

```
def loadDataSet(fileName):
    # 初始化一个空列表
    dataSet = []
    # 读取文件
    fr = open(fileName)
    # 循环遍历文件所有行
    for line in fr.readlines():
        # 切割每一行的数据
        curLine = line.strip().split(' ')
        # 将数据转换为浮点类型 , 便于后面的计算
        fltLine = [float(x) for x in curLine]
        # 将数据追加到 dataSet
        fltLine = list(map(float,curLine))   # 映射所有的元素为浮点类型
        dataSet.append(fltLine)
    # 返回 dataSet
    return dataSet
```

· 12.3.2 准备数据

准备数据的意义在于能够把数据做到符合验证集的类型要求，验证集需要整型数据，就进行整型数据的转化；验证集需要字符串数据，就进行字符串型数据的转化。本案例中的数据在读取数据的代码中已经进行了浮点数的转化处理，这一步骤就被收集数据包含在内了，不再单独分析。

· 12.3.3 分析数据

因为数据量比较小，很容易看到是否有异常的数据或者空的数据、重复的数据等。在这个案例中，没有涉及异常的数据或者空的数据、重复的数据。数据清洗这一步可以忽略。

· 12.3.4 实现算法

对 k-means 算法来说，首先可以进行两个向量欧氏距离的计算。欧氏距离是经常使用的，也可以采用

曼哈顿距离或者余弦距离等，代码如下。

【程序代码清单 12.2】k-means 幼儿园亲子活动距离计算

```
def distEclud(vecA, vecB):
    return sqrt(sum(power(vecA - vecB, 2)))
```

接着就是 k-means 中计算给定值 k 后所得出的 k 个随机质心的集合。随机质心必须要在整个数据集的范围之内，这就可以通过数据集每一维最大值和最小值的协助完成。利用这个范围去乘 0 和 1 之间的随机小数，就可以保证随机小数值会落到数据集最大值和最小值确定的范围内。再加上这个数据集的最小值就可以得到随机质心的点。把这个逻辑 for 循环迭代 k 次，就得到了 k 个随机质心。

【程序代码清单 12.3】k-means 幼儿园亲子活动质心的计算

```
def randCent(dataMat, k):
    # 获取样本数与特征值
    m, n = shape(dataMat)
    # 初始化质心，创建 (k,n) 个以零填充的矩阵
    centroids = mat(zeros((k, n)))
    # 循环遍历特征值
    for j in range(n):
        # 计算每一列的最小值
        minJ = min(dataMat[:, j])
        # 计算每一列的范围值
        rangeJ = float(max(dataMat[:, j]) - minJ)
        # 计算每一列的质心，并将值赋给 centroids
        centroids[:, j] = mat(minJ + rangeJ * random.rand(k, 1))
    # 返回质心
    return centroids
```

以上两个准备函数编写完成之后，就可以去编写 k-means 均值算法了。程序最开始需要获取样本数据集的样本数和特征数，这是必须的。同时也需要定义一个矩阵去存储每一个点的簇分配结果，这个结果可以这样存储，一列可以记录簇被分配到的索引值，一列可以存储簇分配后的误差值，误差值可以用点到质心的距离来表示。最重要的是需要定义一个迭代的标志位 clusterChanged，当这个标志位为 True 的时候，表示 k-means 算法还没有结束，还存在着质心变化的可能。每次迭代之前，默认 clusterChanged 为 False，就认为当前这一次是迭代的最后一次。如果在程序中发现质心改变了，再更改这个标志位 clusterChanged 的值，接着遍历数据集中的每一行的两个值，这两个值就确定了一个点，随后先初始化最小距离为无穷大，最小的索引为 -1，即最开始没有最小的距离，也没有最小的索引。因为有 k 个质心，遍历 k 次，计算每一个点与质心的距离，这里使用 distMeas 参数，其参数默认使用的是欧氏距离。将计算出来的距离与最小的距离进行对比，如果比最小的距离还要小，就需要把当前计算出来的距离与最小的距离进行值的交换，并更新最小值的索引记录。当 k 个质心遍历结束后，如果发现当前点的质心发生了变化，k-means 迭代的标志位

clusterChanged 仍然设置为 True。接下来需要更新簇分配结果的矩阵存储值，将当前计算最小距离的点对应的矩阵存储值进行修改，一列修改为当前索引，另一列为当前最小距离的平方，即误差值。当样本数据集中所有的点遍历结束后，遍历每个质心的特征值，这个特征值一般都是遍历 k 次的每一次循环索引值。如果簇分配结果的矩阵第一列的值等于这个索引值，就表示满足条件的这些点分为了一个簇，在代码实现中的语句 nonzero(clusterAssment[:,A]==cent) 就利用 nonzero() 函数把条件比较中不符合条件的点过滤掉了，留下了符合属于当前簇特征值的点。对当前符合条件的这些点沿矩阵的列方向求均值，这个均值结果就可以作为当前特征值质心的新坐标。继续下一次迭代。直到迭代的标志位为 False 的时候截止，即 clusterChanged=False，代码如下。

【程序代码清单 12.4】k-means 算法的实现

```
def k-means(dataMat, k, distMeas=distEclud, createCent=randCent):
    m, n = shape(dataMat)
    clusterAssment = mat(zeros((m, 2)))
    centroids = createCent(dataMat, k)
    clusterChanged = True
    while clusterChanged:
        clusterChanged = False
        for i in range(m):
            minDist = inf
            minIndex = -1
            for j in range(k):
                distJI = distMeas(centroids[j, :], dataMat[i, :])
                if distJI < minDist:
                    minDist = distJI
                    minIndex = j
            if clusterAssment[i, 0] != minIndex: clusterChanged = True
            clusterAssment[i, :] = minIndex, minDist ** 2
            for cent in range(k):
                ptsInClust = dataMat[nonzero(clusterAssment[:, 0].A == cent)[0]]
                centroids[cent, :] = mean(ptsInClust, axis=0)
    return centroids, clusterAssment
```

12.3.5 画出 k-means 算法的结果图

完成了 k-means 的算法，用画图的方法去验证结果，代码如下。

【程序代码清单 12.5】幼儿园活动 k-means 算法的图形验证

```
def plot_k-means():
    datasets=loadDataSet("testSet4.txt")
    cent,cluster=k-means(array(datasets),4)
    colors=["green","red","blue","purple"]
```

```
for i in range(4):
    plt.scatter(cent[i,0],cent[i,1],marker="o",s=50,color=colors[i])
m,n=cluster.shape
for i in range(m):
    if cluster[i,0]==0:
        plt.scatter(datasets[i][0],datasets[i][1], marker="*", s=50, color=colors[0])
    elif cluster[i,0]==1:
        plt.scatter(datasets[i][0], datasets[i][1], marker="^", s=50, color=colors[1])
    elif cluster[i,0]==2:
        plt.scatter(datasets[i][0], datasets[i][1], marker="D", s=50, color=colors[2])
    elif cluster[i,0]==3:
        plt.scatter(datasets[i][0], datasets[i][1], marker="+", s=50, color=colors[3])
plt.show()
```

从代码中看，首先是读取数据文件，调用 k-means 算法去分类数据集。k-means 算法中会调用一些辅助函数，如计算欧氏距离、计算随机质心等算法。这个 k-means 算法会返回质心和分类结果集，代码中 cent 变量存储质心，cluster 存储分类结果。这个 cluster 矩阵分为两列，第一列是质心的特征值，第二列是误差值。数据的排列顺序还是最开始读取数据集的顺序，这样就可以通过分类结果得到矩阵集 cluster 和数据集 datasets 的索引相同的规律。遍历数据集样本数索引的时候，将 cluster 分类结果矩阵对应的质心的特征值取出，如果是 0，可以用 scatter() 画图方法将 datasets 对应索引的数据点画成星形；如果是 1，可以用 scatter() 画图方法将 datasets 对应索引的数据点画成三角形；如果是 2，可以同样使用 scatter() 画图方法将 datasets 对应索引的数据点画成菱形；如果是 3，可以同样使用 scatter() 画图方法将 datasets 对应索引的数据点画成加号形。这里的 k 值假定为 4，所以会有 4 个质心的特征值 0、1、2、4。程序也用 scatter() 画图方法遍历质心集中的每一个质心，将质心画成了圆形。

运行结果如图 12.6 所示。

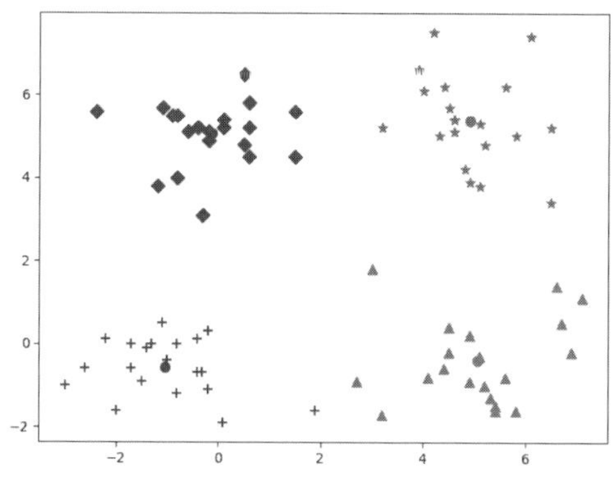

图12.6　幼儿园活动k-means算法的圆形验证运行结果

由图 12.7 可知，幼儿园活动的家庭作品评定分数被分成了 4 个类别。因为分数的不确定性，一般无法为分数设定固有的标签，通过两幅作品确定的分数坐标使用 k-means 方法实现了分类的目的。

12.4 图像分割技术实现聚类

图像分割技术是图像处理到图像分析的关键技术。图像分割技术是指将一幅图像分解成若干个互不相交的区域集合，其实质可以看作一种像素的聚类过程。通常图像分割可以分为两种：一种是基于边缘检测的图像分割技术，另一种是基于区域检测的图像分割技术。

基于边缘检测的图像分割技术的基本思路是先确定图像中的边缘像素，再把这些像素连接在一起就构成所需的区域边界。图像的边缘，就表示图像中一个区域的终结和另一个区域的开始，图像中相邻区域之间的像素集合构成了图像的边缘。图像边缘可以理解为图像灰度发生空间突变的像素集合。图像边缘有两个要素，即方向和幅度。沿着边缘的走向，像素值变化比较小；而沿着垂直于边缘的走向，像素值则变化得比较大。

基于区域检测的图像分割技术是以直接寻找区域为基础的分割技术，实际上类似基于边界的图像分割技术一样利用了对象与背景灰度分布的相似性。

基于聚类算法的图像分割技术属于基于区域检测的图像分割技术。

具体的实现原理是：对图像的像素值进行聚类，颜色相近的像素会形成一类，如图 12.7 所示。

按图像颜色聚类分割

3类

一种颜色：R:71 G:164 B:71

二种颜色：R:208 G:195 B:179

三种颜色：R:245 G:201 B:126

图12.7 对图像像素值聚类的图像分割技术

12.4.1 准备数据

图像分割技术的 k-means 聚类，首先需要准备数据，也就是读取图像。skimage 包提供了一些图像，也提供了图像的一些处理功能。scikit-image SciKit（toolkit for SciPy）是 skimage 的全称。horse()、camera()、 icons() 等都是 skimage 图像库中的图像，其中 horse() 是马的图像，camera() 是一个人拍照的图像，icons() 是一些硬币的图像。代码如下：

【程序代码清单 12.6】skimage 图像的调取

```
from skimage import  data
imgData=data.camera()
```

上面的代码实现就可以调用 skimage 中的 camera() 方法来获取摄像机图像。

· 12.4.2 距离计算

用 skimage 中的 camera() 方法获取图像。显示图像的维度会发现，获取的是具有两个维度的图像，但并不是 skimage 中的图像都是两个维度的，有的图像具有 3 个维度：宽度、高度、深度。这里先讨论仅具有两个维度，即宽度和高度的图像。

无论是 3 个维度还是两个维度，最终的数值都代表图像的像素值，k-means 计算的距离也是像素值之间的距离。这个像素的具体值已不再是 NumPy 数组。对于 NumPy 数组，可以用 numpy.power() 方法来实现平方值的计算，但如果不是 NumPy 数组，就没有 numpy.power() 方法，只能使用“**2”这种方式来计算值。这样，计算距离的代码就需要做一些改动，代码如下。

【程序代码清单 12.7】skimage 图像调取后的距离计算功能

```
def distEclud(vecA, vecB):
    return np.sqrt(np.sum(abs(vecA - vecB)**2))
```

· 12.4.3 第一次随机质心的计算

k-means 算法的第一步，确定 k 个分类的随机质心。需要从图像具体包含的行数和列数出发，随机取出行数范围内的某个点，再随机取出列数范围内的某个点，两个点的坐标决定了以图像的某个点作为质心。函数 shuffle() 的作用是可以随机打乱产生列表数据，如果取其中前 k 个数据也是随机的。根据这样的思想，代码如下。

【程序代码清单 12.8】skimage 图像调取后的质心计算功能

```
def randCent(dataMat, k):
    dataMat_cp=np.copy(dataMat)
    m,n=dataMat_cp.shape
    center_row_num = [i for i in range(m)]
    random.shuffle(center_row_num)
    center_row_num = center_row_num[:k]
```

```
    center_col_num = [i for i in range(n)]
    random.shuffle(center_col_num)
    center_col_num = center_col_num[:k]
    present_center = []
    for i in range(k):
        present_center.append(dataMat_cp[center_row_num[i],center_col_num[i]])
    return present_center
```

12.4.4 k-means 算法的改进

对于像素点的 k-means 分类在算法上也需要做一些改进。

一是用来记录簇分类结果的矩阵，需要记录每一个像素的距离相近的点，需要将记录簇的大小变成图像宽和高的乘积结果。

二是需要双重循环去记录簇分配结果的数据，第一重循环是对图像高度的每个像素行进行遍历，第二重循环是对图像宽度的每个像素列进行遍历，由像素行和像素列的索引就可以确定像素点。再计算像素点与质心点的数值距离，不断迭代最小距离点作为新的质心点，直到新的质心点不再变化为止。

三是利用上面的步骤对每个像素点做比较，实际每个像素点就是一个值，不需要把归类的点值再计算均值，这些点都进行了比较，每一轮都会有最小像素点的值作为新的质心。通过新的质心与每个像素点值进行比较，这里每个像素点代表了图像中某个图像点，如果再进行均值，像素点的图像意义就发生了变化。这是要注意的，可以去掉分类后同一类数据的均值计算这一步，代码如下。

【程序代码清单 12.9】skimage 图像调取后 k-means 改进算法

```
def k-means1(dataMat, k, distMeas=distEclud, createCent=randCent1):
    m, n=dataMat.shape
    clusterAssment = np.mat(np.zeros((m*n, 2)))
    centroids = createCent(dataMat, k)
    clusterChanged = True
    while clusterChanged:
        clusterChanged = False
        for i in range(m):
            for j in range(n):
                minDist = np.inf
                minIndex = -1
                for la in range(k):
                    distJI = distMeas(centroids[la], dataMat[i,j])
                    if distJI< minDist:
                        minDist = distJI
                        minIndex = la
                if clusterAssment[i*n+j,0] != minIndex: clusterChanged = True
                clusterAssment[i*n+j, :] = minIndex, minDist ** 2
```

12.4.5 k-means 图像分割的显示

k-means 代码编写成功后，将读取的图像调用 k-means() 方法进行分类，返回簇分类的特征结果集，通过不同的特征结果值画不同的颜色。这里可以定义一定宽和高的空图像，pic_new=Image.new("RGB",(row,col)) 语句可实现这样的效果。不断地迭代图像的宽和高，当对应点的特征结果值是 1 时，用 putpixel 将当前像素点设置为 RGB 值为 (202,12,22)。当对应点的特征结果值是 2 时，用 putpixel() 将当前像素点设置为 RGB 值为 (29,209,107)。其他特征结果值均显示为 (53,106,195)。最终通过 save() 方法存储成结果图像，代码如下。

【程序代码清单 12.10】k-means 分割图像显示功能

```
imgData=data.camera()
row,col=np.shape(imgData)
pic_new = Image.new("RGB", (row, col))
cent, cluster = k-means1(imgData,3)
for i in range(row):
    for j in range(col):
        if cluster[i*col+j,0]== 1:
            pic_new.putpixel((i, j), (202, 12, 22))
            elif cluster[i*col+j,0] == 2:
                pic_new.putpixel((i, j), (29, 209, 107))
            else:
                pic_new.putpixel((i, j), (53, 106, 195))
    pic_new.save("result.jpg", "JPEG")
```

上述代码的运行结果如图 12.8 所示。

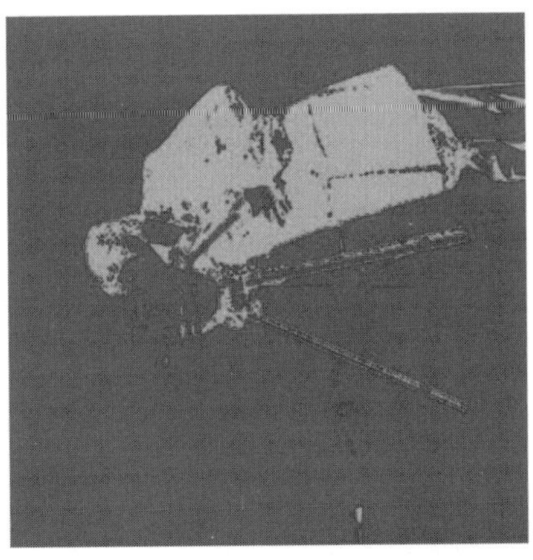

图12.8 k-means分割图像后的结果

12.5 图像分割算法的改进

12.5.1 k-means 图像分割的显示

加载的图像数据不一定只有两个维度，很多图像都是 3 个维度的，包括宽度、高度和深度。对于这样的图像，可以用 Pillow 模块中的 Image.open() 方法来读取，代码如下。

```
imgData=Image.open("flyer.png")
```

这里读取一幅蝴蝶的图像。

12.5.2 像素距离的改进

对于 3 个维度的图像，显示的还是一个宽度和高度的图像。对于深度，一般是不需要显示出来的。这样，有深度的像素点就可以理解成一个矩阵像素点，而不再只是一个数值，就需要将欧氏距离计算函数改成适合于矩阵运算的。np.power() 方法是可以求出平方的，代码如下。

【程序代码清单 12.11】k-means 图像分割的图像数据距离的计算

```
def distEclud(vecA, vecB):
    return np.sqrt(np.sum(np.power(vecA - vecB,2)))
```

12.5.3 第一次随机质心的计算

对于图像随机质心点的计算，仍然取的是随机的像素行和像素列，深度值无须考虑。只是在引用数值的时候，需要考虑深度值。dataMat_cp[center_row_num[i],center_col_num[i],:] 这样的三维数组引用语句，可以引用到具体的值，代码如下。

【程序代码清单 12.12】k-means 图像分割的图像随机质心的计算

```
def randCent1(dataMat, k):
    dataMat_cp=np.copy(dataMat)
    m,n,d=dataMat_cp.shape
    center_row_num = [i for i in range(m)]
    random.shuffle(center_row_num)
    center_row_num = center_row_num[:k]
    center_col_num = [i for i in range(n)]
    random.shuffle(center_col_num)
```

```
    center_col_num = center_col_num[:k]
    present_center = []
    for i in range(k):
        present_center.append(dataMat_cp[center_row_num[i],center_col_num[i],:])
    return present_center
```

12.5.4 k-means 算法的改进

同样在 k-means 算法中，也需要修改三维数组的引用方式语句。

【程序代码清单 12.13】k-means 图像分割算法的改进

```
def k-means1(dataMat, k, distMeas=distEclud, createCent=randCent1):
    dataMat=np.array(dataMat)
    m, n,d=dataMat.shape
    clusterAsment = np.mat(np.zeros((m*n, 2)))
    centroids = createCent(dataMat, k)
    clusterChanged = True
    while clusterChanged:
        clusterChanged = False
        for i in range(m):
            for j in range(n):
                minDist = np.inf
                minIndex =-1
                for la in range(k):
                    distJI = distMeas(centroids[la], dataMat[i,j,:])
                    if distJI< minDist:
                        minDist = distJI
                        minIndex = la
            if clusterAsment[i*n+j,0] != minIndex: clusterChanged = True
            clusterAsment[i*n+j, :] = minIndex, minDist ** 2
```

12.5.5 k-means 图像分割的显示

调用改进后的 k-means 距离函数、随机质心选择函数及 k-means 算法函数对读取的 3 个维度的图像进行分类，代码如下。

【程序代码清单 12.14】k-means 图像分割的显示

```
imgData=Image.open("flyer.png")
row,col,depth=np.shape(imgData)
pic_new = Image.new("RGB", (row, col))
cent, cluster = k-means1(imgData,3)
for i in range(row):
```

```
    for j in range(col):
        if cluster[i*col+j,0]== 1:
            pic_new.putpixel((i, j), (202, 12, 22))
        elif cluster[i*col+j,0] == 2:
            pic_new.putpixel((i, j), (29, 209, 107))
        else:
            pic_new.putpixel((i, j), (53, 106, 195))
pic_new.save("result.jpg", "JPEG")
```

上述代码的具体运行结果如图 12.9 所示。

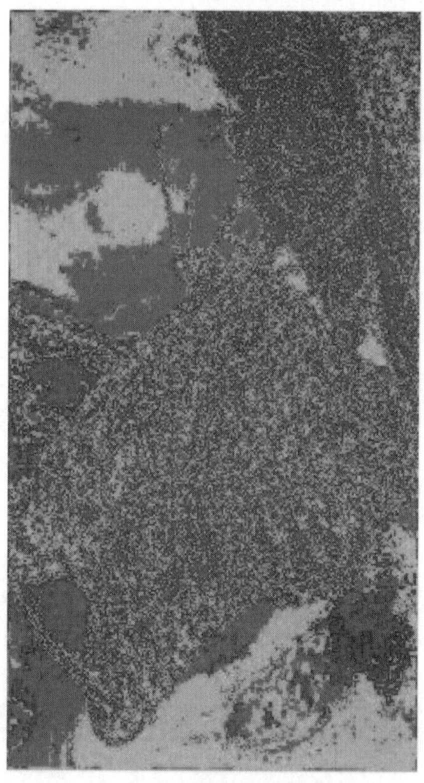

图12.9 k-means图像分割改进算法的图像显示

12.6 k-means 算法面试题解答

1. k-means 算法中初始点的选择对最终结果有影响吗?

这是有影响的。k-means 算法根据初始点的选择来进行后续的聚类，不同的初始值使周围距离相近的点有所差别，因此聚类的结果也是不一样的。

2. k-means 是否会一直陷入选择质心的循环停不下来？

不会，计算 k-means聚类的每个数据点到自身所归属质心的距离是有一定误差的，这个误差可以通过 k-means 聚类的每个数据点到自身所归属质心的距离的平方和来表示。如果用数学方法来证明这个函数的收敛性，这是一个可以最终收敛的函数。就算出现了 k-means 不收敛的情况，也可以通过限定迭代次数和设定收敛判断距离等来使 k-means 在距离上收敛。

12.7 k-means 算法自测题

1. k-means 聚类中每个类别中心的初始点如何选择？
2. k-means 算法的优点和缺点是什么？

12.8 小结

k-means 算法是一种基于距离的聚类算法。距离作为相似性的评价指标，也就是两个对象的距离越接近，它们的相似度就越大。本章通过两个例子讲述了如何使用 k-means 算法构造分类器。k-means 算法在没有给定标签集的情况下进行聚类的无监督学习。正是因为没有给定标签集，聚类后的结果也会给数据赋以不同层次的意义，即对数据在不贴标签的前提下进行内在规律的查找，这是与有标签的监督学习的不同之处，也是重要所在。

第 13 章

机器学习算法之 PCA

本章将从专业的角度对降维的方法进行阐释。在数据挖掘和数据分析的应用中，往往被分析的数据都是多维的，如果要在多维的数据中挖掘出数据内在的关系，降维可起到至关重要的作用。降维可以把高维度的数据特征保留一些最重要的，去掉不重要的，提升数据处理的速度。结合生活中的相关案例，本章对降维主要的 PCA 算法具体使用场合进行细化，也会对 PCA 算法代码做逻辑实现。在实战方面，本章会通过菜品制作调料配比程序和图像的压缩技术程序对 PCA 算法进行应用上面的介绍，将学习结果与实战进行结合。

13.1 巧拼十八掌法引入 PCA 聚类

算法常常用来解决未知的问题。记得周星驰有部经典的电影《武状元苏乞儿》，其中经典的桥断在于苏乞儿从醉生梦死的状态苏醒过来，对赵无极刺杀皇上造反一事进行阻止，利用书中所传降龙十八掌的十七掌把赵无极“行云流水”般打成了重伤。但不幸的是，赵无极还活着，就缺降龙十八掌的最后一掌。此时赵无级发功，天色大变，风声四起，把掉落在苏乞儿旁边的降龙十八掌秘籍一页一页像小电影一样依次吹开，特别有节奏感。这一吹，历史性的时刻发生了。这一吹，降龙十八掌的秘籍有了传承。这一吹，苏乞儿有了翻身之术。这一吹，降龙十八掌的第十八掌变成了前十七掌的综合。

结果，在这第十八掌的威力下，赵无极灰飞烟灭。

前十七掌综合起来形成降龙十八掌的十八掌。这在机器学习的江湖中，叫聚类。把前十七掌进行聚类，形成第十八掌。

13.2 聚类的概念和分类

谈降维，就不得不说 PCA，全称为主成分分析。谈 PCA，就必然要说到聚类。

13.2.1 聚类的概念

既然 PCA 也是一个聚类，根据前面讲过的思想，聚类可以实现集中的样本划分为若干个子集，如图 13.1 所示。

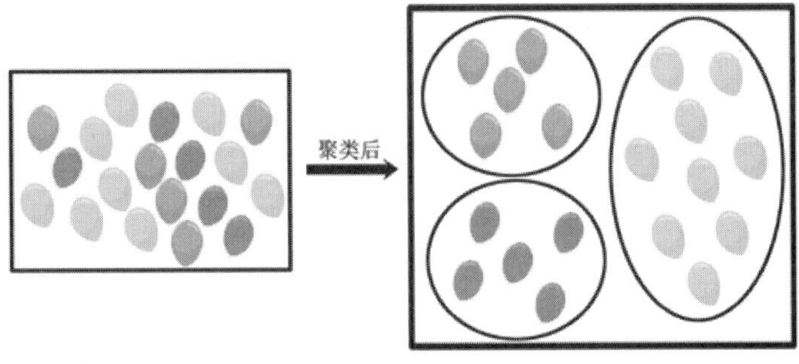

图13.1 红黄绿气球聚类演示

由图 13.1 可知，前面提到过的 k-means 也可以实现这种聚类算法。

其实，实现线性关系的聚类一般分为两种，即分层凝聚聚类方法和 PCA 聚类方法。

分层凝聚聚类方法顾名思义就是要一层一层地进行聚类，可以从下而上地把小的簇合并聚集，也可以从上而下地将大的簇进行分割。

PCA 聚类方法通过 PCA 简化数据，将原样品转化成单指标有序样品，然后利用有序样品的系统聚类法加以分类。

13.2.2 分层凝聚聚类方法

分层凝聚聚类方法一般用得比较多的是从下而上地聚类。所谓从下而上地合并聚类，就是每次找到距离最短的两个类别，然后合并成一个大的类别，直到全部合并为一个大的类别的聚类方法。英文全称为 Hierarchical Agglomerative Clustering，简称 HAC 原理，如图 13.2 所示。

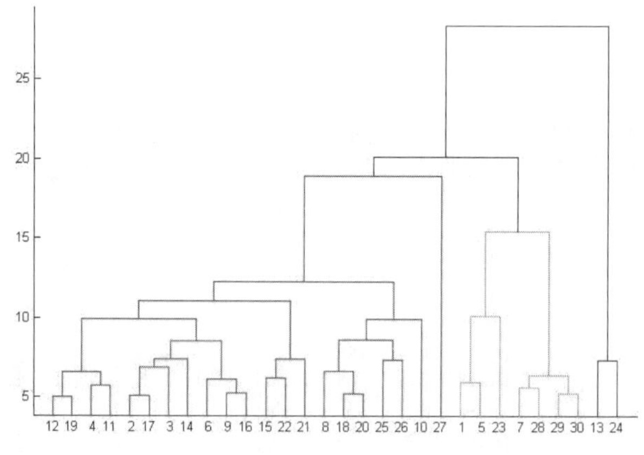

图13.2 自下而上的分层凝聚聚类

分层凝聚聚类最大的优点，就是它一次性地得到了整个聚类的过程，只要得到了图 13.2 所示的聚类树，想要分多少个簇都可以直接根据结构来得到结果，改变簇数目不需要再次计算数据点的归属。

分层凝聚聚类的缺点是计算量比较大，因为要每次都要计算多个簇内所有数据点的两两距离。另外，由于分层凝聚聚类使用的是贪心算法，得到的显然只是局域最优，不一定就是全局最优，这可以通过加入随机效应来解决。

13.2.3 PCA 聚类方法

PCA 聚类方法是这里重要研究的。原理可以从两个角度来考虑：一个是基于最大方差原理，样本点在超平面上的投影尽可能分开；另一个是基于最小化误差原理，样本点到超平面距离都足够近。

这里可以看到一个超平面的概念，无论是从基于最大方差原理的角度来考虑，还是从最小化误差原理的角度来考虑，都跟超平面有关系，使样本点在超平面上的投影尽可能分开是一个角度，使样本点在这个超平面的距离足够近是另外一个角度。

这个超平面是什么？可以从降维的效果上来看，假设三维空间中有一系列点，能够使用自然坐标系 x、y、z 这 3 个轴来表示这组数据，如果达到降维的目的，就需要用自然坐标系 x、y 两个轴来表示数据，空间的点如果投影到了某个平面后，样本点的数据在这个平面上不会出现重合的现象，这个平面就可以用两维的数据来表征数据，如图 13.3 所示。

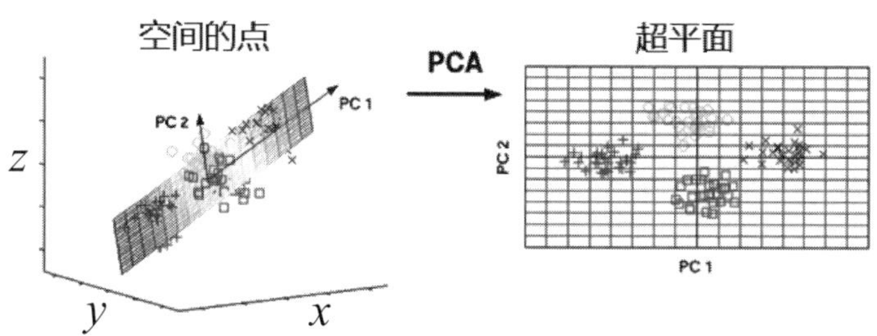

图13.3 空间的点用超平面表示

由图 13.3 可知，图中的超平面是由 PC1 和 PC2 组成坐标轴的平面。但是 PC1 和 PC2 确定的平面也可以由 y 或 x 旋转变化一定的角度来得到超平面的结果。这样数据所在的超平面就和坐标轴的平台重合，达到了降维的效果。

这种方法是把样本点的数据投影到不会出现重合覆盖的超平面上，如果样本点到这个超平面的距离都足够近，也就是在误差允许范围内，就可以近似认为这些样本点就在这个超平面上。这样也达到了降维的目的。

如果三维的点理解起来比较抽象，可以使用二维的点。对于二维的点，需要降维到一维，如果找到这样的一个轴，这个轴可以包括数据的大部分点，而在与之垂直的另一个轴上取值近似相同，那么可以把取值近似相同的那个轴去掉，只取包括数据大部分点的轴就达到了降维的目的，如图 13.4 所示。

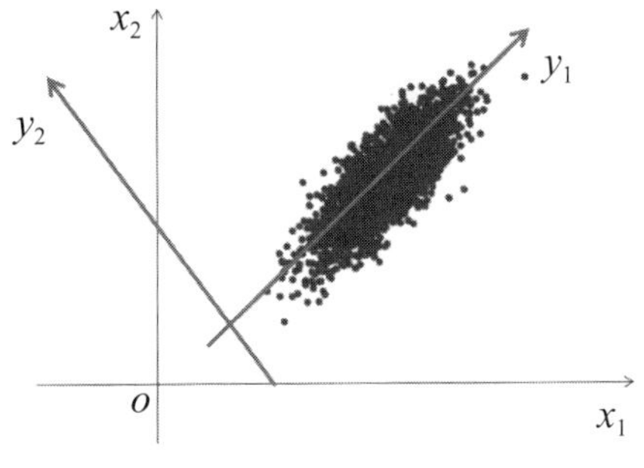

图13.4 二维数据降维的轴

由图 13.4 可知，图中找到了一个新轴 y_1，大部分的点都包括在这个轴上，而这些点与 y_1 垂直的轴 y_2 上的全部取值在误差范围内近似于相等。把原来由 x_1 和 x_2 坐标确定的点变成由 y_1 轴的值直接确定的点，y_1 轴上的值完全可以表征这些点，就达到了二维数据降维的目的，而 y_1 和 y_2 确定的坐标轴也是由 x_1 和 x_2 确定的坐标轴旋转而来的。

用一个二维降维的图形例子来说明达到降维的目的是由什么决定的。这里面把数据用二维的平面图来代替。如果想要将二维的数据由一维的来决定，就需要构造出有一定角度的交叉坐标轴，如图 13.5 所示。

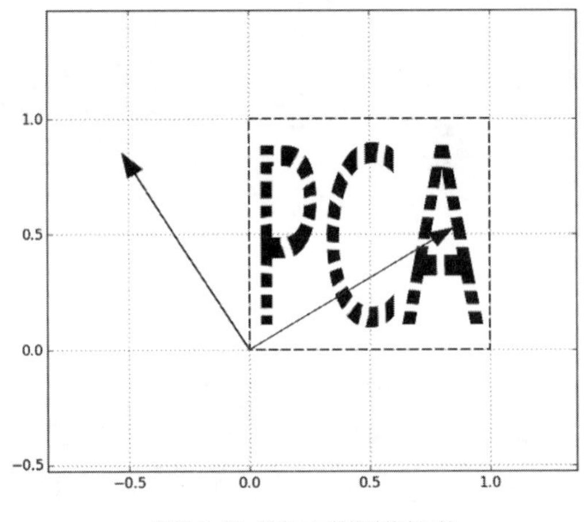

图13.5　用一维表示二维构造的交叉轴

由图 13.5 可知，数据点是由 PCA 这个框图框起来的部分，两个构造出的坐标轴就要跟数据有一定的角度。但是如果数据点呈矩形分布，误差值又可能会很大，可以把 PCA 框出的四边形进行一定角度的旋转，如图 13.6 所示。

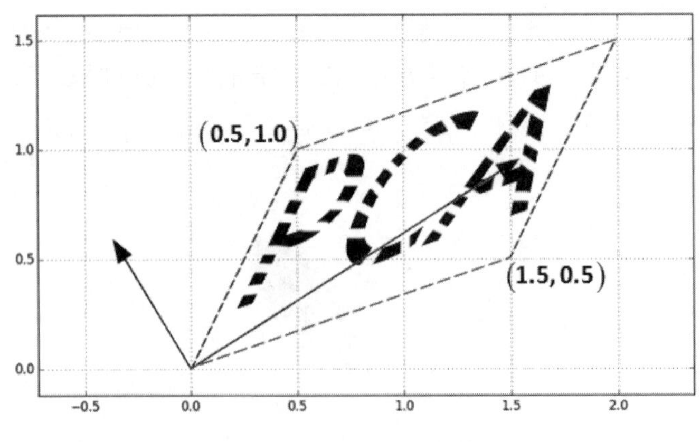

图13.6　把PCA框出的四边形进行旋转

这样可以说就满足了样本点距坐标轴的距离在一定的误差范围之内，但一定是乘了一个系数，使 PCA

原来的数据分布矩形发生缩放，可以看到数据点的坐标轴也进行了缩放。

这个有一个角度的交叉坐标轴在专业术语上就叫特征向量，缩放操作的系数就叫特征值。在数学上这样来表述，设 $\boldsymbol{A}$ 是 n 阶矩阵，如果数 λ 和 n 维非零向量 $\boldsymbol{x}$ 使关系式

$$\boldsymbol{Ax}=\lambda\boldsymbol{x}$$

成立，那么这样的数 λ 称为矩阵 $\boldsymbol{A}$ 的特征值，非零向量 $\boldsymbol{x}$ 称为 $\boldsymbol{A}$ 的对应于特征值 λ 的特征向量。把式子做一下修改。

$$(\boldsymbol{A}-\lambda E)\boldsymbol{x}=0$$

只要把矩阵对应的特征值和特征向量求出来，也就求出了式子的解。

13.3 PCA 聚类方法的求解步骤

通过下面的分析，去了解具体的求解步骤。

假设有如下数据：

	X	Y
$\boldsymbol{a}$	a_1	b_1
$\boldsymbol{b}$	a_2	b_2

类似于这样的数据表示的实际上是两个点，可以这样去解读：

$$\boldsymbol{a}=\begin{pmatrix}X_1\\Y_1\end{pmatrix}=\begin{pmatrix}a_1\\b_1\end{pmatrix},\quad \boldsymbol{b}=\begin{pmatrix}X_2\\Y_2\end{pmatrix}=\begin{pmatrix}a_2\\b_2\end{pmatrix}$$

在坐标系中具体表示如图 13.7 所示。

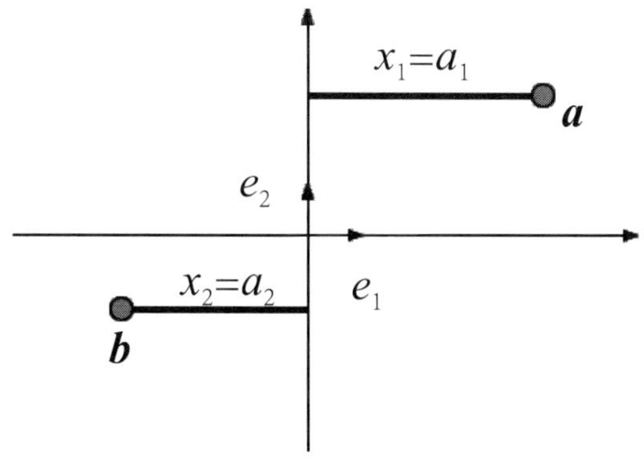

图13.7 聚类的数据点在坐标轴上的显示

然后套用协方差矩阵，式子如下。

$$Q=\frac{1}{n}P=\begin{pmatrix}\mathrm{Var}(X) & \mathrm{Cov}(X,Y)\\ \mathrm{Cov}(X,Y) & \mathrm{Var}(Y)\end{pmatrix}$$

· 13.3.1 协方差矩阵

引用协方差矩阵的目的就是实现降维，原因在于一般希望去除的信息如噪声，也就是常说“噪声污染”，干扰了想听到的真正声音。假设样本中某个主要的维度 A，它能代表原始数据，是“真正想听到的东西”。它本身含有的“能量”（即该维度的方差）本来应该是很大的，但由于它与其他维度有那么一些千丝万缕的相关性，受到这些相关维度的干扰，它的能量被削弱了。希望通过 PCA 处理后，使维度 A 与其他维度的相关性尽可能减弱，进而恢复维度 A 应有的能量，达到“听得更清楚”的目的。再则就是冗余：冗余也就是多余的意思，就是有它没它都一样，放着就是占地方。同样，假如样本中有多个维度，在所有的样本上变化不明显，也就是说该维度上的方差接近于零。那么显然它对区分不同的样本丝毫起不到任何作用，这个维度即冗余的，有它没它一个样。“降噪”的目的就是使保留下来的维度间的相关性尽可能小，而“去冗余”的目的就是使保留下来的维度含有的“能量”即方差尽可能大。那就得需要知道各维度间的相关性以及各维度上的方差。什么样的数据结构能同时表现不同维度间的相关性以及各个维度上的方差呢？只有协方差矩阵。因此引入协方差矩阵。

协方差矩阵度量的是维度与维度之间的关系，而非样本与样本之间的关系。协方差矩阵的主对角线上的元素是各个维度上的方差（即能量），其他元素是两两维度间的协方差（即相关性）。协方差矩阵有了，先来看“降噪”，要让保留的不同维度间的相关性尽可能小，也就是说要让协方差矩阵中非对角线元素都基本为零。

· 13.3.2 奇异值求解

了解了协方差矩阵后，接下来需要处理的就是 SVD，全称为奇异值分解。如何理解 SVD? 可以用生活中的游戏“翻花绳”来理解，如图 13.8 所示。

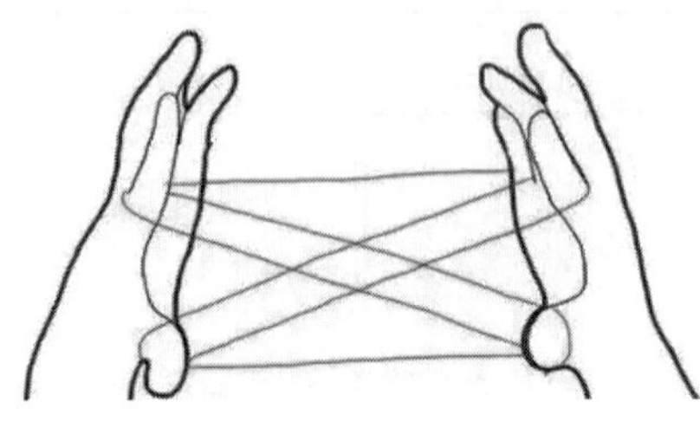

图13.8 翻花绳

图 13.8 中的翻花绳动作，就是两只手的分力作用的结果。SVD，相当于对这个花绳分解多个“分力”，放到数学上，就是把矩阵分成多个“分力”。而奇异值的大小就是各个“分力”的数值大小。

SVD 就是对矩阵进行分解，但是和特征分解不同，SVD 并不要求要分解的矩阵为方阵。假设矩阵 $\boldsymbol{A}$ 是一个 $m\times n$ 的矩阵，那么定义矩阵 $\boldsymbol{A}$ 的 SVD 为：

$$\boldsymbol{A}=\boldsymbol{U\Sigma V}^{\mathrm{T}}$$

其中 $\boldsymbol{U}$ 是一个 $m\times m$ 的矩阵，$\boldsymbol{\Sigma}$ 是一个 $m\times n$ 的矩阵（除了主对角线上的元素以外全为 0，主对角线上的每个元素都称为奇异值），$\boldsymbol{V}$ 是一个 $n\times n$ 的矩阵。$\boldsymbol{U}$ 和 $\boldsymbol{V}$ 都是酉矩阵，即满足 $\boldsymbol{U}^{\mathrm{T}}\boldsymbol{U}=\boldsymbol{I}$，$\boldsymbol{V}^{\mathrm{T}}\boldsymbol{V}=\boldsymbol{I}$。从图 13.9 可以很形象地看出上面 SVD 的定义。

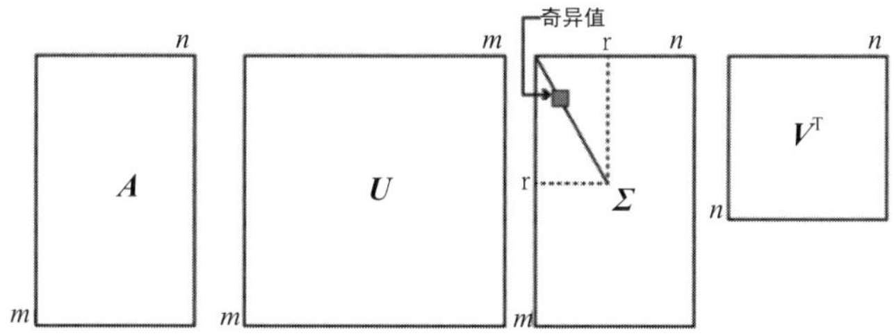

图13.9 SVD定义的形象解释

这里用一个简单的例子来说明矩阵是如何进行 SVD 的。矩阵 $\boldsymbol{A}$ 定义为：

$$\boldsymbol{A}=\begin{pmatrix}0 & 1\\ 1 & 1\\ 1 & 0\end{pmatrix}$$

这里首先求出 $\boldsymbol{A}^{\mathrm{T}}\boldsymbol{A}$ 和 $\boldsymbol{A}\boldsymbol{A}^{\mathrm{T}}$

$$\boldsymbol{A}^{\mathrm{T}}\boldsymbol{A}=\begin{pmatrix}0 & 1 & 1\\ 1 & 1 & 0\end{pmatrix}\begin{pmatrix}0 & 1\\ 1 & 1\\ 1 & 0\end{pmatrix}=\begin{pmatrix}2 & 1\\ 1 & 2\end{pmatrix}$$

$$\boldsymbol{A}\boldsymbol{A}^{\mathrm{T}}=\begin{pmatrix}0 & 1\\ 1 & 1\\ 1 & 0\end{pmatrix}\begin{pmatrix}0 & 1 & 1\\ 1 & 1 & 0\end{pmatrix}=\begin{pmatrix}1 & 1 & 0\\ 1 & 2 & 1\\ 0 & 1 & 1\end{pmatrix}$$

进而求出 $\boldsymbol{A}^{\mathrm{T}}\boldsymbol{A}$ 的特征值和特征向量：

$$\lambda_1=3,\boldsymbol{v}_1=\begin{pmatrix}1/\sqrt{2}\\ 1/\sqrt{2}\end{pmatrix},\lambda_2=1,\boldsymbol{v}_2=\begin{pmatrix}-1/\sqrt{2}\\ 1/\sqrt{2}\end{pmatrix}$$

接着求 $\boldsymbol{A}\boldsymbol{A}^{\mathrm{T}}$ 的特征值和特征向量：

$$\lambda_1=3,\boldsymbol{u}_1=\begin{pmatrix}1/\sqrt{6}\\ 2/\sqrt{6}\\ 1/\sqrt{6}\end{pmatrix},\lambda_2=1,\boldsymbol{u}_2=\begin{pmatrix}1/\sqrt{2}\\ 0\\ -1/\sqrt{2}\end{pmatrix},\lambda_3=1,\boldsymbol{u}_3=\begin{pmatrix}1/\sqrt{3}\\ -1/\sqrt{3}\\ 1/\sqrt{3}\end{pmatrix}$$

利用 $\boldsymbol{Av}_i=\sigma_i\boldsymbol{u}_i$，$i$=1,2 求奇异值：

$$\begin{pmatrix}0 & 1\\1 & 1\\1 & 0\end{pmatrix}\begin{pmatrix}1/\sqrt{2}\\1/\sqrt{2}\end{pmatrix}=\delta_1\begin{pmatrix}1/\sqrt{6}\\2/\sqrt{6}\\1/\sqrt{6}\end{pmatrix}\Rightarrow\delta_1=\sqrt{3}$$

$$\begin{pmatrix}0 & 1\\1 & 1\\1 & 0\end{pmatrix}\begin{pmatrix}-1/\sqrt{2}\\1/\sqrt{2}\end{pmatrix}=\delta_2\begin{pmatrix}1/\sqrt{2}\\0\\-1/\sqrt{2}\end{pmatrix}\Rightarrow\delta_2=1$$

当然，也可以用 $\delta_i=\sqrt{\lambda_i}$ 直接求出奇异值为 $\sqrt{3}$ 和 1。

最终得到 $\boldsymbol{A}$ 的 SVD 为：

$$\boldsymbol{A}=\boldsymbol{U\Sigma V}^{\mathrm{T}}=\begin{pmatrix}1/\sqrt{6} & 1/\sqrt{2} & 1/\sqrt{3}\\2/\sqrt{6} & 0 & -1/\sqrt{3}\\1/\sqrt{6} & -1/\sqrt{2} & 1/\sqrt{3}\end{pmatrix}\begin{pmatrix}\sqrt{3} & 0\\0 & 1\\0 & 0\end{pmatrix}\begin{pmatrix}1/\sqrt{2} & 1/\sqrt{2}\\-1/\sqrt{2} & 1/\sqrt{2}\end{pmatrix}$$

求出奇异值之后，主元 1 应该匹配最大奇异值对应的奇异向量，主元 2 匹配最小奇异值对应的奇异向量，以这两个为主元画出来的坐标系就是这样的，如图 13.10 所示。

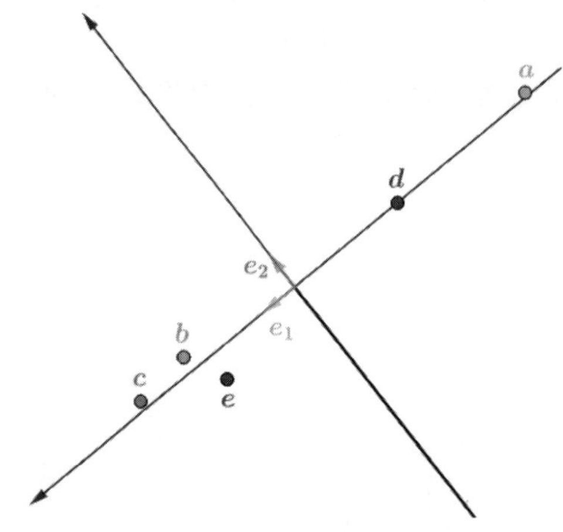

图13.10 主元坐标系

13.4 PCA 实战示例：使用 PCA 实现菜品制作调料配比

在机器学习中实现 PCA 算法可以按照这样的思路，如图 13.11 所示。

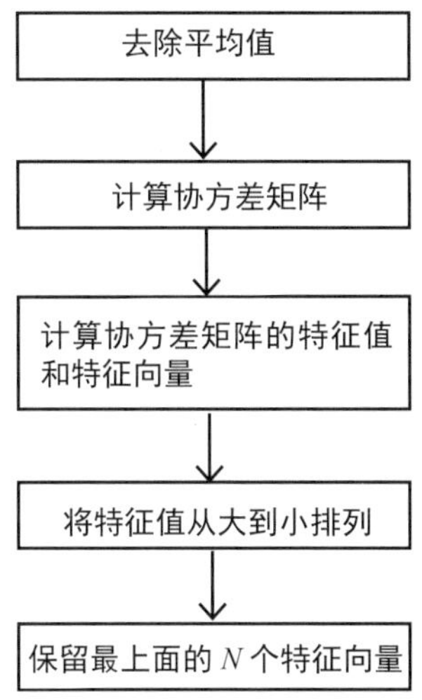

图13.11 PCA算法思路

将数据转换到上述 N 个特征向量构建的新空间中，根据上面的思路，通过菜品制作的调料配比表来说明 PCA 降维的问题。

13.4.1 准备数据：菜品制作调料配比表数据的读取

在做菜品的过程中，需要添加葱、姜、蒜、生抽、老抽、醋、辣椒粉等调料，每种菜的调料加在一起，可能达到 30 多个维度。当然如果还有一些香料，如桂圆、枸杞、黄芪、甘草等，调料就可以达到更多的维度。如果这些维度不进行降维，那么问题分析起来就比较复杂。这里可以采用 PCA 降维的方法来实现。

进行分析前，就需要读取数据文件。在文件 caipin.py 中存放着菜品的调料配比表，每一列数据具体的维度意义如下。

```
菜肴名称  大蒜  盐  胡椒粉  生抽  料酒  鸡精  老抽  醋  糖  淀粉
孜然粉  辣椒粉  蚝油  八角  香叶  红茶
```

读取文件的代码如下。

【程序代码清单 13.1】实现读取菜品的调料配比数据

```
def loadDataSet(fileName, delim=','):
fr = open(fileName,encoding="utf8")
stringArr = [ line.strip().split(delim)[1:] for line in fr.readlines()]
stringArr=[list(map(lambda x:0 if x=="" else x,arr)) for arr in stringArr]
datArr = [list(map(float, line)) for line in stringArr]
return mat(datArr)
```

从代码逻辑中可以看到，首先读取菜品配料比的文件，利用 fr.readlines() 读取其中的每一行，for 循环迭代每一行的数据进行前后去空格，以“,”分隔数据，因为第一列是字符串，表征菜名，从第二列开始取值，[line.strip().split(delim)[1:] for line in fr.readlines()] 语句就产生了菜品配比文件中从第 2 列到最后一列的数据。这些数据中有的调料在使用过程中使用量为空，值为 0，这样的数据在 PCA 算法应用前须进行处理。[list(map(lambda x:0 if x=="" else x,arr)) for arr in stringArr] 语句完成了 for 语句将上一步产生的第 2 列到最后一列的数据列表遍历，然后用 if 语句将空值设为数值 0。注意 map(lambda x:0 if x=="" else x,arr) 语句的使用，map 语句后面的参数就是前一步取出来的每一个数据。利用 lambda 表达式来判断这个数据是不是为空，如果为空，则返回 0 值，也就完成了读取菜品配比文件中空值变成 0 值的处理。最后再利用 [list(map(float,line)) for line in stringArr] 把前一步数据集中 0 值的数据和非 0 值的数据转换为浮点型数据，并返回该数据集。

· 13.4.2　PCA 算法：菜品制作调料配比表 PCA 降维

下面用 PCA 进行降维。

【程序代码清单 13.2】实现 PCA 降维算法

```
def pca(dataMat, topNfeat=9999999):
meanVals = mean(dataMat, axis=0)
meanRemoved = dataMat - meanVals
covMat = cov(meanRemoved, rowvar=0)
eigValInd = eigValInd[:-(topNfeat+1):-1]
redEigVects = eigVects[:, eigValInd]
lowDDataMat = meanRemoved * redEigVects
reconMat = (lowDDataMat * redEigVects.T) + meanVals
return lowDDataMat, reconMat
```

代码中实现的 pca() 函数有两个参数：第一个参数 dataMat 是用于 PCA 操作的数据集，第二个参数 topNfeat 是一个可选参数，即应用的 N 个特征。如果不指定 topNfeat 的值，那么函数就会返回前 9999999 个特征，或者原始数据中全部的特征。

首先计算并减去原始数据集平均值 0。然后，计算协方差矩阵及其特征值，接着利用 PCA 对特征值进行从小到大的排序。根据特征值排序结果的逆序就可以得到 topNfeat 个最大的特征向量。这些特征向量将构成后面对数据进行转换的矩阵，该矩阵则利用 N 个特征将原始数据转换到新空间中。最后，原始数据被重构后返回用于调试，同时降维之后的数据集也被返回了。

· 13.4.3　表征数据：菜品制作调料配比降维结果图示

把降维后的结果和原始数据集用画点的形式表征出来，代码如下。

【程序代码清单 13.3】实现 PCA 降维结果的图示

```
def show_picture(dataMat, reconMat):
fig = plt.figure()
ax = fig.add_subplot(111)
ax.scatter(dataMat[:, 0].flatten().A[0], dataMat[:, 1].flatten().A[0], marker='^', s=90)
ax.scatter(reconMat[:, 0].flatten().A[0], reconMat[:, 1].flatten().A[0], marker='o', s=50, c='red')
plt.show()
```

上述代码就是利用 scatter() 方法画出原始数据集的点以及降维之后结果集的点。

主程序调用以上函数的具体代码如下。

【程序代码清单 13.4】实现 PCA 降维结果调用的主程序

```
if __name__ == "__main__":
dataMat = loadDataSet('caipin.csv')
lowDmat, reconMat = pca(dataMat, 2)
show_picture(dataMat, reconMat
```

上述代码的运行结果如图 13.12 所示。

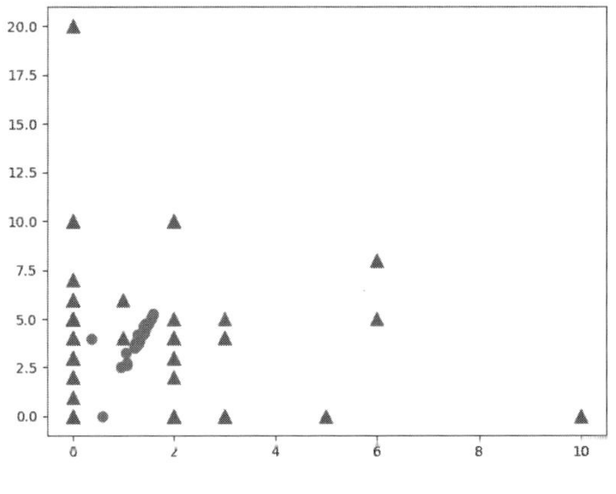

图13.12 实现PCA降维结果

13.5 PCA 实战示例：使用 PCA 分析图像压缩技术

计算机的图像是用灰度值序列 $\{P_1, P_2, \cdots, P_n\}$ 来表示的，其中 P_i 表示像素点 i 的灰度值。而通常灰度值的范围是 0~255，因此需要 8 位二进制数来表示一个像素。在存储和传输的过程中，大的图像占用的空间会比较大，如果用少一些的位数来表示灰度值，这样图像的大小就会减小。其实任意一幅图像都有一些冗余数据，同一帧临近位置的数据相同或相似；连续帧图像数据有大量相同的数据；人眼对图像分辨率的局限性、监视器显示分辨率的限制，容许一定限度的失真。利用这样的道理就可以实现图像的压缩。

下面就可以用 PCA 技术实现读取图像的压缩技术。

13.5.1 图像读取：Pillow 模块读取图像

首先读取图像，这里可以采用 Pillow 模块中的 Image 对象方法 open() 来打开一幅图像，再把打开的图像利用 convert() 方法转化成灰度图像，算出图像的 width 和 height。转化图像数据的时候，为了防止图像太大致使读出的数据造成内存溢出，将读取的图像缩小到原来的 1/100。如果需要显示原图像，再把转换后的数据乘 100 即可还原图像的大小，最后调用 array() 方法将图像转换成数组，返回缩小后的图像数组数据。代码如下。

【程序代码清单 13.5】Python 读取原图像

```
def loadImage(path):
    img = Image.open(path)
    img = img.convert("L")
    width = img.size[0]
    height = img.size[1]
    data = img.getdata()
    data = np.array(data).reshape(height,width)/100
    new_im = Image.fromarray(data*100)
    new_im.show()
    return data
```

13.5.2 图像压缩：PCA 算法实现图像压缩

此处的 PCA 算法跟前面 PCA 的核心算法实现方法是一致的，不过在具体的使用格式上做了一些改写，道理是一样的，代码如下。

【程序代码清单 13.6】实现 PCA 算法对图像进行压缩

```
def pca(data,k):
    n_samples,n_features = data.shape
    mean = np.array([np.mean(data[:,i]) for i in range(n_features)])
    normal_data = data - mean
    matrix_ = np.dot(np.transpose(normal_data),normal_data)
    eig_val,eig_vec = np.linalg.eig(matrix_)
    eigIndex = np.argsort(eig_val)
    eigVecIndex = eigIndex[:-(k+1):-1]
    feature = eig_vec[:,eigVecIndex]
    new_data = np.dot(normal_data,feature)
    rec_data = np.dot(new_data,np.transpose(feature))+ mean
    newImage = Image.fromarray(rec_data*100)
    newImage.show()
```

```
    return rec_data
```

与前面的 PCA 算法做对比，会发现在编码形式上的不同之处如下。

（1）前面的 PCA 算法中，协方差矩阵可直接用方法 cov() 实现，而在图像压缩中的 PCA 算法是通过公式来完成的。

```
matrix_ = np.dot(np.transpose(normal_data),normal_data)
```

（2）前面的 PCA 算法中，将降维后的数据映射回原空间，用的是相乘运算符，即语句一 lowDDataMat = meanRemoved * redEigVects，语句二 reconMat = (lowDDataMat * redEigVects.T) + meanVals。在图像压缩中的 PCA 算法中，是使用 numpy.dot 点乘来实现的，即语句一 new_data = np.dot(normal_data,feature)，语句二 rec_data = np.dot(new_data,np.transpose(feature))+ mean。

完成图像压缩后，也可以把降维后的数据放大 100 倍，这样就得到了在原图像的基础之上降维生成的图像。

在主程序中调用读取图像的方法，再进行 PCA 降维后显示出来结果图像，代码如下。

【程序代码清单 13.7】实现 PCA 算法压缩图像的主程序调用

```
if __name__ == "__main__":
    data = loadImage("cat.jpg")
    pca = pca(data,10)
    newImg = Image.fromarray(pca * 100)
    newImg.show()
```

上述代码的运行结果如图 13.13 所示。

图13.13 实现PCA算法压缩图像的运行结果

13.5.3 错误率计算：图像压缩错误率的计算

降维之后的错误率，可以通过降维前的数据和降维后的数据之间的差值矩阵来计算，也就是图像的丢失率，先求出降维前原始数据每一行的累加和，再求出降维后差值矩阵每一行的累加和，两个值相比即得出降维后的错误率，最后返回错误率，代码如下。

【程序代码清单 13.8】实现 PCA 算法压缩图像的错误率计算

```
def error(data,recdata):
sum1 = 0
sum2 = 0
D_value = data - recdata
for i in range(data.shape[0]):
    sum1 += np.dot(data[i],data[i])
    sum2 += np.dot(D_value[i], D_value[i])
error = sum2/sum1
print(sum2, sum1, error)
```

将错误率放在主线程中，既要进行图像的压缩，也要把降维后的错误率输出，代码如下。

```
if __name__ == "__main__":
    data = loadImage("cat.jpg")
    PCA = PCA(data,10)
    error(data, PCA)
    newImg = Image.fromarray(PCA * 100)
    newImg.show()
```

上述代码的运行结果如图 13.14 所示。

```
Run:  tst_pca_img
C:\Users\Administrator\PycharmProjects\tstnum\venv\Scripts\python.exe
23148.323775759713 2276530.818000002 0.010168245293554245
```

图13.14 实现PCA算法压缩图像的错误率计算运行结果

13.6 PCA 算法面试题解答

1. 计算方差前需要对数据进行处理吗?

可以做一个数据中心化，就是每一行的每个数据，减去这一行的均值。这不仅能在一定程度上消除不同特征之间量纲不同带来的影响，也可为后续的方差计算带来方便，方差就直接变成 $\mathrm{Var}=\frac{1}{m}\sum_{1}^{m}(x_i-0)^2$，

这里均值 u 是 0。

2. 有一个数据集，包含很多变量，知道其中一些是高度相关的。如果用 PCA 来解决问题，会先去掉相关的变量吗？为什么？

丢弃相关变量会对 PCA 有实质性的影响，因为有相关变量的存在，由特定成分解释的方差会被放大。

假设一个数据集有 3 个变量，其中 2 个是相关的。如果在该数据集上用 PCA，第一主成分的方差会是与其不相关变量的差异的两倍。此外，加入相关的变量使 PCA 错误地提高那些变量的重要性，这是有误导作用的。

13.7 PCA 算法自测题

1. 在 PCA 中有必要做旋转变换吗？如果有必要，为什么？
2. PCA 降维的必要性是什么？

13.8 小结

PCA 算法作为最常用的降维算法，是将 n 维的向量映射到 k 维，是重新构造出来的 k 维特征，能从方差的角度最大化地保留数据存在的差异，并减少维度。PCA 降维算法的最大优点是完全无参限制。本章通过两个例子讲述了如何使用 PCA 降维算法分析实际问题。PCA 算法可帮助分析样本中分布差异最大的成分，即主成分，有助于数据的可视化，也就是降低到 2 维或 3 维后可以用散点图可视化，还可以起到降低样本中噪声的作用，把被 PCA 降维后丢失的信息认定是噪声。利用好 PCA 算法，更有助于解决实际的问题。

第 IV 篇

深度学习延伸篇

第 14 章

深度学习延伸之卷积神经网络

随着神经科学、认知科学的发展，人们认识到人类的智能行为与大脑活动密切相关。大脑是一个可以产生意识、思想和情感的器官。正是由于受到人脑神经系统的启发，人们才构造了一种模仿人脑神经系统的数学模型，称为人工神经网络，简称神经网络。本章将会通过卷积神经网络来认识神经网络。卷积神经网络是科学家受生物学上感受野机制的启发而提出的神经网络，最早主要应用在图像处理方面，用于完成图像和视频分析的各种任务，比如图像分类、人脸识别、物体识别、图像分割等，近几年卷积神经网络也被广泛应用于自然语言处理、推荐系统等领域。

14.1 认识神经网络

人工神经网络（简称神经网络）的英文名称为 Artificial Neural Network，是受到人脑的神经元网络的启发，通过对人脑的神经元网络进行抽象而构建的人工神经元网络。这个网络可以理解成按照一定的拓扑结构把人工的神经元连接在一起形成的网络，如图 14.1 所示。

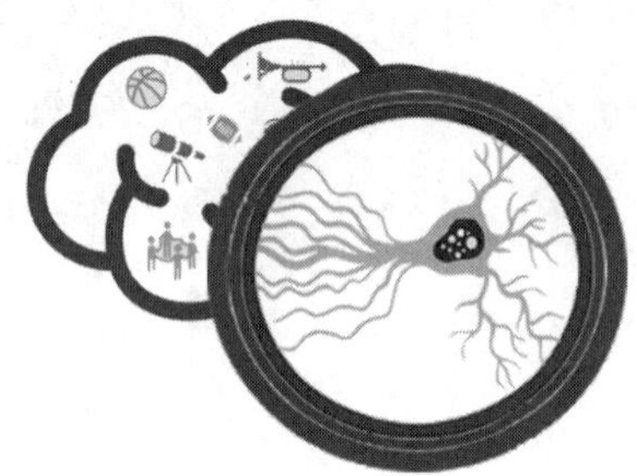

图14.1 人脑神经元结构

这样的网络具备如下特性：对信息的表示是并行分布式的；记忆和知识存储在单元和单元之间的连接脉络上；通过逐渐改变单元和单元之间的连接强度来完成对新知识的学习。

从机器学习的角度来看，神经网络一般可以看作非线性模型，其基本组成单元为具有非线性激活函数的神经元。通过大量神经元和神经元之间的连接，神经网络成为一种非线性的模型，神经元和神经元之间的连接权重就是需要学习的参数。

14.1.1 神经元

一个生物神经元一般具有树突、轴突和突触及细胞核几个部分，如图 14.2 所示。

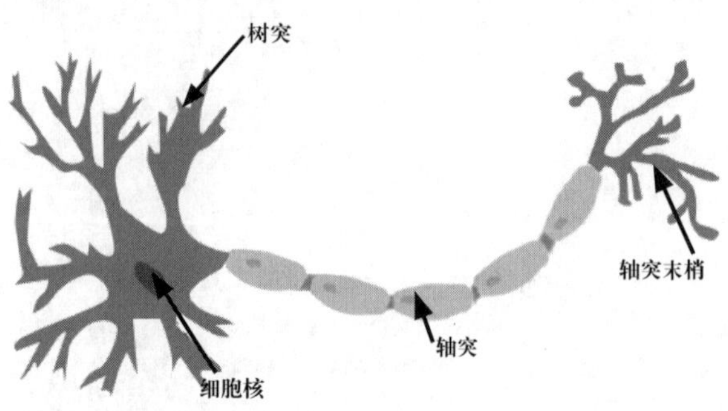

图14.2 神经元的结构

由图 14.2 可知，神经元具备多个树突，其主要作用是接收传入的信息；轴突有一条，其主要作用是发送信息，轴突末端有许多轴突末梢，经多次分支后，每一小支的末端膨大呈球状或杯状（称为突触小体），这些突触小体跟其他神经元树突相接触，进行信号的传递，生物学上把这个相接触的位置叫作“突触”。

1943 年，心理学家麦卡洛克和数学家皮茨根据生物神经元的结构，提出了一种非常简单的神经元模型——MP 神经元。

神经元模型是一个包含输入、输出与计算的模型。输入相当于神经元的树突，而输出相当于神经元的轴突，计算相当于细胞核，如图 14.3 所示。

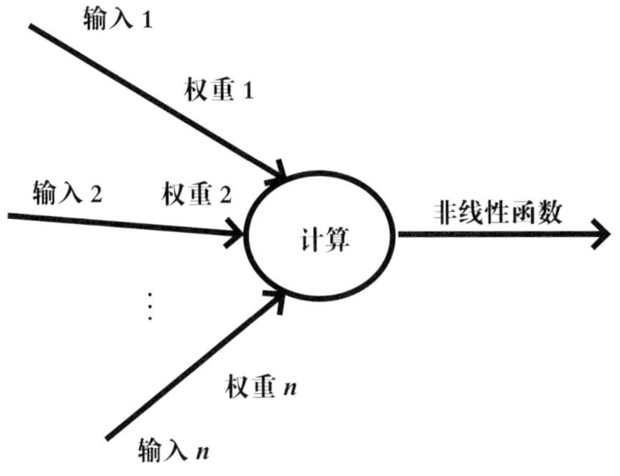

图14.3 神经元模型

连接是神经元的关键。每一个连接上都有一个权重。这里可以形象地理解。当万里无云的天空突然下起雨，人能够做到的信号输入就是第一种输入，即快速跑动，找到安全的地方躲雨。第二种输入，撑起伞挡雨。第三种输入就是让雨浇浇清醒一下，或者有更多别的输入。然后进行各种权重值的计算：如没有伞，那么撑起伞挡雨的权重值为 0；如快速跑动，找到安全的地方躲雨，结果放眼望去，没有一个可以躲避的建筑物，跑起来的权重值就算不为 0，可能也比较小；那就只能浇浇清醒一下，没办法的事情，这个权重值为 90% 以上。最后就是通过神经元的计算，输出的结果是“受着吧，淋淋更健康”。

从专业的角度来分析一下，假设一个神经元接收 n 个输入 $x_1,x_2,\cdots,x_n$，用向量 $\boldsymbol{x}$ 来表示这 n 个输入，那么表示一个神经元所获得的输入信号的加权和 z 的计算公式如下。

$$z=\sum_{i=1}^{n}w_n x_n+b=w^{\mathrm{T}}+b$$

其中 $\boldsymbol{w}$ 表示权重向量，b 表示偏置。

由专业的输入加权和表示可以看出，这是一个线性的表达式。在神经元模型中，输入到输出之间是存在着非线性函数的，这个函数起到了从线性到非线性转化的作用，这个非线性的转化函数称为激活函数。

14.1.2 激活函数

激活函数在神经元中是非常重要的，可增强网络的表示能力和学习能力。如果不用激活函数，每一层输出都是上层输入的线性函数，输出都是输入的线性组合，这种情况就是最原始的感知机。

感知机可以理解成二类分类的线性分类模型，其输入为实例的特征向量，输出为实例的类别。这是最早的可以学习的神经网络，取值只有 +1 和 –1，对应于输入空间中将实例划分为正、负两类的分离超平面，属于判别模型。感知机曾发展为多层感知机，加入了中间层。随着中间层的增多，输入与输出的界限就不那么明显了。

如果使用激活函数，因为激活函数给神经元引入了非线性因素，神经网络可以任意逼近任何非线性函数，这样神经网络就可以应用到众多的非线性模型中。

神经元模型就可以把非线性函数的功能落实到激活函数上，如图 14.4 所示。

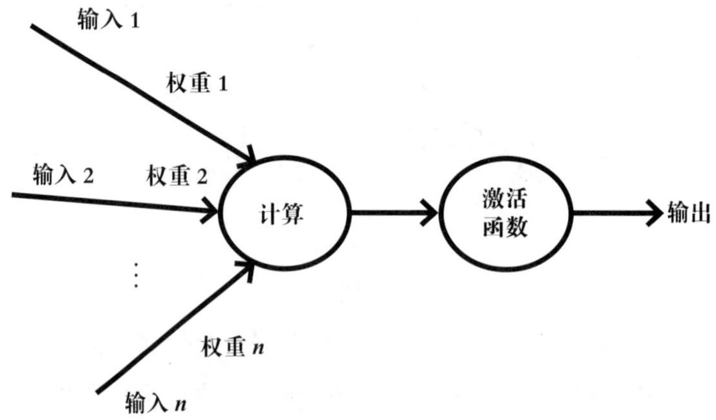

图14.4 改良后的神经元模型

下面介绍几种在神经网络中常用的激活函数。

（1）sigmoid 函数是指 S 形函数，为两端饱和函数。若有函数 $f(x)$ 中的自变量 x 趋于 $-\infty$ 时，$f(x)$ 的导数 $f'(x)$ 则逐渐趋近于 0，这是所谓左饱和；若有函数 $f(x)$ 中的自变量 x 趋于 $+\infty$ 时，$f(x)$ 的导数 $f'(x)$ 则逐渐趋近于 0，这是所谓右饱和。两端饱和函数指的是满足左饱和条件的同时，也满足右饱和的条件。

在前面讲到逻辑回归时提到的逻辑回归函数就是一个 sigmoid 函数，其定义形式如下。

$$\sigma(x)=\frac{1}{1+\exp(-x)}$$

这个公式把一个实数域的输入数据“挤压”到了 (0,1)，其图像如图 14.5 所示。

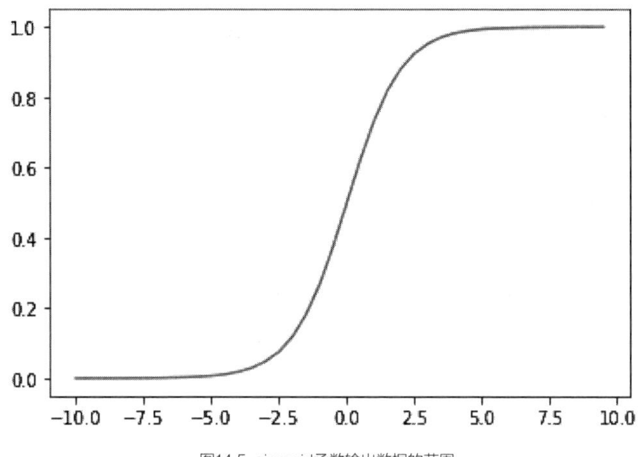

图14.5 sigmoid函数输出数据的范围

从图中 14.5 可以看出，输入的数据越小，结果越接近于 0；输入的数据越大，结果越接近于 1。可以这样理解，sigmoid 函数对一些输入产生“抑制”，对一些输入产生“兴奋”，这个特点与生物的神经元类似。可使用这样的激活函数，可使神经元最终具备这样的性质：其输出可以理解成概率上的分布情况，使神经网络与学习模型更好地融合，再则也可以用它来控制其他神经元信息输入的数量。

sigmoid 函数除了逻辑回归函数外，还有 tanh 函数，其定义形式如下。

$$\tanh(x)=\frac{\exp(x)-\exp(-x)}{\exp(x)+\exp(-x)}$$

这个函数可以看作逻辑函数图像放大并平移后的效果，值域为 (−1,1)，如图 14.6 所示。

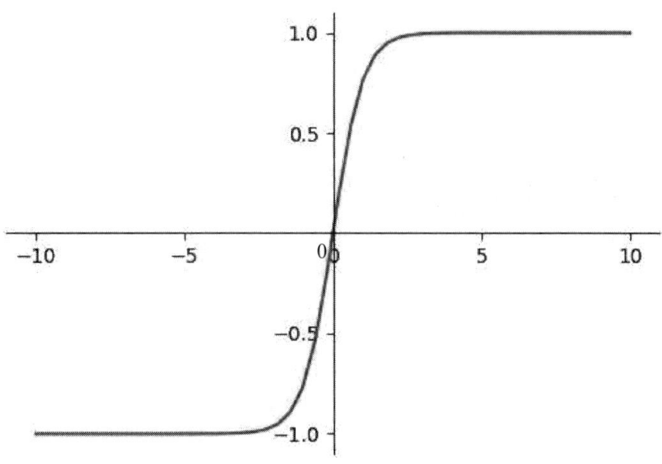

图14.6 tanh函数值域范围

从图 14.6 中可以看出，tanh 函数的输出是零中心化的，相对于逻辑回归函数的非零中心化，不会使后一层神经元的输入发生位置偏移。在实际应用中，tanh 函数比逻辑回归函数效果好。

（2）ReLU 函数。ReLU 的英文全称为 Rectified Linear Unit，即修正线性单元。ReLU 函数是目前深度神经网络中经常使用的激活函数。

ReLU 函数的具体定义如下。

$$\mathrm{ReLU}(x)=\begin{cases}x, x\geqslant 0\\0, x<0\end{cases}$$

$$=\max(0,x)$$

从公式上看，该函数计算速度非常快，只需要判断输入是否大于 0。从输出结果上看，会使一部分神经元的输出为 0，这样就造成了网络的稀疏性，并且减弱了参数的相互依存关系，缓解了过拟合问题。其对应的图像如图 14.7 所示。

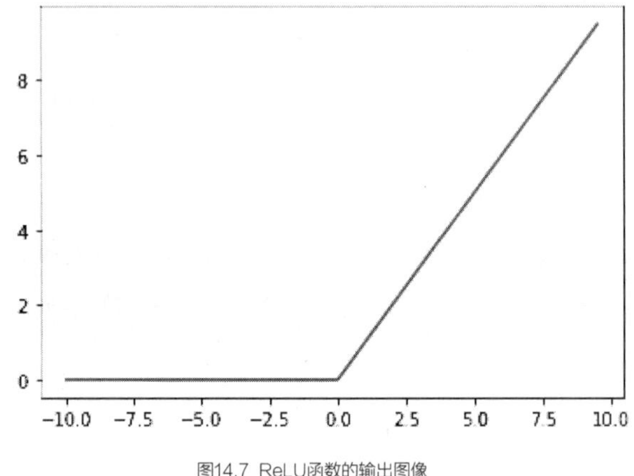

图14.7 ReLU函数的输出图像

从图像上看，ReLU 函数的输出不是零中心化，输出为负值时梯度就消失了，导致参数永远得不到更新，某些神经元永远得不到激活。

14.2 认识卷积神经网络

卷积神经网络的英文名称为 Convolutional Neural Network，简称 CNN、ConvNet 等。它与普通神经网络非常相似，都是由神经元组成的，而组成神经元的都是可以学习的权重和偏置常量。每个神经元同样要接收一些输入，并做一些计算，输出是每个分类的分数。那么问题来了，卷积神经网络与神经网络有什么不同呢？答案就在于卷积神经网络默认研究的是图像，也就是输入是图像数据，图像数据一般都包括宽度、高度和深度，即 width、height、depth。这就决定了卷积神经网络的神经元是有 3 个维度的，中间进行处理的层可以有很多，相当于可以有很多的隐藏层，最后得到输出层的结果，如图 14.8 所示。

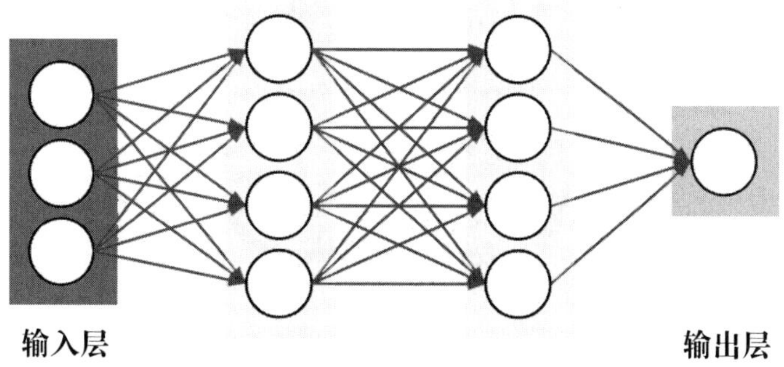

图14.8 卷积神经网络的结构

目前的卷积神经网络由以下几种层构成。

卷积层，英文名称为 Convolutional Layer。每个卷积层又由若干卷积单元组成，每个卷积单元的参数都是通过一定的算法优化得到的。卷积运算的目的是提取输入的不同特征，第一层卷积层可能只能提取一些低级的特征（如边缘、线条和角等层级），其他卷积能从低级特征中不断迭代提取更复杂或高级的特征。

线性整流层，英文名称为 ReLU Layer。这一层通过激活函数进行线性整流。

池化层，英文名称为 Pooling Layer。一般在卷积层之后得到的特征维度很大，可在该层将特征切成几个区域，取其最大值或平均值等计算得到新的、维度较小的特征，也就是在降维。

全连接层，英文名称为 Fully-Connected Layer。该层把所有局部特征结合成全局特征，用来计算最后每一类的得分。

14.2.1 卷积层

普通神经网络把输入层和隐藏层进行"全连接"的设计。这种设计方法对小图像来说，在计算量上还是可行的。但对比较大的图像来说，如 100×100 这样的图像，图像的特征多了，用"全连接"的方法来学习就比较耗时。如果图像更大，就会更加耗费时间。卷积层提出解决这类问题的一种简单方法，是对中间的隐藏单元和输入单元间的连接加以限制，每个隐藏单元仅仅只能连接输入单元的一部分，可以理解成"交通拥堵，可以限行"的措施，这里采用的方法是把大而多的维度分解开来去处理，最后再汇总，每个隐藏单元仅仅连接输入图像的一小片相邻区域。

这就要提出一个概念，每个隐藏单元连接的输入区域必然有大小，这个大小就叫作神经元的感受野。

一个特征多的图像被分成几个特征小的区域，这些特征小的区域又如何去识别其具备的相关特征呢？可以通过下面的例子来理解。

如在图 14.9 所示的图像中，判断两个雪人哪一个戴上了帽子。

图14.9 判断雪人是否戴上帽子

让机器能够知道哪个雪人戴上了帽子，可以基于帽子的形状去扫描这两个雪人。如果这两个雪人中哪个包含帽子形状的概率值大，就认为哪个雪人戴上了帽子，如图 14.10 所示。

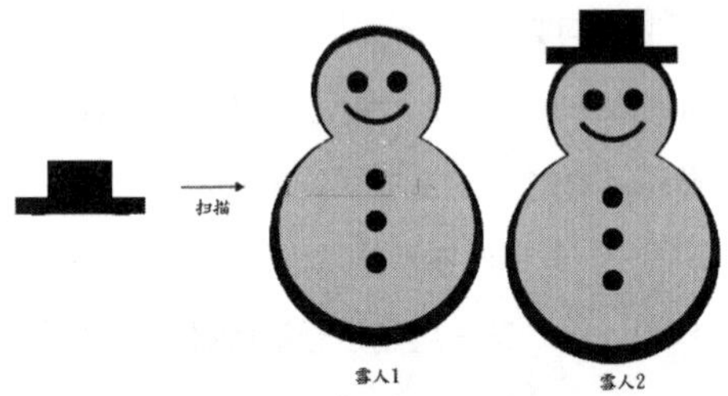

图14.10 基于帽子的形状扫描雪人

这个用于扫描两个雪人的帽子形状有一个专业的名称，叫过滤器。由于卷积层的神经元也是三维的，除了宽度和高度外，还具有深度，对平面图像进行过滤是很容易理解的，这样，一个深度一个过滤器，相当于每个过滤器扫描一个只有宽和高的图像，有几个过滤器输出单元就具有多少深度。比如两个雪人，如果有帽子过滤器、纽扣过滤器、嘴巴过滤器、身体边缘过滤器，那就是 4 个深度，这跟原图的深度不是一个概念。假设输入单元大小为 32 × 32 × 3，输出单元的深度为 7，对输出单元处理不同深度的同一个位置来说，与输入图像连接的区域是相同的，这里只是过滤器不同，即参数不同而已，如图 14.11 所示。

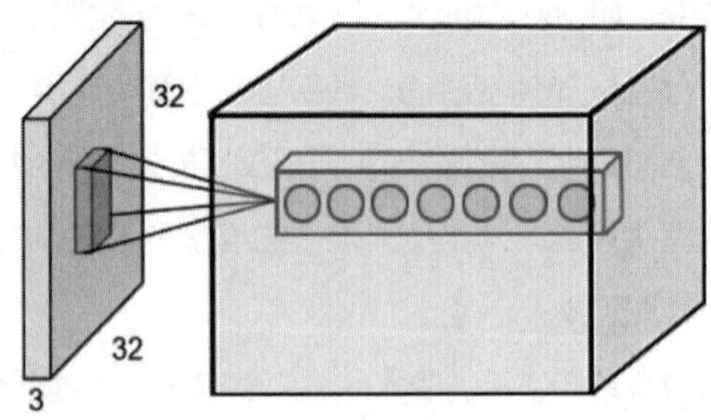

图14.11 过滤器

虽然每个输出单元只连接输入的某一个部分，并非全部，但是并不改变值的计算方法，即权重和输入的点积是没有变的，点积之后加上偏置。普通神经网络也是这样处理的。

对一个输出单元来讲，要把每一个深度的过滤器连接，输出单元大小的控制就必然得有深度的概念。每个过滤器都要把图像进行扫描，扫描就需要过滤器一步一步走多少距离去完成，这就是步长的概念。还有一个至关重要的问题，如图 14.12 所示。

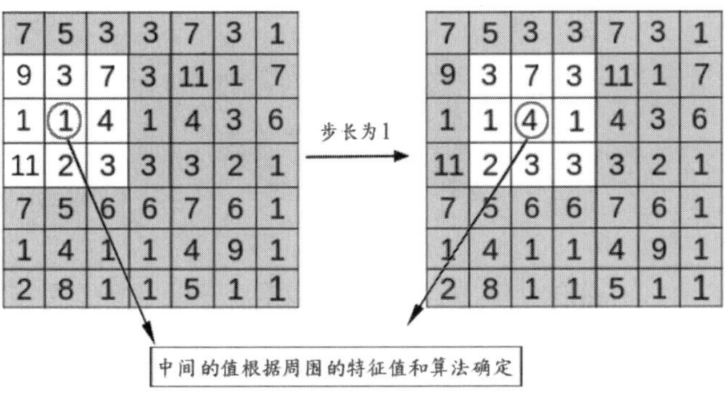

图14.12　过滤器对图像的扫描原理

由图 14.12 中可以看出一个问题，某个图像数据的最外边一圈数据是无法被周围的元素及其算法特征化的，这就可能导致失去图像最边缘的相关信息。需要使用零填充的方式来解决这个问题，也就是在这个图像数据的外围，即上下左右分别添加一行或一列，如图 14.13 所示。

0	0	0	0	0	0	0	0	0
0	7	5	3	3	7	3	1	0
0	9	3	7	3	11	1	7	0
0	1	1	4	1	4	3	6	0
0	11	2	3	3	3	2	1	0
0	7	5	6	6	7	6	1	0
0	1	4	1	1	4	9	1	0
0	2	8	1	1	5	1	1	0
0	0	0	0	0	0	0	0	0

图14.13　对图像数据的外圈填补行和列

这样，对输出单元大小的控制就需要由 3 个量来实现，即深度、步长和补零，英文的专有词汇是 depth、stride 和 zero-padding。

关于深度，也就是 depth，它控制输出单元的深度，也就是过滤器的个数，连接同一块区域的神经元个数。

关于步长，也就是 stride，它控制在同一深度的相邻两个隐藏单元与它们相连接的输入区域的距离。如果步长很小，重叠部分会很多；步长很大，则重叠区域变少。

关于补零，也就是 zero-padding，它可以通过在输入单元周围补零来改变输入单元的整体大小，从而控制输出单元的空间大小。

14.2.2 一维卷积过程

一维卷积通常有 3 种类型：full 卷积、same 卷积和 valid 卷积。下面以一个长度为 5 的一维张量 ***I*** 和长度为 3 的一维张量 ***K***（卷积核）为例，介绍这 3 种卷积的计算过程，如图 14.14 所示。

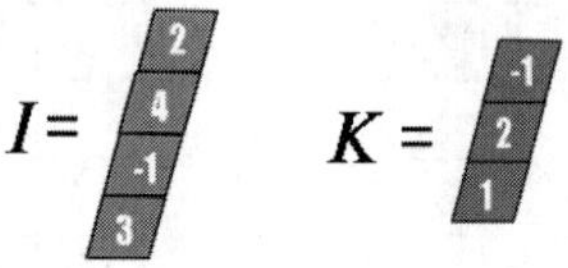

图14.14 一维卷积张量与长度

首先看一维 full 卷积。full 卷积的计算过程是：***K*** 沿着 ***I*** 顺序移动，每移动到一个固定位置，对应位置的值相乘再求和，如图 14.15 所示。

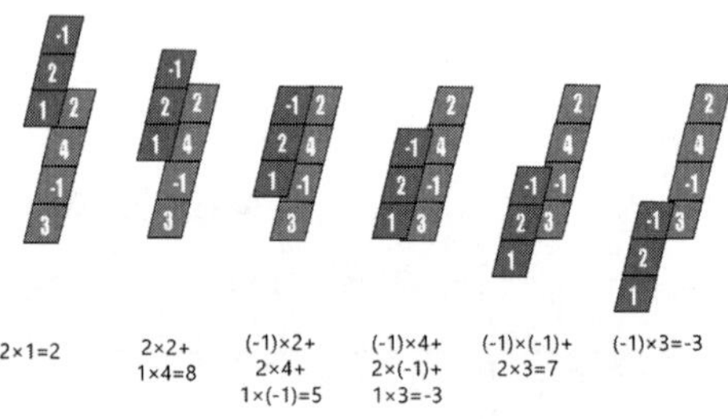

图14.15 一维full卷积计算过程

将得到的值依次存入一维张量 C_{full}，该张量就是 ***I*** 和卷积核 ***K*** 的 full 卷积结果，记 $C_{full}=I\star K$。在式子中的 ***K*** 表示卷积核，也可以说是滤波器或者卷积掩码，式子中的卷积符号用符号 ⋆ 表示，如图 14.16 所示。

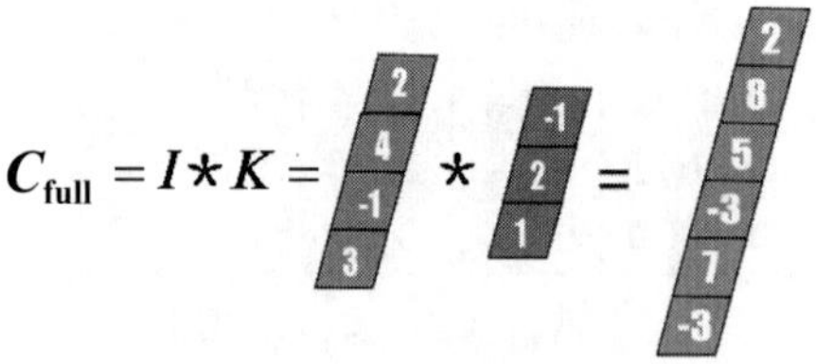

图14.16 一维张量和卷积核进行full卷积结果

再来看一维 same 卷积，这要求卷积核 ***K*** 都有一个锚点，如图 14.17 所示。

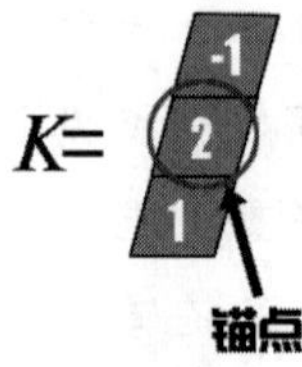

图14.17 卷积核的锚点

卷积核 $\boldsymbol{K}$ 都有一个锚点，然后将锚点顺序移动到张量 $\boldsymbol{I}$ 的每一个位置处，对应位置相乘再求和，计算过程如图 14.18 所示。

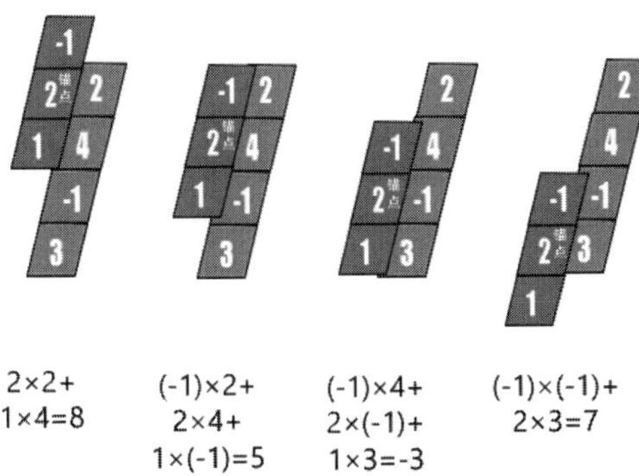

图14.18　same卷积的计算过程

将得到的值依次存入一维张量 $\boldsymbol{C}_{\text{same}}$，该张量就是 $\boldsymbol{I}$ 和卷积核 $\boldsymbol{K}$ 的 same 卷积结果，如图 14.19 所示。

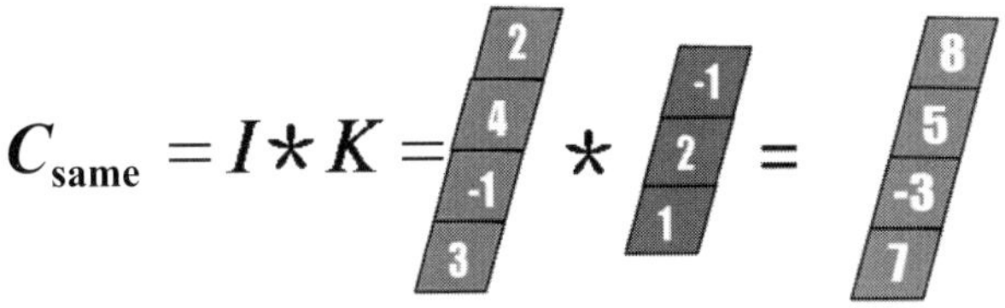

$$\boldsymbol{C}_{\text{same}} = \boldsymbol{I} \star \boldsymbol{K} = \begin{pmatrix} 2 \\ 4 \\ -1 \\ 3 \end{pmatrix} \star \begin{pmatrix} -1 \\ 2 \\ 1 \end{pmatrix} = \begin{pmatrix} 8 \\ 5 \\ -3 \\ 7 \end{pmatrix}$$

图14.19　一维张量和卷积核进行same卷积的结果

假设卷积核的长度为 FL，如果 FL 为奇数，锚点位置在 (FL−1)/2 处；如果 FL 为偶数，锚点位置在 (FL−2)/2 处。

最后再来看一维 valid 卷积。其实从 full 卷积的计算过程可知，如果 $\boldsymbol{K}$ 靠近 $\boldsymbol{I}$，就会有部分延伸到 $\boldsymbol{I}$ 之外，valid 卷积只考虑 $\boldsymbol{I}$ 能完全覆盖 $\boldsymbol{K}$ 的情况，即 $\boldsymbol{K}$ 在 $\boldsymbol{I}$ 的内部移动的情况，计算过程如图 14.20 所示。

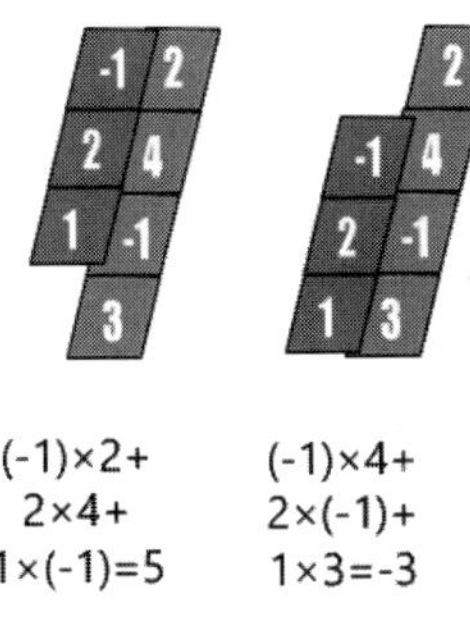

图14.20　一维valid卷积计算过程

将得到的值依次存入一维张量 $\boldsymbol{C}_{\text{valid}}$，该张量就是 $\boldsymbol{I}$ 和卷积核 $\boldsymbol{K}$ 的 valid 卷积结果，如图 14.21 所示。

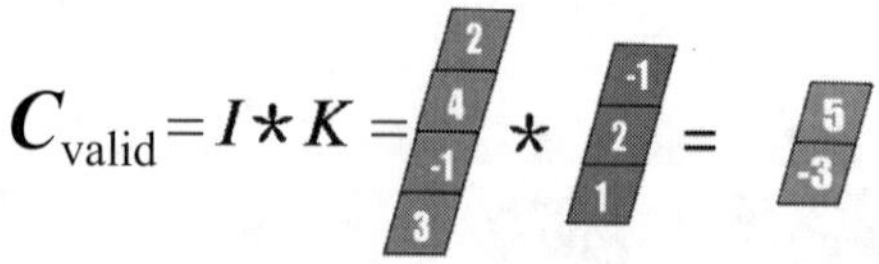

$$\boldsymbol{C}_{\text{valid}}=\boldsymbol{I}\star\boldsymbol{K}=\begin{bmatrix}2\\4\\-1\\3\end{bmatrix}\star\begin{bmatrix}-1\\2\\1\end{bmatrix}=\begin{bmatrix}5\\-3\end{bmatrix}$$

图14.21 一维张量和卷积核进行valid卷积的结果

谈完了 3 种卷积类型，可以看一下 3 种卷积类型之间的关系，如图 14.22 所示。

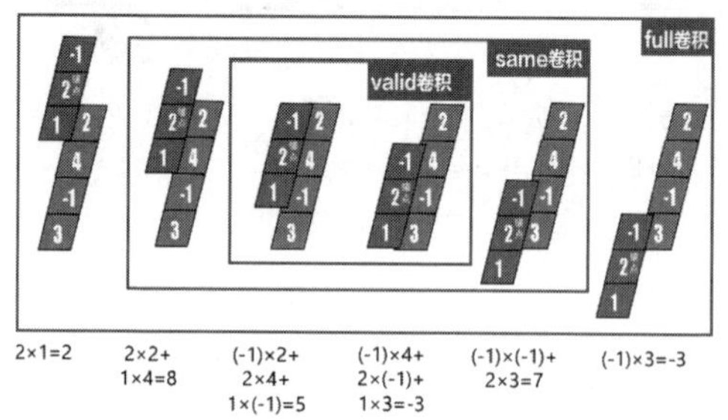

图14.22 full卷积、same卷积、valid卷积的关系

前面探讨的 full 卷积、same 卷积和 valid 卷积都是一维无深度的卷积，如果是具有深度的一维卷积，可以结合深度来计算，计算过程如图 14.23 所示。

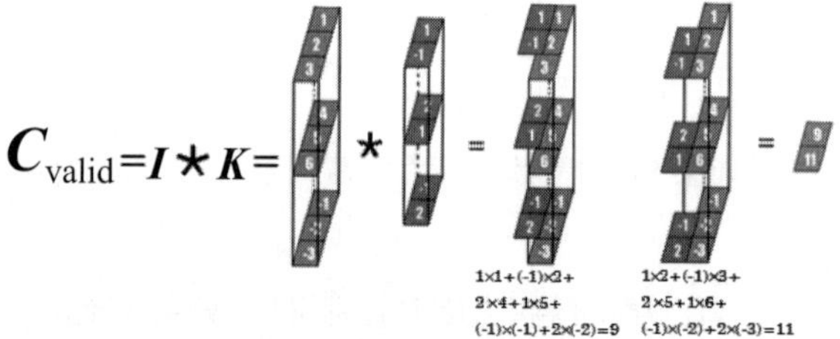

图14.23 具有深度的一维卷积过程

二维卷积的原理和一维卷积类似，也有 full 卷积、same 卷积和 valid 卷积。

这里使用 3 × 3 的二维张量 $\boldsymbol{x}$ 和 2 × 2 的二维张量 $\boldsymbol{K}$ 进行卷积，如图 14.24 所示。

图14.24 二维张量

先看二维 full 卷积，full 卷积的计算过程是：$\boldsymbol{K}$ 沿着 $\boldsymbol{x}$ 从左到右、从上到下移动，每移动到一个固定位置，对应位置的值相乘再求和，卷积核 $\boldsymbol{K}$ 先沿 $\boldsymbol{x}$ 第一行从左向右卷积。计算过程如图 14.25 所示。

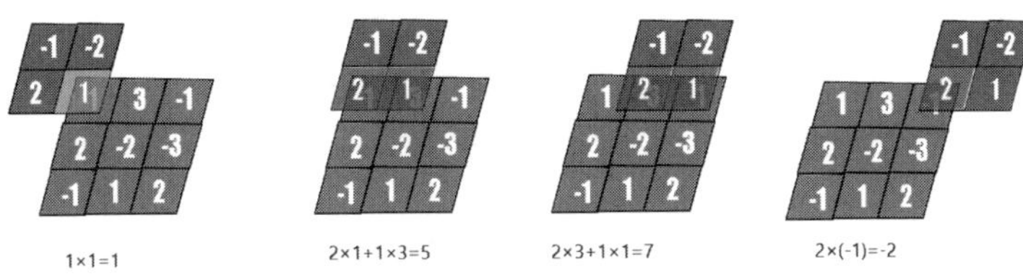

图14.25　二维张量K沿x第一行卷积过程

对 x 第一行卷积结束后，继续向下移动，到第二行从左向右卷积，计算过程如图 14.26 所示。

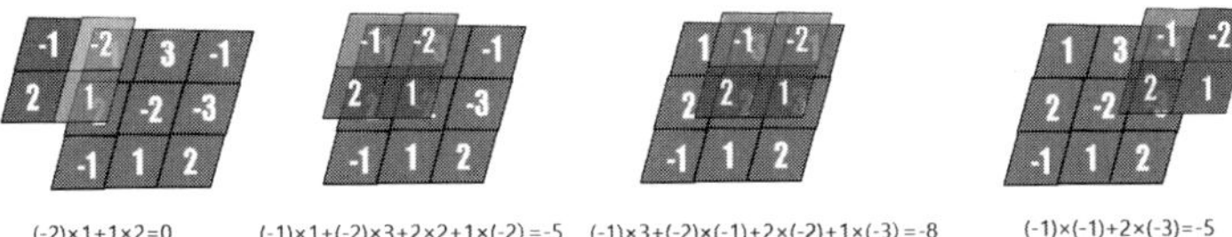

图14.26　二维张量K沿x第二行卷积过程

对 x 第二行卷积结束后，继续向下移动，到第三行从左向右卷积，计算过程如图 14.27 所示。

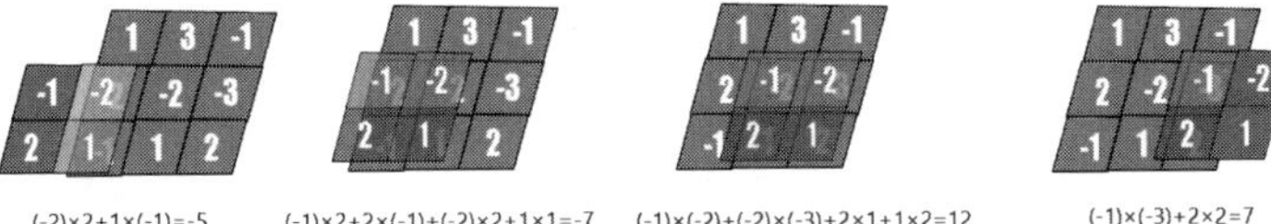

图14.27　二维张量K沿x第三行卷积过程

对 x 第三行卷积结束后，继续向下移动，到第四行从左向右卷积，计算过程如图 14.28 所示。

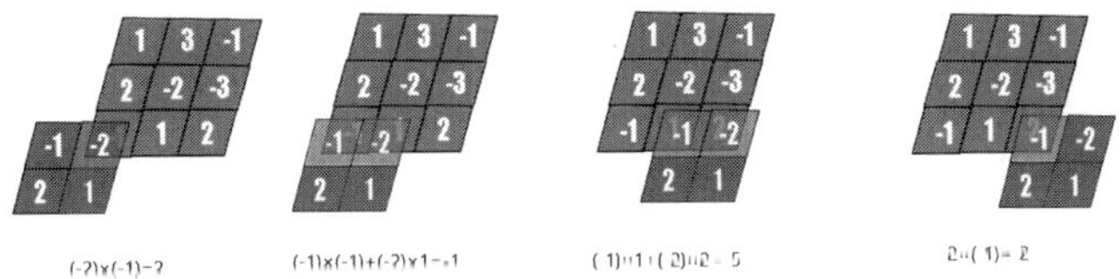

图14.28　二维张量K沿x第四行卷积过程

Full 卷积的过程可以记为 $C_{full}=x\star K$，最终结果存储在 C_{full} 中，如图 14.29 所示。

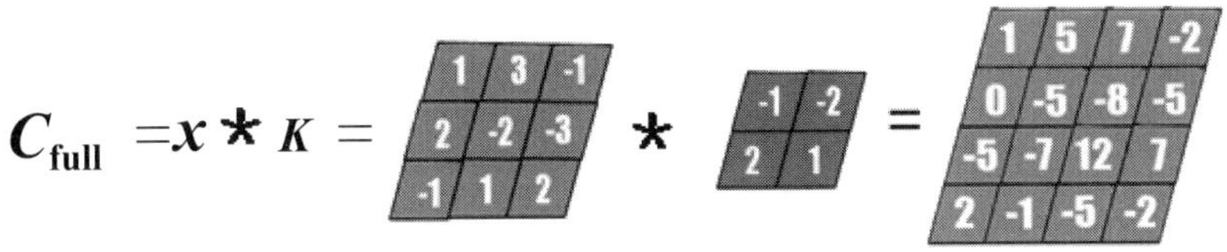

$$C_{full}=x\star K=\begin{bmatrix}1&3&-1\\2&-2&-3\\-1&1&2\end{bmatrix}\star\begin{bmatrix}-1&-2\\2&1\end{bmatrix}=\begin{bmatrix}1&5&7&-2\\0&-5&-8&-5\\-5&-7&12&7\\2&-1&-5&-2\end{bmatrix}$$

图14.29　二维张量K与二维张量x的full卷积结果

二维 full 卷积过程之后，再来看 same 卷积。same 卷积对张量 K 而言也是有锚点的，如图 14.30 所示。

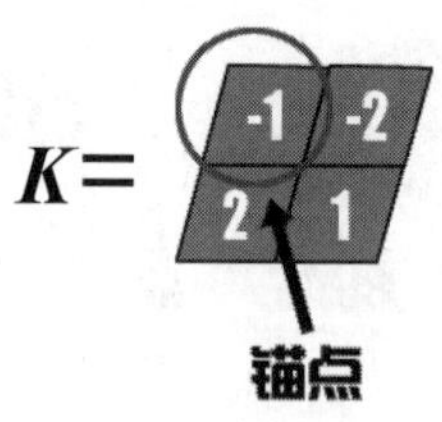

图14.30 二维向量K的锚点

假设卷积核的长度为 FL。如果 FL 为奇数，锚点位置在 (FL−1)/2 处；如果 FL 为偶数，锚点位置在 (FL−2)/2 处。

卷积核 $\boldsymbol{K}$ 都有一个锚点，然后将锚点从左到右、从上到下移动到张量 $\boldsymbol{x}$ 的每一个位置处，对应位置相乘再求和，计算过程如图 14.31 所示。

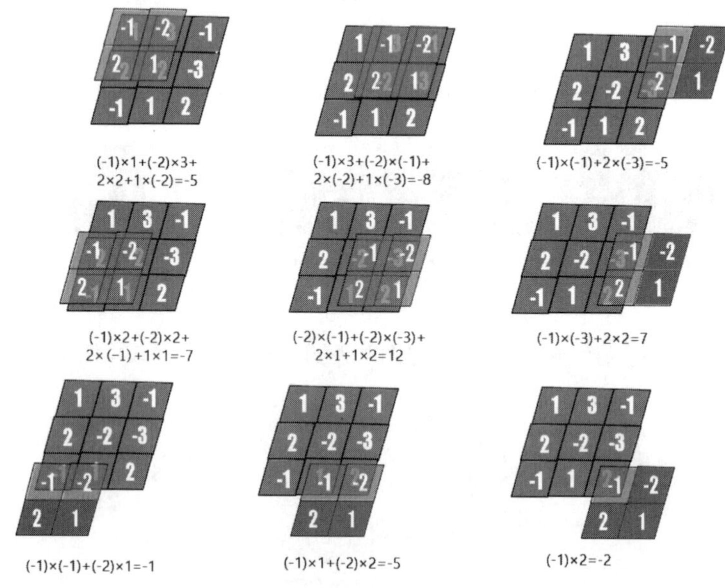

图14.31 有锚点的二维张量K与二维张量x的same卷积过程

same 卷积的过程可以记为 $\boldsymbol{C}_{\text{same}}=\boldsymbol{x}\star\boldsymbol{K}$，最终结果存储在 $\boldsymbol{C}_{\text{same}}$ 中，如图 14.32 所示。

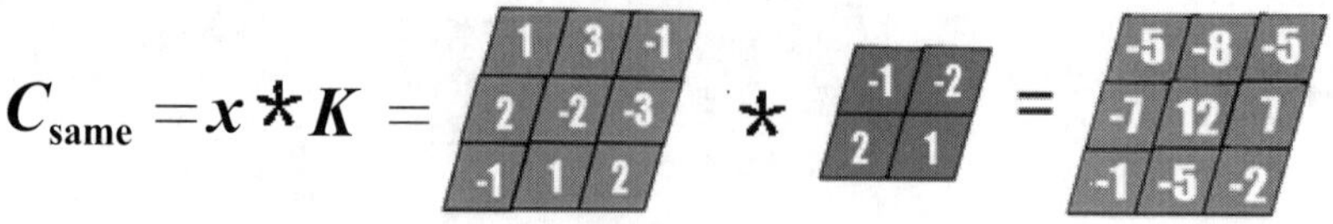

$$\boldsymbol{C}_{\text{same}}=\boldsymbol{x}\star\boldsymbol{K}=\begin{bmatrix}1&3&-1\\2&-2&-3\\-1&1&2\end{bmatrix}\star\begin{bmatrix}-1&-2\\2&1\end{bmatrix}=\begin{bmatrix}-5&-8&-5\\-7&12&7\\-1&-5&-2\end{bmatrix}$$

图14.32 二维张量k与二维张量x的Same卷积结果

接下来再看二维 valid 卷积，从 full 卷积的计算过程可知，如果 $\boldsymbol{K}$ 靠近 $\boldsymbol{x}$，就会有部分延伸到 $\boldsymbol{x}$ 之外。valid 卷积只考虑 $\boldsymbol{x}$ 能完全覆盖 $\boldsymbol{K}$ 的情况，即 $\boldsymbol{K}$ 在 $\boldsymbol{x}$ 的内部移动的情况，计算过程如图 14.33 所示。

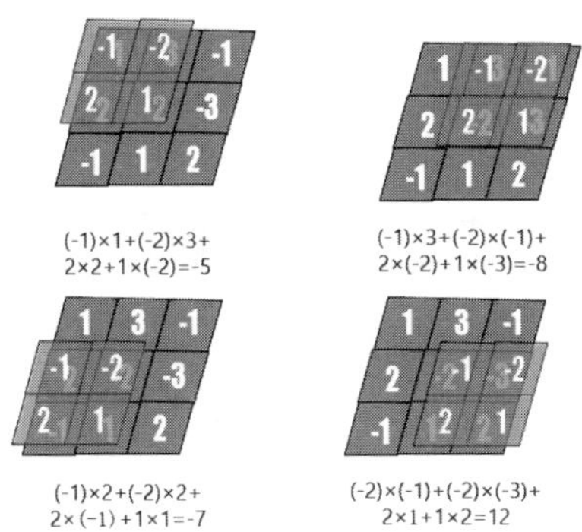

图14.33 二维张量$\boldsymbol{K}$与二维张量$\boldsymbol{x}$的valid卷积过程

valid 二维卷积的过程可以记为 $\boldsymbol{C}_{\text{valid}}=\boldsymbol{x}\star\boldsymbol{K}$，最终结果存储在 $\boldsymbol{C}_{\text{valid}}$ 中，如图 14.34 所示。

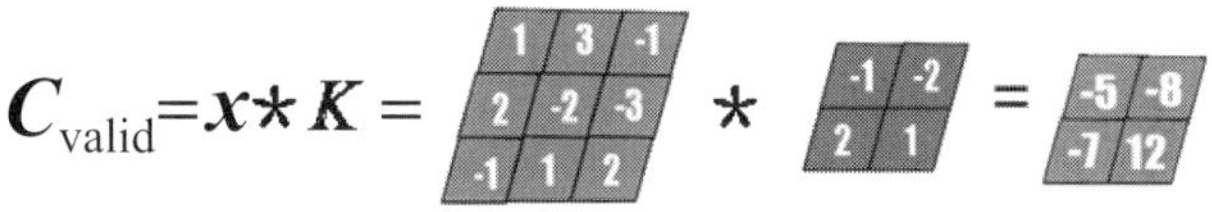

$$\boldsymbol{C}_{\text{valid}}=\boldsymbol{x}\star\boldsymbol{K}=\begin{bmatrix}1&3&-1\\2&-2&-3\\-1&1&2\end{bmatrix}\star\begin{bmatrix}-1&-2\\2&1\end{bmatrix}=\begin{bmatrix}-5&-8\\-7&12\end{bmatrix}$$

图14.34 二维张量$\boldsymbol{K}$与二维张量$\boldsymbol{x}$的valid卷积结果

由对二维张量卷积的分析，得出二维张量 full 卷积、same 卷积和 valid 卷积的关系如图 14.35 所示。

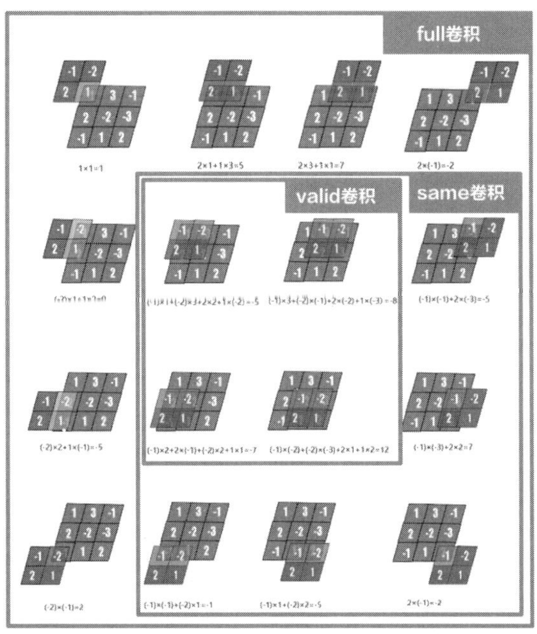

图14.35 二维张量$\boldsymbol{K}$与二维张量$\boldsymbol{x}$的full卷积、valid卷积和same卷积的关系

在图像处理中，卷积经常作为特征提取的有效方法。一幅图像在经过卷积操作后得到的结果称为特征映射图（feature map）。

14.2.3 卷积神经网络输入层前向传播到卷积层

输入层的前向传播是卷积神经网络前向传播算法的第一步。前向传播算法操作是卷积神经网络中的基础操作，其基本原理非常简单，即用固定大小的卷积核以固定大小的步长在输入图像上滑动。每滑动一次，就将卷积核与对应位置的特征图进行内积运算（相乘再相加）。有时，为了维持输出特征图的大小不变，会在输入特征图的周围补 0，如图 14.36 所示。

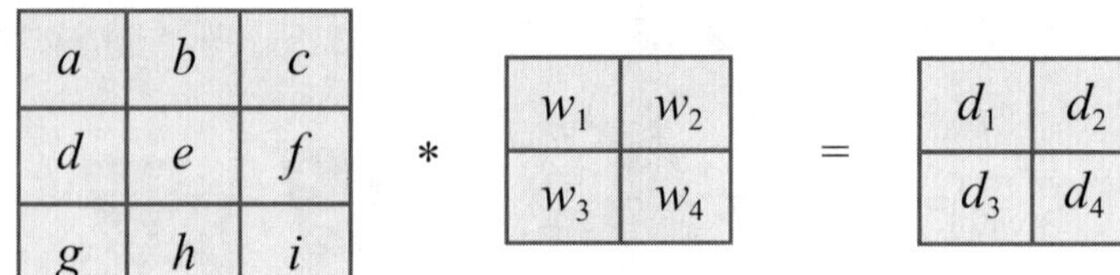

图14.36 前向传播

在前向传播的过程中，输入特征图中这 3 个位置的元素需要特别注意。

a：该元素仅与输出特征图中的一个元素有关，即 d_1。

b：该元素与输出特征图中的两个位置的元素有关，即 d_1 和 d_2。

c：该元素与输出特征图中的 4 个位置的元素有关，即 d_1、d_2、d_3 和 d_4。

卷积神经网络既然有前向传播算法，也就有反向传播算法，反向传播实际上就是误差的传播。在使用损失函数计算得到损失之后，为了计算损失关于各层输出的误差，需要经过如下的 3 步，如图 14.37 所示。

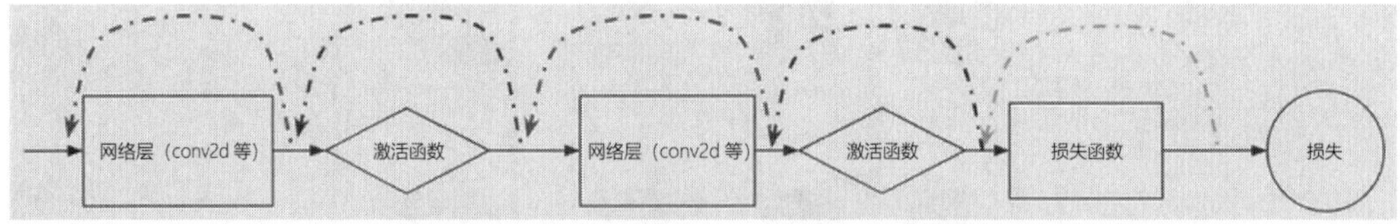

图14.37 卷积神经网络反向传播的误差传播

图 14.37 中所表明的损失经过损失函数反向传播到输出层，得到输出层的误差，这里没有经过激活函数，对应图中的绿色虚线。

图中的蓝色虚线对应经过激活函数反向传播，得到关于当前层的输出的误差。

图中的红色虚线对应经过当前层反向传播，得到关于当前层的输入的误差。

以上 3 步迭代进行，就可以一直将误差反向传播到每一层。

反向传播的具体表示方法如图 14.38 所示。

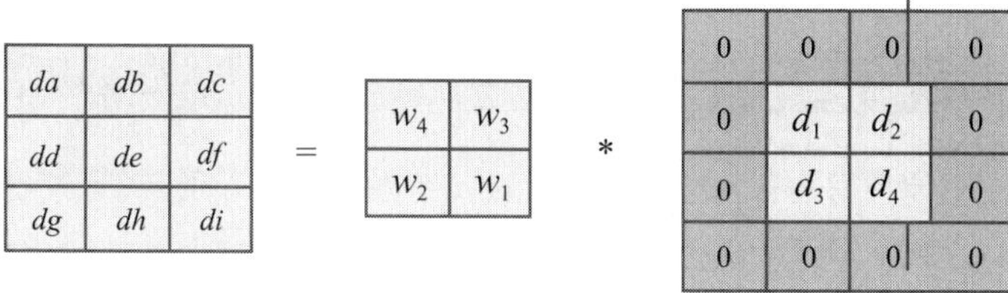

图14.38 反向传播

在反向传播过程中，a 只会接收来自 d_1 的误差，即 $da=d_1w_1$

b 会同时接收来自 d_1 和 d_2 的误差，即 $db=d_1w_4+d_2w_1$。

e 会同时接收来自这 4 个值的误差，即 $de=d_1w_4+d_2w_3+d_3w_2+d_4w_1$。

14.2.4 池化层

池化层一般在卷积层之后，也可以看成过滤器，实际上实现的是采样的功能。其主要的思想是，着重提取具有某种倾向的特征，比如最大池化对应的是更显著的特征，平均池化对应的是更加平滑的特征。

池化（pooling）也可以理解成下采样（down sampling），目的是减少特征图。池化操作对每个深度切片独立，规模一般为 2×2，相对于卷积层进行卷积运算。池化层进行的运算一般有以下几种。

- 最大池化（max pooling）。取 4 个点的最大值。这是最常用的池化方法。
- 平均池化（mean pooling）。取 4 个点的均值。
- 高斯池化。借鉴高斯模糊的方法。不常用。
- 可训练池化。训练函数，接收 4 个点为输入，输出 1 个点。不常用。

最常见的池化层规模为 2×2，步长为 2，对输入的每个深度切片进行下采样。每个最大池化操作对 4 个数进行，如图 14.39 所示。

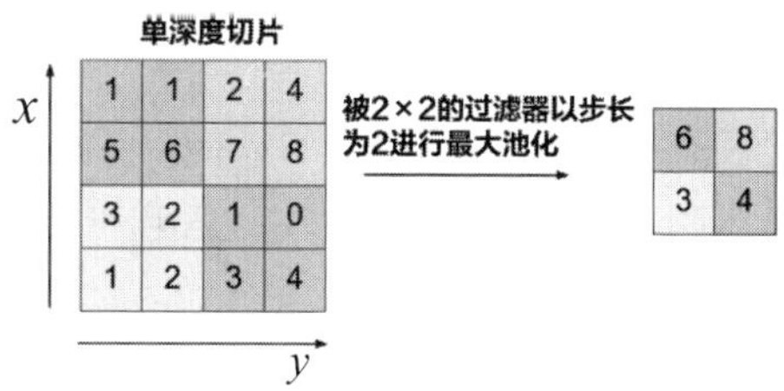

图14.39 池化层最大池化操作

池化操作将保留深度大小不变。

如果池化层的输入单元大小不是 2 的整数倍，一般采取边缘补 0 的方式补成 2 的倍数，再池化。

14.2.5 全连接层

全连接层的工作方式是根据上一层的输出（也就是之前提到的可以用来表示特征的激活图）来决定这幅图像有可能属于哪个类别。一般来说，全连接层会寻找那些最符合特定类别的特征，并且它们具有相应的权重，来得到正确的概率。

全连接层和卷积层其实可以相互转换。

对于任意卷积层，要把它变成全连接层只需要把权重变成一个巨大的矩阵，除了一些特定区块（因为局部感知）其中大部分都是 0，而且好多区块的权值还相同（由于权重共享）。

反之，任何全连接层也可以变为卷积层。比如，一个输出单元深度为 4096 的全连接层，输入层大小为 $7\times7\times512$，它可以等效为一个感受野为 7、不需要补 0、步长为 1、深度为 4096 的卷积层。用参数来表达，就是 K=4096、F=7、S=1 和 P=0。

14.3 Keras 框架实现卷积神经网络

对卷积神经网络的理论有所了解后，就要进行卷积神经网络的实际操作。神经网络的实现模块有很多，TensorFlow、Coffe、PyTorch、Keras 等模块可以实现具体的内容。这里采用 Keras 框架来完成。

14.3.1 Keras 模块介绍

Keras 是一个用 Python 编写的高级神经网络 API，它能够以 TensorFlow、CNTK 或者 Theano 作为后端运行。Keras 的开发重点是支持快速的实验，能够以最小的时延把人们的想法转换为实验结果，是做好研究的关键。Keras 不但允许简单而快速的原型设计，同时支持卷积神经网络。Keras 的设计遵循以下几个原则。

（1）用户友好。Keras 是为人类而不是机器设计的 API，以用户体验为中心。Keras 提供一致和简单的 API，可以最大限度地减少常见用例所需的用户操作数量，并根据用户错误提供清晰、可行的反馈。

（2）模块化。模块化是指独立的、完全可配置的模块的序列或图形，能够以很少的限制组合到一起。比如机器学习中提到的神经层、损失函数、优化器、初始化方案、激活函数和正则化方案都是独立的模块，可以组合创建新的模型。

（3）易扩展性。很容易作为新类和函数添加新模块，现有的模块提供了很多示例。

（4）使用 Python 语言，不需要单独的模型配置文件。模型使用 Python 代码进行描述，它是紧凑的、易调试的。

14.3.2 Keras 框架的安装

首先安装 TensorFlow，再安装 Keras。

安装 TensorFlow 模块的语句如下。

```
pip3 install tensorflow
```

接下来用 pip3 工具安装 Keras，语句如下。

```
pip3 install Keras
```

14.3.3 Keras 框架数据集的准备

用 Keras 研究卷积神经网络，这里使用的数据集是 Keras 中自带的 CIFAR-10 数据集。

CIFAR-10 是由辛顿的学生 Alex Krizhevsky 和 Ilya Sutskever 整理的一个用于识别普适物体的小型数据集。其一共包含 10 个类别的 RGB 彩色图像：飞机（airplane）、汽车（automobile）、鸟类（bird）、猫（cat）、鹿（deer）、狗（dog）、蛙类（frog）、马（horse）、船（ship）和卡车（truck）。图像的尺寸为 32×32，数据集中一共有 50000 幅训练图像和 10000 幅测试图像。

Keras 的数据集存储在 datasets 模块中，在 datasets 模块中存在 CIFAR-10 这个数据类，调用其中的 load_data() 方法即可以实现 CIFAR-10 数据集加载。加载后的数据集 CIFAR-10 分为了训练集和测试集。训练集和测试集的图像都可以通过 Matplotlib 模块中的 pyplot.imshow() 方法加载图像，使用 pyplot.show() 显示加载后的图像。具体代码如下。

【程序代码清单 14.1】Keras 读取 CIFAR-10 数据集并显示

```
from keras.datasets import cifar10
from matplotlib import pyplot
(train_x,train_y),(test_x,test_y)=cifar10.load_data()
fig=pyplot.figure()
for i in range(1,11,1):
   pyplot.subplot(2,5,i)
   pyplot.imshow(train_x[i])
pyplot.show()
```

代码中用 cifar10.load_data() 方法加载 CIFAR-10 数据集，加载后 train_x 中存储训练集图像，train_y 中存储训练集标签，test_x 存储测试集图像，test_y 存储测试集标签，subplot() 把 2 行 5 列的 10 幅图像有组织地排列到一个平面上，imshow() 分别加载了循环的 10 幅 train_x 训练集中的图像，最后 pyplot.show() 方法显示被加载的 10 幅图像。

14.3.4 Keras 实现 CNN 卷积神经网络

CIFAR-10 数据集中的数据被 Keras 读出后，依据对 CIFAR-10 数据集的了解，它被分为了 10 个类别，因此被 Keras 读出的数据训练集和测试集的标签也是 10 个类别。训练集和测试集的标签都是 RGB 值的图像，这个 RGB 值可以通过 255 这个数值进行归一化处理。255 这个数值是颜色的峰值，而 1~255 这些数字显得连续性空间太大，归一化会有助于数据的处理和算法的执行，用每个像素点的 RGB 值除以 255 就完成归一化的处理。

数据准备就绪，可以使用 Keras 来构建卷积神经网络，Keras 中的主要数据结构是模型，它提供定义完整计算图的方法。通过将图层添加到现有模型或者计算图，就可以构建出复杂的神经网络。Sequential 模型是构建 Keras 模型常用的方法之一。

Sequential 模型从字面上翻译是顺序模型，给人的第一感觉是那种简单的线性模型，但实际上 Sequential 模型可以构建非常复杂的神经网络，包括全连接神经网络、卷积神经网络、循环神经网络等。这里的 Sequential 更准确的理解应该是堆叠，通过堆叠许多层，构建出深度神经网络。

直接实例化 Sequential 就可以定义一个顺序模型，然后 Sequential 模型的核心操作是添加图层。对卷积神经网络而言，首先在其模型上添加卷积层，这样的语句是 model.add(Conv2D(32,(3,3))。其中 Conv2D 是卷积层的含义，第一个参数是输出空间的维度，CIFAR-10 图像都是 32 × 32 的图像，这里的维度卷积层输出 32；第二个参数是卷积核的大小，一般采用 3 × 3，当然卷积核大小为多少更好，可以一次一次地尝试，直到找到最合适的卷积核大小，这里采用 3 × 3 去过滤训练集中的图像；后面第三个参数一般是步长，也就是卷积核每次扫描卷积的步长，后面还会有 padding 属性，来决定卷积时是否采用 0 填充。卷积方式有 same、valid 等，其他的参数如 input_shape 常用来指明输入数据的维度。对于 CIFAR-10 的卷积层，这里可以这样处理，定义语句如下。

```
model.add(Conv2D(32, (3, 3), padding='same',input_shape=(32, 32, 3)))
```

卷积层后选取激活函数。对传递的信号而言，加权值大于某一个特定的阈值时，后面的神经元才会被激活。ReLU 函数是经常使用的激活函数，前面介绍过函数判断的是输入是否大于 0，大于 0 的信号就会被留下来，这些都是实际颜色的归一化后的值。添加激活函数层可以使用下面的语句。

```
model.add(Activation('relu'))
```

选取激活函数后就可以添加池化层，将线性的问题转化成非线性问题，这里采用颜色值的最大值池化的方法实现池化层的内容，可以使用下面的语句实现。

```
model.add(MaxPooling2D(pool_size=(2, 2)))
```

语句中 MaxPooling2D 是最大化池化的函数，pool_size=(2,2) 指的是池化的过滤器维度。

神经网络在进行训练时，还要注意过拟合的问题，一旦发生过拟合，就会出现测试的数据准确性不高的问题。Dropout 层会在训练过程中每次输入的时候以一定的概率忽略部分神经元，只对剩余神经元进行训练，然后恢复被忽略的神经元继续重复卷积训练的过程。这里就加入了 Dropout 层防止过拟合，使用下面的语句。

```
model.add(Dropout(0.25))
```

语句中 Dropout 层有 25% 的概率在训练期间的每一步将输入单位随机设置为 0，频率为 0 ，这有助于防止过拟合。未设置为 0 的输入将按 1 /(1–25%) 放大，以使所有输入的总和不变。

在神经网络去往全连接层的过程中，需要将多维的数据转换成一维数据，这里就添加了 Flatten 层，用来将输入“拉平”，这是去往全连接层的过渡，不会影响批次的大小。使用语句如下。

```
model.add(Flatten())
```

数据“拉平”后进入全连接层，全连接层的最终输出结果是 10 个分类。使用下面的语句。

```
model.add(Dense(NB_CLASSES))
```

对输出结果的 10 个分类，也根据概率值进行结果的评判，如果在某个分类上面的概率值比较大，就认为是该分类。softmax 激活函数就用于解决多分类概率值的问题。使用下面的语句。

```
model.add(Activation('softmax'))
```

这样一个神经网络模型就搭建好了，调用 summary() 方法可以输出模型各层的参数状况，对这个神经网络的模型情况作一个了解。

下面就要完成模型的学习了。compile() 方法配置搭建好模型的学习流程，学习流程参数可以设置 loss 的损失函数。比如这里可以使用与 softmax 分类器对应的对数损失函数 categorical_crossentropy，参数还可以设置优化器。常用的优化器是 SGD，这是随机梯度下降的优化器；还有更高级的 RMSprop 和 Adam，这两个优化器包括动量的概念， 也就是速度分量，除了 SGD 的加速度分量。这允许以更高的计算速度更快地收敛。在使用 compile() 方法时可以加入 metrics 参数，定义 metrics 的作用，一方面是在训练的时候，可以直接观察到要评价的指标变化情况；另一方面是可以加入 EarlyStopping 早停机制，监控 metrics 的指标。例如，当指标不再下降时，就停止训练。这里 metrics 定义的是“accuracy”，即准确率，也就是在训练过程中观察准确率的指标变化情况。使用如下的语句。

```
model.compile(loss='categorical_crossentropy', optimizer=SGD,metrics=['accuracy'])
```

对模型的训练过程定义结束后，就可以使用 fit() 方法对模型进行训练，训练时需要传入训练集内容、训练集标签，指定训练时 batch 的大小，也就是每次梯度更新的样本数。还需要指定训练模型迭代的次数 epochs 以及用作验证集的训练数据的比例，最重要的还是要在训练时指定日志的内容，往往训练数据中的具体问题就是通过日志来查看的。verbose 参数的值可以指定日志的方式，其值是整数值，0 为不在标准输出流输出日志信息，1 为显示进度条，2 为每个 epoch 输出一行的记录。使用语句如下。

```
history = model.fit(X_train, Y_train, batch_size=BATCH_SIZE,epochs=NB_EPOCH, validation_split=
VALIDATION_SPLIT,verbose=VERBOSE)
```

当一个模型训练结束时，就要评价这个模型训练结果的好坏，准确率是必然要参考的，可以使用 evaluate() 函数评估训练的模型。它的输出是准确度或损失。这里用 batch_size 给出 batch 的大小，用于 verbose 给出输出日志的相关信息。

机器学习最终也是要关心训练模型的准确率问题。上面所描述的 Keras 用卷积神经网络进行训练 CIFAR-10 数据集的代码如下。

【程序代码清单 14.2】Keras 实现 CIFAR-10 数据集的卷积神经网络

```
from keras.datasets import cifar10
from keras.utils import np_utils
from keras.models import Sequential
from keras.layers.core import Dense, Dropout, Activation, Flatten
from keras.layers.convolutional import Conv2D, MaxPooling2D
from keras.optimizers import SGD, Adam, RMSprop
# 加载数据集
(X_train, y_train), (X_test, y_test) = cifar10.load_data()
print('X_train shape:', X_train.shape)
print(X_train.shape[0], 'train samples')
print(X_test.shape[0], 'test samples')
# 将类标签转换成矩阵类型表示
Y_train = np_utils.to_categorical(y_train, 10)
Y_test = np_utils.to_categorical(y_test, 10)
# 训练集和测试集的归一化
X_train = X_train.astype('float32')
X_test = X_test.astype('float32')
X_train /= 255
X_test /= 255
# 卷积神经网络模型的搭建
model = Sequential()
model.add(Conv2D(32, (3, 3), padding='same',input_shape=(32, 32,3)))
model.add(Activation('relu'))
model.add(MaxPooling2D(pool_size=(2, 2)))
model.add(Dropout(0.25))
model.add(Flatten())
model.add(Dense(10))
```

```
model.add(Activation('softmax'))
model.summary()
# 训练数据
model.compile(loss='categorical_crossentropy', optimizer=SGD,metrics=['accuracy'])
history = model.fit(X_train, Y_train, batch_size=128,epochs=20, validation_split=0.2,verbose=1)
print(' 模型验证中 ...')
score = model.evaluate(X_test, Y_test,batch_size=128, verbose=1)
print("\n 模型测试的分数 :", score[0])
print(' 模型测试的准确率 :', score[1])
```

代码中语句的作用在前面已经论述过了，最终代码的运行结果如图 14.40 所示。

```
Run:   keras_xunlian
 7808/10000 [=====================>.......] - ETA: 0s
 8192/10000 [======================>......] - ETA: 0s
 8576/10000 [=======================>.....] - ETA: 0s
 8960/10000 [========================>....] - ETA: 0s
 9344/10000 [==========================>..] - ETA: 0s
 9728/10000 [===========================>.] - ETA: 0s
10000/10000 [==============================] - 2s 169us/step

模型测试的分数: 1.0800346557617186
模型测试的准确率: 0.630299985408783
```

图14.40 Keras实现CIFAR-10数据集的卷积神经网络的代码运行结果

从运行结果上看，准确率约为 0.63，并不太理想，还需要继续提升准确率，可以修改卷积神经网络中的模型结构。比如在输入层扁平化之后直接到全连接层，直接把输出变成 10。32×32×3 形态的图像在神经网络中直接收敛到 10，似乎速度比较快。32×32 得出的数值是 1024，这里再加入 512 的全连接层，然后收敛到 10，这样就把收敛的速度变得不那么快，代码如下。

【程序代码清单 14.3】Keras 实现 CIFAR-10 数据集的卷积神经网络的全连接层改进版

```
from keras.datasets import cifar10
from keras.utils import np_utils
from keras.models import Sequential
from keras.layers.core import Dense, Dropout, Activation, Flatten
from keras.layers.convolutional import Conv2D, MaxPooling2D
from keras.optimizers import SGD, Adam, RMSprop
# 加载数据集
(X_train, y_train), (X_test, y_test) = cifar10.load_data()
print('X_train shape:', X_train.shape)
print(X_train.shape[0], 'train samples')
print(X_test.shape[0], 'test samples')
# 将类标签转换成矩阵类型表示
Y_train = np_utils.to_categorical(y_train, 10)
```

```
Y_test = np_utils.to_categorical(y_test, 10)
# 训练集和测试集的归一化
X_train = X_train.astype('float32')
X_test = X_test.astype('float32')
X_train /= 255
X_test /= 255
# 卷积神经网络模型的搭建
model = Sequential()
model.add(Conv2D(32, (3, 3), padding='same',input_shape=(32, 32,3)))
model.add(Activation('relu'))
model.add(MaxPooling2D(pool_size=(2, 2)))
model.add(Dropout(0.25))
model.add(Flatten())
model.add(Dense(512))
model.add(Activation('relu'))
model.add(Dropout(0.5))
model.add(Dense(10)
model.add(Activation('softmax'))
model.summary()
OPTIM = RMSprop()
# 训练数据
model.compile(loss='categorical_crossentropy', optimizer=OPTIM,metrics=['accuracy'])
history = model.fit(X_train, Y_train, batch_size=128,epochs=20, validation_split=0.2,verbose=1)
print(' 模型验证中 ...')
score = model.evaluate(X_test, Y_test,batch_size=128, verbose=1)
print("\n 模型测试的分数 :", score[0])
print(' 模型测试的准确率 :', score[1])
```

代码中在 model.add(Flatten()) 之后加入了 512 个输出的全连接层，model.add(Dense(512)) 实现了这一功能，然后对这一全连接层使用激活函数 ReLU，把大于 0 的值保留。为防止过拟合，再次使用 model.add(Dropout(0.5))。当然，这里面的参数也是可以随时调整的，最后再收敛到 10 个输出的全连接层。把卷积神经网络的模型进行调整后，运行结果如图 14.41 所示。

```
Run:   keras_xunlian1
 8576/10000 [=======================>.....] - ETA: 0s
 8832/10000 [========================>....] - ETA: 0s
 9088/10000 [=========================>...] - ETA: 0s
 9344/10000 [==========================>..] - ETA: 0s
 9600/10000 [==========================>..] - ETA: 0s
 9856/10000 [===========================>.] - ETA: 0s
10000/10000 [==============================] - 2s 247us/step

模型测试的分数: 1.0649315195083617
模型测试的准确率: 0.670799970626831
```

图14.41 Keras实现CIFAR-10数据集的卷积神经网络的全连接层改进版的代码运行结果

从运行结果上看，准确率有所提升，但不是期望的准确率，还需要不断提升。这里还可以继续增加卷积层的数量，代码如下。

【程序代码清单 14.4】Keras 实现 CIFAR-10 数据集的卷积神经网络卷积层改进版

```
from keras.datasets import cifar10
from keras.utils import np_utils
from keras.models import Sequential
from keras.layers.core import Dense, Dropout, Activation, Flatten
from keras.layers.convolutional import Conv2D, MaxPooling2D
from keras.optimizers import SGD, Adam, RMSprop
# 加载数据集
(X_train, y_train), (X_test, y_test) = cifar10.load_data()
print('X_train shape:', X_train.shape)
print(X_train.shape[0], 'train samples')
print(X_test.shape[0], 'test samples')
# 将类标签转换成矩阵类型表示
Y_train = np_utils.to_categorical(y_train, 10)
Y_test = np_utils.to_categorical(y_test, 10)
# 训练集和测试集的归一化
X_train = X_train.astype('float32')
X_test = X_test.astype('float32')
X_train /= 255
X_test /= 255
# 卷积神经网络模型的搭建
model = Sequential()
model.add(Conv2D(32, (3, 3), padding='same',input_shape=(32, 32,3)))
model.add(Activation('relu'))
model.add(Conv2D(32, kernel_size=3, padding='same'))
model.add(Activation('relu'))
model.add(MaxPooling2D(pool_size=(2, 2)))
model.add(Dropout(0.25))
model.add(Conv2D(64, kernel_size=3, padding='same'))
model.add(Activation('relu'))
model.add(Conv2D(64, 3, 3))
model.add(Activation('relu'))
model.add(MaxPooling2D(pool_size=(2, 2)))
model.add(Dropout(0.25))
model.add(Flatten())
model.add(Dense(512))
model.add(Activation('relu'))
model.add(Dropout(0.5))
model.add(Dense(10))
model.add(Activation('softmax'))
model.summary()
OPTIM = RMSprop()
# 训练数据
model.compile(loss='categorical_crossentropy', optimizer=OPTIM,metrics=['accuracy'])
```

```
history = model.fit(X_train, Y_train, batch_size=128,epochs=20, validation_split=0.2,verbose=1)
print(' 模型验证中 ...')
score = model.evaluate(X_test, Y_test,batch_size=128, verbose=1)
print("\n 模型测试的分数 :", score[0])
print(' 模型测试的准确率 :', score[1])
```

代码中又增加了两层卷积层，图像是 32 × 32 × 3 的形状，继续使用 Conv2D() 方法将输入设置为 32，指定二维卷积窗口的高度和宽度 kernel_size 为整数，为所有空间维度指定相同的值 3。如果保持卷积后的图像大小不变，需要设置 padding 参数为 same。定义语句如下。

```
model.add(Conv2D(32, kernel_size=3, padding='same'))
```

对这个卷积层再使用激活函数 ReLU()，把大于 0 的数值保留，对两个卷积层进行池化层的最大化池化处理以防止过拟合，再定义 Dropout 层的参数。语句如下。

```
model.add(Activation('relu'))
model.add(MaxPooling2D(pool_size=(2, 2)))
model.add(Dropout(0.25))
```

对卷积神经网络模型调整之后，上述代码的运行结果如图 14.42 所示。

```
Run: keras_xunlian2
 9728/10000 [============================>.] - ETA: 0s
 9856/10000 [============================>.] - ETA: 0s
 9984/10000 [============================>.] - ETA: 0s
10000/10000 [==============================] - 5s 497us/step

模型测试的分数: 1.4922395572662353
模型测试的准确率: 0.7074999809265137
```

图14.42 Keras实现CIFAR-10数据集的卷积神经网络卷积层改进版的代码运行结果

从运行结果上看，准确率输出约为 0.71，又得到了提升。如果再对模型的结构进行调整，仍然会使准确率得到提升。在输出训练结果的时候，会有损失值和准确率的信息显示，如图 14.43 所示。

```
Run: keras_xunlian2
38912/40000 [===========================>.] - ETA: 2s - loss: 0.3758 - accuracy: 0.8760
39040/40000 [===========================>.] - ETA: 2s - loss: 0.3754 - accuracy: 0.8761
39168/40000 [===========================>.] - ETA: 2s - loss: 0.3753 - accuracy: 0.8761
39296/40000 [===========================>.] - ETA: 1s - loss: 0.3756 - accuracy: 0.8761
39424/40000 [===========================>.] - ETA: 1s - loss: 0.3760 - accuracy: 0.8760
39552/40000 [===========================>.] - ETA: 1s - loss: 0.3760 - accuracy: 0.8760
39680/40000 [===========================>.] - ETA: 0s - loss: 0.3764 - accuracy: 0.8760
39808/40000 [===========================>.] - ETA: 0s - loss: 0.3767 - accuracy: 0.8758
39936/40000 [===========================>.] - ETA: 0s - loss: 0.3769 - accuracy: 0.8758
```

图14.43 Keras对卷积神经网络训练时的损失值及准确率信息

机器学习在代码实现上需要做的就是不断对模型进行修改，并对参数进行调试，争取让准确率得到提升。

机器学习在原理上就是不断对算法进行研究和尝试的过程。

14.4 小结

卷积神经网络是图像识别领域的一个技术的应用，其使用的主要操作包括卷积操作、ReLU 操作、池化操作等，同时做了局部连接和权值共享，也就是卷积操作。而卷积又包括单核和多核卷积，ReLU 操作实现非线性变化，池化操作进一步减小权重参数。

卷积神经网络的模型应在不断研究和修改中解决目标问题，最终在避免过拟合的情况下提准确率。

第 V 篇

项目技能实战篇

第 15 章

机器学习实战之验证码识别

本章将从实践的角度介绍应用机器学习的相关方法，验证码识别就是其中的一个方面，但验证码识别的课题较大，形式也多种多样。本章旨在提出验证码识别的方法和技术，对于多种多样的验证码样式，需要读者不断地用机器学习的理论和方法融合并实践。

15.1 验证码识别

认识了机器学习的相关算法，最重要的就是服务于周边的应用。

互联网中常见的机器学习应用在“验证码”方面。为了出行方便，需要在 12306 网站上进行购票，在登录的时候出现了图像验证码，如图 15.1 所示。

又或者在某些信息查询类的网站出现了要求依次点击文字的验证码，如图 15.2 所示。

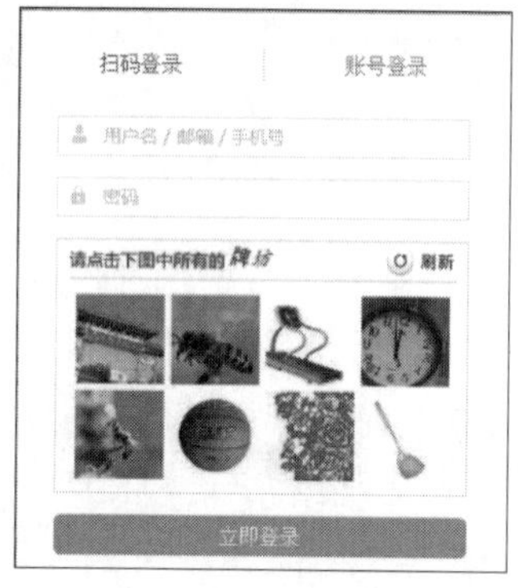

图15.1 登录中的图像验证码

图15.2 要求依次点击文字的验证码

验证码在互联网中广泛存在。而在众多缤纷复杂的验证码中，数字和字母组合的验证码是最常见的，也是最“原始”的，如图 15.3 所示。

验证码技术的出现可以理解成为防止对服务器和数据库进行暴力攻击而设置的一道墙。不管是哪一种验证码，都需要把这种验证码识别出来之后才能继续进行与服务器或者数据库的交互，而在验证码识别这个环节，或者人工的参与，或者自动化技术的实现，而自动化技术就需要机器学习来识别验证码。具体过程如图 15.4 所示。

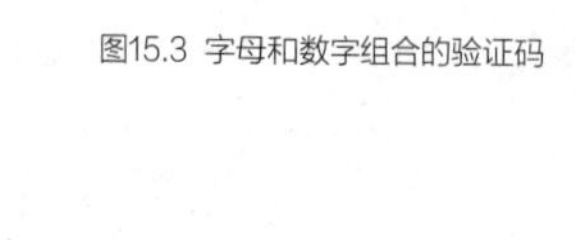

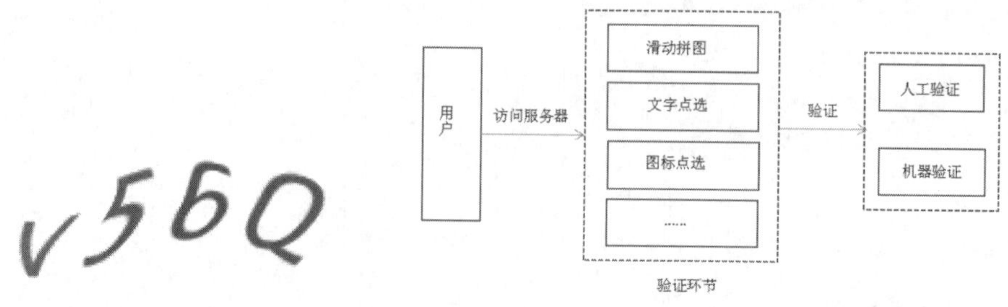

图15.3 字母和数字组合的验证码

图15.4 验证码识别的常见流程

用机器学习来识别验证码是机器学习实战中的一个关键技术，说得通俗一点，实现验证码机器学习的识别就好比让机器学会看图识字。由于机器的内部全部都是 0 和 1 组成的二进制数值，同时，一张验证码图像是由多个字符构成的，需要对每个字符做识别，计算机也得一个一个地识别。根据这样的需求，就得出第一个基础的手段就是把一个彩色的验证码图像转换成灰度图像，进而进行二值化处理。另一个基础的手段就是验证码图像的分割，使图像变成一个个的字符。如果图像上面有一些干扰信息，还需要进行降噪处理。这些都是验证码识别的处理步骤，也是图像识别进行处理的先决条件。这里用 Pillow 模块的 Image 类来简单介绍图像处理的一些手段。

15.2 图像处理的灰度化、二值化

在图像处理中，用 RGB 表示颜色信息，R 表示红色（red），G 表示绿色（green），B 表示蓝色（blue），即用红、绿、蓝三原色来表示真彩色，R 分量、G 分量、B 分量的取值范围都在 0～255，比如电脑屏幕上的一个红色的像素点的对应的 R、G、B 分量的值分别为 255、0、0。

15.2.1 像素点

像素点是最小的图像单元，一张图像中许多像素点构成。

找一幅风景画的图像，把局部放大后显示成一个一个像素点，如图 15.5 所示。

图15.5 风景画的像素点展示

从图 15.6 中可以看出，山脉的走势就是一个个有棱角的格组成在一起的，每个有棱角的格就是像素点。

查看这张图像的信息，分辨率是 341 × 221，宽度是 341 像素，高度是 221 像素，如图 15.6 所示。

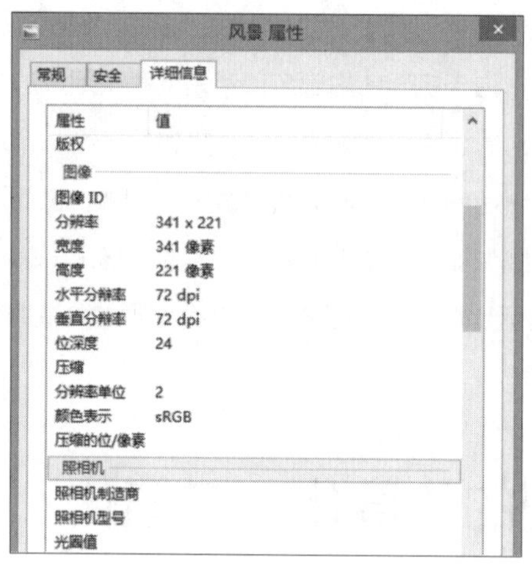

图15.6 图像的详细信息属性页

也就是说这幅图像是由一个 341× 221 的像素点矩阵构成的（也可以把矩阵理解为 NumPy 数据类型中的二维数组），这个矩阵维度是 341 行、221 列，像素是图像的最小单元，这张图像的宽度是 341 个像素点，高度是 221 个像素点，共有 341× 221 = 75361 个像素点。

一个像素点的颜色又是由 R、G、B 这 3 个分量值来表现的，所以一个像素点矩阵对应 3 个颜色向量矩阵，分别是 ***R*** 矩阵、***G*** 矩阵、***B*** 矩阵，它们也都是 341×221 大小的矩阵。

R 矩阵相当于颜色中的红色通道，如果一个图像只有红色通道，如图 15.7 所示。

图15.7 风景画的红色通道

其对应数据的数组值部分展示，如图 15.8 所示。

4	0	0	0	8	3	7	0	4	11	17	13	3	0	0	5	0	3	16	34	44
11	20	8	0	13	20	12	0	9	15	22	26	20	11	5	1	0	0	0	10	22
234	194	123	53	28	16	23	7	0	0	8	18	24	24	19	12	2	2	0	0	6
245	228	238	207	101	15	13	0	0	0	0	2	10	16	18	18	0	0	5	7	7
253	255	237	226	207	106	29	0	5	2	0	0	2	7	12	15	0	1	4	0	0
249	235	235	234	204	156	107	9	0	0	0	1	3	6	9	10	9	10	6	0	0
241	229	230	220	178	144	123	32	2	0	0	0	0	2	1	0	0	1	10	16	13
252	246	233	235	216	154	106	38	13	5	0	0	0	3	6	6	4	4	7	12	11
243	224	247	234	218	159	118	56	8	5	1	0	0	0	8	5	21	15	9	9	9
248	247	234	210	223	169	114	78	9	13	14	8	0	2	5	0	4	10	9	15	9
246	246	242	234	235	194	131	81	22	18	15	6	0	0	4	0	0	11	14	24	16
251	236	236	238	236	226	194	144	54	21	4	0	0	0	0	5	7	1	0	8	20

图15.8 风景画红色通道的部分像素数据

G 矩阵相当于颜色中的绿色通道，如果一个图像只有绿色通道，如图 15.9 所示。

图15.9 风景画的绿色通道

其对应数据的数组值部分展示，如图 15.10 所示。

152	144	142	144	160	162	172	165	157	162	163	153	138	126	105	120	100	141	157	178
115	124	114	104	133	150	152	135	151	155	160	157	146	133	122	116	126	127	133	145
255	225	160	102	90	95	114	107	123	125	131	137	136	132	123	116	120	120	121	123
244	233	253	235	149	83	99	92	113	110	107	108	111	113	111	109	95	105	115	119
250	255	249	255	255	178	119	99	114	109	103	99	96	97	98	100	95	102	104	102
249	237	247	255	253	224	193	105	105	105	103	100	96	95	94	94	102	103	102	96
254	246	255	255	231	215	208	127	114	110	104	100	97	93	90	88	84	91	100	108
254	252	245	255	250	204	168	109	128	118	105	97	97	98	96	95	90	90	95	102
248	230	255	255	253	208	179	122	121	115	109	103	94	93	95	89	94	86	80	83
253	253	246	230	255	214	171	143	115	119	120	112	100	95	94	83	77	83	80	87
251	252	253	250	255	235	182	138	121	119	118	109	97	95	93	87	71	84	86	93
255	242	245	253	255	255	237	194	140	111	100	100	99	94	89	92	83	74	71	78

图15.10 风景画绿色通道的部分像素数据

B 矩阵相当于颜色中的蓝色通道，如果一个图像只有蓝色通道，如图 15.11 所示。

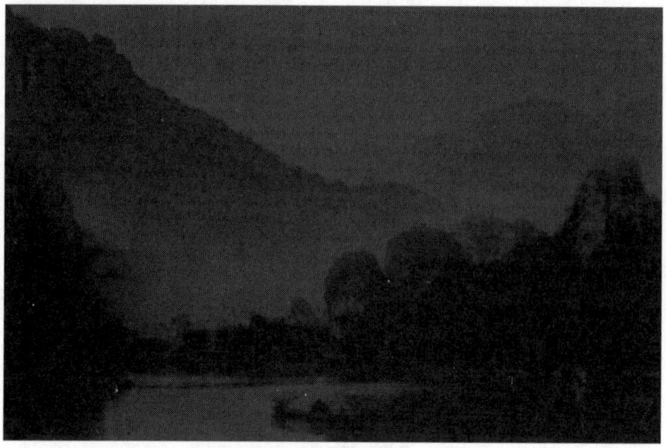

图15.11 风景画的蓝通道

其对应数据的数组值部分展示，如图 15.12 所示。

```
118 111 109 108 122 122 130 122 103 111 118 116 106 101 104 110 103 105 115 127
90  99  91  80  108 122 123 103 111 118 126 126 122 112 104 101 104 103 104 112
254 219 153 98  85  89  107 99  101 104 111 118 120 119 112 105 108 108 106 105
239 229 250 236 149 84  98  90  110 105 104 104 105 106 103 102 85  95  104 107
243 250 245 254 255 177 119 96  121 115 108 101 96  97  97  97  82  88  92  89
241 232 243 255 250 223 190 103 111 111 108 105 101 99  97  96  92  93  91  85
245 238 249 252 225 209 201 119 115 111 107 102 100 98  94  92  86  92  101 107
253 250 245 255 251 203 165 105 123 114 104 98  99  102 104 103 105 105 107 111
242 226 255 253 249 204 174 118 117 114 109 104 97  100 104 99  113 106 98  96
247 249 242 228 252 211 165 137 113 117 118 113 102 100 102 93  96  102 98  101
245 248 249 247 255 231 177 131 118 115 115 108 99  99  101 96  90  101 101 108
250 238 242 250 255 253 230 185 137 109 96  98  98  97  97  101 99  91  86  90
```

图15.12 风景画蓝色通道的部分像素数据

比如每个矩阵的第一行、第一列的值，*R* 为 4，*G* 为 152，*B* 为 118，这个像素点的颜色就是 (4,152,118)。

15.2.2 图像灰度化

在理解了一张图像是由一个像素点矩阵构成之后，那么什么叫图像的灰度化呢？其实很简单，就是让像素点矩阵中的每一个像素点都满足关系 *R*=*G*=*B*，就是红色变量的值、绿色变量的值和蓝色变量的值，这 3 个值相等，此时的这个值叫作灰度值。

经常使用两种方法来进行灰度处理。

第一种方法比较平均，用三者和值的平均值来表示当前点的灰度值。也就是满足这样的公式：

灰度化后的 *R*=（处理前的 *R* + 处理前的 *G* + 处理前的 *B*）/ 3

灰度化后的 *G*=（处理前的 *R* + 处理前的 *G* + 处理前的 *B*）/ 3

灰度化后的 B=（处理前的 R + 处理前的 G + 处理前的 B）/ 3

将前面的图像利用均值灰度化的方法处理，得到的图像结果如图 15.13 所示。

图15.13 图像的均值灰度化效果

第二种方法是每种颜色都会有对应的权重，用每个颜色值和权重之积再求和来表示当前点的灰度值。也就是满足这样的公式：

灰度化后的 R = 处理前的 $R \times 0.3$+ 处理前的 $G \times 0.59$ + 处理前的 $B \times 0.11$

灰度化后的 G = 处理前的 $R \times 0.3$+ 处理前的 $G \times 0.59$ + 处理前的 $B \times 0.11$

灰度化后的 B = 处理前的 $R \times 0.3$+ 处理前的 $G \times 0.59$ + 处理前的 $B \times 0.11$

将前面的图像利用权重值灰度化的方法处理，得到的图像结果如图 15.14 所示。

图15.14 图像的权重灰度化效果

对比两幅图像，不难发现均值的灰度化使图像中显示的某些景物变得模糊，权重值的灰度化使图像中显示的某些景物效果比较好。

15.2.3 图像二值化

谈完了图像的灰度化，再谈什么叫图像的二值化。

二值化就是让图像的像素点矩阵中的每个像素点的灰度值为 0（黑色）或者 255（白色），也就是让整个图像呈现只有黑和白的效果，即非黑即白。

在灰度化的图像中，灰度值的范围为 0~255；在二值化后的图像中，灰度值是 0 或者 255。

黑色：

二值化后的 $R=0$；

二值化后的 $G=0$；

二值化后的 $B=0$。

白色：

二值化后的 $R=255$；

二值化后的 $G=255$；

二值化后的 $B=255$。

那么一个像素点在灰度化之后的灰度值怎么转化为 0 或者 255 呢？比如灰度值为 100，那么在二值化后到底是 0 还是 255？这就涉及取阈值的问题。

阈值其实就是临界值，是指一个效应能够产生的最低值或最高值。在图像处理中，二值化的阈值就是图像亮度的一个黑白分界值，默认值是 50% 中性灰，即 128，亮度高于 128 会变白，低于 128 会变黑。

如何确定阈值呢？可以有 3 种方法。

第一种方法取阈值为 127，也就是黑白分界值，让灰度值小于等于 127 的变为 0（黑色），灰度值大于 127 的变为 255（白色）。这样做的好处是计算量小、速度快，但是缺点也是很明显的。因为这个阈值在不同的图像中均为 127，但是不同的图像，它们的颜色分布差别很大，所谓的白菜萝卜一刀切，用 127 作为阈值效果肯定是不好的。

第二种方法是计算像素点矩阵中的所有像素点的灰度值的平均值 avg，公式如下：

（像素点 1 灰度值 +…+ 像素点 n 灰度值）/ n = 像素点平均值 avg

然后让每一个像素点与 avg 一一比较，小于等于 avg 的像素点就为 0（黑色），大于 avg 的 像素点为 255（白色），这样做比直接把阈值定位为 127 会好一些。

第三种方法使用直方图方法（也叫双峰法）来寻找二值化阈值，直方图是图像的重要特质。直方图方法认为图像由前景和背景组成，在灰度直方图上，前景和背景都形成高峰，在双峰之间的最低谷处就是阈值所在。取到阈值之后再一一比较就可以了。

前面灰度化处理的图像经过二值化操作后，如图 15.15 所示。

图15.15 风景图像的灰度化和二值化

15.3 图像分割

图像分割就是把图像分成若干个特定的、具有独特性质的区域，并且能够提取出感兴趣目标的技术和过程。它是由图像处理到图像分析的关键步骤。

图像分割的方法很多，可以按阈值进行分割，也可以按区域进行分割，还可以按边缘进行分割等。对验证码来说，图像分割可以通过区域或者边缘来进行分割。如果一个网站中验证码的几个数字在其位置上都是均匀分布的，就可以直接按区域进行分割。但有时候，验证码的数字并不是很规矩，这些数字要么翻转了一下，要么两个数字“亲近了一点”，各种情况层出不穷。这些情况对于每个有验证码的网站来说都是常见的。

这里针对验证码的问题，对这两种情况进行分析。

15.3.1 按区域划分的图像分割技术

第一种按区域划分验证码，如图 15.16 所示。

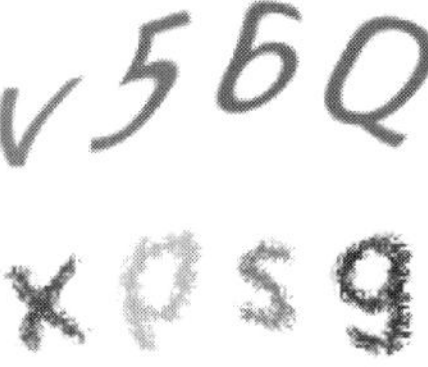

图15.16 按区域划分验证码

限于篇幅的原因，只展示了 2 个验证码的图像，对这种验证码通过图像上下对齐的方式做对比会发现，每个字母或数据所占的位置基本上是固定的，这样就可以读取图像后，直接利用切片技术进行固定位置的图像分割，得到切分后的图像结果。代码如下。

【程序代码清单 15.1】实现切分图像的效果

```
from PIL import Image
import numpy
import uuid
import os
import random
pics=os.listdir("./test_code")
for pics_item in pics:
# 读取图像
im = Image.open("./test_code/"+pics_item)
pix=numpy.array(im)
# 分割图像
pix1=pix[:,0:48]
pix2=pix[:,49:86]
pix3=pix[:,85:115]
pix4=pix[:,116:]
pix_img1=Image.fromarray(pix1)
pix_img2=Image.fromarray(pix2)
pix_img3=Image.fromarray(pix3)
pix_img4=Image.fromarray(pix4)
pix_img1.save("./test_code_result/yangzheng"+str(random.randint(10000,99999))+".png")
pix_img2.save("./test_code_result/yangzheng"+str(random.randint(10000,99999))+".png")
pix_img3.save("./test_code_result/yangzheng" + str(random.randint(10000, 99999)) + ".png")
pix_img4.save("./test_code_result/yangzheng" + str(random.randint(10000, 99999)) + ".png")
```

这段代码实现了验证码图像的成批量的切分。程序首先利用 os 模块中的 listdir 命令提取出指定目录下的所有验证码图像，循环遍历每一张验证码图像。然后利用 Pillow 模块中 Image 类的 open() 方法打开当前遍历到的验证码图像，再使用 array() 方法把打开的当前验证码图像数据转成数组。紧接着用区域划分的方法，将共 160 列的验证码图像从 0 列到 48 列作为第一个数字，从 49 列到 86 列作为第二个数字，从 85 列到 115 列作为第三个数字，从 116 列到最后作为第四个数字，这样这个验证码图像的数据就被分割成了 4 组图像数据，再通过 Image.fromarray() 方法把图像数据转成图像，最后调用 save() 方法存储被分割的图像。由于图像分割时不能够知道这个图像到底代表哪一个数字还是字母，只能通过 random.randint(10000,99999) 随机数字的语句来产生不重复的文件名，事后还要把这些文件名改成图像对应的数字或字母，这个工作量也是相当大的。不过没有办法，计算机在初始状态下是识别不出来这些数字和字母的，只能通过人工贴标签的方法指明相关图像到底代表的是哪一个字母或数字。

上述代码的运行结果如图 15.17 所示。（限于篇幅，只列出部分。）

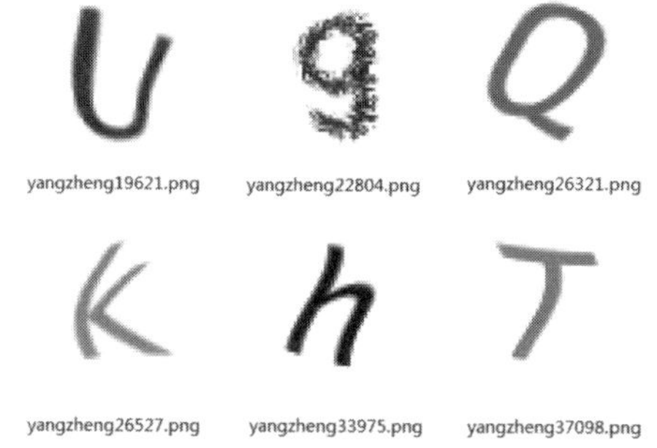

图15.17 切分图像的效果运行结果

15.3.2 按边缘划分的图像分割技术

第二种按边缘划分验证码，如图 15.18 所示。

图15.18 按边缘划分验证码

图中给出的验证码中的字母和数字没有统一的区域，虽然都是隔开的，但间隔大小不同。这个不同造成了如果以统一的区域来分割，就会把某些字母或数字进行了切分。类似于这种情况，可以通过查找列值来确定边缘，就是遍历每一列的数据，查看是否有其中一列全部是空白，即全部为 255 的数据。如果存在这样的数据，那么这样的列就是确定的边缘。对于有 4 个验证码组成的图像数据，从图像数据的开始到结束存在 5 列这样的空白数据，就可以记录下这 5 列空白数据的开始位置，并根据图像的切片原理切分数据，最终分割出 4 个数据。代码实现如下。

【程序代码清单 15.2】实现切分图像的效果

```
from PIL import Image
import numpy
import uuid
import os
splitfiles=os.listdir("./test_code_1")
for filename in splitfiles:
im = Image.open("./test_code_1/"+filename)
im_gray = im.convert('L') # 灰度图
pix = numpy.array(im_gray)
# 二值化
threshold =255# 阈值
pix = (pix!=255) * 255
```

```
L = []
# 查找分割边界
for i in range(160):
k = numpy.sum(pix[:,i])
if k == 0:
if  len(L)!=0:
print(L[len(L)-1])
print(i)
if i-L[len(L)-1]==1:
pop()
L.append(i)
else:
L.append(i)
else:
L.append(i)
# 分割图像
for i in range(0,len(L)-1):
split_pix=pix[:,L[i]:L[i+1]]
out = Image.fromarray(split_pix).convert('L')
out.save('./test_code_result_1/{}.png'.format(uuid.uuid4()))
```

这段代码实现了对验证码图像查找边缘进行切分。程序开始还是要获取存储切分验证码图像的文件夹中所有文件，然后遍历每一个文件，使用方法 Image.open() 打开文件，接着利用 covert('L') 进行转换灰度化的处理。这是因为查找边缘的最好方法就是二值化，把有图像的地方置白，没有图像的地方置黑。如果某列的和值为 0，就证明这一列全部都是黑的，就可以作为边缘来处理。再将图像灰度化的值利用 array() 方法转换成矩阵，然后就需要二值化处理，这里把阈值定义为 255，凡是图像中数据不等于 255 的数值都为 0。这也是由于验证码图像上面除了白色的背景外，其余都是应该进行识别的字母或数字。对于有些验证码背景图有杂点的，在后面的案例中会提及形态学方面的腐蚀、膨胀等操作，可以解决这样的问题。本案例中通过 (pix!=255) * 255 语句来实现灰度化矩阵的二值化处理，当括号里 pix!=255 不成立时，结果为 False，用这个 False 值乘 255，其值为 0；当 pix!=255 条件成立时，结果为 True，用这个 True 值乘 255，其值为 255。

得到了二值化矩阵后，就可以进行查找分割边缘。验证码图像共 160 列，遍历每一列值，再用 numpy.sum(pix[:,i]) 语句对每一列进行求和，当这个和值为 0 的时候，其实就可以把这个点添加到分割点列表中。但是需要注意的是，验证码图像可能连续几列都是每列求和为 0，也就是分割的边缘不是由一列构成的，但在实际需求上只需要一列。这样就可以接着判断分割点集合长度是否为 0，如果长度为 0，直接把当前符合条件的列值添加到分割点集合中；如果长度不为 0，可以把分割点集合中的最后一个元素值取出，与当前遍历符合条件的列索引进行比较，如果结果的列索引差值只差一列，即为连续的列，就可以把原来存储的列索引“pop”掉，添加这个新的最近的分割点。同样还需要判断，如果分割点集合中的最后一个元素值与当前的列索引差值不为 1，也需要把这个点添加到分割点列表中。这样，得到的分割点列表中的数值就是验证码图像中每一个字母或数字的边缘列值。

最后，遍历分割点列表中的每一个值，利用切片原理，分割点列表中的第一个值和第二个值组成的切片就是验证码中的第一个字母或数字，分割表列表中的第二个值和第三个值组成的切片就是验证码中第二个字母或数字，依次类推。不出什么意外情况，列表中会有 5 个点，这 5 个点两两组合形成 4 个字母或数字的切片。再利用 Image.fromarray() 把切片数组转成图像，调用 save() 方法对分割后的图像进行保存即可。

实现切分图像的效果运行结果如图 15.19 所示。

2ed65efa-236c-437d-837a-09c31b0d75bd.png

4b04d90f-1b1b-4bcd-9b7a-ce078fd3caa0.png

c884ce94-7913-4959-94f1-c68be23b0a52.png

4c8b4cd8-789c-4963-994f-2baa36e78f1d.png

图15.19 实现切分图像的效果运行结果

当然，接下来最麻烦的就是把这些新产生的一大串随机文件名更改成字母数字对应的名称。这项工作是很烦琐的，得耐着性子慢慢来。没有这些标签的支持，机器也无法预测和识别各种验证码的组合。

15.3.3 图像分割技术的进阶

目前的数字和字母的验证码在识别难度上也有所升级，如图 15.20 所示的验证码。

图15.20 背景图有画线的验证码

类似于这样的验证码，查找分割边缘的时候，就不能直接利用空白的列来找到答案了。不过，观察这一类验证码的特点就会发现，每个数字和字母是有边缘的，只不过边缘被一条线相连接。这条线对某个列来讲，可以作为一个有宽度和高度的形状，每个数字和字母边缘处的列一般只有这条线，那么就要想办法去确定这条线到底决定了这一列的多少行。如果把白色的部分定义一个值是 0，对每一列非零行求和值，就会得到只有这条线的那一列非零行和值是多少，把这个和值做参考去切分这个验证码图像，也可以达到分割图像的目的。

如何确定这条线在列上的和值参考，代码如下。

【程序代码清单 15.3】实现计算有干扰线图像每一列非零值之和

```
from PIL import Image
import numpy
img=Image.open("yanzhengma/yanzheng6.png")
gray_img=img.convert("L")
pix=numpy.array(gray_img)
m,n=pix.shape
# 二值化
threshold =255# 阈值
pix = (pix!=255) * 255
divides=[]
for i in range(n):
sum_nonzero=0
for j in range(m):
if pix[j][i]!=0:
sum_nonzero+=1
divides.append(sum_nonzero)
print(divides)
```

这段代码的功能就是计算每一列的非零值之和，其目的在于发现在字母或数字边缘有一条分割线的情况下，数值和值有什么样的趋势。程序首先打开一幅带波浪线的验证码图像，然后利用 convert("L") 方法将这幅图像转成灰度数据，接着利用 array() 方法把这个灰度数据转换成矩阵，代码中 m 和 n 变量分别存储了矩阵横向和纵向的维度。还是用语句 (pix!=255) * 255 来表示灰度数据，如果图像中是白色的区域，就使这个点的值为 0；如果图像中是波浪线、数字或字母的区域，就使这个点的值为 1。继续程序的逻辑，把统计每一列和值的列表定义成变量 divides。初始时 divides 中数据为 0，先遍历二值化数组中的每一列索引，遍历后先将这一列的非零和值初值设为 0，后续不断叠加这个和值。接着再遍历数组中的每一行索引，根据列索引和行索引确定某行某列的每个点，如果这个点不为 0，就将该列的非零和值数加 1，随着后续的每个点的值的遍历，不断地进行非零和值数的累加。每遍历完一个列索引，就将非零和值添加到数组 divides 中。最后输出 divides 非零和值的数组结果。

运行结果如图 15.21 所示。

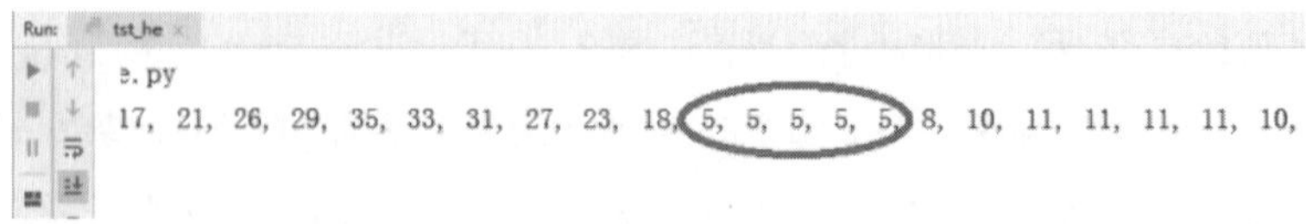

图15.21 实现计算有干扰线图像每一列非零值之和运行结果

由图 15.22 中数据结果可知，数值从 18 突然降为 5 又变为 8，而后慢慢地数值又逐渐升高，这就可以判断 5 就是带有波浪线的验证码图像中那一列只有波浪线的位置，也就是波浪线占有的行数有 5 行。这个数字 5 就是波浪线参考的基数，以这样的基数就可以实现验证码图像的分割。具体代码如下。

【程序代码清单 15.4】实现计算有干扰线图像的分割

```
from PIL import Image
import numpy
img=Image.open("yanzhengma/yanzheng6.png")
pix1=numpy.array(img)
gray_img=img.convert("L")
pix=numpy.array(gray_img)
m,n=pix.shape
# 二值化
threshold =255# 阈值
pix = (pix!=255) * 255
with open("xx.txt","w") as f:
for gray in pix:
f.write(str(gray)+"\n")
erfendian=[]for i in range(n):
sum_nonzero=0
for j in range(m):
if pix[j][i]!=0:
sum_nonzero+=1
if sum_nonzero==5:
erfendian.append(i)
print(erfendian)
duandian=[]
len_erfendian=len(erfendian)-1
flag=False
i=len_erfendian
duandian=[]
for i in erfendian:
if len(duandian)>0:
if i - duandian[len(duandian) - 1]<10:
duandian.pop()
duandian.append(i)
else:
duandian.append(i)
else:
duandian.append(i)
duandian=sorted(duandian,reverse=False)
print(duandian)
sub_data1=pix1[:,duandian[0]:duandian[1]]
sub_data2=pix1[:,duandian[1]:duandian[2]]
sub_data3=pix1[:,duandian[2]:duandian[3]]
sub_data4=pix1[:,duandian[3]:duandian[4]]
sub_img1=Image.fromarray(sub_data1)
sub_img2=Image.fromarray(sub_data2)
sub_img3=Image.fromarray(sub_data3)
sub_img4=Image.fromarray(sub_data4)
sub_img1.save("sub_yanzhengma/sub_img61.png")
sub_img2.save("sub_yanzhengma/sub_img62.png")
sub_img3.save("sub_yanzhengma/sub_img63.png")
```

```
sub_img4.save("sub_yanzhengma/sub_img64.png")
```

从功能上说，这段代码是对一个具有波浪线的验证码图像进行切分。图像读取、灰度化及二值化的原理与跟前面的案例都是一样的。接下来进行列索引值的遍历，统计每一列的非零行和值 sum_nonzero，初始化这个和值为 0，每统计一行进行累加。然后对行索引值也进行遍历，利用 pix[j][i] 来获取当前行索引和列索引确定的元素值。如果这个元素值不为 0，则实现非零行和值的累加。当前列中的每一行都遍历结束后，判断当前行和值是否等于波浪线的基数 5，如果等于，就把该节点添加到分割点集合中。确定分割点集合后，可能会产生很多有波浪线的基数 5 的列索引。对于前后列索引差别不明显的数字，这一定是字母或数字的分隔边缘处波浪线跨了多列引起的。这里把这个差别定义为前后两个波浪线的索引差值不能超过 10，超过 10 就认为是另一个字母或数字的边缘，也可以通过前面输出计算每列的非零和值列表来确定这个不能超过的界限值。遍历分隔点列表中的所有数据，把符合条件的数值添加到最终分隔点列表 duandian 中。循环体中的条件限定为如果最终分隔点列表 duandian 中没有数据，直接把分隔点列表中的当前数据添加到最终分隔点列表 duandian 中；如果最终分隔点列表 duandian 中有数据，把遍历到的分隔点列表中的当前数据与最终分隔表 duandian 中最后一个放入的数据进行对比，若差值不超过 10，就认为是有效的边缘数据，否则就把最后一个放到最终分隔点列表 duandian 中的数据“干掉”，把遍历到的分隔点列表中的当前数据放入最终分隔点列表 duandian 中。当分隔点列表数据全部遍历结束后，最终分隔点列表 duandian 中的数据就是数字或字母边缘的索引值，将这些索引值按从小到大的顺序排列后，依据最终分隔点列表 duandian 中的每一个值来进行切片分割图像，依据最终分隔点列表 duandian 中第一个值和第二个值建立切片作为验证码的第一个数字或字母，依据最终分隔点列表 duandian 中第二个值和第三个值建立切片作为验证码的第二个数字或字母，依次类推。再将每个切片通过转换语句 Image.fromarray 转换成图像，调用 save() 方法存储每一个切片的图像。

运行程序，最终切分效果如图 15.22 所示。

图15.22 实现计算有干扰线图像的分割运行结果

当然，这只是对一张验证码图像进行图像分割的代码。但万变不离其宗，对一批有波浪线的验证码进行批量处理时，如果个别出现了分割上面的问题，可以通过调整每列非零和波浪线的基数，或者可以通过调整分隔点列表中两个相邻索引值加减的误差值范围等手段去实现。

关于验证码图像的分割，对不同网站的验证码也有不同的处理方法，比如有的验证码做了一些旋转，那么在切分前也有可能要对图像旋转一定的角度来处理。这都是对验证码图像分割的实际应用。

机器学习中一个结论的推出离不开训练集和测试集。验证码识别中验证码图像分割就是在创造训练集，使每一个分割的验证码图像对应图像所表示的数字或字母。再选择合适的算法模型去预测未知的测试集数据，最终得到预测结果的正确率。

15.4 KNN 算法测试验证码

针对验证码的测试，可以选用有监督学习中的一种，这里采用 KNN 的算法去测试验证码。

15.4.1 Sklearn 包的介绍

之前介绍机器学习算法的时候，重点介绍的是原理。现在如果要使用算法，可以使用 Sklearn 包。Sklearn 包是基于 Python 的第三方包，它包括机器学习开发的各个方面。获取数据、数据处理、特征工程，以及机器学习的算法训练（设计模型）、模型评估等都可以使用 Sklearn 包来实现。

在获取数据方面，Sklearn 提供了一些数据，主要有两种：一种为现在网上常用的一些数据集，可以通过方法加载；另一种为 Sklearn 可以生成的数据，Sklearn 可以生成用户设定的数据。Sklearn 中获取数据集使用的包为 Sklearn.datasets。比如可以通过 datasets.load_boston() 获取波士顿房价数据集，可以通过 datasets.load_iris() 获取鸢尾花数据集等。

在数据处理方面，由于获取的数据不可以直接使用，即机器学习的模型需要在训练集中进行训练得出模型，而后在测试集中进行测试，因此对得到的数据集需要进行划分。Sklearn 中提供可用于对数据集划分训练集和测试集的方法，通过训练集和测试集切分语句 Sklearn.model_selection.train_test_split()。参数中会传入 x 和 y，把输入值 x 为数据集的特征值，输入值 y 为数据集的目标值。test_size 为测试集的大小，一般为 float。random_state 表示随机数种子，不用的随机数种子会产生不同的随机采样结果。返回值的顺序为训练集特征值、测试集特征值、训练集目标值、测试集目标值。具体使用方法如下。

```
from Sklearn.model_selection import train_test_split
x_train,x_test,y_train,y_test=train_test_split(iris.data,iris.target,random_state=22)
```

在特征工程、算法训练、模型评估等方面，涉及哪一部分的内容后面就会介绍哪一部分的方法。

Sklearn 包更多地在于使机器学习的应用变得简单，但不应该直接导包、直接使用。原理才是解决问题的关键，了解原理后，就可以轻松地使用方法，因为方法也可能会在源码的基础上进行修改。

15.4.2 KNN 算法测试验证码

根据前面图像分割后的验证码数字建立的训练集数据，特征如图 15.23 所示。

由图 15.24 可知，这里把标签当成文件夹的名字，文件夹下面就是切分出的图像。因为验证码图像中相同数字的变化可能很多种，所以把同一种数字的变化放在一起，把文件夹命名成这个数字。文件夹的名称就是图像训练集对应的标签。

同理，对于测试集，需要验证测试结果与真实结果的正确率，也需要判断文件夹数字标签与图像的对应关系，如图 15.24 所示。

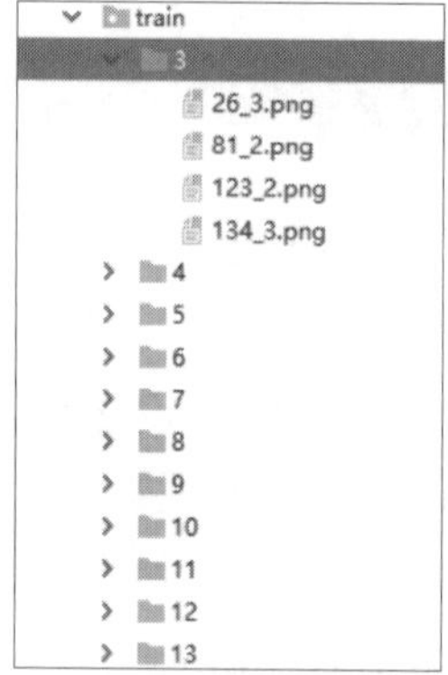

图15.23 验证码KNN识别的训练集文件夹结构

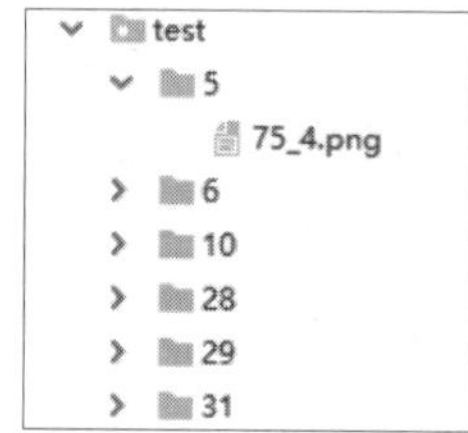

图15.24 验证码KNN识别的测试集文件夹结构

有了训练集和测试集，进行验证码识别的代码如下。

【程序代码清单 15.5】实现 KNN 算法识别验证码

```
from sklearn import neighbors
import os
from PIL import Image
import numpy as np
import shutil
x = []
y = []
for label in os.listdir('train'):
for file in os.listdir('train/{}'.format(label)):
im = Image.open('train/{}/{}'.format(label,file))
im_gray = im.convert('L')
pix = np.array(im_gray)
pix = (pix >150) * 1
pix = pix.ravel()
x.append(list(pix))
y.append(int(label))
```

```
train_x = np.array(x)
train_y = np.array(y)
model = neighbors.KNeighborsClassifier(n_neighbors=32)
model.fit(train_x, train_y)
x2 = []
y2 = []
for label1 in os.listdir('test'):
for file1 in os.listdir('test/{}'.format(label1)):
filename='test/{}/{}'.format(label1,file1)
im1 = Image.open(filename)
im_gray1 = im1.convert('L')
pix2 = np.array(im_gray)
pix2 = (pix2 >150) * 1
pix2 = pix2.ravel()
x2.append(list(pix2))
y2.append(int(label1))
predict_y = model.predict(np.array(x2))
print(predict_y)
print(np.array(y2))
print(predict_y == np.array(y2))
```

这段代码实现的功能就是使用 KNN 算法进行验证码的识别。程序开始初始化特征集 x 和标签集 y。遍历训练集目录下的每个文件夹，文件夹的名称就是训练集每个数据对应的标签，再遍历每个文件夹标签下的所有文件，使用 Image 类提供的 open() 方法打开每一个文件夹标签下的验证码图像，使用 convert('L') 将验证码图像转换成灰度，再用 array() 转换成矩阵数组。根据对应的阈值进行 0 和 1 两种数值的转换，即二值化。通过 (pix >150) * 1 语句确定了这个阈值是 150。要成为 KNN 的训练集，紧接着需要把这个二维数组进行拉平处理，处理成一维数组。ravel() 方法对数组进行了拉平处理，然后将文件夹的名称作为标签添加到 y 列表中，将验证码图像数据作为数据添加到 x 列表中。紧接着，需要把标签结果列表转化成 NumPy 数组，也需要把特征数据集列表 x 转化成 NumPy 数组。下面的工作就是做一个"导包侠"了。调用 Sklearn 包中的模块 neighbors 中 KNN 算法类 KNeighborsClassifier，传入 KNN 类需要指定的参数，即需要划分为几类，这里的验证码字母加上数字有 32 种，调用 KNN 类的 fit() 方法传入 train_x 和 train_y 两个矩阵参数，这样就把训练集放入了 KNN 算法中。程序继续初始化测试集的特征数据列表 x2 和标签列表 y2，继续遍历测试集中的每一个目录，目录的名称就是正确的标签结果。再继续遍历测试集每个目录中的验证码图像，在循环体中使用 Image.open() 方法打开当前遍历到的验证码图像，把打开的图像经过灰度化转化成 NumPy 的 array 数组。以阈值 150 为基数的二值化，把二值化的数组拉平成一维数组，分别添加到特征数据列表 x2 和标签列表 y2 等一系列操作后，就完成了测试集的特征数据列表和标签列表的数据准备。把测试集中的特征数据列表 x2 转化成 NumPy 的 array 数组后，作为 model.predict() 方法的参数就可以对这个验证码图像进行预测，看预测的结果到底是什么。再与实际的标签列表 y2 中的对应数据进行对比，比较是否与真实的标签结果存在差异。

运行结果如图 15.25 所示。

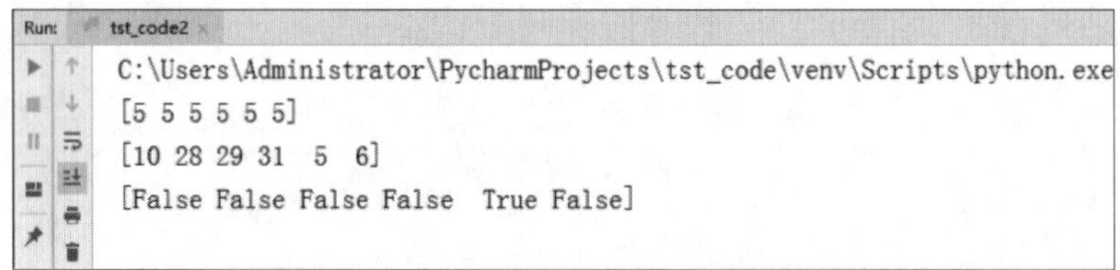

图15.25 实现KNN算法识别验证码运行结果

从结果上看，并不是很理想，这也说明问题与训练集的数据量不大有一定的原因。同时也要注意，这里对阈值的处理也是很简单的，后面的案例中会重点介绍阈值的相关算法。如果这里把阈值修改一下，原来阈值为 150，把它改成 180，会发现正确预测的数字又发生了变化。运行结果如图 15.26 所示。

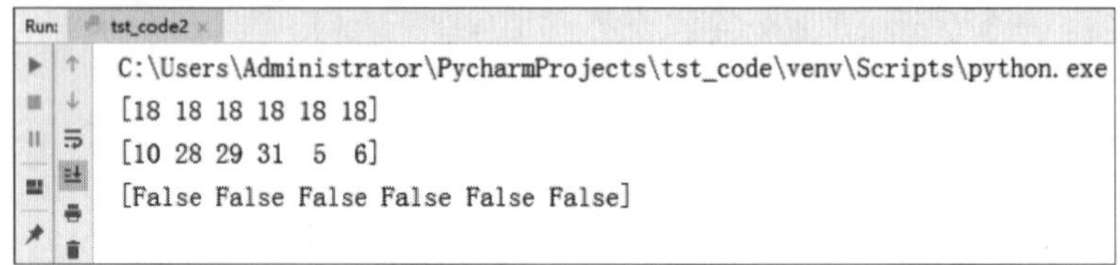

图15.26 调整阈值后的正确预测数字的变化

从图 15.26 中看，变成了正确率为 0，再修改阈值，又会出现不同的结果。所以，阈值的科学算法也是很重要的。

小结

验证码识别的学问是相当有深度的，有简单的数字和字母的验证码识别，有滑动验证码的识别，有点击汉字验证码的识别等。方方面面的验证码，都可以通过机器学习结合模型算法来预测最终的验证码组合，正确率也会随着模型算法的不同或者某个值（如阈值）的不同发生不同程度的改变。对于验证码的识别是需要不断地深入机器学习理论，用神经网络的方法去解决。

第16章

机器学习实战之答题卡识别

本章将从实践的角度介绍应用机器学习的相关方法。答题卡识别是图像识别中比较典型的例子，也是机器学习的一个方向。答题卡识别可以理解成图像识别领域的一个缩影，像车牌识别、人脸识别都属于图像识别的领域。本章旨在提出图像识别领域的技术，而对于技术的进一步拓展和使用范围上的扩大，需要读者不断地用机器学习的理论和方法融合并实践。

16.1 答题卡识别

答题卡，也称作信息卡，是光标阅读机输入信息的载体，是配套光标阅读机的各种信息录入表格的总称。

答题卡将用户需要的信息转化为可选择的选项，供用户涂写。光学标记阅读器（OMR）设备根据信息点的涂与未涂和格式文件设置将信息还原。用户用 2B 铅笔把答题卡上需要选择的选项涂黑，利用光标阅读机来读取相关的信息，如图 16.1 所示为一张涂写的答题卡。

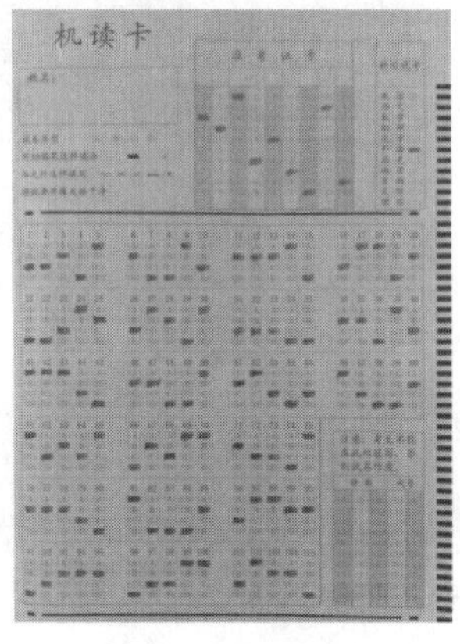

图16.1 涂写的答题卡

从图 16.1 可知，这也是一幅图像，学习了机器学习的相关知识，这里用机器学习的相关理论去识别一下这张答题卡。

答题卡识别的最终目的是识别考生对每个题涂写的答案，需要在找到用户的答题区域的条件下锁定用户涂写的区域，这就需要各种科学的定位方法及阈值计算。专业的图像识别操作库就在这种需求中脱颖而出，OpenCV 就是实现了图像处理和计算机视觉方面若干通用算法的软件库。

16.2 OpenCV

需要解决答题卡识别的问题，就要了解 OpenCV 软件库的相关内容。

16.2.1 OpenCV 介绍

OpenCV 是一个 C++ 库，是目前流行的计算机视觉编程库，可用于实时处理计算机视觉方面的问题，实现图像处理和计算机视觉方面的很多通用算法，已成为计算机视觉领域最有力的研究工具模块之一。这里需要强调的是图像处理和计算机视觉的理解，图像处理侧重于“处理”图像，如增强、还原、去噪、分割等；而计算机视觉重点在于使用计算机来模拟人的视觉，因此模拟才是计算机视觉领域的最终目标。类似于答题卡的识别需要对答题卡进行图像的处理，找不到答题的区域是无法进行识别的。找到了答题区域后，就需要模拟人的视觉来进行答案的匹配。

OpenCV 应用领域也非常广泛，它在人机互动、物体识别、图像分割、人脸识别、动作识别、运动跟踪、机器人、运动分析、结构分析、汽车安全驾驶等领域都有应用。

在答题卡识别这个案例中，会涉及 OpenCV 图像处理方面的内容，基本的数字图像处理包括读取、灰度化、二值化、滤波、边缘检测、角点检测、采样与差值、色彩转换、形态操作、直方图、图像金字塔等。这里重点介绍读取、灰度化、二值化、边缘检测、形态操作等内容，这些都与答题卡图像的前期处理有关系。

16.2.2 安装和使用 OpenCV

OpenCV 的安装比较简单，对于 Python 3，一般使用：

pip3 install OpenCV-python

使用命令后，就可以把 OpenCV 安装到 Python 的库中。需要注意的是，这里安装的是 OpenCV-python，但导入模块时需要用命令 import cv2。同时，OpenCV 也需要依赖一些其他的 Python 程序库，比如 NumPy，在安装 OpenCV 的时候也会自动安装上。

16.2.3 OpenCV 存取图像

OpenCV 读图像用 cv2.imread()，这个方法有两个接收的参数，第一个参数是需要读取的图像名称；第二个参数表示按不同模式读取，默认是 1 读入彩色三通道图像，如果设置为 0 则读入灰度图。

读取图像以后，就需要显示出来，显示图像的方法是 cv2.imshow()，这个方法中第一个参数是显示图像的窗口名称，第二个参数是图像的数组。不过如果直接执行这个方法，什么都不会发生，因为这个方法得配合持续等待方法 cv2.waitKey() 一起使用。cv2.waitKey() 指定当前的窗口显示要持续的毫秒数，比如 cv2.waitKey(1000) 就是显示一秒，然后窗口就关闭了。比较特殊的是 cv2.waitKey(0)，并不是显示 0ms 的意思，而是一直显示，直到键盘上有按键被按下，或者鼠标点击了窗口的关闭按钮才关闭。cv2.waitKey() 的默认参数是 0，所以对于图像展示的场景，cv2.waitKey() 或者 cv2.waitKey(0) 是最常用的。

图像能够得到显示，就可以在处理过程中，一边处理一边查看处理结果是否符合处理的预期。完成图像处理后就需要存储，OpenCV 存储图像用 cv2.imwrite()。注意存的时候是没有单通道这一说的，方法中第一个参数和第二个参数分别是保存文件名的后缀和当前的数组维度，OpenCV 自动根据数组维度判断存储图像的通道，另外压缩格式还可以指定存储质量。第三个参数可以设置成一个元组，如 (cv2.IMWRITE_JPEG_QUALITY, 80) 指定了 JPEG 图像的质量，范围从 0 到 100，默认为 95，越高画质越好，文件越大。(cv2.IMWRITE_PNG_COMPRESSION, 5) 也可以作为这个方法的第三个参数，用于指定 PNG 图像质量的，范围从 0 到 9，默认为 3，越高文件越小，画质越差。

下面来完成这样的操作。

打开一幅风景图像，将风景图像显示出来，然后缩放风景图像，OpenCV 是通过 resize() 方法来完成缩放的。缩放后再进行窗口显示，最后将缩放后的图像输出。

这样的图像相关的操作，代码如下。

【程序代码清单 16.1】OpenCV 读取图像、显示图像并缩放图像

```
import cv2
# 读取图像
img1=cv2.imread("scene.jpg")
# 显示图像
cv2.imshow("img1",img1)
cv2.waitKey(0)
# 缩放图像
img2=cv2.resize(img1,(400,500))
# 显示缩放后的图像
cv2.imshow("img2",img2)
cv2.waitKey(0)
cv2.imwrite("test.png", img2)
cv2.destroyAllWindows()
```

这段代码实现了读取图像、显示图像、缩放图像几个命令的综合演练。程序首先通过 cv2.imread() 读取一幅风景图像，然后调用 cv2.imshow( ) 方法显示该图像。cv2.waitKey(0) 语句使图像一直显示等待用户按键盘上的任意键，如果用户按了键盘上的任意键，就会执行 cv2.resize() 语句，把风景图像进行拉伸，再调用 cv2.imshow() 显示出拉抻后的图像，又是一直等待用户按动键盘上的任意键。当键盘上面有键被按下时，就调用 cv2.imwrite() 输出该拉伸后的图像，名称为 test.png，最后 cv2.destroyAllwindows() 方法关闭所有显示图像的窗口。

运行代码，首先会显示一幅风景图像，这幅图像原大小为 199 × 299。

然后，按键盘上任意一个键，接着显示拉伸后的图像，大小为 400 × 500，如图 16.2 所示。

图16.2 OpenCV缩放图像运行结果

再按键盘上的任意键。两个显示图像的窗口都关闭，产生一个 test.png 图像，存储的内容就是拉伸后的图像。

16.2.4 OpenCV 图像灰度化

关于灰度化的定义，在验证码的项目中已经提及，图像灰度化核心思想是 $R = G = B$ ，RGB 的值也叫灰度值。

OpenCV 在读取图像后，可以通过 cv2.cvtColor() 方法完成图像的灰度化。这个方法的第一个参数是需要灰度化的图像，第二个参数是灰度化的转换方式，将一幅彩色图像转换为灰度图可以使用 cv2.COLOR_BGR2GRAY，将灰度图像转换为彩色图像可以使用 cv2.COLOR_GRAY2BGR。

下面来完成这样的操作。

读取一幅风景图像，将其灰度化后显示出来，按键盘上的任意键关闭显示窗口。

这样的图像相关操作，代码如下。

【程序代码清单 16.2】OpenCV 灰度化图像

```
import cv2
# 读取图像
img1=cv2.imread("scene.jpg")
# 灰度化图像
gray_img1=cv2.cvtColor(img1,cv2.COLOR_BGR2GRAY)
# 显示图像
cv2.imshow("gray_img1",gray_img1)
cv2.waitKey(0)
cv2.destroyAllWindows()
```

这段代码实现灰度化图像的显示逻辑。程序首先通过 cv2.imread() 方法读取图像，然后调用 cv2.cvtColor() 方法并利用参数 cv2.COLOR_BGR2GRAY 实现读取的图像从彩色到灰度的变换，紧接着调用 cv2.imshow() 方法显示被灰度化后的图像，cv2.waitKey(0) 用于持续等待用户按键盘任意键，cv2.destroyAllWindows() 用于关闭所有的显示窗口。

运行程序后，显示灰度化的图像效果，如图 16.3 所示。

图16.3 OpenCV灰度化图像运行结果

16.2.5 OpenCV 图像二值化

OpenCV 用 threshold() 方法进行二值化。threshold 的中文翻译为阈值，就像驾照违章的 12 分限制一样，12 分可被理解成阈值，也可以理解成临界值，超过 12 分你的机动车驾驶证就会被扣留，不能再正常持有驾照，正常行驶。

使用 threshold() 这个函数，可以令图像灰度大于阈值的为一个值，而低于阈值的为另一个值。这就可以实现图像的二值化。不过确定阈值是一个很有学问的操作。

threshold() 这个函数由 4 个参数共同作用来确定阈值完成二值化。第一个参数是原图；第二个参数是当前的阈值，即临界的阈值设定；第三个参数是最大阈值，在颜色方面，一般最大阈值为 255；第四个参数是阈值计算类型，也就是阈值的具体计算方法。

其中第四个参数提供的阈值计算类型有以下几种。

第一种是 THRESH_BINARY 类型，BINARY 表示二值化。如果像素值大于阈值，像素值就会被设置为某个值；如果小于等于阈值，则设置为 0。

用伪代码的方式实现一下，有助于读者理解。代码如下。

```
if src(x,y) > thresh：
dst(x,y) = maxValue
else：
dst(x,y) = 0
```

将一幅风景图像进行 THRESH_BINARY 类型的二值化，代码如下。

【程序代码清单 16.3】OpenCV 风景图像 THRESH_BINARY 二值化

```
import cv2
# 读取图像
img1=cv2.imread("scene.jpg")
# 灰度化图像
gray_img1=cv2.cvtColor(img1,cv2.COLOR_BGR2GRAY)
# 二值化
_,binary_img1=cv2.threshold(gray_img1,100,255,cv2.THRESH_BINARY)
# 显示图像
cv2.imshow("binary_img1",binary_img1)
cv2.waitKey(0)
cv2.destroyAllWindows()
```

这样的代码实现了 THRESH_BINARY 类型的二值化。程序首先读取一幅图像，调用灰度化的方法 cv2.cvtColor()，之后调用二值化方法 cv2.threshold。在二值化方法中，100 是设定的阈值，即当前元素的灰度值大于 100，就将这个灰度值设为第三个参数，即 255；如果小于 100，灰度值就设置为 0。然后 cv2.imshow() 显示该图像，持续等待函数 cv2.waitKey(0)，直到键盘中任意键被按下，关闭所有显示图像的窗口。

程序运行结果如图 16.4 所示。

图16.4 OpenCV风景图像THRESH_BINARY二值化运行结果

第二种是 THRESH_BINARY_INV 类型，INV 表示反转，意味着会将情况反转，也就是把 THRESH_BINARY 的情况反转，原来白的地方变黑，原来黑的地方变白。

用伪代码的方式实现一下。代码如下。

```
if src(x,y) > thresh:
dst(x,y) = 0
else:
dst(x,y) = maxValue
```

将一幅风景图像进行 THRESH_BINARY_INV 类型的二值化，代码如下。

【程序代码清单 16.4】OpenCV 风景图像 THRESH_BINARY_INV 二值化

```
import cv2
# 读取图像
img1=cv2.imread("scene.jpg")
# 灰度化图像
gray_img1=cv2.cvtColor(img1,cv2.COLOR_BGR2GRAY)
# 二值化
_,binary_img1=cv2.threshold(gray_img1,100,255,cv2.THRESH_BINARY_INV)
# 显示图像
cv2.imshow("binary_img1",binary_img1)
cv2.waitKey(0)
cv2.destroyAllWindows()
```

这段代码与 THRESH_BINARY 类型的二值化代码的不同之处在于 threshold() 的阈值计算类型不同，即使用 THRESH_BINARY_INV 替代 THRESH_BINARY。

运行结果如图 16.5 所示。

图16.5 OpenCV风景图像THRESH_BINARY_INV二值化运行结果

第三种是 THRESH_TRUNC 类型，TRUNC 有截断的意思。就像园艺修剪一样，要求某处的草坪绿化保持一样的高度，树木也要朝着一个方向伸展，如果有露头的或者高出的，直接截断。

用伪代码的方式实现一下。代码如下。

```
if src(x,y) > thresh:
dst(x,y) = thresh
else:
dst(x,y) = src(x,y)
```

将一幅风景图像进行 THRESH_TRUNC 类型的二值化，代码如下。

【程序代码清单 16.5】OpenCV 风景图像 THRESH_TRUNC 二值化

```
import cv2
# 读取图像
img1=cv2.imread("scene.jpg")
# 灰度化图像
gray_img1=cv2.cvtColor(img1,cv2.COLOR_BGR2GRAY)
# 二值化
_,binary_img1=cv2.threshold(gray_img1,100,255,cv2.THRESH_TRUNC)
# 显示图像
cv2.imshow("binary_img1",binary_img1)
cv2.waitKey(0)
cv2.destroyAllWindows()
```

这段代码与前面的阈值计算类型案例代码也是类似的，不同之处在于 threshold() 的阈值计算类型设置了新值，即使用 THRESH_TRUNC 来对阈值进行控制。

运行结果如图 16.6 所示。

图16.6 OpenCV风景图像THRESH_TRUNC二值化运行结果

从图 16.7 中的效果来看，小于阈值的灰度是存在的，图像中有灰色效果的存在。

第四种是 THRESH_TOZERO 类型，TOZERO 有归零的意思。也就相当于小于某个阈值的时候，不会显示具体的灰度值，而是归零。相当于一份成绩统计单，小于 60 分的全部显示“不及格”或者“不通过”，不会显示具体的分数。这个思路跟 THRESH_TRUNC 的思路相反。

用伪代码的方式实现一下。伪代码如下。

```
if src(x,y) > thresh:
dst(x,y) = src(x,y)
else:
dst(x,y) = 0
```

将一幅风景图像进行 THRESH_TOZERO 类型的二值化，代码如下。

【程序代码清单 16.6】OpenCV 风景图像 THRESH_TOZERO 二值化

```
import cv2
# 读取图像
img1=cv2.imread("scene.jpg")
# 灰度化图像
gray_img1=cv2.cvtColor(img1,cv2.COLOR_BGR2GRAY)
# 二值化
_,binary_img1=cv2.threshold(gray_img1,100,255,cv2.THRESH_TOZERO)
# 显示图像
cv2.imshow("binary_img1",binary_img1)
cv2.waitKey(0)
cv2.destroyAllWindows()
```

这段代码也是修改了 threshold() 的阈值计算类型，使用 THRESH_TOZERO 来对阈值进行控制。

运行结果如图 16.7 所示。

图16.7 OpenCV风景图像THRESH_TOZERO二值化运行结果

从图 16.8 中的效果来看，也是有一定的灰度存在的。

第五种是 THRESH_TOZERO_INV 类型，这是典型的 THRESH_TOZERO 的逆过程。

用伪代码的方式实现一下。伪代码如下。

```
if src(x,y) > thresh:
dst(x,y) = 0
else:
dst(x,y) = src(x,y)
```

将一幅风景图像进行 THRESH_TOZERO_INV 类型的二值化，代码如下。

【程序代码清单 16.7】OpenCV 风景图像 THRESH_TOZERO_INV 二值化

```
import cv2
# 读取图像
img1=cv2.imread("scene.jpg")
# 灰度化图像
gray_img1=cv2.cvtColor(img1,cv2.COLOR_BGR2GRAY)
# 二值化
_,binary_img1=cv2.threshold(gray_img1,100,255,cv2.THRESH_TOZERO_INV)
# 显示图像
cv2.imshow("binary_img1",binary_img1)
cv2.waitKey(0)
cv2.destroyAllWindows()
```

这段代码也是修改了 threshold() 的阈值计算类型，使用 THRESH_TOZERO_INV 来对阈值进行控制。

运行结果如图 16.8 所示。

图16.8 OpenCV风景图像THRESH_TOZERO_INV二值化运行结果

第六种是 THRESH_OTSU 类型。OTSU 又叫大津算法，是由日本学者 OTSU 于 1979 年提出的一种对图像进行二值化的高效算法，也叫最大类间方差法。

OTSU 使用聚类的思想，把图像的灰度值按灰度级分成两个部分，使得两个部分之间的灰度值差异最大，每个部分内的灰度值差异最小，通过方差的计算寻找一个合适的灰度级别来划分。可以在二值化的时候采用 OTSU 算法来自动选取阈值进行二值化。OTSU 算法被认为是图像分割中阈值选取的最佳算法，计算简单，不受图像亮度和对比度的影响。因此，使类间方差最大的分割意味着错分概率最小。

在设定的灰度值 t 前提下，如果用 w_0 表示分开后前景像素点数占图像的比例，u_0 表示分开后前景像素点的平均灰度，w_1 表示分开后背景像素点数占图像的比例，u_1 表示分开后背景像素点的平均灰度，那么图像总平均灰度公式如下：

$$u = w_0 \times u_0 + w_1 \times u_1$$

从 L 个灰度级遍历每一个灰度值 t，使得灰度值 t 为某个特定值的时候，前景和背景的方差最大，那这个灰度值 t 便是要求得的阈值。其中，方差的计算公式如下：

$$g = w_0 \times (u_0 - u) \times (u_0 - u) + w_1 \times (u_1 - u) \times (u_1 - u)$$

此公式计算量较大，可以采用：

$$g = w_0 \times w_1 \times (u_0 - u_1) \times (u_0 - u_1)$$

由于 OTSU 算法对图像的灰度级进行聚类，因此在执行 OTSU 算法之前，需要计算该图像的灰度直方图。

THRESH_OTSU 是作为优化算法配合 THRESH_BINARY、THRESH_BINARY_INV、THRESH_TRUNC、THRESH_TOZERO 以及 THRESH_TOZERO_INV 来使用的。

将一幅风景图像进行 THRESH_OTSU 类型的二值化，代码如下。

【程序代码清单 16.8】OpenCV 风景图像 THRESH_OTSU 二值化

```
import cv2
# 读取图像
img1=cv2.imread("scene.jpg")
# 灰度化图像
gray_img1=cv2.cvtColor(img1,cv2.COLOR_BGR2GRAY)
# 二值化
_,binary_img1=cv2.threshold(gray_img1,100,255,cv2.THRESH_BINARY|cv2.THRESH_OTSU)
# 显示图像
cv2.imshow("binary_img1",binary_img1)
cv2.waitKey(0)
cv2.destroyAllWindows()
```

这段代码同样也修改了 threshold() 的阈值计算类型。注意使用 THRESH_OTSU 的时候也使用了 THRESH_BINARY，OTSU 算法与 BINARY 共同对阈值进行控制。

运行结果如图 16.9 所示。

图16.9 OpenCV风景图像THRESH_OTSU二值化运行结果

16.2.6 OpenCV 边缘检测

对边缘检测进行理解时，可以结合机器学习谈到的内核。图像处理是对每一个像素点进行运算，这些像素点的颜色值就是线性函数 L 的操作数，只有满足 $L(v)=0$ 的像素点才属于特定像素点的内核，可参加处理和运算。“内核”就是用来圈定计算某一个像素的新值所用到的其周围像素点的一个框（圆或者任意形状）。内核除了一个框外，另外还有一个值是其锚点，用来代表像素点在内核中的位置，通常在内核中心，如图 16.10 所示。

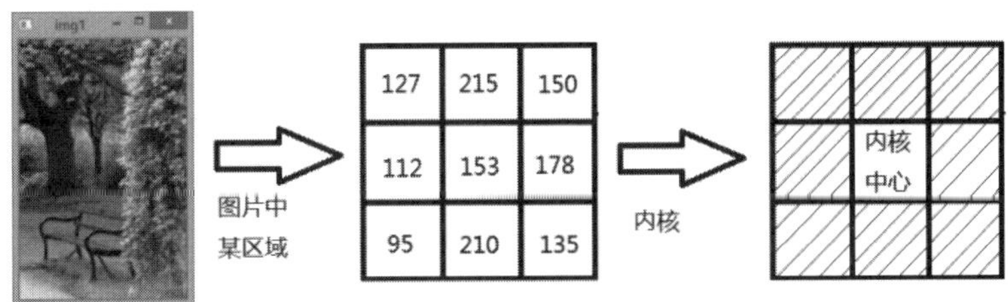

图16.10 像素点某区域内核显示

内核在图像中的应用非常广泛，对图像的操作都是在完成对内核的操作。

对边缘检测来说，从图像像素的角度去想，那就是像素值差别很大。比如 $X_1=55$ 和 $X_2=255$，这两个像素差值为 200，在显示的图像中就非常明显，图像的边缘就体现了出来。这样，所谓的图像边缘检测，就是通过检查每个像素的邻域并对其灰度变化进行量化的，这种灰度变化的量化相当于微积分里求连续函数的方向导数或者离散数列的差分。说得再“高深”一点儿，就是用离散化梯度逼近函数并根据二维灰度矩阵梯度向量来寻找图像灰度矩阵的灰度跃变位置，然后在图像中将这些位置的点连起来，就构成了所谓的图像边缘。

理想的灰度阶跃及其线条边缘图像在实际情况中很少见到，这是由于低频滤波特性使得阶跃边缘变为斜坡性边缘，看起来其中的强度变化不明显，而是跨越了一定的距离。这就决定了在边缘检测中首要进行的任务是滤波，然后防止边缘不明显再进行边缘增强，最后才做边缘检测。

（1）滤波：边缘检测的算法主要基于图像强度的一阶和二阶导数。导数通常对噪声很敏感，采用导数滤波器可以改善与噪声有关的边缘检测器的性能。常见的滤波方法主要有高斯滤波，即采用离散化的高斯函数产生一组归一化的高斯核，然后基于高斯核函数对图像灰度矩阵的每一点进行加权求和。

（2）增强：增强边缘的基础是确定图像各点邻域强度的变化值。增强算法可以将图像灰度点邻域强度值有显著变化的点凸显出来。具体实现可以通过计算梯度幅值来确定。

（3）检测：经过增强的图像，往往邻域中有很多点的梯度值比较大，而在特定的应用中，这些点并不是边缘点，所以应该采用某种方法来对这些点进行取舍。常用的方法是通过阈值化方法来检测。

边缘检测大多数是通过基于方向导数掩码（梯度方向导数）求卷积的方法，比较常见的卷积算子有 Roberts 算子、Sobel 算子等，常用的边缘检测算法有拉普拉斯算子与 Canny 算法变换。下面分别介绍这些算子和算法。

第一种是 Roberts 算子。

Roberts 边缘检测是图像矩阵与以下两个卷积核进行卷积，如图 16.11 所示。

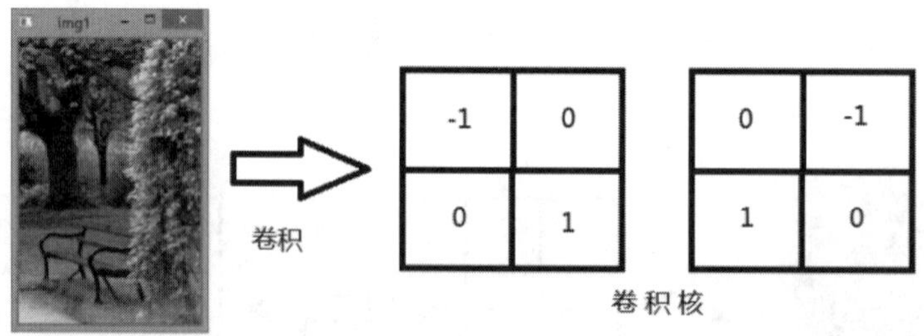

图16.11 Roberts边缘检测的卷积核算子

与 Roberts 核进行卷积，本质上是两个对角线方向上的差分。也可以对这两个算子进行改造，如图 16.12 所示。

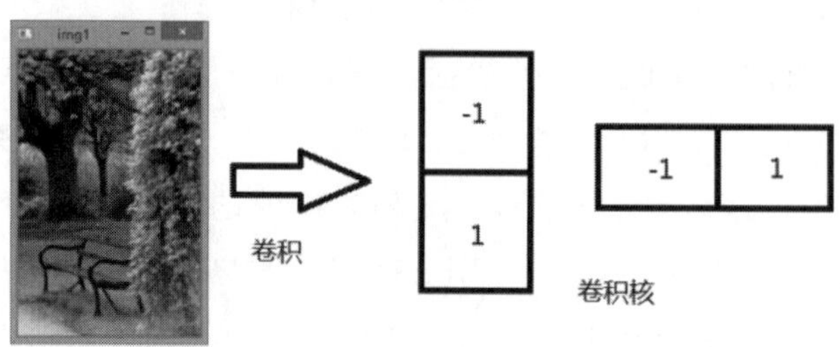

图16.12 Roberts边缘检测的卷积核算子改造

变化的算子可以求得垂直方向和水平方向上的边缘。

假设图像与 n 个卷积核进行卷积运算，记 $\mathrm{cov}_1,\mathrm{cov}_2,\mathrm{cov}_3,\cdots,\mathrm{cov}_n$ 为图像与这些卷积核卷积后的结果，通常有以下几种方式衡量最后输出的边缘强度。

（1）取对应位置绝对值的和：$\sum_{i=1}^{n}|\mathrm{cov}_i|$。

（2）取对应位置的平方和的开方：$\sqrt{\sum_{i=1}^{n}\mathrm{cov}_i^2}$。

（3）取对应位置绝对值的最大值：$\max(\{|\mathrm{cov}_1|,|\mathrm{cov}_2|,\cdots,|\mathrm{cov}_n|\}$。

（4）插值法：$\sum_{i=1}^{n}\alpha_i|\mathrm{cov}_i|$，其中 $\alpha_i \geqslant 0$，且 $\sum_{i=1}^{n}\alpha_i=1$。

取绝对值最大值的方式对边缘的走向是比较理想的；取平方和的方式肯定是最好的，但耗时也是最长的。

在 Python 的程序实现上，Roberts 算子主要通过 NumPy 定义卷积算子，再调用 OpenCV 的 filter2D() 函数实现边缘提取。filter2D() 函数主要是利用内核实现对图像的卷积运算，代码如下。

【程序代码清单 16.9】实现 Roberts 算子

```
import cv2
import numpy
img = cv2.imread('scene.jpg')
# 灰度化处理图像
grayImage = cv2.cvtColor(img, cv2.COLOR_BGR2GRAY)
# Roberts 算子
kernelx = numpy.array([[-1, 0], [0, 1]], dtype=int)
kernely = numpy.array([[0, -1], [1, 0]], dtype=int)
x = cv2.filter2D(grayImage, cv2.CV_16S, kernelx)
y = cv2.filter2D(grayImage, cv2.CV_16S, kernely)
# 计算后的图像有正有负，取其绝对值
absX = cv2.convertScaleAbs(x)
absY = cv2.convertScaleAbs(y)
# 将两个算子的权重系数平均，计算最终的边缘结果
roberts = cv2.addWeighted(absX, 0.5, absY, 0.5, 0)
# 显示图像
cv2.imshow("edge",roberts)
cv2.waitKey(0)
cv2.destroyAllWindows()
```

这段代码完成了 Roberts 算子进行边缘检测的功能。程序首先利用 OpenCV 中的读取图像函数方法 imread() 获取图像数据，然后利用 cvtColor() 转化函数把彩色图像转化成灰度图像。之后使用 array() 定义 Roberts 的两个算子变量，分别是 kernelx 和 kernely。接着对两个算子变量利用 filter2D() 函数完成利用内核实现对图像的卷积运算，convertScaleAbs() 就是对卷积运算结果中负值取绝对值，确保数据的数值都是正数。convertScaleAbs() 用于实现对整个图像数组中的每一个元素进行取绝对值操作。addWeighted() 函数决定了对

两个卷积核求卷积所得到的每一个绝对值结果再进行插值法求最终结果，就是每个卷积核求卷积结果的权重值乘两种卷积核求卷积后的结果。这里每个卷积核求卷积的权重值均是 0.5，可实现两幅图像叠加即线性融合在一起，这是 addWeighted() 的作用。如果融合了两个不同的图像，相当于把这两个不同的图像按照不同的显示比例进行重叠，如图 16.13 所示。

图 16.13 中一个背景用 addWeighted() 融合一个黑色的人影，由于图像的原因，融合得不是太理想。如果用 Roberts 的两个不同的算子，分别做不同对角线的融合，继而确定边缘，还是可以达到较好效果的。最后通过 imshow() 方法显示最终边缘检测结果的图像，并在 waitKey(0) 持续等待键盘任意键按下后，用 destroyAllWindows() 方法关闭所有显示窗口。

运行结果如图 16.14 所示。

图16.13 addWeighted融合图像效果

图16.14 实现Roberts算子运行结果

由图 16.14 中得知，图中的小细线就是这幅图的边缘检测结果。

第二种是 Sobel 算子。

Sobel 算子则是把卷积核替换成高斯卷积核，在图像的平滑处理上面，高斯平滑的效果比较好。用 Sobel 算子来处理边缘检测的问题也会给图像带来平滑处理。

Sobel 算子的具体形式如图 16.15 所示。

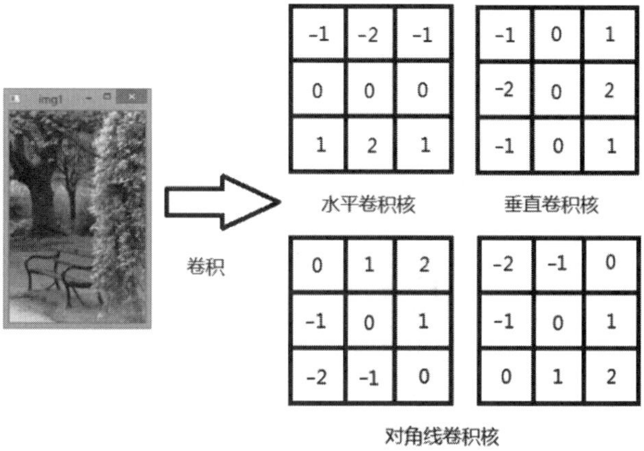

图16.15 Sobel算子的具体形式

所有算子也是共同作用进行边缘检测，算子中出现的2或-2是非归一化的算法引起的，如果改成1或-1，就是归一化。从专业的角度来说，这些算子都是通过求一阶导数来计算梯度的，用于线的检测，在图像处理中通常用于边缘检测。

用 OpenCV 库来进行 Sobel 算子的边缘检测，代码如下。

【程序代码清单 16.10】实现 Sobel 算子

```
import cv2
scene = cv2.imread("scene.jpg")
gray = cv2.cvtColor(scene, cv2.COLOR_BGR2GRAY)
grad_x = cv2.Sobel(gray, -1, 1, 0, ksize=3)
grad_y = cv2.Sobel(gray, -1, 0, 1, ksize=3)
grad = cv2.addWeighted(grad_x, 0.5, grad_y, 0.5, 0)
cv2.imshow("img",grad)
cv2.waitKey(0)
cv2.destroyAllWindows()
```

这段代码的功能就是实现 Sobel 算子的边缘检测。程序首先通过 imread() 方法读取图像数据，利用 cvtColor() 来进行真彩色图像到灰度图像的转换。紧接着就是 Sobel 的舞台了，调用 cv2.Sobel() 方法。这里的方法传入了 5 个参数，第一个参数是需要处理的图像；第二个参数表示处理后图像的深度，-1 表示与原图有相同的深度，注意，这个参数需要目标图像的深度大于原图的深度；第三个和第四个参数决定从纵向还是从横向上进行求导数。通俗地可以这样理解，就是第三个参数相当于从纵向方向上求边缘，第四个参数决定从横向方向上求边缘。ksize 是 Sobel 算子的大小，需要强调的是，Sobel 算子的大小只有 1、3、5、7 这几个数值。其实还有 scale 缩放比例常数、delta 可选的增量、borderType 判断图像边界的模式等这些参数，但这个案例中没有涉及这些参数，了解一下即可。

这段代码中对于 Sobel 算子只计算了横向算子和纵向算子作用的边缘检测结果，然后通过 addWeighted() 进行横向和纵向边缘检测图像结果的叠加。最后调用方法 imshow() 来显示叠加后的边缘检测结果，waitKey(0) 一直持续等待键盘有任意键被按下，按下任意键后关闭所有已经打开的显示窗口。

运行结果如图 16.16 所示。

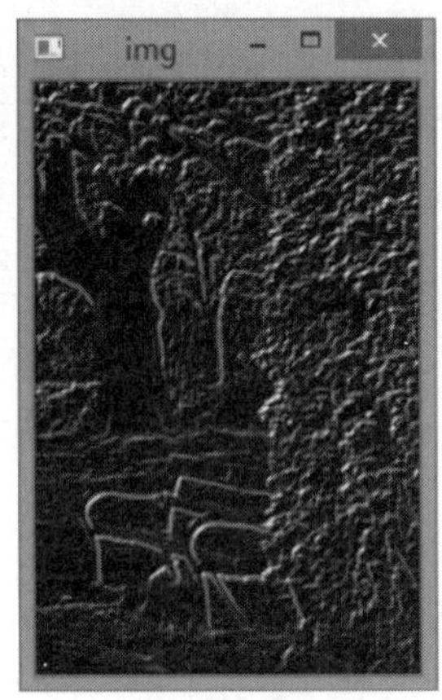

图16.16 实现Sobel算子运行结果

从图中可知，相比 Roberts 算子来说，边缘浅的深度会好一点儿。

第三种是 Laplacian 算子，即拉普拉斯算子。

从公式上来说，二维函数 $f(x,y)$ 的拉普拉斯算子是一个二阶的微分，定义为：

$$\nabla^2 f = \frac{\partial^2 f}{\partial x^2} + \frac{\partial^2 f}{\partial y^2}$$

其中：

$$\frac{\partial^2 f}{\partial x^2} = f(x+1,y) - 2f(x,y) + f(x-1,y)$$

$$\frac{\partial^2 f}{\partial y^2} = f(x,y+1) - 2f(x,y) + f(x,y-1)$$

可以用多种方式将其表示成数字形式。被推荐最多的形式，如图 16.17 所示。

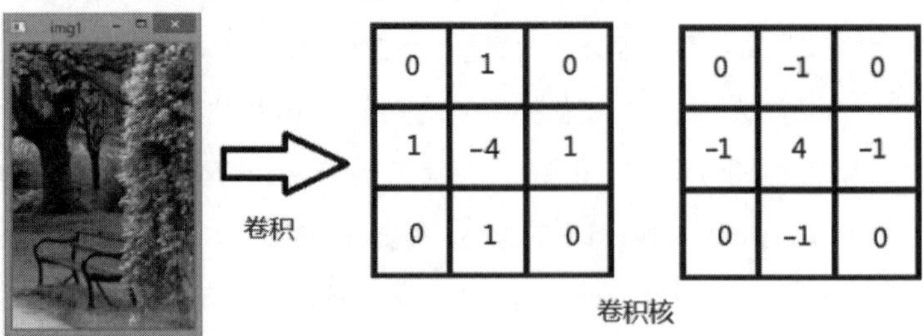

图16.17 拉普拉斯算子卷积演示

现在用 OpenCV 调用拉普拉斯算子实现边缘检测，代码如下。

【程序代码清单 16.11】OpenCV 实现拉普拉斯算子

```
import cv2
scene= cv2.imread("scene.jpg")
ray = cv2.cvtColor(scene, cv2.COLOR_BGR2GRAY)
dst1 = cv2.Laplacian(gray, -1, 3)
dst2 = cv2.Laplacian(gray, -1, 1)
cv2.imshow("dst1", dst1)
cv2.imshow("dst2", dst2)
cv2.waitKey(0)
cv2.destroyAllWindows()
```

这段代码并不复杂，代码的功能就是用拉普拉斯算子实现边缘检测。程序首先读取图像数据，使用 OpenCV 的 imread() 方法，接下来使用 cvtColor() 实现图像从真彩色到灰度的转化。然后调用 OpenCV 的 Laplacian() 方法，方法中传入了 3 个参数，第一个参数是需要处理的图像，第二个参数是图像的深度，第三个参数是算子的大小参数 ksize，这里的算子大小也只有 1、3、5、7。默认的 ksize 大小为 1，这段代码中把 ksize 既设置为 1 也设置为 3，看一下有什么样的差别。最后还是用 imshow() 方法显示边缘检测结果，waitKey(0) 用于持续等待用户按键盘任意键，destroyAllWindows() 用于关闭所有显示窗口。

运行结果如图 16.18 所示。

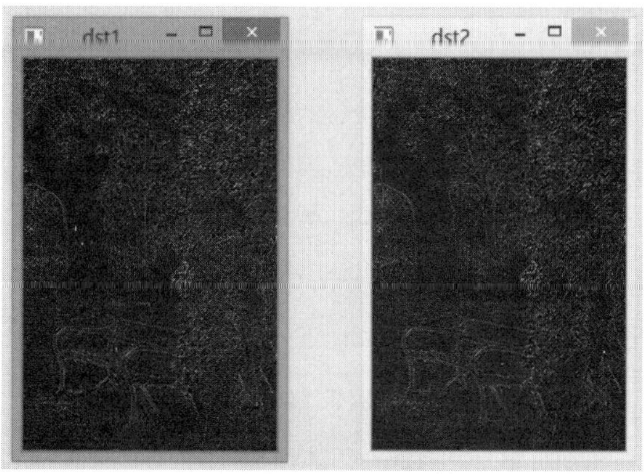

图16.18　实现拉普拉斯算子运行结果

从图 16.19 中的运行结果上看，ksize=1 和 ksize=3 效果图是一样的，如果输出这两个数据，结果是一样的。

第四种是 Canny 算子。

Canny 算法是对 Sobel 等算子效果的进一步细化和更加准确的定位。

Canny 算法的实现步骤如下。

（1）对输入图像进行高斯平滑，降低错误率。高斯滤波就是对整幅图像进行加权平均，每一个像素的值都是由其本身和邻域内的其他像素值经过加权平均后得到的。

（2）计算梯度幅度和方向来估计每一点处的边缘强度与方向。对于任何一点处的梯度，包括幅值和方向，用 Soble 卷积算子与对应像素点求卷积。对于边缘点的梯度，如果不做边缘补充，则把其周围的像素点默认为 0。

（3）根据梯度方向，对梯度幅值进行非极大值抑制。本质上是对 Sobel 算子结果的进一步细化。

（4）用双阈值处理和连接边缘。对于双阈值，Canny 算法根据图像选取合适的高阈值和低阈值，通常高阈值是低阈值的 2 到 3 倍。如果某一像素的梯度值高于高阈值，则保留；如果某一像素的梯度值低于低阈值，则舍弃。如果某一像素的梯度值介于高低阈值之间，则从该像素的 8 邻域寻找像素梯度值，如果存在像素梯度值高于高阈值，则保留；如果没有，则舍弃。

用 OpenCV 库来进行 Canny 算子的边缘检测，代码如下。

【程序代码清单 16.12】OpenCV 实现 Canny 算子

```
import cv2
scene= cv2.imread("scene.jpg")
gray = cv2.cvtColor(scene, cv2.COLOR_BGR2GRAY)
dst = cv2.Canny(gray,100,200)
cv2.imshow("dst", dst)
cv2.waitKey(0)
cv2.destroyAllWindows()
```

这段代码的功能就是用 Canny 算子实现边缘检测。程序初始用 imread() 方法读取图像数据，接下来调用 cvtColor() 方法将真彩色图像转换成灰度图像。然后 Canny 算子实现了对灰度图像的边缘检测，传入 Canny() 函数中的参数，第一个参数就是需要处理的图像，第二个参数是低阈值，第三个参数是高阈值，Canny() 就是用双阈值的方法来进行边缘检测的。最后调用 imshow() 方法显示 Canny 边缘检测结果图像，waitKey(0) 用于持续等待键盘中任意键被按下，关闭所有显示的窗口用函数 destroyAllWindows()。

运行结果如图 16.19 所示。

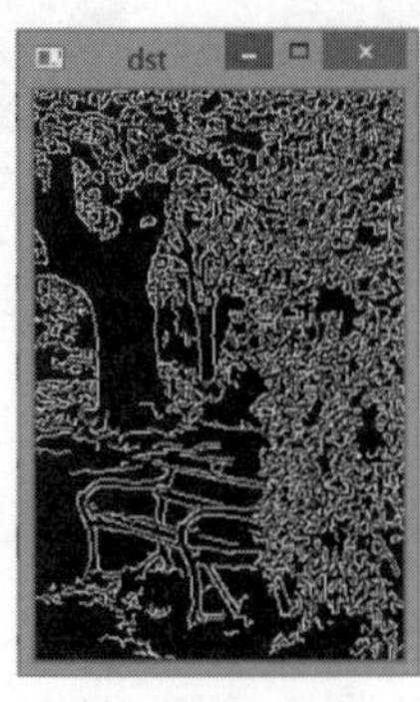

图16.19 OpenCV实现Canny算子运行结果

从上面几种方法可以得出，其实图像的边缘检测往往就是与某一个算子进行卷积，最终就会得到边缘检测的结果。这里可以做一个大胆的假设，如果自己定义一个算子，很好地进行了边缘检测，也是可能达到效果的。可以利用机器学习 TensorFlow 模块中的卷积方法去卷积一个自己定义的算子，进行边缘检测。代码如下。

【程序代码清单 16.13】TensorFlow 卷积方法实现边缘检测

```
import cv2
import tensorflow as tf
import numpy
def func(img_path):
# 读取图像，矩阵化，转换为张量
tree = cv2.imread(img_path)
img_data = tf.constant(tree, dtype=tf.float32)
# 将张量转化为四维数组
img_data = tf.reshape(img_data, shape=[1, 454, 700, 3])
# 权重
weights=tf.Variable(tf.random_normal(shape=[2,2,3,3],dtype=tf.float32))
# 卷积
conv = tf.nn.conv2d(img_data, weights, strides=[1, 3, 3, 1], padding='SAME')
img_conv = tf.reshape(conv, shape=[152, 234, 3])
img_conv = tf.nn.relu(img_conv)
with tf.Session() as sess:
# 全局初始化
sess.run(tf.global_variables_initializer())
img_conv = sess.run(img_conv)
cv2.imshow("img",img_conv)
cv2.imshow("origin_img",tree)
cv2.waitKey(0)
cv2.destroyAllWindows()
if __name__ == '__main__':
img_path = "tree.png"
func(img_path)
```

这段代码实现的功能就是随机产生一个算子与某个图像进行卷积。程序中定义的函数 func() 首先读取一幅图像，使用 imread() 方法实现，读取图像后需要转化成 TensorFlow 的张量，使用 constant() 方法来实现其操作。如果需要用 TensorFlow 中的 conv2d() 进行卷积，必须保证 conv2d() 传入的第一个参数是四维数组，这样就需要造出这个四维数组。这里是一张图像进行边缘检测，图像的宽度、高度和深度作为四维数组形状的第 2 到第 4 个参数，tf.reshape() 就实现了将图像数据转换成四维数组，其中的参数 shape=[1, 454, 700, 3] 就规定了这个四维数组的形状，1 是 1 张图像，454 是图像的宽度，700 是图像的高度，3 是图像的深度。定义了 conv2d() 的第一个参数数组后，定义 conv2d() 的第二个参数卷积核，这里使用 tf.random_normal() 随机产生四维的卷积核，卷积核形状由 shape=[2,2,3,3] 定义，也就是四维卷积核的宽度和高度都是 2，深度为 3，最后的参数是卷积核的个数，也为 3。conv2d() 的第三个参数指明卷积核滑动的步长，在步长的一维数据中，第二个和第三个值表示卷积核的大小。conv2d() 中最后一个参数 padding='SAME' 指明了补洞策略，这样 conv2d() 函数实现了对图像数据与随机卷积核的卷积。卷积的结果继续调用 tf.reshape() 方法转换成原图大小，然后用 ReLU 算子进行池化，把线性转化成非线性。run() 方法执行图向量的对话，将对话结果调用 imshow() 方法显示出来，同时用 imshow() 方法显示原图，继续用 waitKey(0) 持续等待键盘任意键被按下，最后关闭显示图像的窗口用 destroyAllWindows() 方法。

运行结果如图 16.20 所示。

图16.20 TensorFlow卷积方法实现边缘检测运行结果

16.3 OpenCV 形态学中腐蚀与膨胀

边缘检测的结果出来了之后，是不是图像的边缘就能够清晰地展示出来了呢？比如边缘检测效果比较好的 Canny 边缘检测出来的结果，如图 16.21 所示。

图16.21 Canny边缘检测的结果

由图中可知，很多轮廓线都已经可以看出来，但凳子线的下面还是有一些杂草。有时候边缘检测的结果出来后，有一些杂点还是掺杂在其中，这就需要形态学算子的参与了。一般情况下形态学处理的都是二值图像。腐蚀和膨胀是最基本的形态学算子。在数学形态学中最基本的一个工具就是结构元素（structuring element）。结构元素就相当于滤波过程中所涉及的模板，也就是说它是一个给定像素的矩阵，这个矩阵可以是任意形状的，但是一般情况下都是正方形、圆形或者菱形的，但是在结构元素中有一个中心点，也叫作 anchor point。

结构元素和卷积模板的区别在于，膨胀是以集合运算为基础的，卷积是以算数运算为基础的。

16.3.1 形态学中的膨胀

膨胀指的是用结构元素扫描图像的每一个像素，用结构元素与其覆盖的二值图像做“与”操作，如果都为 0，结果图像的该像素为 0，否则为 1。0 表示黑色，1 表示白色。可以这样理解，存在一个内核结构元素，在图像上进行从左到右、从上到下的平移，如果方框中存在白色，那么这个方框内所有的颜色都是白色。可以用图形表示的方法说明相关的操作。

第一种情况是结构元素的原点设置在结构的内部，如图 16.22 所示。

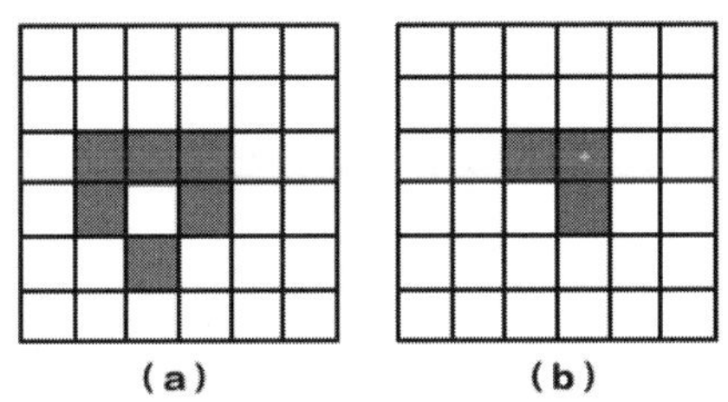

图16.22 结构元素的原点设置在结构的内部

图 16.23（a）为原图，图 16.23（b）为结构元素。

将结构元素的原点在原图上的黑色方块上移动。

（1）将结构元素的原点，放置在原图的第一个黑色方块上，如图 16.23 所示。

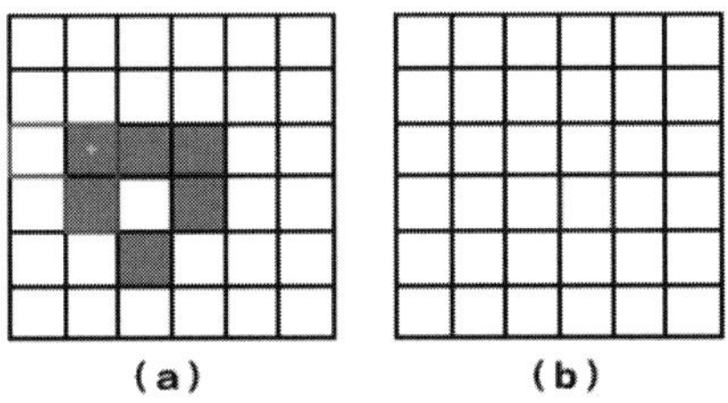

图16.23 结构元素的原点放置在原图的方框

图 16.24（a）为原图，图 16.24（b）为结构元素。

（2）根据此时结构元素在原图上占据的所有位置，在输出图的相应所有位置涂黑，如图 16.24 所示。

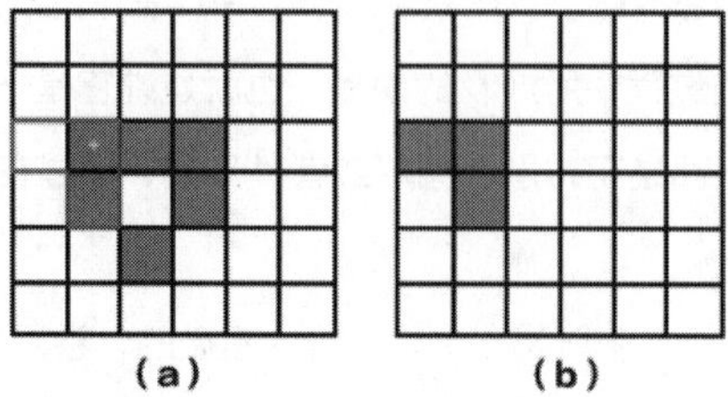

图16.24 结构元素原点的方框的位置结构元素的输出

图 16.25（a）为原图，图 16.25（b）为结构元素。

（3）将结构元素的原点移动到下一个原图上的黑色方块，如图 16.25 所示。

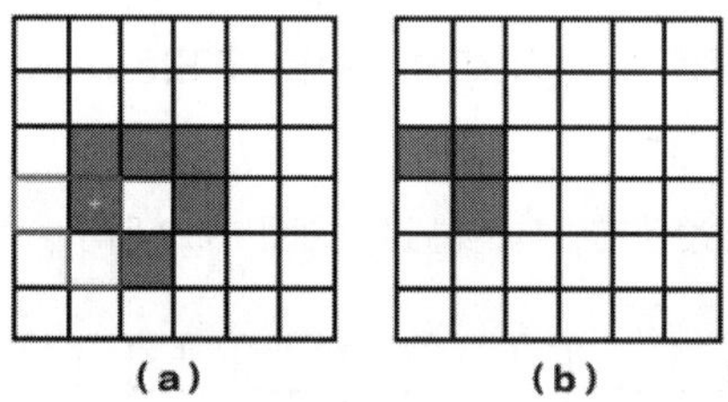

图16.25 结构元素原点移动到原图的下一个黑方框

图 16.26（a）为原图，图 16.26（b）为结构元素。

（4）根据此时结构元素在原图上占据的所有位置，在输出图的相应所有位置涂黑，如图 16.26 所示。

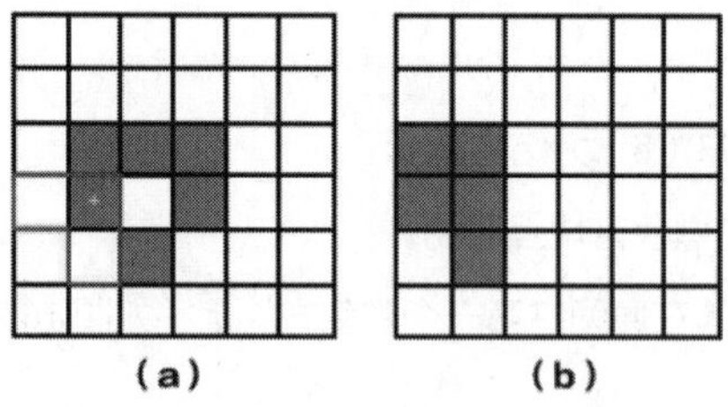

图16.26 结构元素在原图的位置在结构图的输出

（5）重复步骤（3）和步骤（4），直到遍历完原图中所有的黑色方块，得到最终输出结果，如图 16.27 所示。

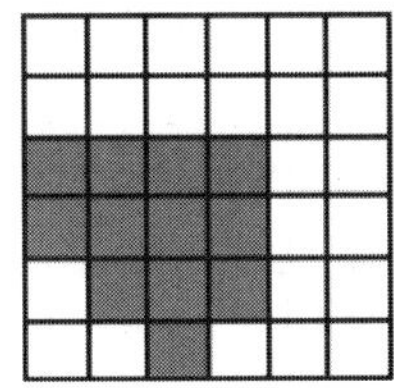

图16.27 膨胀结构图的最终输出

第二种情况是结构元素的原点设置在结构的外部，如图 16.28 所示。

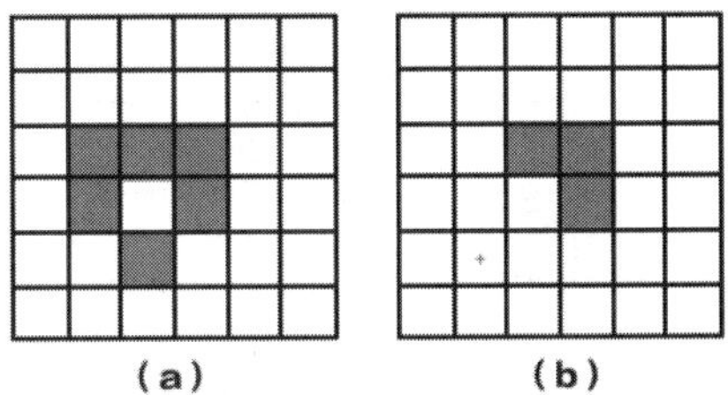

图16.28 结构元素的原点设置在结构的外部

图 16.29（a）为原图，图 16.29（b）为结构元素，注意，这里的结构元素的原点不在结构元素内部。

（1）将结构元素的原点放置在原图向上的第一个黑色方块上，如图 16.29 所示。

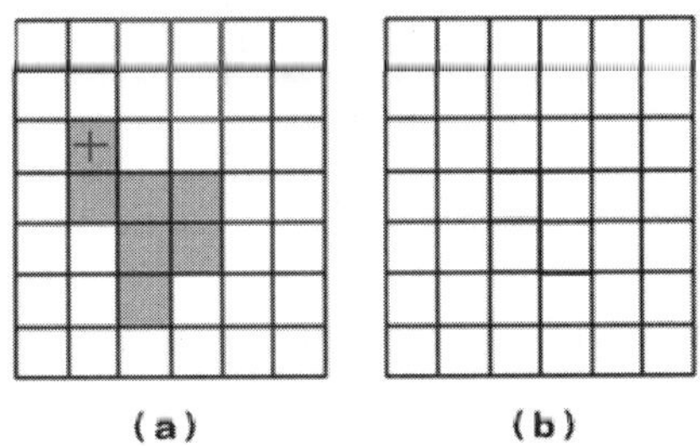

图16.29 原点放置在原图的方框

由于位置不够，我在上边界上拓展了一行。

（2）根据此时结构元素在原图上占据的所有位置，在输出图的相应所有位置涂黑，如图 16.30 所示。

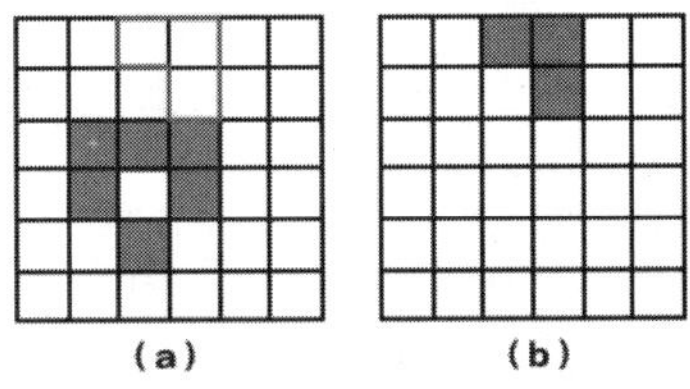

图16.30 结构元素原图位置在输出图涂黑

（3）将结构元素的原点移动到下一个原图上的黑色方块，如图 16.31 所示。

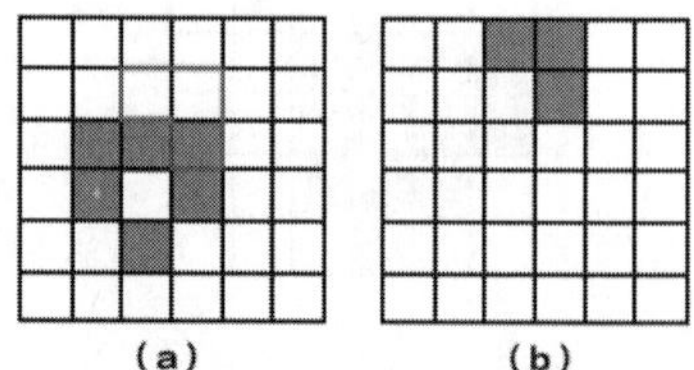

图16.31 结构元素原点移动到下一个位置

（4）根据此时结构元素在原图上占据的所有位置，在输出图的相应所有位置涂黑，如图 16.32 所示。

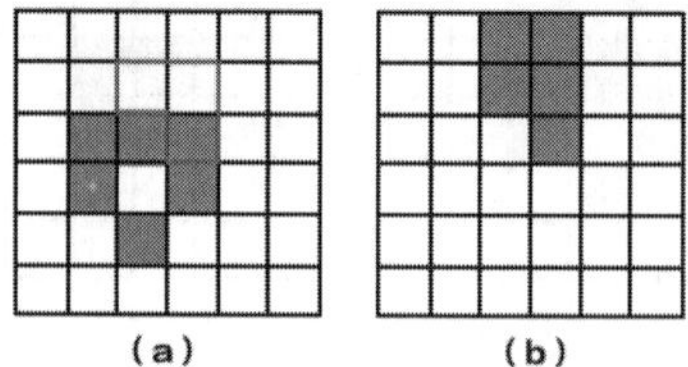

图16.32 结构元素原图位置在输出图涂黑

（5）重复步骤（3）和步骤（4），直到遍历完原图中所有的黑色方块，得到最终输出结果，如图 16.34 所示。

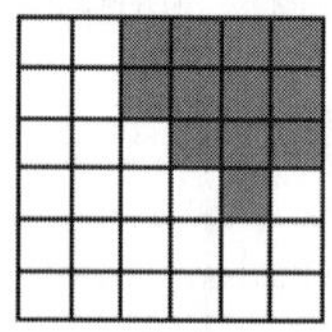

图16.33 最终输出

OpenCV 库对一幅二值图像进行膨胀的方法是 dilate()。dilate() 可以对输入图像用特定结构元素进行膨胀操作，这个结构元素确定了膨胀操作过程中的邻域的形状，各点像素值将被替换为对应邻域上的最大值。代码如下。

【程序代码清单 16.14】OpenCV 实现膨胀

```
import cv2
import numpy
img_data=cv2.imread("peng.png")
gray=cv2.cvtColor(img_data,cv2.COLOR_BGR2GRAY)
_,origin=cv2.threshold(gray,150,255,cv2.THRESH_BINARY)
kernel=numpy.ones((10,10),numpy.uint8)
dilation=cv2.dilate(origin,kernel,iterations=1)
cv2.imshow("origin",origin)
cv2.imshow("dilations",dilation)
```

```
cv2.waitKey(0)
cv2.destroyAllWindows()
```

这段代码实现了图像的膨胀处理。程序首先调用 imread() 方法读取图像内容，接下来使用 cvtColor() 方法将图像从真彩色进行灰度化，然后 threshold() 方法进行二值化处理。这些方法之前都提到过，紧接着定义一个内核 kernel，这是一个 NumPy 数组，numpy.ones(10,10) 产生一个 10 行、10 列的元素为 1 的数组。用这个核作为膨胀 dilate() 方法的第二个参数，第一个参数就是二值化的图像数据，第三个参数 iterations 表示迭代的次数。最后用 imshow() 方法把原始图像二值化后的结果和膨胀操作后结果分别显示，对这两种效果实现对比，waitKey(0) 方法用于持续等待键盘中有任意键被按下，destroyAllWindows() 方法用于关闭所有的显示内容的窗口。

运行结果如图 16.34 所示。

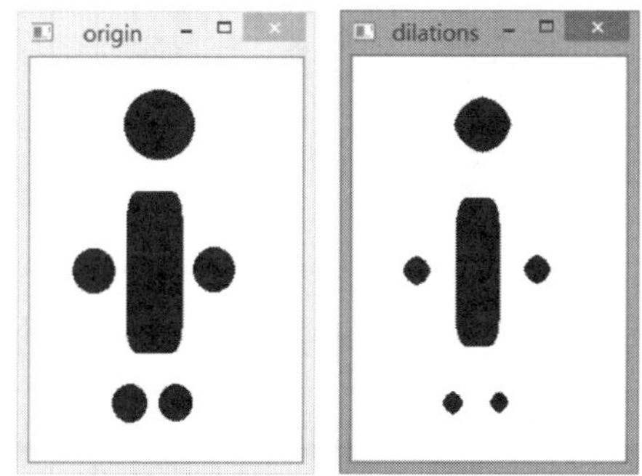

图16.34 OpenCV实现膨胀运行结果

从图 16.34 中显示的效果上看，膨胀把白色的区域扩大，黑色的区域变小，使原图中的小人“瘦身”成功。利用膨胀的效果可以解决一些图像上出现的杂点问题，相当于用洗衣粉达到去除衣服上面的污渍的效果。

16.3.2 形态学中的腐蚀

腐蚀是膨胀运算的对偶运算，指的是用结构元素扫描图像的每一个像素，用结构元素与其覆盖的二值图像做“与”操作，如果都为 1，结果图像的该像素为 1, 否则为 0。0 表示黑色，1 表示白色。可以这样理解，存在一个内核，在图像上进行从左到右、从上到下的平移，如果方框中存在黑色，那么这个方框内所有的颜色都是黑色。

可以用图形表示的方法说明相关的操作。

第一种情况是结构元素的原点设置在结构的内部，如图 16.35 所示。

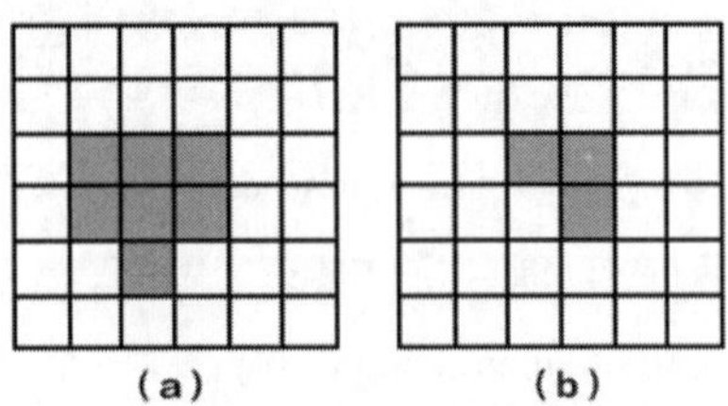

图16.35 腐蚀发生在结构元素的原点设置在结构的内部

图 16.35（a）为原图，图 16.35（b）为结构元素。

（1）将结构元素第一次完全匹配原图，如图 16.36 所示，图 16.36（b）为输出图像。

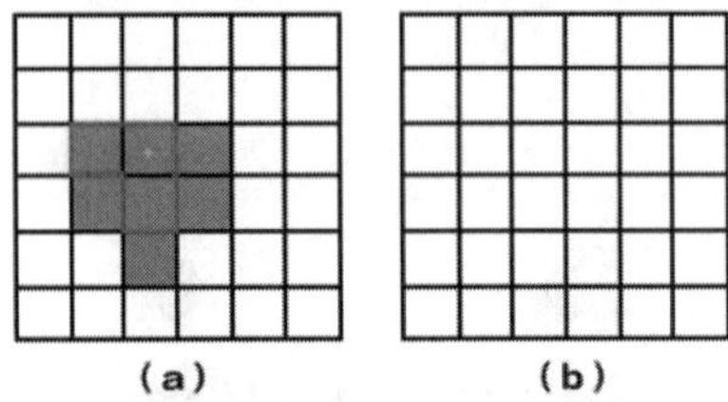

图16.36 腐蚀操作结构元素第一次完全匹配原图

（2）然后我们根据原点在原图中的位置，在输出图像上完全对应的位置上涂黑，如图 16.37 所示。

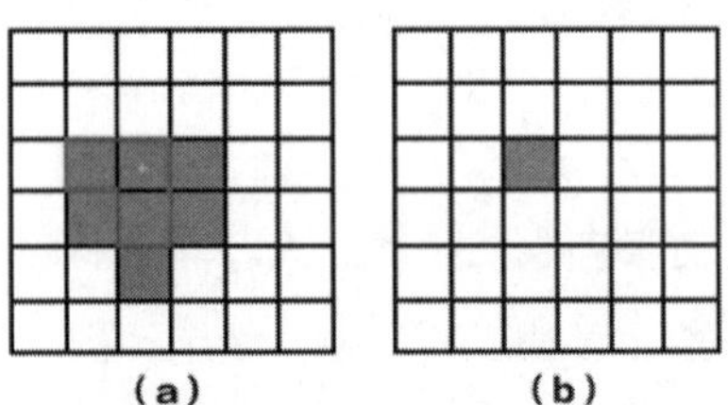

图16.37 腐蚀操作结构元素根据原图中的位置在输出图像涂黑

（3）在原图中寻找下一个完全和结构元素匹配部分，如图 16.38 所示。

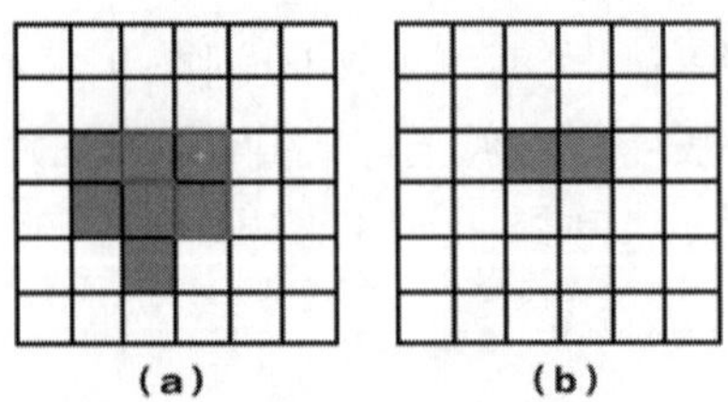

图16.38 腐蚀操作结构元素在原图中的位置找下一个匹配元素

（4）根据此刻结构元素的原点在原图上的位置，在输出图像相同的位置上涂黑，如图 16.39 所示。

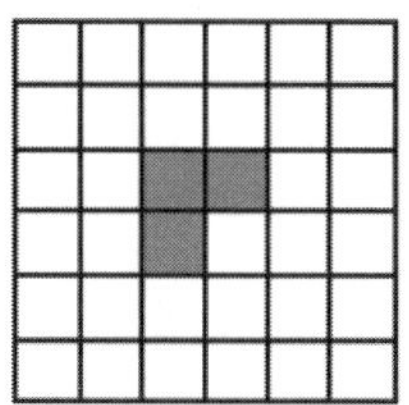

图16.39 腐蚀发生在结构元素的原点设置在结构的内部情况结果

（5）寻找完毕，操作完毕。

第二种情况是结构元素的原点设置在结构的外部，如图 16.40 所示。

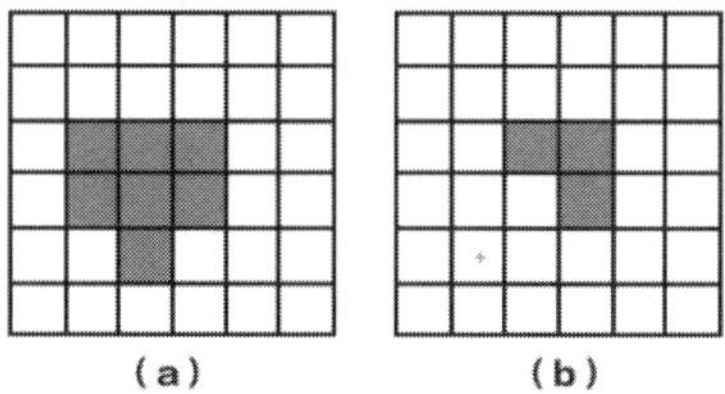

图16.40 腐蚀发生在结构元素的原点设置在结构的外部

图 16.41（a）为原图，图 16.41（b）为结构元素，注意，这里的结构元素的原点不在结构元素内部。

（1）拿结构元素第一次完全匹配原图，如图 16.41 所示，图 16.41（b）为输出图像。

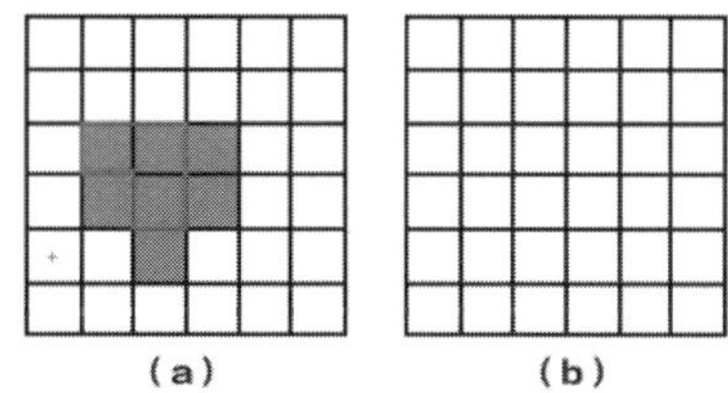

图16.41 腐蚀操作发生在结构的原点外第一次完全匹配原图

（2）根据结构元素的原点在原图中的位置，在输出图像相应的位置涂黑，如图 16.42 所示。

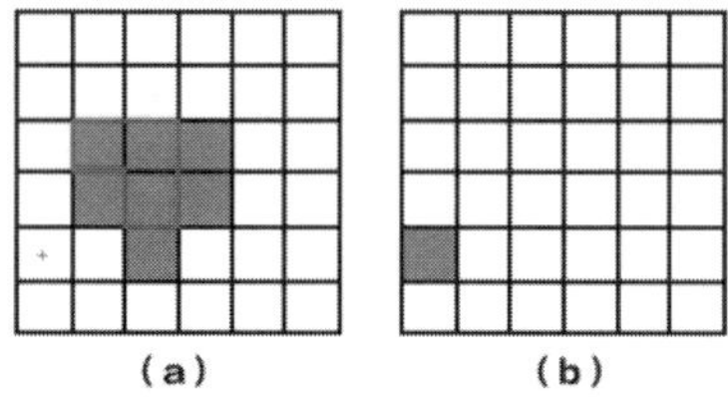

图16.42 腐蚀操作发生在结构元素的原点外原点在原图中的位置输出图像涂黑

（3）在原图中寻找下一个完全和结构元素匹配部分，如图 16.43 所示。

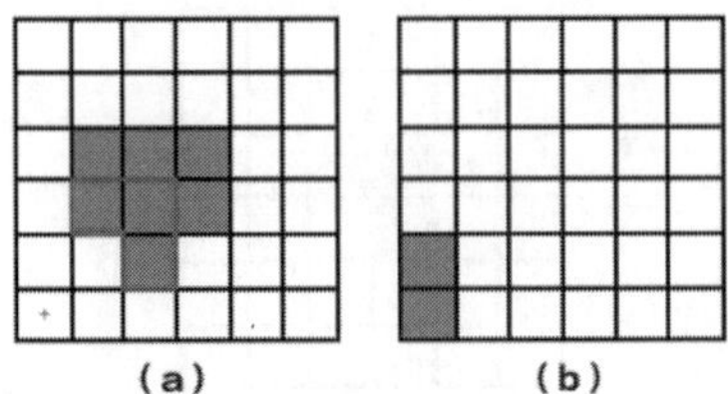

图16.43 腐蚀操作发生在结构元素的原点外原图寻找下一个匹配

（4）根据此刻结构元素的原点在原图上的位置，在输出图像相同的位置上涂黑，如图 16.44 所示。

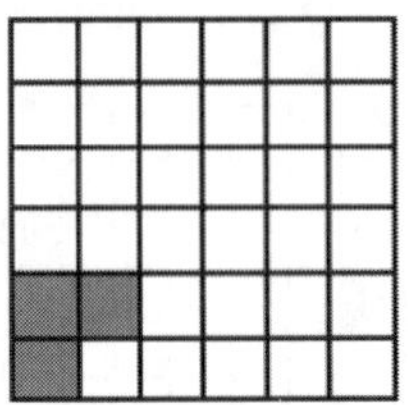

图16.44 腐蚀操作发生在结构元素的原点外结果

（5）寻找完毕，操作完毕。

OpenCV 库对一幅二值图像进行腐蚀的方法是 erode()。erode() 可以对输入图像用特定结构元素进行腐蚀操作，这个结构元素确定了腐蚀操作过程中的邻域的形状，各点像素值将被替换为对应邻域上的最小值。代码如下。

【程序代码清单 16.15】OpenCV 实现腐蚀

```
import cv2
import numpy
img_data=cv2.imread("peng.png")
gray=cv2.cvtColor(img_data,cv2.COLOR_BGR2GRAY)
_,origin=cv2.threshold(gray,150,255,cv2.THRESH_BINARY)
kernel=numpy.ones((10,10),numpy.uint8)
dilation=cv2.erode(origin,kernel,iterations=1)
cv2.imshow("origin",origin)
cv2.imshow("dilations",dilation)
cv2.waitKey(0)
cv2.destroyAllWindows()
```

这段代码完成了图像的腐蚀操作。该代码整体上与前面膨胀操作的代码一样，只是在对图像进行膨胀操作还是腐蚀操作上，命令不一样而已，但其参数也是一致的，就相当于把前面膨胀案例中的 dilate() 更换成 erode()。

运行的结果如图 16.45 所示。

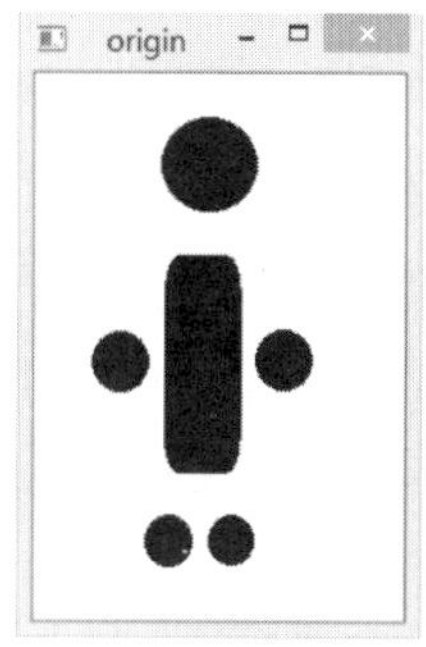

图16.45 OpenCV实现腐蚀运行结果

由图中的效果看，腐蚀之后黑色的区域变多了，原来的小人变成了“大头”，“胳膊”也“粗”了，穿上了“大头皮鞋”，相当于增强了主要元素的效果。

16.3.3 腐蚀和膨胀的应用

联系到前面的案例验证码，验证码图像被切割后可能出现的图像如图 16.46 所示。

图16.46 被切割的验证码图像

这个 U 字中间有一条彩色的线，U 的粗细与彩色的线还是一定的差别的。现在如果先进行膨胀，让白色区域扩大，扩大到 U 的粗细与彩色线粗细之间的某一个值，再把黑色的部分腐蚀，还原出 U 原来的样子，会不会把 U 字中间的那么彩色线去掉呢？代码如下。

【程序代码清单 16.16】OpenCV 实现腐蚀和膨胀消除验证码波浪线

```
import cv2
import numpy
yanzheng=cv2.imread("./u/25_4.png")
gray=cv2.cvtColor(yanzheng,cv2.COLOR_BGR2GRAY)
_,thresh=cv2.threshold(gray,230,255,cv2.THRESH_BINARY)
kernel=numpy.ones((4,4),numpy.uint8)
one_yanzheng=cv2.dilate(thresh,kernel,iterations=1)
two_yanzheng=cv2.erode(one_yanzheng,kernel,iterations=1)
cv2.imshow("thresh",thresh)
cv2.imshow("two_yanzheng",two_yanzheng)
```

```
cv2.waitKey(0)
cv2.destroyAllWindows()
```

这段代码中，读取验证码切分图像是用 imread() 方法实现的，cvtColor() 方法继续将读取的图像进行灰度化，关键在于 threshold() 方法的二值化，要设定一个关键的阈值。这里的 230 是一次一次尝试出来的结果，不断优化这个最低阈值，然后定义膨胀、腐蚀操作的核 kernel。kernel 设为 numpy.ones((4,4))，即 4 行 4 列的矩阵，这也需要一次一次的尝试，可以换成 (3,3) 或者换成 (5,5) 试试，不同的核会有不同的结果显示。然后遵照先膨胀、后腐蚀的操作，迭代参数设置为 1，最后通过 imshow() 方法显示先膨胀、后腐蚀的图像结果，waitKey(0) 用于持续等待键盘按键被按下，便于查看图像结果，destroyAllWindows() 用于关闭已打开的图像窗口。

程序运行结果如图 16.47 所示。

图16.47 OpenCV实现腐蚀和膨胀消除验证码波浪线运行结果

由原图和膨胀并腐蚀后的效果图对比，可发现 U 中间的彩色线没有了，这样对于验证码切分后的干扰项就少了，也有利于 KNN 算法识别这样的字母。

通过上面的例子可看出，在应用中膨胀和腐蚀往往是一起使用的，在形态学上就根据膨胀和腐蚀的先后顺序定义了新的算法。

开运算，就是先腐蚀、后膨胀，用来消除图像中细小对象，在纤细点处分离物体和平滑较大物体的边界而不明显改变其面积和形状。

闭运算，就是先膨胀、后腐蚀，用来填充目标内部的细小孔洞（fill hole），将断开的邻近目标连接，在不明显改变物体面积和形状的情况下平滑其边界。

对于是用开运算还是用闭运算，在实际的程序中可以主动尝试一下，看哪一种方法可解决图像中的相关问题。

16.4 OpenCV 轮廓 findContours 和 drawContours

图像边缘确定后，OpenCV 提供了 findContours() 查找这些轮廓。这个函数有 3 个参数，第一个是输入图像，第二个是轮廓检索模式，第三个是轮廓近似方法。返回值的第一个元素是轮廓，这个轮廓是一个列表，每个列表元素代表一个轮廓。

findContoursr() 的第二个参数轮廓检索模式是处理可能包含的父子关系，也就是说一个轮廓里面可能还包含着其他轮廓，有几个选项来进行设置，RETR_LIST 只提取所有的轮廓，而不去创建任何父子关系；RETR_EXTERNAL 只返回最外边的轮廓，所有的子轮廓都会被忽略；RETR_CCOMP 会返回所有的轮廓并将轮廓分为两级组织结构；RETR_TREE 会返回所有轮廓，并且创建一个完整的组织结构列表，它甚至会告诉你谁是爷爷、爸爸、儿子、孙子等。

findContours() 的第三个参数可以有两个设置值，设置为 CHAIN_APPROX_NONE，表示边界所有点都会被存储；设置为 CHAIN_APPROX_SIMPLE 会压缩轮廓，将轮廓上的冗余点去掉，比如说四边形就会只存储 4 个角点。

查找到轮廓以后，就可以用 drawContours() 方法把 findContours() 返回的轮廓列表绘制出来。

函数 drawContours() 有 5 个参数。第一个参数是一张图像，可以是原图或者其他；第二个参数是轮廓，也可以说是 findContours() 找出来的点集，一个列表；第三个参数是对轮廓（第二个参数）的索引，当需要绘制独立轮廓时很有用，若要全部绘制可设为 -1；接下来的第四个和第五个参数是轮廓的颜色和厚度。

代码如下。

【程序代码清单 16.17】OpenCV 轮廓提取

```
import cv2
scene=cv2.imread("scene.jpg")
gray=cv2.cvtColor(scene,cv2.COLOR_BGR2GRAY)
edge=cv2.Canny(gray,100,200)
cons,_=cv2.findContours(edge,cv2.RETR_EXTERNAL,cv2.CHAIN_APPROX_SIMPLE)
draw_edge=cv2.drawContours(scene,cons,-1,(255,0,255),1)
cv2.imshow("edge",draw_edge)
cv2.waitKey(0)
cv2.destroyAllWindows()
```

这段程序完成的功能就是画风景图的轮廓线。程序首先用 imread() 方法读取图像，再调用 cvtColor() 方法把图像进行灰度化，然后用 Canny() 方法实现图像的边缘检测，这里传入两个阈值，低阈值 100，高阈值 200。紧接着调用 findContours() 查找边缘，传入了边缘检测的结果 edge，后面的两个参数，一个是取出轮廓中的外部轮廓，另一个是压缩轮廓，存储 4 个点即可。后面调用 drawContours() 方法在原来读入的真彩色图像中画出轮廓线，传入的第一个参数就是最开始读出的 scene 图像，第二个参数传入的是 findContours() 返回的第一个参数值，findContours() 第二个参数值这里没有用到，就用“_”来存储了。本例中 drawContours() 后面传入的参数中，-1 代表找出所有的轮廓，颜色值是 (255,0,255)，轮廓的线宽为 1。最后调用 imshow() 方法在原图上显示画出的轮廓线，waitKey(0) 用于持续等待键盘上的任意键被按下，关闭所有显示的窗口使用 destroyAllWindows()。

运行结果如图 16.48 所示。

图16.48 OpenCV轮廓提取运行结果

16.5 OpenCV 霍夫直线检测

霍夫变换（Hough transform）是图像处理中的一种特征提取技术，它通过一种投票算法检测具有特定形状的物体。该过程在一个参数空间中通过计算累计结果的局部最大值得到一个符合该特定形状的集合作为霍夫变换结果。答题卡案例中除了上述 OpenCV 的基本方法外，还有一个霍夫直线检测，就是来检测答题卡中的直线，进而来确定答题区域。

一条直线在图像二维空间可由两种形式表示。

一种是在笛卡儿坐标系可由参数 m、b，即斜率和截距表示。

一种是在极坐标系可由参数 r、θ，即极径和极角表示，如图 16.49 所示。

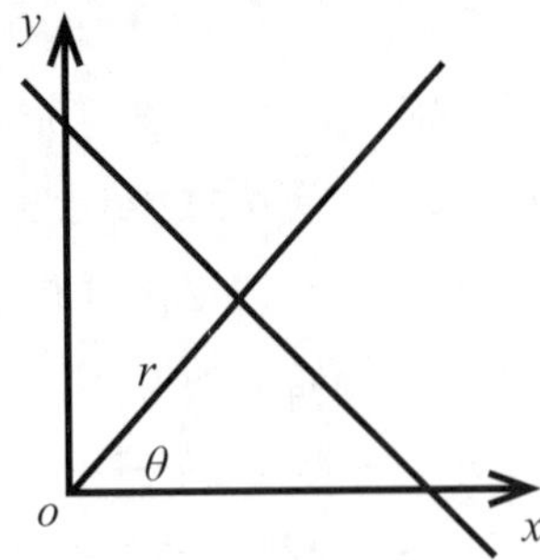

图16.49 极坐标系表示方法

对于霍夫变换，采用的是极坐标系的形式，直线就被表示成：

$$r = x\cos\theta + y\sin\theta$$

其直线如图 16.50 所示。

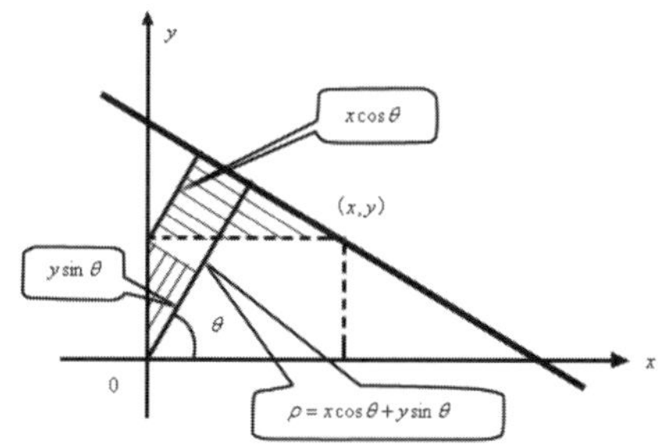

图16.50 极坐标系公式原理

对于平面上的一条线，给定这条线上的一个点，可以从这条线不同的θ取值去确定r，选定多少个θ，结果会有多少个r，就给这向个r值记 1 票。再选定直线上的点，又选定之前使用的不同的θ值，也会有不同的r值，再把这些值记 1 票。当然这里面也许有相同的，相同的值就会记 2 票。依次类推，选取的点越多，相同的值的票数越多，如果某一个θ值对应的r值票数很高，套用$r = x\cos\theta + y\sin\theta$公式，就会得到$x$和$y$的直线方程，如图 16.51 所示。

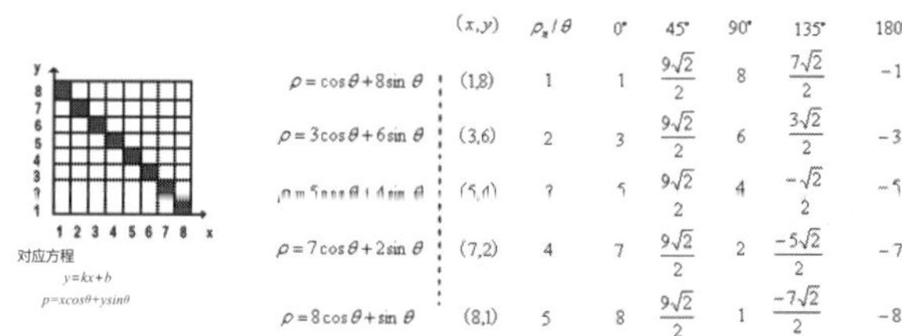

	(x,y)	ρ_s/θ	0°	45°	90°	135°	180°
$\rho=\cos\theta+8\sin\theta$	(1,8)	1	1	$\frac{9\sqrt{2}}{2}$	8	$\frac{7\sqrt{2}}{2}$	−1
$\rho=3\cos\theta+6\sin\theta$	(3,6)	2	3	$\frac{9\sqrt{2}}{2}$	6	$\frac{3\sqrt{2}}{2}$	−3
$\rho=5\cos\theta+4\sin\theta$	(5,4)	3	5	$\frac{9\sqrt{2}}{2}$	4	$\frac{-\sqrt{2}}{2}$	−5
$\rho=7\cos\theta+2\sin\theta$	(7,2)	4	7	$\frac{9\sqrt{2}}{2}$	2	$\frac{-5\sqrt{2}}{2}$	−7
$\rho=8\cos\theta+\sin\theta$	(8,1)	5	8	$\frac{9\sqrt{2}}{2}$	1	$\frac{-7\sqrt{2}}{2}$	−8

图16.51 直线套用不同的θ值得到不同的r值的选票计算

OpenCV 采用 HoughLines() 来进行霍夫直线检测。函数会返回(ρ, θ)值的序列，ρ单位为像素，θ单位为弧度。第一个参数，输入的图像是一个二进制图像；第二和第三个参数分别是ρ和θ的精度，指可以被认为是一个线条的最小计数值。一般ρ的最小计数值为单位 1，θ是 np.pi/180，表示单位弧度；第四个参数是阈值。对于 HoughLines() 的应用方法，代码如下。

【程序代码清单 16.18】OpenCV 霍夫直线检测

```
import cv2
import numpy as np
img = cv2.imread('chess_board.png')
gray = cv2.cvtColor(img,cv2.COLOR_BGR2GRAY)
edges = cv2.Canny(gray,50,200)
lines = cv2.HoughLines(edges,1,np.pi/180,160)
lines1 = lines[:,0,:]
for rho,theta in lines1[:]:
a = np.cos(theta)
```

```
b = np.sin(theta)
x0 = a*rho
y0 = b*rho
x1 = int(x0 + 1000*(-b))
y1 = int(y0 + 1000*(a))
x2 = int(x0 - 1000*(-b))
y2 = int(y0 - 1000*(a))
cv2.line(img,(x1,y1),(x2,y2),(255,0,0),1)
cv2.imshow("img",img)
cv2.waitKey(0)
cv2.destroyAllWindows()
```

这段代码的功能就是用霍夫直线检测图像。程序首先用 imread() 方法读取图像数据，使用 cvtColor() 方法把真彩色图像转化成灰度图像，用 Canny() 方法进行边缘检测，低阈值为 50，高阈值为 200。接下来就用 HoughLines()，传入第一个参数 Canny 二值化的边缘检测结果，第二个参数为单位 1，第三个参数为单位弧度数 np.pi/180，第四个参数为阈值 160。结果返回为一个三维数组，其中第三维是由 rho 和 theta 确定的数据，第二维只有一维，第一维表示找出了有多少个 rho 和 theta 确定的数据。lines1 = lines[:,0,:] 语句就把所有的数据取出。用 for 循环遍历每个数据，依据公式计算第一个点的坐标值。

x1=rio*np.cos(theta)+1000*np.sin(-theta)

y1=rio*np.sin(theta)+1000*np.cos(theta)

再计算第二个点的坐标值。

x2=rio*np.cos(theta)−1000*np.sin(-theta)

y2=rio*np.sin(theta)−1000*np.cos(theta)

最后调用 OpenCV 的 line() 方法连接确定的两个点来绘制直线。OpenCV 中 line() 中最后两个参数指明画线的颜色和线的粗细。遍历点循环结束后，将画线后的图像数据调用 imshow() 方法在窗口中显示，继续调用程序等待键盘任意键被按下的方法 waitKey(0)，调用 destroyAllWindows() 关闭所有显示的窗口。运行结果如图 16.52 所示。

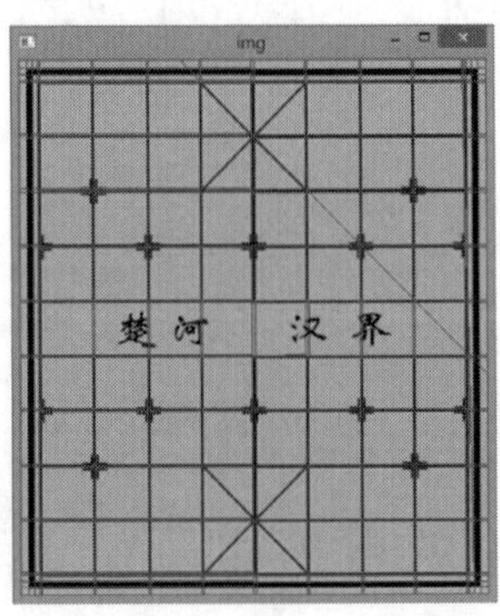

图16.52 OpenCV霍夫直线检测运行结果

16.6 答题卡识别

了解 OpenCV 的一些算法和函数之后，就可以应用相关方法进行答题卡识别的图像处理。对答题卡中答题区域进行截取的代码如下。

【程序代码清单 16.19】OpenCV 对答题卡答题区域的截取

```
import cv2
import numpy
card=cv2.imread("card6.png")
dst=cv2.resize(card,(420,600))
gray=cv2.cvtColor(dst,cv2.COLOR_BGR2GRAY)
edges=cv2.Canny(gray,50,150)
lines = cv2.HoughLinesP(edges,1,numpy.pi/180,118)
result = dst.copy()
print(lines[2])
for x1,y1,x2,y2 in lines[2]:
cv2.line(result,(x1,y1),(x2,y2),(255,255,0),2)
print(lines[7])
for x3,y3,x4,y4 in lines[7]:
cv2.line(result,(x3,y3),(x4,y4),(0,0,255),2)
cv2.imshow("result",result)
cv2.waitKey(0)
print(y1)
print(y3)
dst1=dst[y3:y1,0:390]
cv2.imshow('dst1',dst1)
cv2.waitKey(0)
cv2.destroyAllWindows()
```

这段代码功能是对答题卡答题区域进行截取。程序首先用 imread() 方法读取答题卡图像，用 cvtColor() 方法把答题卡的真彩色图像进行灰度化，用 Canny() 方法进行边缘检测，方法里的低阈值和高阈值可以适当调整。图像边缘检测后，可以用霍夫直线检测 HoughLinesP() 方法进行直线的检测。注意这里用的 HoughLinesP() 方法，这个方法会返回一条直线的第一个点和第二个点的坐标列表。对坐标列表中的每个点进行尝试后发现，列表中第 3 个数据即索引为 2 的数据画出的直线是答题区的最底下一条线，列表中第 8 个数据即索引为 7 的数据画出的直线是答题区的最上面上条线，把这两条线画到真彩色的答题卡上，根据直线检测列表中第 3 个、第 8 个数据的值确定的 y 坐标作为切片来对答题卡答题区域进行截取。调用 imshow() 方法进行答题卡答题区域的显示，waitKey(0) 用于持续等待用户按下键盘任意键，可以看到显示图像处理的结果。destroyAllWindows() 方法用于关闭所有的显示窗口。

程序运行后，首先显示直线检测后的结果，如图 16.53 所示。

由图 16.54 所示，按照图中绿色和红色确定的纵坐标进行答题区域截取，按下键盘任意键，程序就可以完成截取，如图 16.54 所示。

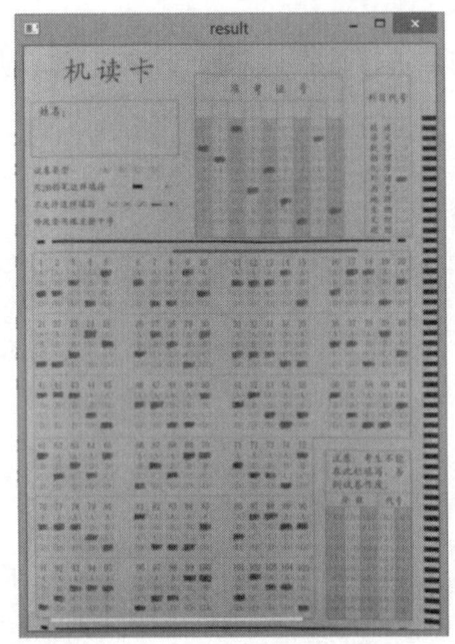

图16.53 OpenCV对答题卡答题区域的截取线的显示

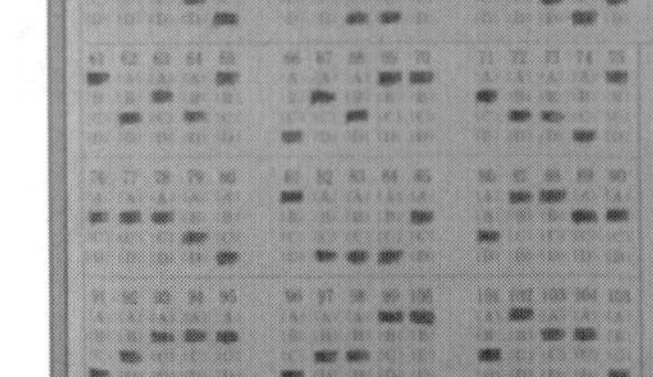

图16.54 OpenCV对答题卡答题区域的截取运行结果

由图 16.55 中显示的结果，就确定出了答题的区域。接下来可以进行答案识别的逻辑编写。限于篇幅的原因，这里可以用一种简单的方法，把区域按一定的比例画横线和纵线，对于每条横线和纵线确定的单元格去圈定所有的选项，答题者涂写的答案在哪个单元格内，就是答题者选择的答案。代码如下。

【程序代码清单 16.20】OpenCV 实现答题卡识别

```
import cv2
from imutils import contours
card=cv2.imread("card6.png")
dst=cv2.resize(card,(420,600))
dst1=dst[203:555,0:390]
gray=cv2.cvtColor(dst1,cv2.COLOR_BGR2GRAY)
_,threshold1=cv2.threshold(gray,140,255,cv2.THRESH_BINARY_INV)
kernel1=cv2.getStructuringElement(cv2.MORPH_RECT,(4,4))
erode1=cv2.erode(threshold1,kernel1)
dilated1=cv2.dilate(erode1,kernel1)
cts1,hierachy1=cv2.findContours(dilated1,cv2.RETR_EXTERNAL,cv2.CHAIN_APPROX_SIMPLE)
cts2=contours.sort_contours(cts1,method="top-to-bottom")[0]
counter_img1=cv2.drawContours(dst1.copy(),cts2,-1,(0,0,255),2)
result=dst1.copy()
for i in range(60):
cv2.line(result,(0,i*10+2),(555,i*10+2),(255,0,0),2)
for j in range(25):
cv2.line(result,(j*17+6,0),(j*17+6,350),(255,0,0),2)
```

```
answers=[1,7,13,19,25,31]
tihao_fu=[1,21,41,61,76,91]
tihao=[1,2,3,4,5,5,6,7,8,9,10,10,11,12,13,14,15,15,16,17,18,19,20]
note_answer=[]
for ct in cts2:
x,y,w,h=cv2.boundingRect(ct)
step_x=(x-6)//17
step_y=(y-2)//10
note={}
for i in range(len(answers)):
if step_y==answers[i]:
step_xy=step_x-1
result_xy=tihao[step_xy]
if step_xy<0:
result_xy=0
ti=tihao_fu[answers.index(step_y)]+result_xy
note[ti]="A"
elif step_y==answers[i]+1:
# 解决每次第一个答案加了题号数组中最后一个 20
#ti=tihao_fu[answers.index(step_y-1)]+tihao[step_x-1]
step_xy=step_x-1
result_xy=tihao[step_xy]
if step_xy<0:
result_xy=0
ti=tihao_fu[answers.index(step_y-1)]+result_xy
note[ti]="B"
elif step_y==answers[i]+2:
step_xy=step_x-1
result_xy=tihao[step_xy]
if step_xy<0:
result_xy=0
ti=tihao_fu[answers.index(step_y-2)]+result_xy
note[ti]="C"
elif step_y==answers[i]+3:
step_xy=step_x-1
result_xy=tihao[step_xy]
if step_xy<0:
result_xy=0
ti=tihao_fu[answers.index(step_y-3)]+result_xy
note[ti]="D"
note_answer.append(note)
print(str(note_answer))
cv2.imshow('new_result',result)
cv2.waitKey(0)
cv2.destroyAllWindows()
```

这段代码实现了答题卡答案的识别。程序首先通过 imread() 方法读取答题卡图像。由于图像比较大，用 OpenCV 的 resize() 方法重新定义了大小，然后截取答题卡中的答题区域。这里也可以用霍夫直线检测出具体的区域，然后进行截取。关于这部分内容前文已提及，这里就不再详细说明。截取了答题区域的图像调用 cvtColor() 方法进行灰度化、调用 threshold() 方法进行二值化后，调用了 getStructuringElement() 方法，这是 OpenCV 自带的定义结构元素的方法，也可以用 numpy.array() 来定义。getStructuringElement() 方法来定义了一个 4×4 的结构元素，如图 16.55 所示。

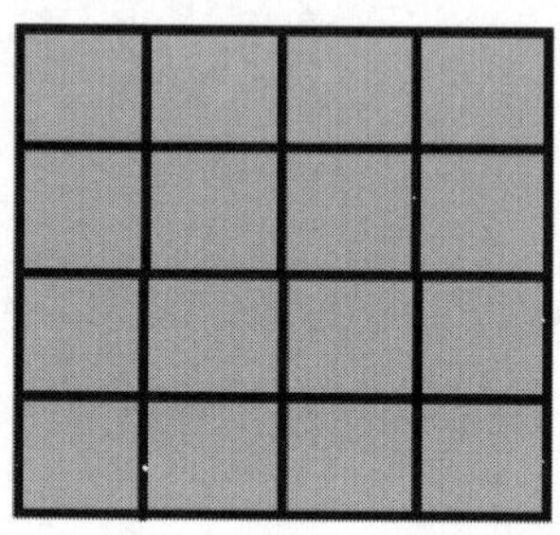

图16.55 4×4的结构元素

然后，用这个结构化的元素先腐蚀、再膨胀，也就是形态学的开操作。接下来用 findCountours() 查找边缘，找到答题区域中被涂写的答案的边缘。紧接着的这步最关键，这些边缘线比较杂乱，并没有顺序，而现实是需要一个已知的顺序与每道题进行对应的，不然无法判断是答题者在哪一道题选择了哪个答案。如果不知道哪道题的对应答案，就更不要说判断这道题的选项是否正确了。这就需要一个图像操作函数库 imutils 的帮助，它提供了 contours 边缘点的相关操作，比如排序等。这个图像操作函数库 imutils 经常和 findContours() 结合在一起使用。这段代码中调用 contours.sort_contours() 方法把边缘点按照参数 method 中提供的方法进行排序，method="top-to-bottom" 表示的排序方法是“从上到下”，排序后调用 drawContours() 方法画出边缘线。这样答题者选择的答案就被框选了出来，如图 16.56 所示。

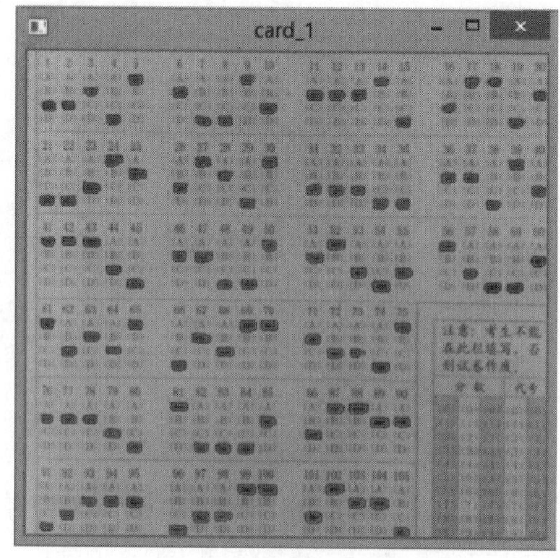

图16.56 OpenCV实现答题卡选项的框选

由图 16.57 中得知，所有的答案都是被框选出来的。现在需要把这些答案与题号进行对应，采用分单元格的方法，以把涂写答案列与间隙列共同平均分配，平均分配的参数可以自己调节，根据调节的参数画出行列线，这里需要 25 列 36 行，参数以 17 为间隔偏移 6，即 j*17+6 画列线，参数以 10 为间隔偏移 2，即 i*10+2 来画行线，如图 16.57 所示。

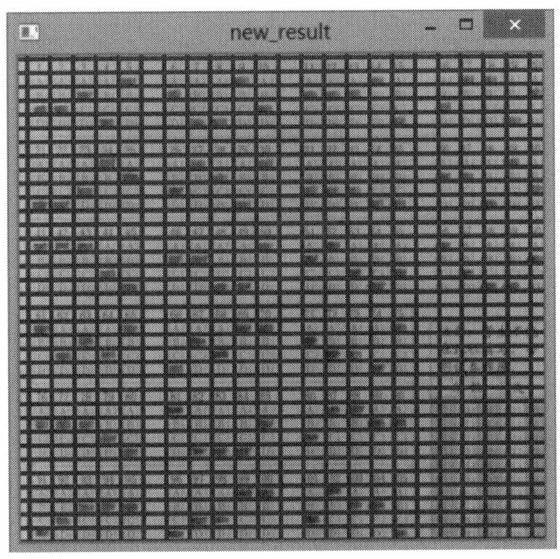

图16.57 答题卡答案分布的横线和纵线

由图 16.58 中可以看出，答案基本上都在横线和纵线框选的单元格内。利用单元格的分布就可以定位到每一道题和每一个答案，变量 answers 存放纵向上每道题答案的单元格索引号，分别是 1、7、13、19、25、31，对应的题号 1、21、41、61、76、91 等数字放在了变量 tihao_fu 中。针对每一横列的题号放在了变量 tihao 中，note_answer 变量中记录了答题者所涂写的答案。遍历 sort_contours() 排序后的边缘集合中的每一个边缘，首先确定边缘的横纵坐标和宽高，通过 boundingRect() 方法可以获取到这些指标，把横坐标减去偏移量 6 被 17 整除取出商，也就是横坐标的单元格索引值，把纵坐标减去偏移量 2 被 10 整除取出商，也就是纵坐标的单元格索引值。对 answers 变量存放的纵向上的每一题选项起始索引单元格来说，遍历 answers 的每一个值，如果纵向 step_y 计算出的索引值等于其中的一个值，那么答题者必然选择了 A 答案，至于是哪一道题，再通过 step_x 来确定。因为 step_x 是从 1 开始的，而数组的索引从 0 开始，故 step_x 需减去 1 赋值给 step_xy 得出横向单元格的索引值，然后通过 tihao 列表锁定当前索引值对应的题号。注意，step_x 减去 1 不能为负值，如果为负值，即把 step_xy 赋值为 0。这样，答题者所涂写答案的题号就是纵向索引 step_y 确定的题号列表 tihao_fu，加上横向索引 step_xy 确定的题号坐标 tihao 的结果，就可以记录当前题号答题者选择了 A。同理，遍历 answers 的每一个值，如果纵向 step_y 计算出的索引值等于其中的一个值加上 1，就可以记录当前题号答题者选择了 B；遍历 answers 的每一个值，如果纵向 step_y 计算出的索引值等于其中的一个值加上 2，就可以记录当前题号答题者选择 C；遍历 answers 的每一个值，如果纵向 step_y 计算出的索引值等于其中的一个值加上 3，就可以记录当前题号答题者选择了 D。把每道题题号与答案的对应关系 append() 到 note_answers 记录列表中，程序最后显示画出网络线的答案单元格图像，并在控制台输出最终答案记录结果 note_answers。既然有显示窗口，就需要调用 waitKey(0) 等待用户按下任意键，调用 destroyAllWindows() 关闭所有显示的窗口。

运行结果如图 16.58 所示。

```
Run: tst_recog_card
C:\Users\Administrator\PycharmProjects\tst_opencv\venv\Scripts\python.exe C:/Users/Administrator/PycharmProjects/tst_
[{18: 'A'}, {17: 'A'}, {9: 'A'}, {5: 'A'}, {14: 'A'}, {6: 'B'}, {20: 'B'}, {13: 'B'}, {12: 'B'}, {11: 'B'}, {3: 'B'},
libpng warning: iCCP: known incorrect sRGB profile
```

图16.58 OpenCV实现答题卡识别的运行结果

从图 16.59 中可以看到，每道题的答案已经被选出，如果你把 print 语句放到循环体里，就知道这个程序寻找答案的方式是先把 1~20 题选择 A 的全部选出，把 1~20 选择 B 的全部选出，再找 1~20 中选择 C 的，接下来找 1~20 中选择 D 的，依次下去，找 21~40 也是这样的顺序。这是由答题卡的特点决定的，也就是沿着答题卡的整个结构，一行一行扫描式地选择题号，定位答题者选择的答案。

16.7 小结

答题卡识别是图像识别的一个应用，图像识别是通过 OpenCV 模块来实现的。首先通过 OpenCV 模块读取图像，然后对之进行灰度化、二值化，再进行边缘检测以及区域的提取等实现图像识别的一般步骤。对这些步骤都有相关算法支撑，最后对识别区域进行图像识别。也可以采用深度学习的神经网络去解决问题。

第 17 章

简历分享就业之机器学习简历指导

学习机器学习，最终都需要在企业特定的场景中进行打磨、研究。如今的公司也很难找到优秀的机器学习人才。任何特定的技能都取决于机器学习项目的用途和要求，但是你的机器学习履历中必须提及的某些技能和项目内容在各种项目要求中基本是一致的。本章就从机器学习履历中必须提到的技能和项目特点入手谈谈简历，同时也会分享一些比较优秀的机器学习简历供参考。

17.1 机器学习简历中应提及的技能

对机器学习的简历来说，首先应该谈到的是专业技能。

概率论是大多数机器学习算法的主要内容。熟悉概率论能够处理数据的不确定性。如果从事与模型构建或者算法评估有关的机器学习工作，掌握诸如高斯混合模型和隐马尔可夫模型等概率理论，也是非常必要的。同时，与概率论密切相关的是数据统计，它提供了构建和验证模型所需的分布和分析方法。 这是制作机器学习简历时要考虑的一件事情。

机器学习使用大量的数据集，因此必须掌握计算机科学和底层体系结构的基础知识，还必须具备大数据分析和复杂数据结构方面的专业知识。简历有必要显示自己在并行 / 分布式体系结构、数据结构以及复杂计算方面的技能。这些技能也是在项目应用或实现中所需要的。简历应重点提及的是机器学习的各种方向，比如是图像识别的方向还是文本识别的方向。算法是基础，研究的方向是关键。有了方向的指引，才能更好地结合算法得到预测结果。

17.2 机器学习简历中项目的描述

对简历中的项目来说，重要的是能够把专业的知识融合到机器学习的领域中来。比如电商专业的就可以结合机器学习的算法把项目融入电商的推荐系统中来，服装专业就可以结合机器学习的算法去研究衣服不同设计的流行趋势，等等。

在项目中融合多种算法进行模型匹配，并且能将算法和项目中的业务有机地融合在一起，算法中有业务的体现、业务中有算法的应用，进行有机的结合。

项目要有合理的数据维度作为支撑，分析什么样的维度、预测什么样结果，都是建立在对项目数据维度的了解上面的。

17.3 机器学习简历分享

下面分享几份机器学习的简历，有助于读者做好机器学习简历的准备。

图 17.1 所示的机器学习的简历是与农业专业的有机结合的范例，先看工作经历和专业技能。

图 17.2 展示的是机器学习结合农业的项目经验一。

工作经历

2016.03 至今　　中国农业科学院农业资源与农业区划研究所　数据挖掘工程师

工作描述：

1. 参与课题研究和具体的代码实现；
2. 完成数据清洗、分析数据、编写数据分析报告等工作；
3. 进行课题调研，收集课题数据，提交课题调研报告，如"河北地区农户耕地质量保护和提升调查"；
4. 学习新技术和处理工作中遇到的困难。

专业技能

熟练使用 Python 编程语言，对 Python 进程，线程，协程使用有掌握；
掌握基本的数据结构、算法、例如冒泡排序、选择排序等；
熟练使用 NumPy、Pandas 和 Matplotlib 实现数据分析及图例化展示；
掌握数据清洗技术中缺失数据、重复数据、异常值等数据处理方法；
熟悉常见机器学习算法，例如决策树，朴素贝叶斯、KNN、k-means 等；
掌握 MySQL、MongoDB、Redis 数据库的常用操作；
对知识图谱、推荐系统有研究，对运用 TensorFlow 进行图像识别的算法有研究；
熟练使用 Excel，掌握透视表的应用和使用，使用函数处理与分析问题；
熟悉 Linux 的基本操作与命令。

图17.1 机器学习结合农业的工作经历和专业技能图

项目经验

项目一：2019.03 – 2019.07　自然资源知识图谱推荐系统

项目描述：

通过搭建与自然资源有关的知识类推荐系统，根据知识的权重和推荐的择优算法，为用户解决信息过载的问题，同时实现自然资源知识和相关问题的推荐平台。用可视化技术描述自然资源知识与问答或者论坛资源及其载体，挖掘、分析、构建、绘制和显示自然资源知识及知识之间的相互联系。

项目职责：

1. 采集数据：从农业网或者其他的农业类网站帕取信息或词条（中文名、定义、原料、别名等）、知识信息（知识主题、知识类别、知识关键字、知识内容等）及用户行为信息（浏览、问答以及评价等）。
2. 数据探索性分析：对原始数据中的知识主题、评论数量和知识点排名等进行多维度的分析统计。
3. 数据中难免存在一些异常值或者缺失值，调用 NumPy、Pandas 进行数据清洗。

项目经验

4. 用朴素贝叶斯 (Naive Bayes) 算法对知识的讨论意见、知识相关问题的评论信息、关于知识的具体信息构建知识图谱模型和情感分析，为其找到最关注的知识切入点和科研成果，实现粗粒度过滤；
5. 基于用户偏好分类构建协同过滤推荐：构腱知识 - 问答（或评论或知道等）评分矩阵，知识内容之间相似度计算，预测知识内容，生成推荐集合。

17.2 机器学习结合农业的项目经验一

图 17.3 展示的是机器学习结合农业的项目经验二。

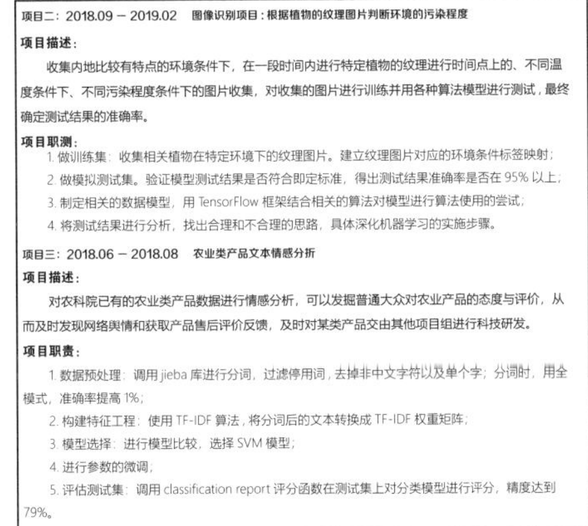

项目二：2018.09 – 2019.02　图像识别项目：根据植物的纹理图片判断环境的污染程度

项目描述：

收集内地比较有特点的环境条件下，在一段时间内进行特定植物的纹理进行时间点上的、不同温度条件下、不同污染程度条件下的图片收集，对收集的图片进行训练并用各种算法模型进行测试，最终确定测试结果的准确率。

项目职测：

1. 做训练集：收集相关植物在特定环境下的纹理图片。建立纹理图片对应的环境条件标签映射；
2. 做模拟测试集。验证模型测试结果是否符合即定标准，得出测试结果准确率是否在 95% 以上；
3. 制定相关的数据模型，用 TensorFlow 框架结合相关的算法对模型进行算法使用的尝试；
4. 将测试结果进行分析，找出合理和不合理的思路，具体深化机器学习的实施步骤。

项目三：2018.06 – 2018.08　农业类产品文本情感分析

项目描述：

对农科院已有的农业类产品数据进行情感分析，可以发掘普通大众对农业产品的态度与评价，从而及时发现网络舆情和获取产品售后评价反馈，及时对某类产品交由其他项目组进行科技研发。

项目职责：

1. 数据预处理：调用 jieba 库进行分词，过滤停用词，去掉非中文字符以及单个字；分词时，用全模式，准确率提高 1%；
2. 构建特征工程：使用 TF-IDF 算法，将分词后的文本转换成 TF-IDF 权重矩阵；
3. 模型选择：进行模型比较，选择 SVM 模型；
4. 进行参数的微调；
5. 评估测试集：调用 classification report 评分函数在测试集上对分类模型进行评分，精度达到 79%。

图17.3 机器学习结合农业的项目经验二

再看另外一份机器学习简历的职业技能，如图 17.4 所示。

职业技能

1. 熟练使用 Python 进行编程、掌握主流的标准库，掌握 Python 进程、线程和协程的相关代码操作；
2. 熟悉 SAS、Excel 等基本数据分析操作，了解 R 语言；
3. 熟练运用 NumPy、Pandas、Matplotlib 对数据进行清洗过滤和可视化操作；
4. 对机器学习有一定研究，熟悉 KNN、k-means、决策树、朴素贝叶斯等常用机器学习算法；
5. 对推荐系统和知识图谱有研究；
6. 熟悉深度学习及 TensorFlow 框架；
7. 掌握 Linux 的基本操作与命令；
8. 熟悉爬虫原理，能够熟练使用 XPath、正则表达式等页面信息提取技术；
9. 掌握 MySQL 关系型数据库，熟悉 MongoDB、Redis 非关系数据库；
10. 熟悉 Hadoop 的 MapReduce 计算方法，能够使用 PySpark 解决大数据的分析问题。

图17.4 另一份机器学习简历的职业技能

继而再看一下这份机器学习简历的项目经验，如图 17.5 所示。

2018.12 — 2019.03　图像识别项目：根据动物体征图片判断健康情况

项目描述：

把动物的体征（如面部、姿势、皮毛状态等）拍成图片样本，通过具体测试集，推测动物的具体的健康状况。

项目职责：

1. 做训练集：收集相关动物的体征图片，建立体征图片对应的标签映射；
2. 做模拟测试集，验证模型测试结果是否符合即定标准；
3. 制定相关的数据模型，用 TensorFlow 框架结合相关的算法对模型进行算法使用的尝试；
4. 将测试结果进行分析，找出合理和不合理的思路，具体深化机器学习的实施步骤。

图17.5 另一份机器学习项目经验一

再继续看后面的项目经验，如图 17.6 所示。

2018.09 — 2018.11　牧场高产奶牛的筛选

项目描述：

利用 Python 的多元线性回归结合奶牛的泌乳曲线构建产奶量预测模型，用于牧场筛选高产奶牛

项目职责：

1. 根据目标需求及相关经验，利用 Python 的 NumPy、Panads 等工具从 DHI 数据库中选取目标特征值，对目标特征值进行数据清洗工作，包括缺失值、重复值及异常值的处理；

2. 对清洗后的数据根据需求进行数据整合工作，根据 Matplotlib 根据不同胎次，月份、季节牛只产奶量的均值输出图表化结果；

3. 利用 Sklearn 库中的 Linearn_model 模块，构建产奶量预测模型，结合奶牛的泌乳曲线，筛选高产奶牛。

图17.6 另一份机器学习项目经验二

17.4 小结

本书对机器学习简历的指导根本的出发点就是希望更多人的在学习机器学习的内容后，能够做好自己的机器学习简历，找到一份机器学习方面心仪的工作。希望大家在工作中不断地拓宽自己的知识面，深入算法的沉淀，共同为机器学习的发展努力。